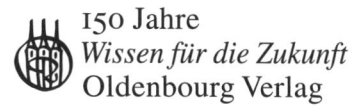

150 Jahre
Wissen für die Zukunft
Oldenbourg Verlag

W0174842

Risikomanagement

von
Prof. Dr. Thomas Wolke
Fachhochschule für Wirtschaft Berlin

2., vollständig überarbeitete und erweiterte Auflage

Oldenbourg Verlag München

Bibliografische Information der Deutschen Nationalbibliothek

Die Deutsche Nationalbibliothek verzeichnet diese Publikation in der Deutschen
Nationalbibliografie; detaillierte bibliografische Daten sind im Internet über
<http://dnb.d-nb.de> abrufbar.

© 2008 Oldenbourg Wissenschaftsverlag GmbH
Rosenheimer Straße 145, D-81671 München
Telefon: (089) 45051-0
oldenbourg.de

Lektorat: Wirtschafts- und Sozialwissenschaften, wiso@oldenbourg.de
Herstellung: Anna Grosser
Coverentwurf: Kochan & Partner, München
Cover-Illustration: Hyde & Hyde, München
Gedruckt auf säure- und chlorfreiem Papier
Gesamtherstellung: Druckhaus „Thomas Müntzer" GmbH, Bad Langensalza

ISBN 978-3-486-58714-2

Vorwort zur zweiten Auflage

Das vorliegende Fach- und Lehrbuch wurde von Praxis und Hochschulen positiv aufgenommen. Aus diesem Grund habe ich die Grundstruktur beibehalten. Einige Studenten der Fachhochschule für Wirtschaft Berlin, die meine Lehrveranstaltungen Risikomanagement besucht hatten, haben mich auf etliche Druckfehler, Ungereimtheiten und insbesondere Rechenfehler hingewiesen. Ihnen sei dafür herzlich gedankt. So wurden insbesondere die Rechnungen zum Länderrisiko völlig überarbeitet und ausführlicher dargestellt. Weitere Rechenfehler im 5. und 7. Kapitel wurden ebenfalls behoben. Aber auch zahlreiche Formulierungen sind aufgrund von Hinweisen überarbeitet worden, um eine bessere Verständlichkeit zu gewährleisten. Die Ausführungen zur externen Risikoberichterstattung sind der aktuellen Rechtslage angepasst worden. Insbesondere die Standards zu IFRS 7 sind mit aufgenommen worden, aber auch die Ausführungen zu §315 HGB wurden erweitert.

Die umfangreichsten Überarbeitungen und inhaltlichen Ergänzungen wurden im 2. Kapitel zur Risikomessung vorgenommen. Bei der Herleitung der Volatilität wurde auch die mittlere absolute Abweichung als eine mögliche Alternative zur Volatilität dargestellt. Der besonderen Bedeutung von Korrelationen wurde Rechnung getragen und umfangreiche Beispiele eingefügt, um die Wirkungsweise von Korrelationen anhand von geeigneten Grafiken besser verdeutlichen zu können. Die historische Simulation findet in Theorie und Praxis eine relativ weite Verbreitung. Auch auf Anregung von Studenten wurde daher ein umfangreiches Beispiel für die historische Simulation aufgenommen, um daran die Eigenschaften und Vorgehensweisen für die unterschiedlichen Berechnungsarten des Value at Risk zu verdeutlichen. Schließlich sind die Lower Partial Moments um eine aussagekräftigere Kennzahl erweitert worden, die ebenfalls an einem Beispiel verdeutlicht wird.

Für weitere Anregungen, Fehlerhinweise, Verbesserungsvorschläge etc. bin ich dankbar und würde mich über eine entsprechende Mail an

thomas.wolke@fhw-berlin.de

sehr freuen.

Thomas Wolke

Vorwort zur ersten Auflage

Zu Beginn der 1990er Jahre fanden zahlreichen Unternehmenskrisen statt, die zu einer Ausweitung und stärkeren Bedeutung des betriebswirtschaftlichen Risikomanagements führten. Ein zentraler Punkt waren dabei die gestiegenen Risiken auf den weltweiten Finanzmärkten. Hiervon waren besonders Investmentbanken betroffen, die sich folglich intensiver mit einer Quantifizierung von Finanzmarktrisiken auseinandersetzten. Mit der Entwicklung neuer quantitativer Methoden wurden bestimmte Ziele bzw. Eigenschaften des Risikomanagements verfolgt: Bisher qualitative und eher intuitive Verfahren sollten durch objektiv nachvollziehbare Verfahren der Risikomessung ersetzt werden. Risiken werden dadurch unabhängig von der subjektiven Risikoeinschätzung des Entscheidungsträgers nachvollziehbar und vor allem objektiv vergleichbarer.

Diese intensive Auseinandersetzung in Theorie und Praxis mit möglichen Ansätzen zur quantitativen Risikomessung von Finanzmarktrisiken brachte Mitte der 1990er Jahre verschiedene Konzepte hervor. Mittlerweile hat sich diesbezüglich das so genannte Value-at-Risk-Konzept in Literatur und Praxis durchgesetzt, wenn auch in zahlreichen Diskussionen immer noch Vor- und Nachteile diskutiert werden. Im vorliegenden Buch wird das Value-at-Risk-Konzept zwar einen Schwerpunkt bilden, aber der Fokus soll nicht nur auf Finanzmarktrisiken gerichtet sein. Vielmehr wird im ersten Schritt durch eine allgemeine Darstellung verschiedener Ansätze zur Risikomessung- und Steuerung ein breiter und vielschichtig interessierter Leserkreis angesprochen (für eine Vertiefung spezifischer Fragestellungen erfolgen zu den einzelnen Kapiteln entsprechende Literaturhinweise). Erst in einem zweiten Schritt werden diese Ansätze dann auf die verschiedenen betriebswirtschaftlichen Funktionen und Themenfelder konkret angewendet. Die verschiedenen Instrumente und Methoden führen dann abschließend zu einer ganzheitlichen Risikosteuerung von Unternehmen, in dem die verschiedenen betriebswirtschaftlichen Risikoarten zu einem integrierten Konzept zusammengeführt werden.

In der betriebswirtschaftlichen Literatur wird der Stellenwert des Themas Risikomanagements durch eine Vielzahl von Veröffentlichungen deutlich, wobei sich diese häufig entweder auf eine mathematisch formale Darstellung der Problematik konzentrieren oder aber unterschiedliche Fragestellungen zum Risikomanagement in Form einer Aufsatzsammlung erörtern. Eine systematisch aufbauende Darstellung der verschiedenen Problemfelder des Risikomanagements, die auch für Leser ohne spezifische Vorkenntnisse des Risikomanagements verständlich und leicht nachvollziehbar sind, fehlt bisher weitestgehend. Das vorliegende Buch versucht diese Lücke zu schließen, in dem die wichtigsten Instrumente und Verfahren anhand von nachrechenbaren Zahlenbeispielen, soweit es möglich ist (d. h. ohne dass die fachliche Qualität darunter leidet), verdeutlicht werden. Dabei soll auf abstrakte und formale mathematische Herleitungen und Darstellungen weitestgehend verzichtet werden (lediglich die wichtigsten Ergebnisse und weiterführende Anwendungen werden in einem technischen Anhang auch formeltechnisch dargestellt).

Mit der Kombination aus langfristig notwendigem Grundlagenwissen, aktuellen risikospezi-fischen Fragestellungen, praktischen Anwendungen anhand von Zahlenbeispielen sowie Schlussfolgerungen für ein ganzheitliches Konzept zur Unternehmenssteuerung richtet sich das Buch sowohl an Bachelor- und Masterstudenten mit Schwerpunkt Finance & Accounting als auch an Anwender, die mit dem Risikomanagement in irgendeiner Form in Berührung kommen. Dazu zählen Vertreter aus den Bereichen Finanzwirtschaft, M & A, Unterneh-mensplanung, Controlling ebenso wie Unternehmensberater, Wirtschaftsprüfer, Banker so-wie Entscheidungsträger aus dem mittleren und oberen Management. Insbesondere durch eine Betonung der Schnittstellen zu anderen wirtschaftswissenschaftlichen Disziplinen (Ab-satz, Recht, Personal und Organisation) ist das Buch aber auch für Studenten aus anderen wirtschaftswissenschaftlichen Vertiefungsrichtungen wie z. B. dem Marketing interessant.

Bei der Anfertigung des Manuskriptes sind bei mir einige Dankesschulden entstanden. Herr Holmer Assmann hat mit großem Engagement und hoher Sorgfältigkeit das Manuskript gelesen und mich vor zahlreichen Mängeln in der Darstellung bewahrt. Auch danke ich Herrn Assmann für die vielen gemeinsamen Fachdiskussionen, die an etlichen Stellen des Buches zu einer erheblichen Verbesserung der Qualität und Verständlichkeit beigetragen haben. Meine Kollegin Prof. Dr. Heike Langguth hat mir wertvolle Hilfe zur Verbesserung der Verständlichkeit geleistet. Meinem Kollegen Prof. Dr. Rainer Stachuletz danke ich für die kritischen Anmerkungen zum Thema Optionen und Futures. Die analytische Berechnung des Value at Risk für Umsatzerlöse unter Berücksichtigung der Abhängigkeit zwischen Preis und Menge wäre ohne die Hilfe meines Kollegen Prof. Dr. Frank Brand nicht möglich gewe-sen. Sämtliche verbleibende Fehler und Mängel gehen jedoch allein zu meinen Lasten. Herrn Dr. Jürgen Schechler danke ich für die Aufnahme des Buches im Oldenbourg Verlag und für die angenehme Zusammenarbeit.

Thomas Wolke

Inhaltsverzeichnis

1 Grundlagen

Die Bedeutung des betriebswirtschaftlichen Risikomanagements zu betonen ist in Anbetracht der täglichen Informationen über Unternehmensinsolvenzen und anderen Krisen nicht nötig. Bei dieser Berichterstattung über Risiken werden häufig zentrale Begriffe unterschiedlich interpretiert und verwendet. Zunächst werden daher in diesem Abschnitt die Grundbegriffe erläutert und abgegrenzt. Es folgt ein Überblick über die verschiedenen Risikoarten und eine prozessorientierte Darstellung des Risikomanagements. Die Risikoidentifikation und ein Überblick über die verschiedenen Risikoarten runden die Grundlagen des Risikomanagements ab. Zum Abschluss wird noch ein kleiner zusammengefasster Abriss der Geschichte des Risikomanagements vorgenommen, um vergangene und mögliche zukünftige Entwicklungen des Risikomanagements besser einordnen zu können.

1.1 Der Risikobegriff und Gründe für ein Risikomanagement

In der betriebswirtschaftlichen Literatur wird keine einheitliche **Definition des Risikobegriffes** verwendet. Das Wort Risiko leitet sich vom frühitalienischen *risicare* ab, das wagen bedeutet. Eine aktuell relativ häufig benutzte Definition von Risiko stellt jedoch auf einen möglichen Schaden bzw. den potentiellen Verlust einer Vermögensposition ab, ohne dabei mögliche Gewinne gegenüber zu stellen. Insbesondere die Vernachlässigung möglicher Gewinne ist wichtig, da in weiterführenden Konzepten, wie z. B. dem RoRaC-Konzept die Messung des Ertrages getrennt und unabhängig von der Risikomessung erfolgt. Zwischen Risiko und Ertrag muss scharf unterschieden werden, da sonst möglicherweise ein und derselbe Gewinn mehrfach berücksichtigt wird, was zu unschlüssigen Ergebnissen führen könnte.

In der betriebswirtschaftlichen **Entscheidungstheorie** stellt der Risikobegriff auf die Kenntnis von Wahrscheinlichkeiten bzw. Wahrscheinlichkeitsverteilungen bezüglich zukünftiger unsicherer Ereignisse ab. Auf diese Differenzierung wird im Folgenden aus Vereinfachungsgründen zunächst verzichtet.

> Unter **Risikomanagement** wird die Messung und Steuerung aller betriebswirtschaftlichen Risiken unternehmensweit verstanden.

Insbesondere die **Berücksichtigung** von **Verbundeffekten** zwischen unterschiedlichen Risiken, also z. B. die so genannten Diversifikationseffekte stellt einen wichtigen Unterschied zwischen der Betrachtung eines einzelnen Risikos und dem Zusammenwirken mehrerer Risiken dar.

Der in Praxis und Theorie in diesem Zusammenhang häufig verwendete Begriff des **Risikocontrolling** wird zum Risikomanagement inhaltlich unterschiedlich abgegrenzt. In den weiteren Ausführungen wird das Risiko-Controlling als Bestandteil des Risikomanagements angesehen, welches die Unternehmensführung bei der Planung und Steuerung von Unternehmensrisiken unterstützt. Das Risiko-Controlling erfüllt aus dieser Sichtweise stärker organisatorische und überwachende Funktionen während dagegen im Risikomanagement die konkrete Durchführung von Maßnahmen zur Risikomessung und Risikosteuerung im Mittelpunkt stehen. Das Risiko-Controlling stellt einen Teilabschnitt in der prozessorientierten Darstellung des Risikomanagements dar (siehe dazu auch Abschnitt 1.2).

Die **Gründe** für ein Risikomanagement sind vielschichtig und komplex. Da die Ursachen für das Betreiben eines Risikomanagements Auswirkungen auf Art und Weise der Ausgestaltung eines Risikomanagements haben, werden die Gründe im Überblick dargestellt und erläutert. Zu diesem Zweck werden die Gründe in folgende Kategorien eingeteilt:

- Rechtliche Rahmenbedingungen
- Volkswirtschaftliche Ursachen
- Technologischer Fortschritt

Zu den **rechtlichen Rahmenbedingungen** gehören insbesondere das Gesetz zur Kontrolle und Transparenz in Unternehmen (KonTraG) vom 27.4.1998, welches durch eine Erweiterung des Aktien- und GmbH-Gesetzes (§91 (2) AktG, § 43 GmbHG) die Sorgfaltspflichten der Unternehmensführung erweitert und den Ausweis der Unternehmensrisiken im Lagebericht fordert. Diese rechtlichen Grundlagen betreffen in erster Linie Nichtbanken (Industrie, Dienstleistung, Handel). Für Banken stellt Basel II die aktuelle bzw. zukünftige Rechtsgrundlage für die Ausgestaltung des Risikomanagements dar. Bei Versicherungen bildet Solvency II das entsprechende Gegenstück zu Basel II. Auf die Darstellung branchenspezifischer Besonderheiten wird an dieser Stelle wie auch im gesamten Buch zu Gunsten einer allgemeinverständlicheren Darstellung verzichtet. Mögliche weitere Rechtsgrundlagen könnten die Ausgestaltungen der so genannten Corporate Governance darstellen, die aktuell diskutiert werden. Weitere rechtliche Anforderungen stellen die Vorschriften zur Offenlegung von Risiken dar. Hierzu zählen der §315 (2), 2. HGB, DRS 5 und aktuell für den Berichtszeitraum 2007 die IFRS 7. Da diese speziellen Rechtsvorschriften auch zu den rechtlichen Rahmenbedingungen gehören, werden sie an dieser Stelle erwähnt. Inhaltlich liegt bei diesen Vorschriften jedoch der Schwerpunkt auf der externen Berichtstattung, weswegen die Inhalte ausführlicher im Abschnitt 6.4 zur externen Risikoberichterstattung dargestellt werden.

Die **volkswirtschaftlichen Ursachen** für ein Risikomanagement liegen im Wesentlichen in den veränderten Rahmenbedingungen der Finanzmärkte durch Einführung neuer Finanzmarktinstrumente (insbesondere im Derivatebereich), Abschaffung fixer Wechselkurse sowie allgemein einer zunehmenden gesetzlichen Deregulierung der Finanzmärkte.

Schließlich äußert sich der **technologische Fortschritt** in erster Linie durch eine schnellere Informationsverbreitung durch elektronische Medien und Internet. Aber auch die von Unternehmen hergestellten Produkte werden durch neue Technologien schneller veraltet, wodurch Produktrisiken steigen und sich die Produktzyklen verkürzen. Im Ergebnis nehmen durch den ständigen technologischen Fortschritt die Informationsverbreitung und damit die Globalisierung erheblich an Geschwindigkeit zu. Die Folgen der zunehmenden Globalisierung und der verkürzten Produktzyklen äußern sich in zahlreichen Unternehmensinsolvenzen der vergangenen Jahre.

Der Begriff des Risikomanagements und Gründe für das Betreiben eines Risikomanagements sind in Abbildung 1.1 zusammengefasst.

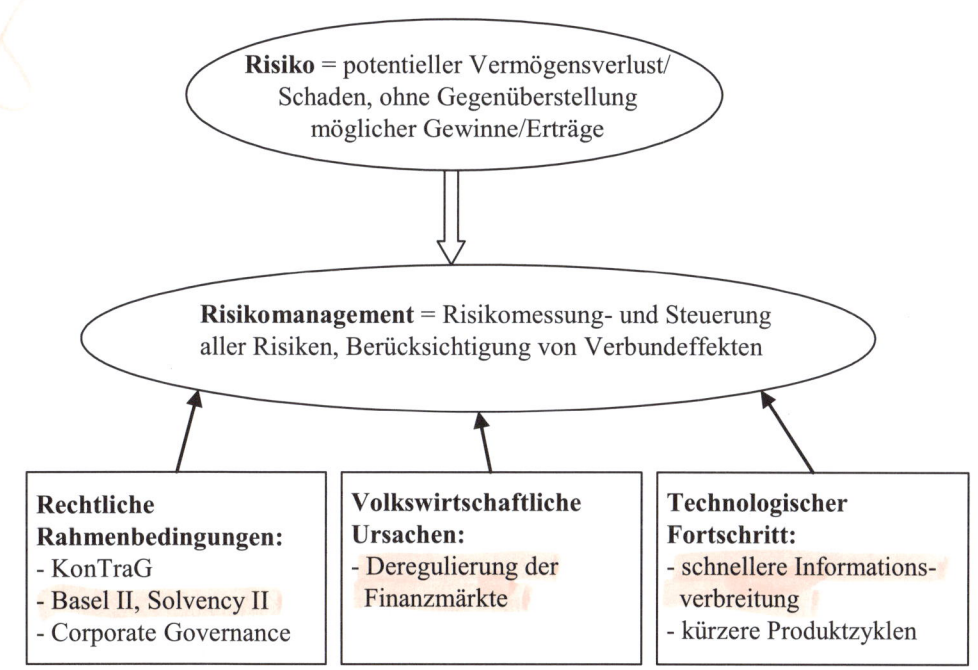

Abb. 1.1 *Begriff und Gründe des Risikomanagements*

1.2   Risikomanagement als Prozess

Ausgehend von der in Abschnitt 1.1 vorgenommenen Definition für den Begriff Risikomanagement wird nun eine Systematisierung der Inhalte des Risikomanagements vorgenommen. Zu diesem Zweck gibt es verschiedene Abgrenzungskriterien. Eine in der Literatur am häufigsten vorgenommene Einteilung betrachtet das **Risikomanagement als Prozess**, d. h.

als Ablauf in der Zeit (dynamisch). Risikomanagement ist ein dynamischer Vorgang und keine einmalige Aktion (statisch). Die in Abbildung 1.2 dargestellte schematische Darstellung des Risikomanagement-Prozesses findet sich in der gängigen Literatur so oder in leicht modifizierter Form häufig wieder (in Anlehnung an den klassischen Managementprozess). Der Aufbau dieses Buches orientiert sich an dieser Darstellung, da so die prozessorientierte Sichtweise den Leser im Sinne eines roten Fadens durch die einzelnen Kapitel führt.

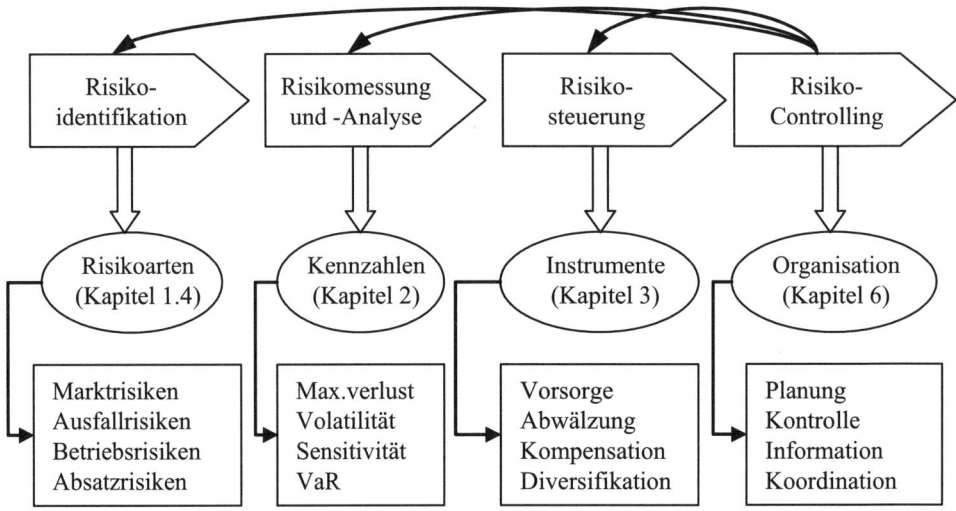

Abb. 1.2   Der Risikomanagement-Prozess

Im Rahmen der **Risikoidentifikation** müssen alle betriebswirtschaftlichen Risiken im Sinne der o. g. Definition erfasst werden. Hierfür gibt es unterschiedliche Herangehensweisen, die jeweils von den Unternehmensbesonderheiten und den Organisationsstrukturen abhängen. Eine Verallgemeinerung ist zwar nicht möglich, dennoch gibt es verschiedene Instrumente, die zum Einsatz kommen können. Für eine vollständige Erfassung aller Risiken wird zu diesem Zweck im Abschnitt 1.3 eine Systematisierung aller betriebswirtschaftlichen **Risikoarten** vorgenommen.

Nach der Risikoidentifizierung folgt die **Risikomessung** und die dadurch mögliche Bewertung bzw. **Analyse** der Risiken. Im Rahmen der Risikomessung ist es zunächst sinnvoll, in quantitative und qualitative Messverfahren zu unterscheiden. Bei den quantitativen Messungen handelt es sich hauptsächlich um Kennzahlen, deren Berechnung auf vorhandenen beobachtbaren Preisen, Kursen und sonstigen Marktdaten beruht (Abschnitt 2.1 bis 2.4). Für zahlreiche Risiken liegen aber derartige Marktdaten aus vielfältigen Gründen nicht vor. In diesen Fällen wird auf Messverfahren für qualitative Risiken zurückgegriffen (siehe Abschnitt 2.5). Im zweiten Kapitel wird die grundsätzliche Funktionsweise der verschiedenen Kennzahlen erläutert bevor diese dann an die Besonderheiten der verschiedenen betriebswirtschaftlichen Risikoarten angepasst werden (Kapitel 4 bis 7). In der Risikoanalyse werden die Messergebnisse ausgewertet (Abschnitt 2.6). Dabei werden zunächst die relevanten Risiken herausgefiltert. Das zentrale Analyseziel ist es, die Frage zu beantworten, ob bezüglich der gemessenen und relevanten Risiken ein Handlungsbedarf besteht.

Das Ergebnis der Risikoanalyse ist die Grundlage der erforderlichen Risikosteuerung. Aufgrund der zahlreichen und komplexen Instrumente der Risikosteuerung sei zunächst an dieser Stelle nur eine grobe Einteilung der Instrumente in

- Vorsorgemaßnahmen,
- Abwälzung,
- Kompensation und
- Diversifikation

vorgenommen. Im dritten Kapitel werden zunächst die Grundprinzipien der verschiedenen Instrumente dargestellt. Im vierten bis siebten Kapitel werden diese Instrumente ebenso wie die Messverfahren aus dem 2. Kapitel dann auf die unterschiedlichen betriebswirtschaftlichen Risikoarten übertragen.

Im **Risikocontrolling** wird schließlich der organisatorische Aspekt des Risikomanagements berücksichtigt (Kapitel 6). Dazu gehört die Frage, wie risikoverursachende und risikokontrollierende Organisationseinheiten aufbau- und ablauforganisatorisch im Unternehmen eingebettet bzw. verknüpft werden. Die Methodenhoheit der Messverfahren sowie deren Organisation und Überwachung bilden neben dem Risiko-Reporting und der Unterstützung der Unternehmensführung die Hauptaufgaben des Risikocontrollings. Im Rahmen der Zusammenarbeit zwischen Risikocontrolling und Unternehmensführung wird schließlich die eigentliche risikobasierte Unternehmenssteuerung durchgeführt. Kernstück einer risikoorientierten Unternehmenssteuerung bildet das so genannte Konzept des „**Return on Risk adjusted Capital**" (=RoRaC, siehe Abschnitt 2.6).

Die beschriebenen Phasen des Risikomanagement-Prozesses bilden einen Kreislauf, d. h. die Ergebnisse bzw. Entscheidungen im Rahmen der Risikopolitik können zu Maßnahmen der Vorsorge oder Kompensation führen (Risikosteuerung) oder zu einer erneuten Identifikation bisher noch nicht berücksichtigter Risikoarten. Auch kann im Rahmen des Risiko-Controllings eine neue Festlegung der Risikomessmethoden erfolgen oder die Vorgaben für die Risikoanalyse verändert werden.

1.3 Risikoidentifikation und Risikoarten

Die **Risikoidentifikation** aller betriebswirtschaftlicher Risiken die in Zusammenhang mit der unternehmerischen Tätigkeit stehen lassen sich nicht in verallgemeinerter Form darstellen. Die Risikoarten und insbesondere die jeweilige Bedeutung für ein Unternehmen hängen sehr stark von den Besonderheiten des Unternehmens ab, wie insbesondere Branchenspezifika, regionale Besonderheiten, Produkttypen usw. Im Rahmen dieses Buches wird auf diese Besonderheiten nicht weiter eingegangen, um den Zugang und die Verständlichkeit für einen breiten Leserkreis nicht unnötig zu erschweren. Es werden im vorliegenden Buch andere

Grundlagen und Schwerpunkte im Mittelpunkt stehen. Für den interessierten Leser wird in den jeweiligen Abschnitten dieses Buches an den Schnittstellen zu den verschiedenen Branchen und sonstigen Besonderheiten auf die hierzu vorhandene Spezialliteratur verwiesen. Unabhängig davon können aber einige allgemeine Grundprinzipien und Basisinstrumente zur Risikoidentifikation angewendet werden. Dazu gehören beispielsweise

- Analyseraster,
- Risikotabellen,
- Interviews,
- Analyse aller Ablaufprozesse usw.

Wesentlicher Bestandteil und Grundvoraussetzung der Risikoidentifikation ist die Systematisierung der betriebswirtschaftlichen Risikoarten.

Die Systematisierung der verschiedenen **Risikoarten** erfolgt in der Literatur und der Wirtschaftspraxis auf vielfältige Art und Weise. Entscheidend für die jeweilige Art der Systematisierung und insbesondere die jeweiligen Abgrenzungskriterien ist die jeweilige Fragestellung. Die Zielstellung dieses Buches ist eine allgemeine unternehmensweite Darstellung des Risikomanagements unabhängig von Branchenbesonderheiten, Unternehmensgröße und Regionen.

Auf der obersten Ebene wird zuerst eine Unterscheidung in **naturwissenschaftliche** und **wirtschaftswissenschaftliche** Risiken vorgenommen. Dies mag auf den ersten Blick banal erscheinen. Es wird dabei bereits ein grundlegendes Problem ersichtlich: die verschiedenen Risikoarten können nicht immer eindeutig voneinander getrennt werden. So hängen naturwissenschaftliche Risiken wie z. B. Erdbeben unmittelbar mit den wirtschaftlichen Risiken von Rückversicherungsgesellschaften zusammen. Dieses Problem lässt sich durch keinen Systematisierungsansatz lösen. Im Folgenden wird jedoch versucht werden, durch möglichst klar definierte Risikokategorien dieses Problem zu minimieren.

In einem zweiten Schritt wird zweckmäßiger Weise zwischen **betriebswirtschaftlichen** und **volkswirtschaftlichen** Risiken getrennt. Auch wird die fehlende Trennschärfe wieder deutlich: Volkswirtschaftliche Konjunkturrisiken wirken sich unmittelbar auf das unternehmerische Absatzrisiko aus.

Auf der betriebswirtschaftlichen bzw. unternehmerischen Ebene wird eine Unterscheidung in **finanzwirtschaftliche** und **leistungswirtschaftliche** Risiken vorgenommen. Dies folgt der Zielstellung, in Anlehnung an die Systematik im internen Rechnungswesen möglichst alle unternehmerischen Risiken systematisch zu erfassen. Die finanzwirtschaftlichen Risiken werden weiter in Markt-, Kredit- und Liquiditätsrisiken unterteilt. Bei den leistungswirtschaftlichen Risiken wird in Betriebs- und Absatz-/Beschaffungsrisiken untergliedert. Es muss ausdrücklich auf die Interdependenzen zwischen den verschiedenen betriebswirtschaftlichen Risikoarten hingewiesen werden. So kann ein Kreditrisiko zu einem Liquiditätsrisiko führen und umgekehrt. Oder das Aktienkursrisiko lässt sich nicht immer vom Insolvenzrisiko (Kreditrisiko) trennen, da eine von der Insolvenz bedrohte Aktiengesellschaft automatisch auch ein erhebliches Kursrisiko mit sich zieht.

In Abbildung 1.3 ist die Gliederung der betriebswirtschaftlichen Risiken im Überblick zusammengestellt. Anhand der angegeben Kapitel und Abschnitte kann daraus der Aufbau diese Buches logisch nachvollzogen werden.

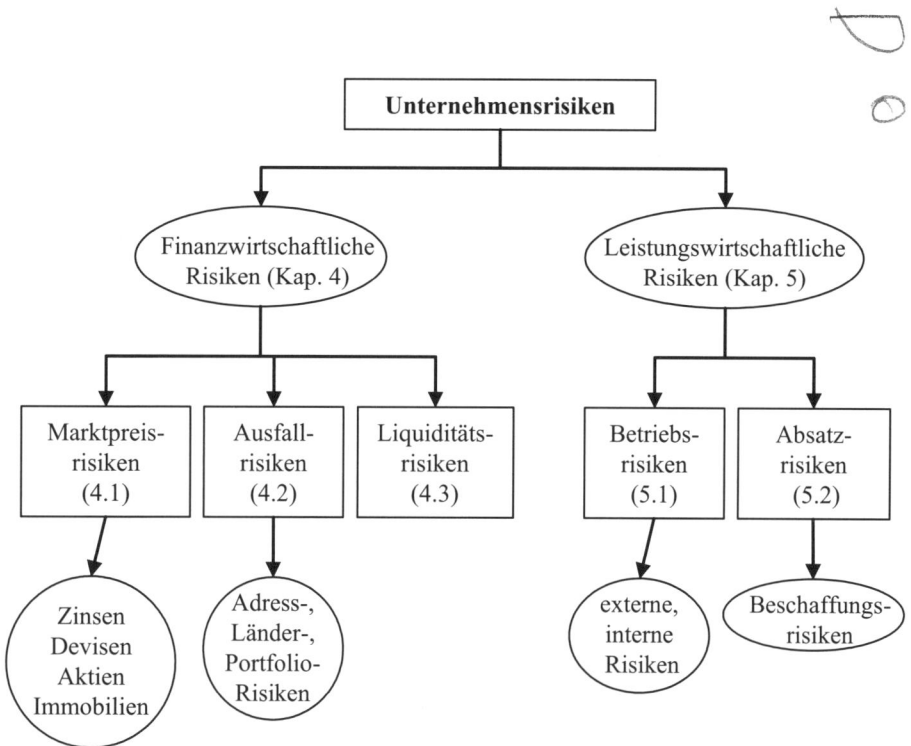

Abb. 1.3 *Systematik der unternehmerischen Risikoarten*

1.4   Geschichte des Risikomanagements

In einem Abschnitt über die Geschichte des Risikomanagements stellt sich einleitend die Frage, wofür ein geschichtlicher Abriss nützlich sein kann, wenn es doch eigentlich um die Darstellung aktueller Sachverhalte und die Weiterentwicklung von Methoden geht. Zum einen hat es sich immer wieder gezeigt, dass aus Fehlern der Vergangenheit für die Gestaltung der Zukunft Rückschlüsse gezogen werden können. Andererseits kann aus der geschichtlichen Entwicklung abgeleitet werden, inwieweit die heutigen Methoden des Risikomanagements nützlich und weiterführend sind. Es wird deutlich, warum in der Vergangenheit versucht wurde, Risiken zu vermeiden- oder auch nicht. Eine derartige Betrachtungsweise hilft uns heute nachzuvollziehen, wo man eigentlich steht und wohin möglicherweise der Weg im Risikomanagement führen kann.

Seit Menschengedenken gibt es Glücksspiele. Bei Glücksspielen werden verschiedene Kategorien unterschieden: Reine Glücksspiele, deren Ausgang nur vom Glück bzw. Pech beeinflusst werden kann (z. B. Würfelspiele) und Glücksspiele bei denen das Glück mit dem Faktor Geschicklichkeit gepaart wird (z. B. Kartenspiele). Eine mögliche dritte Komponente stellt dabei die Berücksichtigung des Faktors Zeit dar. Bis zum 12. Jahrhundert wurde der Ausgang von Glücksspielen als unvorhersehbar und schicksalhaft hingenommen. Bis zu diesem Zeitpunkt konnte nicht von Risikoverständnis in irgendeiner Form gesprochen werden. Die Ursprünge des heutigen Risikoverständnisses liegen im hindu-arabischen Zahlensystem, das vor achthundert Jahren die westliche Welt erreichte. Im Jahr **1202** erschien in Italien das Buch „Liber Abaci" oder übersetzt das „Buch des Abakus" von Leonardo Pisano der auch heute noch unter dem Namen **Fibonacci** bekannt ist. Fibonacci erkannte, das mit dem hindu-arabischen Zahlensystem, in dem Buchstaben durch Zahlen ersetzt wurden, sehr viel weitergehende Kalkulationsmöglichkeiten sich eröffneten, die mit dem römischen Zahlensystem nicht durchführbar gewesen wären. Die Grundlage für Berechnungen mit ganzen Zahlen, Brüchen und Ziehen von Quadratwurzeln wurde damit gelegt.

Die eigentliche Risikoforschung begann jedoch erst in der Renaissance, in der tradierte Meinungen und religiöse Fragen offen in Frage gestellt wurden. Im Jahr **1494** erschien vom Franziskaner Luca **Paccioli** das Werk „Summa de arithmetic, geometria et proportionalita". In diesem Buch war neben Multiplikationstabellen auch die doppelte Buchführung erstmalig ausführlich und gründlich dargestellt. Für die Entwicklung des Risikomanagements von besonderer Bedeutung waren die Überlegungen von Paccioli zu der erstmals aufgestellten Frage, wie bei einem abgebrochenen Glücksspiel die Spieleinsätze zwischen den Spielparteien zu verteilen sind. Diese Problematik wurde danach noch lange unter der Bezeichnung „Frage der Punkte" diskutiert und führte an die Schwelle der Quantifizierung von Risiko.

Bereits **1525** wurde diese Schwelle durch **Cardanos** Werk „Das Buch über Hasardspiele" betreten und stellte den ersten Versuch dar, beim Abwägen von Risiken das Element der Wahrscheinlichkeitsberechnung einzuführen. Dabei stellte sich schon damals heraus, dass Wett- und Glücksspiele ein ideales Versuchslabor für Experimente zur Risikoquantifizierung sind! Als Entdecker der Wahrscheinlichkeitstheorie (die den mathematischen Kern des Risikobegriffs bildet) gelten **Pascal** und **Fermat** durch ihre gemeinsamen Briefwechsel von **1654** u. a. zur Lösung der Frage der Punkte. Und nur acht Jahre später, **1662**, erschien von **John Graunt** das Werk „Natural and Political Observations made upon the Bills of Mortality". Dieses Werk stellte einen Durchbruch in der methodischen Anwendung von Stichprobenverfahren und Wahrscheinlichkeitsberechnungen dar, die heute die Grundlage für nahezu alle Risikosteuerungsmethoden bilden. Ein weiterer Meilenstein in dieser Zeit waren die von John **Halley** in den Transactions **1693** veröffentlichten Tabellen zur Berechnung der Lebenserwartung, die später die Grundlage zur Berechnung von Renten durch Versicherungsgesellschaften bildeten.

Im Jahr **1738** wurde durch Bernoulli ein ganz neuer Theorienkomplex aufgestellt. Während in der Wahrscheinlichkeitstheorie die Wahlmöglichkeiten definiert wurden, definierte Bernoulli die Interessen der Person, die entscheidet und auswählt. Diese von **Jacob Bernoulli** entwickelte „Nutzentheorie" blieb 250 Jahre das herrschende Paradigma vom rationalen Verhalten und war das Fundament heutiger Prinzipien für das Management von Kapitalanlagen. Fast zu gleicher Zeit fand eine weitere für das heutige Risikomanagement bedeutende Entdeckung statt. **De Moivre** veröffentlichte in seiner „Doctrine of Chances" **1733** die Herleitung einer Verteilung, die heute unter dem Begriff Normalverteilungskurve bekannt ist und berechnete ein statistisches Maß für die Berechnung der Streuung um den Mittelwert (heute Standardabweichung genannt). Eine ähnlich bedeutende Entdeckung wurde **1885** gemacht. **Francis Galton** entwickelte den Satz von der „Regression zum mittleren Wert" welcher schlussendlich zum Begriff der Korrelation führte.

Im 20. Jahrhundert wurden schließlich viele Begriffe geprägt, die auch heute noch im Risikomanagement geläufig sind. **Frank Knight** veröffentlichte **1921** sein Werk „Risk, Uncertainty and Profit", in dem er seine Untersuchungen auf die Unterscheidung von Ungewissheit und Risiko aufbaut. Im Ergebnis gelangt man durch die Arbeit von Knight zu der Erkenntnis, dass die Wahrscheinlichkeiten von sich häufig wiederholenden identischen Ereignissen sich eben nicht auf zukünftige wirtschaftliche Ereignisse projizieren lassen. Im Jahr **1926** wurde durch die Spieltheorie von **John v. Neumann** ein neues Verständnis von Ungewissheit begründet, wonach der eigentliche Grund für Ungewissheit in der Absicht der anderen liegt. Hierbei wurde auch erstmalig der Verlust als Bestandteil von Risikosteuerung eingeführt. **Keynes** stellte **1937** fest, dass es z. B. für die Entwicklung von Kupferpreisen und Zinssätzen keine wissenschaftliche Grundlage gibt, auf der sich irgendeine kalkulierte Wahrscheinlichkeit aufbauen ließe. Man wisse es einfach nicht. Damit nahm Keynes eine Entkoppelung von mathematischen Wahrscheinlichkeiten vor, in dem er nur von Unsicherheit ausgeht und das Gesetz der großen Zahlen zur Anwendung auf volkswirtschaftliche Zusammenhänge ablehnt.

Harry Markowitz brachte schließlich **1952** den Aufsatz „Portfolio Selection" im Journal of Finance heraus. Der Aufsatz kann als Begründung der Portfoliotheorie betrachtet werden, nach der die Gesamtbetrachtung von mehreren Wertpapieren eine ganz andere Herangehensweise erfordert als der Fokus nur auf einzelne Aktien. Grundlage der Überlegungen von Markowitz war der Einbezug des Ertrages und nicht nur die isolierte Risikobetrachtung. Diese Sichtweise hat sich bis heute durchgesetzt. Im Jahr **1973** wurde die von **Black** and **Scholes** entwickelte Formel zur Optionspreisbewertung veröffentlicht. Sie stellt einen Meilenstein im Risikomanagement dar, da nun mit Hilfe der Bewertung von Optionen Risiken auch zwischen verschiedenen Marktteilnehmern übertragen werden konnten. Eine weitere bemerkenswerte Entwicklung folgte **1979** durch die als „Prospect Theory" bekannt gewordenen Untersuchungen von **Kahneman** und **Tversky** zum unterschiedlichen Vorgehen bei gewinnträchtigen und bei verlustträchtigen Entscheidungen. Mit ähnlichen Fragestellungen hatte sich auch schon 1971 der Nobelpreisträger Kenneth Arrow durch Anwendung auf ein fiktives Versicherungsunternehmen beschäftigt und wichtige Ergebnisse zum Risiko- und Verlustverhalten erforscht. Der letzte Meilenstein in diesem geschichtlichen Abriss zum Risikomanagement ist die Entwicklung des Value at Risk Konzeptes **1994** durch die Investmentbank **Morgan Stanley**, welches auch einen zentralen Bestandteil diese Buches und des heutigen Risikomanagements bildet.

Auf die Ergebnisse der verschiedenen geschichtlichen Entwicklungsstufen wird im Folgenden vereinzelt an geeigneter Stelle zurückgegriffen und der Bezug zum heutigen und womöglich auch zukünftigen Risikomanagement hergestellt. Abschließend sind die verschiedenen geschichtlichen Entwicklungen in Tabelle 1.1 zur Übersicht zusammengefasst.

Tab. 1.1 *Geschichte des Risikomanagements*

Jahr:	Historisches Ereignis:	Vertreter:
1202	Zahlensystem, Buch des Abakus	Fibonacci
1494	Frage der Punkte, doppelte Buchführung	Paccioli
1525	Erste Versuche der Wahrscheinlichkeitsberechnung	Cardano
1654	Entdeckung der Wahrscheinlichkeitstheorie	Pascal, Fermat
1662	Entwicklung von Stichprobenverfahren	Graunt
1693	Berechnung von Lebenserwartungen	Halley
1733	Normalverteilung, Streuung als Maß	De Moivre
1738	Nutzentheorie	Bernoulli
1885	Regression zum mittleren Wert	Galton
1921	Unterscheidung Ungewissheit und Risiko	Knight
1926	Spieltheorie	Neumann
1937	Abkehr von mathematischen Wahrscheinlichkeiten	Keynes
1952	Portfoliotheorie	Markowitz
1973	Optionspreisbewertungsmodelle	Black/Scholes
1979	Prospect Theory	Kahnemann/Tversky
1994	Value at Risk Konzept	Morgan Stanley

1.5   Literaturhinweise

Für eine vertiefende Betrachtung des **Begriffes Risikomanagement** und **Risiko-Controlling** sowie einer **prozessorientierten** Betrachtung des Risikomanagements ist

Burger, Anton / Buchhart, Anton: Risiko-Controlling, Oldenbourg Verlag, 2002

besonders gut geeignet.

Unterschiedliche Systematisierungen von **Risikoarten** werden in fast jedem Werk zum Risikomanagement vorgenommen.

Die Ausführungen zur **Geschichte des Risikomanagements** erfolgten aus

Bernstein, Peter L.: „Wider die Götter. Die Geschichte von Risiko und Risikomanagement von der Antike bis heute", Gerling Akademie Verlag, München, 1997.

Es finden sich sehr viel weitergehende Ausführungen mit zahlreichen Beispielen und auch etlichen Anekdoten.

2 Risikomessung und -Analyse

Nach der Risikoidentifikation (siehe Abschnitt 1.3) folgt die Risikomessung und darauf aufbauend die Risikoanalyse. Die Risikomessung ist der Kern des Risikomanagements. Nur Risiken, die erfasst bzw. gemessen werden, können auch geplant und gesteuert werden. Aufgrund dieser Bedeutung wird auch der Risikomessung in diesem Buch ein besonderer Stellenwert beigemessen und entsprechend ausführlich behandelt. Zuerst werden quantitative Messverfahren (d. h. in Zahlen messbare) behandelt. Dabei werden die jeweiligen Vor- und Nachteile allgemein abgeleitet, d. h. an einfachen leicht nachvollziehbaren Beispielen. Erst ab dem 4. Kapitel wird die Risikomessung auf die speziellen Risikoarten angewendet werden und gegebenenfalls spezifisch angepasst werden. Gleiches trifft auf die Darstellung der qualitativen Messverfahren im Abschnitt 2.5 zu. Insbesondere die Übertragung auf Kreditrisiken im 5. Kapitel stellt eine eigene Abhandlung dar, da Rating-Verfahren eine spezielle Anwendung für ein nur qualitativ messbares Risiko darstellen. In der Risikoanalyse schließlich werden in erster Linie Überlegungen angestellt, wie beurteilt werden kann, ob die vorher gemessenen Risiken weitere Maßnahmen (die dann im 3. Kapitel allgemein dargestellt werden) erfordern oder nicht. In Abbildung 2.1 sind die verschiedenen Risikomaße im Überblick dargestellt.

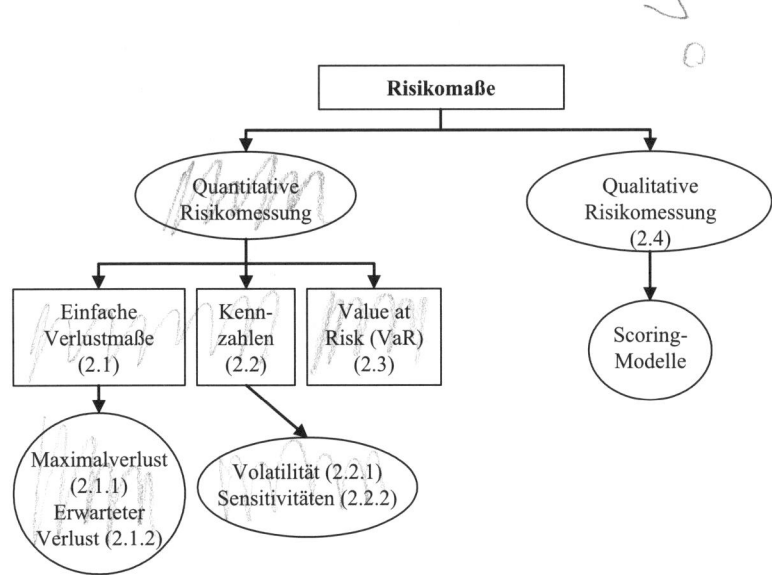

Abb. 2.1 *Übersicht Risikomaße*

2.1   Einfache Verlustmaße

Bei einfachen Verlustmaßen wird auf seit langem bekannte Erkenntnisse der Wahrscheinlichkeitsrechnung (insbesondere den Erwartungswert) und auf den gesunden Menschenverstand zurückgegriffen. Der Nachteil von einfachen Verlustmaßen liegt in der völlig unzureichenden Abbildung des tatsächlichen bzw. relevanten Risikogehaltes, insbesondere mit Blick auf eine möglicherweise notwendige Riskosteuerung. Aus diesem Grund spielen diese Kennzahlen auch in der Praxis, wenn überhaupt, nur eine untergeordnete Rolle. Es bleibt jedoch ein Vorteil: Durch ihre einfache Handhabung und Berechenbarkeit können sie trotz ihrer Ungenauigkeit als grobe Einschätzung einen Rahmen für Plausibilitätsüberlegungen von komplexeren Maßen (wie z. B. Value at Risk in Abschnitt 2.3) bilden.

2.1.1   Maximalverlust

Ein unmittelbares und sehr einfaches Maß zur Risikomessung ist der Maximalverlust.

> Der **Maximalverlust** stellt auf den größtmöglichen Schaden bzw. Verlust einer Vermögensposition ab.

Die Wirkungsweise des Maximalverlustes wird zunächst an zwei einfachen Beispielen verdeutlicht, auf die im Weiteren wieder zurückgegriffen wird.

Beispiel A:

Zwei Spieler S und T spielen ein Spiel und besitzen als Startkapital beide je 1.000,- €. Ihr Vermögen beträgt also zu Spielbeginn jeweils 1.000,- €. Es wird eine Münze **einmal** geworfen. Erscheint Kopf muss Spieler S an T 500,- € zahlen und bei Zahl muss T an S 500,- € zahlen. Es wird dabei vorausgesetzt, dass der Münzwurf nicht manipuliert ist und mit einer Wahrscheinlichkeit von jeweils 50% Kopf bzw. Zahl erscheint.

Beispiel B:

Student C hat auf einem beliebigen Markt einen Vermögensgegenstand im Wert von 1.000,- € gekauft. Sein Vermögen beläuft sich demnach auf 1.000,- €. Er kann diesen Vermögensgegenstand in der Zukunft auf dem Markt mit einer Wahrscheinlichkeit von 70% wieder zu 1.300,- € verkaufen. Mit einer Wahrscheinlichkeit von 20% erzielt er jedoch nur noch einen Verkaufspreis von 700,- € und mit 10% Wahrscheinlichkeit ist sein Vermögensgegenstand am Markt nichts mehr wert (d. h. Totalverlust von 1.000,- €).

Im Beispiel A beträgt der Maximalverlust (=V_{max}) offensichtlich

$$V_{max}(A) = \underline{\mathbf{-500,- \text{€}}}$$

(da annahmegemäß nur einmal gespielt wird). Würde mehr als einmal gewürfelt werden, so beläuft sich der Maximalverlust auf 1.000,-€. In diesem Fall würde der Maximalverlust dem Startkapital entsprechen. Im Beispiel B ist

$V_{max}(B) = \underline{\textbf{-1.000,- €}}$,

wenn der Vermögensgegenstand auf dem Markt nichts mehr wert ist.

Der **Vorteil** des Maximalverlustes besteht in seiner einfachen Berechenbarkeit, d. h. es müssen keine Wahrscheinlichkeiten einbezogen werden. Auch als Kontrollgröße ist der Maximalverlust geeignet, da Risikoberechnungen mit Ergebnissen größer als dem Maximalverlust nicht richtig sein können.

Die Einfachheit des Maximalverlustes ist gleichzeitig auch der entscheidende **Nachteil.** Es findet keine qualitative Beurteilung des Risikogehaltes statt, d. h. was riskanter ist, kann nicht beurteilt werden. Es leuchtet unmittelbar ein, dass B nicht riskanter sein muss als A, nur weil der Maximalverlust sehr viel höher ist, da eben die Wahrscheinlichkeit des Eintretens des Maximalverlustes völlig unberücksichtigt bleibt. Der Maximalverlust tritt bei A mit einer Wahrscheinlichkeit von 50% ein, bei B tritt der höchstmögliche Schaden jedoch nur mit einer Wahrscheinlichkeit von 10% ein! Also sollte dieses Maß zumindest nicht für eine qualifizierte Risikobeurteilung herangezogen werden.

Auch der Vergleich zweier **absoluter Maximalverluste** in Geldeinheiten ist nur bedingt aussagekräftig. Hierbei kann der Bezug zur Höhe der Vermögensposition hergestellt werden. Dadurch ergibt sich ein relativer Maximalverlust bei A: -500,- €/1.000,- € = -50% und bei B: -1000,- €/1.000,- € = -100%).

Darüber hinaus gibt es gerade im Bereich der Finanzmarktinstrumente Positionen, bei denen der Maximalverlust nicht ermittelt werden kann. Hierbei handelt es sich um **Derivate**, bei denen ein Vermögensverlust nicht durch sinkende Preise sondern durch steigende Preise verursacht werden kann (siehe Abschnitt 3.4.2). Solange zumindest theoretisch die Preise aber beliebig steigen können, kann keine Obergrenze im Sinne des Maximalverlustes angegeben werden. Auf diese Problematik wird im dritten Kapitel noch ausführlicher eingegangen werden.

Zusammenfassend kann für den **Maximalverlust** festgehalten werden, dass er aufgrund seiner einfachen Berechnung immer als **zusätzliche Kontrollgröße** verwendet werden kann, aber seine **fundamentalen Schwächen** nicht vernachlässigt werden dürfen. Es müssen daher immer noch zusätzlich gehaltvollere Risikomaße benutzt werden, die in den folgenden Abschnitten dargestellt werden.

2.1.2 Erwarteter Verlust

Um die gravierenden Nachteile des Maximalverlustes beheben zu können, ist es nahe liegend, die Wahrscheinlichkeiten in die Risikomessung einzubeziehen. Die einfachste Möglichkeit ist die Berechnung des erwarteten Verlustes im Sinne des statistischen Erwartungswertes. Der Erwartungswert entspricht einem „gewichteten Durchschnittswert" der Werte, welche die unsichere Größe „Vermögensverlust" annehmen kann.

> Beim **erwarteten Verlust** werden die möglichen Verluste mit ihrer jeweiligen Eintritts-wahrscheinlichkeit multipliziert und diese Ergebnisse aufsummiert.

In den Beispielen A und B kann der erwartete Verlust ($=V_{erw}$) durch Gewichtung der jeweiligen Vermögensverluste mit ihrer zugehörigen Wahrscheinlichkeit berechnet werden, also:

$V_{erw}(A) = (0,5 \; x \; -500,-€) = \underline{\textbf{-250,- €}}$

$V_{erw}(B) = (0,1 \; x \; -1000,-€) + (0,2 \; x \; -300,-€) = \underline{\textbf{-160,- €}}$

Der **Vorteil** gegenüber dem Maximalverlust wird sofort ersichtlich: Durch Berücksichtigung der Wahrscheinlichkeiten findet eine gehaltvollere Risikobeurteilung statt. Wird der erwartete Verlust zugrunde gelegt, so ist jetzt A riskanter als B gegenüber der Verwendung des Maximalverlustes. Die Ursache ist auch offensichtlich. Der Maximalverlust tritt bei B nur mit einer Wahrscheinlichkeit von 10% ein, während er bei A mit 50% Wahrscheinlichkeit eintritt. Diese unterschiedliche Risikobeurteilung wird also beim erwarteten Verlust im Gegensatz zum Maximalverlust berücksichtigt.

Der erwartete Verlust besitzt jedoch auch gravierende **Nachteile** bezüglich der Qualität der Risikobeurteilung. Im erwarteten Verlust spiegelt sich nicht die Entstehungsweise des Risikos wider. Mit anderen Worten: Die Risikoverteilung (bzw. die Wahrscheinlichkeitsverteilung) wird durch den Erwartungswert nicht ausreichend abgebildet. Diese Problematik wird sofort deutlich, wenn Beispiel B wie folgt zu Beispiel C modifiziert wird:

Beispiel C:

Mit einer Wahrscheinlichkeit von nur noch 5% wird wieder der Totalverlust von 1.000,- € realisiert. Es tritt jetzt nur ein Verlust von 200,- € mit einer Wahrscheinlichkeit von 55% ein. Mit einer Wahrscheinlichkeit von 40% wird ein Verkaufsgewinn von 525,- € erzielt.

Der Erwartungswert des Verlustes beläuft sich wieder auf

$V_{erw}(C) = (0,05 \; x \; -1000,-€) + (0,55 \; x \; -200,-€) = \underline{\textbf{-160,- €}}$

Folglich würde der Risikoträger anhand des erwarteten Verlustes zu einer identischen Risikoeinschätzung wie bei Beispiel B gelangen. Dies ist aber ein fragwürdiges Ergebnis, denn im Fall C erscheint das Risiko geringer zu sein, da der Maximalverlust nur noch mit einer Wahrscheinlichkeit von 5% eintritt und die andere Verlustmöglichkeit mit 200,- € geringer ist als bei Beispiel B mit 300,- €. Genau diese **unterschiedliche** Qualität der **Risikostruktur** wird aber durch den Erwartungswert **nicht abgebildet**.

Aus diesem Vergleich von Beispiel B und C folgen **noch weitere Schwächen** des erwarteten Verlustes. Da die unterschiedliche Risikoentstehung nicht berücksichtigt wird, kann auch eine mögliche unterschiedliche **Risikoeinstellung** des Risikoträgers **nicht** adäquat **abgebildet** werden. So würde ein risikoscheuer Student die Variante C bevorzugen, da die möglichen Verluste offenbar geringer sind. Beispiel B würde dagegen von risikofreudigen Akteuren bevorzugt werden. Des Weiteren ist der **Vergleich** der **erwarteten Verluste** bedenklich, da die kumulierten Wahrscheinlichkeiten aller Verluste im Vergleich unterschiedlich hoch sind. So wird im Beispiel B ein möglicher Verlust insgesamt mit einer kumulierten Wahrscheinlichkeit von 10% plus 20% gleich 30% realisiert, während dies im Fall C 5% plus 55% gleich insgesamt 60% sind. Es ist also jeweils eine **unterschiedliche Berechnungsbasis** gegeben.

Auch der Faktor **Zeit** bleibt bisher **unberücksichtigt**, da bisher nur eine einmalige Aktion betrachtet wurde. Die unternehmerische Tätigkeit besteht aber in der Praxis aus sich ständig wiederholenden Aktionen (z. B. permanentes Kaufen und Verkaufen).

Zudem lässt auch die **absolute Höhe** des erwarteten Verlustes keine aussagekräftigen Schlussfolgerungen zu. Denn in den obigen Beispielen wird deutlich, dass der erwartete Verlust in **Relation** zum ursprünglichen Vermögen gesehen werden muss. Ein erwarteter Verlust von z. B. -160,- € bezogen auf ein Vermögen von 1000,- € (=-16%) ist anders zu beurteilen als bei einem Vermögenseinsatz von nur 500,- € (=-32%). In der Konsequenz muss also die Risikomessung weiterentwickelt werden bzw. müssen weitergehende Maße herangezogen werden.

2.2   Kennzahlen

Aus den in Abschnitt 2.1 dargestellten Schwächen so genannter „einfacher Risikomaße" werden im Folgenden weiterführende Risikomaße bzw. Kennzahlen dargestellt, mit denen die genannten Schwächen behoben werden können. Hierbei wird im Wesentlichen auf bekannte statistische Methoden bzw. Kennzahlen zurückgegriffen.

2.2.1   Volatilität

Zuerst werden für eine gehaltvollere Risikobeurteilung die relativen Änderungen des Vermögens (Änderung des Vermögens im Verhältnis zum Anfangsvermögen bzw. Startkapital) und ihre jeweiligen Eintrittswahrscheinlichkeiten betrachtet. Für die oben angeführten Beispiele ergeben sich folgende Werte:

Tab. 2.1   *Relative Vermögensänderungen*

A:		B:		C:	
Relative V.änderung:	Eintritts- wkt.:	Relative V.änderung:	Eintritts- wkt.:	Relative V.änderung:	Eintritts- wkt.:
-50%	50%	-100%	10%	-100%	5%
+50%	50%	- 30%	20%	- 20%	55%
		+ 30%	70%	+ 52,5%	40%

Analog zu den obigen Ausführungen können jetzt die **erwarteten relativen Vermögensverluste berechnet** werden. Es ergeben sich dann für die obigen Beispiele folgende Rechenwege und Ergebnisse:

$V_{erw}(A) = (-50\% \times 50\%) = \underline{\textbf{-25\%}}$

$V_{erw}(B) = (-100\% \times 10\%) + (-30\% \times 20\%) = \underline{\textbf{-16\%}}$

$V_{erw}(C) = (-100\% \times 5\%) + (-20\% \times 55\%) = \underline{\textbf{-16\%}}$

Diese relativen erwarteten Vermögensverluste entsprechen den in Abschnitt 2.1.2 berechneten absoluten Ergebnissen. Soweit nichts anderes angegeben wird, werden relative Größen benutzt. Auf den expliziten Hinweis, dass es sich um relative Größen handelt, wird aus Vereinfachungsgründen in den weiteren Ausführungen daher verzichtet.

Eine weitere Schwäche des erwarteten Verlustes war die unterschiedliche Berechnungsbasis. Um diese Schwäche zu beheben, müssen zunächst die Vermögensgewinne mit ihren zugehörigen Eintrittswahrscheinlichkeiten berücksichtigt werden. Es ergibt sich dann kein Risikomaß mehr, sondern eine erwartete Vermögensänderung.

> Bei der **erwarteten Vermögensänderung** werden **alle** möglichen Vermögensänderungen mit ihrer zugehörigen Eintrittswahrscheinlichkeit multipliziert und aufsummiert.

Die erwartete Vermögensänderung besitzt also den Vorteil, dass für einen Vergleich von Alternativen die gleiche Berechnungsbasis, nämlich alle Eintrittswahrscheinlichkeiten (die in der Summe immer 100% ergeben), zugrunde gelegt wird. Für die Beispiele ergeben sich dann folgende **erwartete relative Vermögensänderungen** (=VÄ$_{erw}$):

$V\ddot{A}_{erw}(A) = (-50\% \times 50\%) + (50\% \times 50\%) = \underline{\textbf{0\%}}$

$V\ddot{A}_{erw}(B) = (-100\% \times 10\%) + (-30\% \times 20\%) + (30\% \times 70\%) = \underline{\textbf{+5\%}}$

$V\ddot{A}_{erw}(C) = (-100\% \times 5\%) + (-20\% \times 55\%) + (52,5\% \times 40\%) = \underline{\textbf{+5\%}}$

Auch die erwartete relative Vermögensänderung liefert also für die Beispiele B und C kein unterschiedliches Ergebnis.

Die entscheidende Schwäche des Erwartungswertes ist die mangelnde qualitative Risikobeurteilung, die beim Vergleich von B und C sichtbar wird. Es stellt sich die Frage, wie das unterschiedliche Zustandekommen insbesondere der jedoch identischen Ergebnisse (-16% beim erwarteten Vermögensverlust und +5% bei der erwarteten Vermögensänderung) rechentechnisch erfasst und beschrieben werden können. Ein intuitiver Ansatz, das Risiko besser zu erfassen, wäre es, die Summe der **Differenzen** zwischen den **möglichen Vermögensänderungen** und der oben berechneten **erwarteten Vermögensänderung** zu betrachten. Je höher die Summe der Differenzen wäre, desto höher wäre intuitiv auch das eingegangene Risiko. Die Differenzen messen die Abweichung von einem bestimmten erwarteten Wert und beschreiben somit die Abweichung von einer Erwartung als Risiko. Es ergibt sich jeweils:

$A: (-50\% - 0\%) + (50\% - 0\%) = \underline{\textbf{0\%}}$

$B: (-100\% - 5\%) + (-30\% - 5\%) + (30\% - 5\%) = \underline{\textbf{-115\%}}$

$C: (-100\% - 5\%) + (-20\% - 5\%) + (52,5\% - 5\%) = \underline{\textbf{-82,5\%}}$

Diese Vorgehensweise weist auf den ersten Blick gravierende Mängel auf. Zum einen weist A kein Risiko auf, was daran liegt, dass sich **positive** und **negative Differenzen** in der Summe genau **ausgleichen**. Die einfachen Differenzen wären also kein geeignetes Risikomaß, da es offensichtlich ist, dass bei A, wie oben ausführlich erläutert, tatsächlich ein Risiko vorliegt. Auch die beiden Ergebnisse von B und C bilden das Risiko offenbar nicht richtig ab. Es ergeben sich **negative Werte**, die für eine Risikobeurteilung ungeeignet sind, da es nicht sinnvoll ist, ein negatives Risiko zu definieren. Außerdem ergibt die **Größenordnung** von kleiner als -100% bei B **kein sinnvolles Ergebnis**.

Soll verhindert werden, dass sich positive und negative Differenzen ausgleichen, so können die **betragsmäßigen (absoluten) Differenzen** berechnet werden. Um auch zu vermeiden, dass sich dann Werte größer als 100% ergeben, werden die betragsmäßigen Differenzen noch mit der Wahrscheinlichkeit des Eintretens der jeweiligen möglichen Vermögensänderung (=Eintrittswahrscheinlichkeit) multipliziert. Diese Vorgehensweise liefert folgende Ergebnisse:

A: $|-50\% - 0\%| \times 50\% + |50\% - 0\%| \times 50\% =$ **_50%_**

B: $|-100\% - 5\%| \times 10\% + |-30\% - 5\%| \times 20\% + |30\% - 5\%| \times 70\% =$ **_35%_**

C: $|-100\% - 5\%| \times 5\% + |-20\% - 5\%| \times 55\% + |52,5\% - 5\%| \times 40\% =$ **_38%_**

Die Ergebnisse erscheinen auf den ersten Blick plausibel, da keine Ergebnisse größer als 100% sind und insbesondere auch für B und C unterschiedliche Werte resultieren. Diese mittlere absolute Abweichung ist durchaus ein gängiges Maß für die Streuung und somit für das Risiko. Allerdings wird seit 90 Jahren über dessen Eigenschaften kontrovers diskutiert. Ein weiterer Nachteil der mittleren absoluten Abweichungen ist oft die schwierige algebraische Weiterverarbeitung der Beträge. Aus diesem Grund hat sich weltweit die folgende Vorgehensweise in der Risikomessung durchgesetzt (zur Diskussion über die beiden verschiedenen Streuungsmaße siehe der Literaturhinweis in Abschnitt 2.7):

Um den Ausgleich von negativen und positiven Differenzen zu vermeiden werden zunächst die **Differenzen quadriert**. Diese quadrierten Differenzen werden dann mit ihrer zugehörigen **Wahrscheinlichkeit**, also mit der Wahrscheinlichkeit des Eintretens der jeweiligen möglichen Vermögensänderung, multipliziert. Dadurch wird die unterschiedliche Risikostruktur berücksichtigt. Für die Summe ergeben sich dann folgende Werte, die als die statistische Kennzahl **Varianz** bezeichnet werden:

Varianz(A): $(-50\% - 0\%)^2 \times 50\% + (50\% - 0\%)^2 \times 50\% =$ **_0,25_**

Varianz(B): $(-100\% - 5\%)^2 \times 10\% + (-30\% - 5\%)^2 \times 20\% + (30\% - 5\%)^2 \times 70\% =$ **_0,1785_**

Varianz(C): $(-100\% - 5\%)^2 \times 5\% + (-20\% - 5\%)^2 \times 55\% + (52,5\% - 5\%)^2 \times 40\% =$ **_0,17975_**

Durch die Quadrierung können keine negativen Werte entstehen. Allerdings ergeben sich dadurch auch als Einheit für das Ergebnis keine Angaben mehr in Prozent (sondern in Prozent zum Quadrat). Auch die Größenordnungen sind durch die Quadrierung im Verhältnis zu den erwarteten Vermögensänderungen nicht sinnvoll interpretierbar. Diese Schwächen können jedoch leicht behoben werden, indem die **Wurzel** aus der **Varianz** gezogen wird. Dadurch sind die Größenordnungen im Verhältnis zum Erwartungswert sinnvoll interpretierbar und die Ergebnisse sind wieder in der gleichen Einheit, nämlich in **Prozent**. Die so berechneten Werte sind die Standardabweichungen der erwarteten Vermögensänderungen. In der Betriebswirtschaftslehre und insbesondere in der Finanzwirtschaft wird dieser Wert **Volatilität** genannt. Für die Beispiele ergeben sich danach folgende Volatilitäten (=Vol):

Vol(A): <u>**50%**</u>
Vol(B): <u>**42,25%**</u>
Vol(C): <u>**42,40%**</u>

Die Volatilität hat sich als Maß für die Schwankungsbreite und damit als Grundpfeiler für die Risikomessung weltweit etabliert. Aus diesem Grund wurde auch die obige Herleitung so ausführlich dargestellt. Alle weiteren Instrumente, Methoden und Anwendungen im Rahmen des Risikomanagements basieren im Wesentlichen auf dieser Volatilität. Die **Volatilität** kann zunächst rein **technisch** wie folgt definiert werden:

> Die **Volatilität** berechnet sich aus der Wurzel der Summe der quadrierten Differenzen von jeder einzelnen möglichen Vermögensänderung und der durchschnittlichen Vermögensänderung multipliziert mit der jeweiligen Eintrittswahrscheinlichkeit. Die Volatilität beschreibt die durchschnittlichen Abweichungen vom Mittelwert (hier die durchschnittliche Vermögensänderung) nach oben und nach unten.

Damit sind jetzt höherwertige Aussagen bezüglich des Risikogehaltes möglich. Die Variante A ist deutlich riskanter als beide Beispiele von B. Dagegen ist B nur geringfügig risikoärmer als C. Dadurch wird jetzt auch eine mögliche **unterschiedliche Risikostruktur** adäquat abgebildet. Auf den ersten Blick erscheint Beispiel C risikoärmer, da die Verluste geringer erscheinen. Wie oben dargestellt, ist dies eine Fehleinschätzung. Erst die Volatilität bildet den Risikogehalt richtig ab, da nicht nur Verluste sondern auch die Schwankungen um mögliche Gewinne als Risiko abgebildet werden. Diese Schwankung um den Vermögensgewinn ist im Fall C größer als bei B, wodurch insgesamt C geringfügig riskanter ist als B (bzw. eine etwas höhere Volatilität besitzt).

In Tabelle 2.2 sind die Ergebnisse für den Maximalverlust, erwarteten Verlust, erwartete Vermögensänderung und die Volatilität zusammengefasst:

Tab. 2.2   Ergebnisse Maximalverlust, erwarteter Verlust, erwartete Vermögensänderung, Volatilität

Beispiel:	Maximal-verlust:	Erwarteter Verlust:	Erwartete Vermögens-änderung:	Volatilität:
A	- 50%	-25%	0%	50%
B	- 100%	-16%	+5%	42,25%
C	- 100%	-16%	+5%	42,40%

Die **Volatilität** kann für diese Beispiele wie folgt **interpretiert** werden: Im Beispiel A schwankt die Vermögensänderung um ihren erwarteten Wert von 0% durchschnittlich um 50 Prozentpunkte nach oben und nach unten. Dieses Ergebnis ist natürlich auch offensichtlich, da ja ausschließlich Vermögensänderungen von +50% oder -50% eintreten! Im Beispiel B (C) schwankt die Vermögensänderung um ihren erwarteten Wert von 5% um 42,25 (42,4) Prozentpunkte nach oben und nach unten.

Bezüglich der in Abschnitt 1.1 vorgenommenen **Definition des Risikobegriffes**, der auf den Verlust ohne Gegenüberstellung der Gewinne abzielt, stellt die Volatilität auf den ersten Blick einen Widerspruch dar. Bei der Berechnung fließen mögliche Vermögenserhöhungen (Vermögensgewinne) mit ein (bei A +50%, bei B +30% und bei C +52,5%). Dieser offensichtliche Widerspruch kann durch folgende Erläuterungen aufgelöst werden.

Würden nur die beobachteten Verluste herangezogen (also bei A -50% und bei B -100%, -30%) ergäbe sich keine statistische korrekte Größe, da dann die Summe der Gewichte nicht hundert (bzw. eins) wäre. Es würde, wie oben bereits erläutert, keine **einheitliche Berechnungsgrundlage** für Vergleiche vorliegen. Auch bei der Berücksichtigung zeitlicher Entwicklungen von Vermögensänderungen ergäben sich bei Vergleichen keine sinnvollen statistischen Ergebnisse, wenn nur die Verluste in die Berechnung einfließen und somit unterschiedlich viele Zeitpunkte verglichen werden würden. Es muss für einen zweckmäßigen Vergleich jeweils die gesamte Zeitreihe und damit auch die beobachteten Gewinne mit berücksichtigt werden.

Zum anderen fließt in die Berechnung der Volatilität als Risikomaß nicht direkt der Vermögensgewinn ein, sondern die **Schwankung um** die **durchschnittliche Vermögensänderungen** und nur diese Schwankung wird als Risiko betrachtet.

In der Risikoanalyse (Abschnitt 2.6), und insbesondere bei der Behandlung des RoRaC-Konzeptes (=Return on Risk adjusted Capital), wird diese Interpretation der Volatilität als Risikomaß besonders deutlich werden. Die **Gewinne** in Form von Vermögenserhöhungen müssen dann **unabhängig** von der **Risikomessung** durch die Volatilität erfasst werden. Insbesondere werden dann auch andere Arten von Gewinnen (z. B. Zinsen, Dividenden) in der Gewinnermittlung berücksichtigt werden müssen, die in keinem Zusammenhang zur Volatilität stehen. In sofern stellt also die Volatilität insgesamt keinen Widerspruch zur einseitigen (verlustorientierten) Definition des Risikos dar.

Auch durch die Betrachtung von relativen Änderungen wird ein weiterer Nachteil der einfachen Risikomaße, wie sie oben erläutert wurden, beseitigt. Lediglich die **Berücksichtigung der Zeit** ist in dem bisher beschriebenen Konzept der Volatilität noch nicht erfasst. Auf der Grundlage der obigen Herleitungen ist dies jetzt aber einfach und problemlos möglich.

Für die Berücksichtigung von zeitlichen Entwicklungen, wie sie in der betriebswirtschaftlichen Praxis üblich sind, wird nun ein realitätsnäheres Beispiel dienen. Im Beispiel B und C wurde der Kauf eines Vermögensgegenstandes auf einem beliebigen Markt zugrunde gelegt, der nur zu **einem** späteren Zeitpunkt wieder verkauft werden konnte. Für diesen Kauf eines Vermögensgegenstandes wird nun konkret der **Kauf einer Aktie** eintreten, die aber an jedem zukünftigen Werktag bzw. Handelstag verkauft oder wieder gekauft werden kann.

Als **historischer Betrachtungszeitraum** wird das gesamte Jahr 2005 mit insgesamt 257 Handelstagen und damit 257 beobachteten Aktienkursen ausgewählt. Zum Vergleich werden die Kurse der **BMW-** (Autohersteller) und der **MAN-** (Maschinenbauer) **Aktie** gegenübergestellt.

Um die Vermögensänderungen beider Aktien vergleichen zu können, müssen zunächst Überlegungen angestellt werden, wie wieder vergleichbare **relative** Angaben zur Vermögensänderung berechnet werden. Es gibt zahlreiche Methoden, auf die aus Vereinfachungsgründen nicht weiter eingegangen wird. Um die Wirkungsweise von Volatilitäten möglichst einfach und anschaulich darstellen zu können, sei das Prinzip der **täglichen Aktienkursrenditen** ausgewählt.

Statt die beobachteten Kursänderungen immer auf das gleiche am Anfang des Betrachtungszeitraumes festgelegte Startkapital (=Vermögen) zu beziehen, wird unterstellt, dass zu jedem Tag die Aktie gekauft und am nächsten Tag wieder verkauft wird. Der dadurch erzielte Kurs-Gewinn oder -Verlust wird dann auf den Kaufkurs vom Vortag bezogen, um eine relative Gewinn- oder Verlustangabe zu erhalten. Dieser Wert wird **tägliche Aktienkursrendite** genannt. Mögliche Gewinne durch Dividendenausschüttungen werden dabei vernachlässigt. In Tabelle 2.3 sind exemplarisch die Kursdaten (Schlusskurse) und Renditeberechnungen dargestellt:

Tab. 2.3   Kurse und Renditen von BMW und MAN

	Kurse:		Renditen:	
Datum:	**BMW**	**MAN**	**BMW**	**MAN**
03.01.2005	33,75 €	29,50 €	-	-
04.01.2005	34,42 €	29,64 €	**1,985%**	0,47%
05.01.2005	34,54 €	29,22 €	0,35%	-1,42%
06.01.2005	34,71 €	29,50 €	0,49%	0,96%
.	.	.	.	.
.	.	.	.	.
.	.	.	.	.
29.12.2005	37,41 €	45,24 €	0,78%	0,69%
30.12.2005	37,05 €	45,08 €	-0,96%	-0,35%

Für den 3.1.2005 können keine Renditen berechnet werden, da ja definitionsgemäß keine Kurse vom Vortag vorliegen. Für den 4.1. berechnet sich die **Rendite** für **BMW** gemäß:

Kursdifferenz vom 4.1. (Verkaufstag) zum 3.1. (Kauftag) = 34,42 € - 33,75 € = 0,67 € und diese Differenz wird auf den Kaufkurs vom 3. 1. bezogen: 0,67 € / 33,75 € = **1,985%**.

Analog ergeben sich alle weiteren Renditen für BMW und MAN an den anderen beobachteten Tagen. Dadurch können zwei historische Zeitreihen für BMW und MAN mit täglichen Aktienkursrenditen in % für das Jahr 2005 (ohne den 3.1.2005) berechnet werden. Diese Daten dienen jetzt der **Berechnung** der **durchschnittlichen Aktienkursrendite** und der zugehörigen Volatilität. Der einzige Unterschied zu den oben dargestellten Berechnungen besteht darin, dass keine Eintrittswahrscheinlichkeiten für bestimmte Kursänderungen vorliegen (wie dies in den Beispielen A,B und C angenommen wurde), sondern es liegen 256 beobachtete einzelne Aktienkursrenditen vor. Um den Durchschnitt zu berechnen, werden die verschiedenen Renditen nicht mit einer Eintrittswahrscheinlichkeit gewichtet (dann wird das Ergebnis als Erwartungswert bezeichnet), sondern die einfache Summe aller Renditen wird durch die Anzahl aller Beobachtungen (also 256) dividiert. Dies entspricht einer Eintrittswahrscheinlichkeit jeder einzelnen Rendite von eben genau 1/256. Die so berechneten **durchschnittlichen täglichen Aktienkursrenditen** betragen für

BMW: **0,042%** und für
MAN: **0,175%**.

Auf der Grundlage der durchschnittlichen Renditen pro Tag können analog die zugehörigen **Volatilitäten berechnet** werden, indem wieder die quadrierten Abweichungen der einzelnen beobachteten täglichen Renditen von der oben berechneten durchschnittlichen Aktienrendite aufsummiert werden und durch die Anzahl der Beobachtungen dividiert werden. Die Wurzel dieser Ergebnisse stellt die Volatilität um die durchschnittliche Aktienrendite dar und beträgt für

BMW: **1,031%** und für
MAN: **1,386%**.

Die BWM (MAN) Aktie **schwankt** also im **Durchschnitt** um ihre durchschnittliche Aktienrendite von 0,042% (0,175%) um 1,031 (1,386) **Prozentpunkte**.

Da die so berechnete Volatilität von Zeitreihen im Risikomanagement einen sehr hohen Stellewert besitzt (und daher täglich z. B. im Handelsblatt veröffentlicht wird), wird diese **Interpretation** noch weiter vertieft, indem die Ergebnisse **grafisch** veranschaulicht werden.

In Abbildung 2.2 sind zunächst die unmittelbar an der Börse beobachteten Kurse für 2005 von BMW und MAN im Zeitablauf dargestellt.

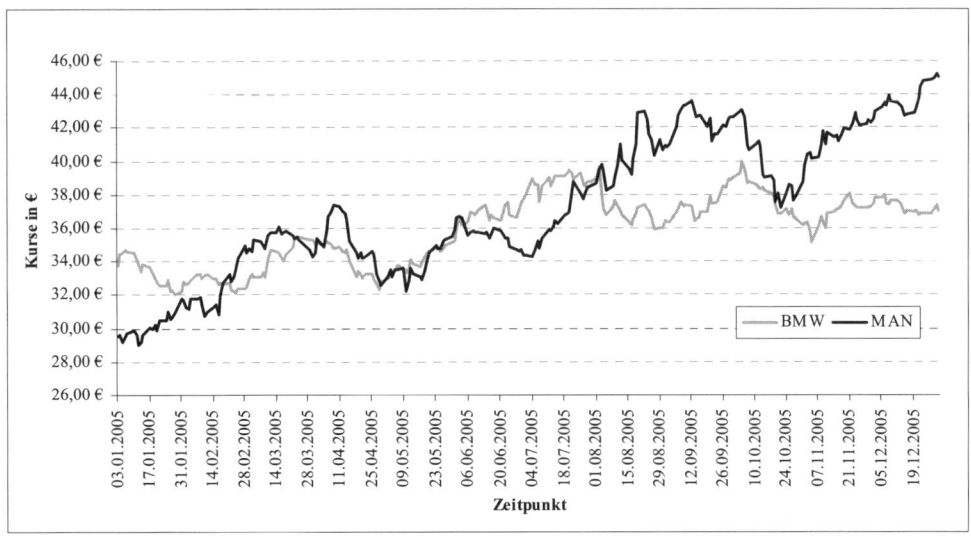

Abb. 2.2   *Aktienkurse von BMW und MAN für 2005*

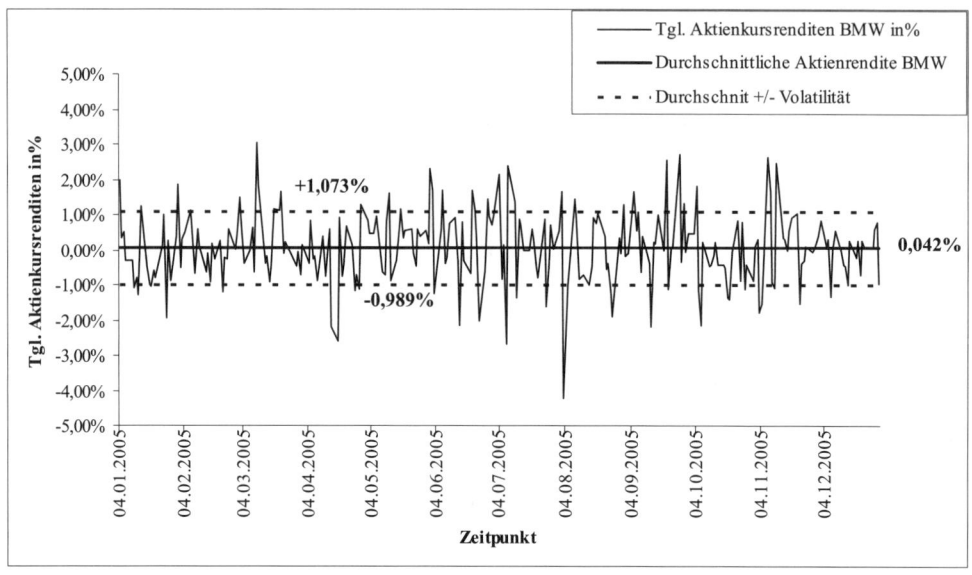

Abb. 2.3   *Tägliche Aktienkursrenditen, Durchschnitt und Volatilität von BMW*

An der grafischen Kursentwicklung lassen sich auf den ersten Blick nur mit Mühe und bestenfalls intuitiv **Aussagen** über den **Risikogehalt** ableiten. Es liegt die Vermutung nahe, dass die Aktie von MAN stärker schwankt als die von BMW. Da sich bei beiden Kursverläufen starke Ausschläge beobachten lassen, kann eine vergleichende Aussage über den Risikogehalt nicht abgeleitet werden. In den Abbildungen 2.3 (BMW) und 2.4 (MAN) sind daher die täglichen Aktienkursrenditen mit ihrem Durchschnittswert und der zugehörigen Volatilität abgebildet.

Durch Betrachtung und Berechnung der Volatilität wird die stärkere Schwankung und damit das höhere Risiko von MAN im Vergleich zu BMW deutlich und auch messbar. Bei Betrachtung der bloßen relativen Änderungen der täglichen Aktienkursrenditen werden die sehr viel häufigeren und stärkeren Ausschläge bei MAN ersichtlich. Schon die Betrachtung der **relativen Änderungen** führt grafisch daher bereits zu einer **verbesserten Möglichkeit** der **Risikobeurteilung** als die Beurteilung anhand der absoluten Kursentwicklung (siehe Abbildung 2.2).

Auch die **Interpretation** der Kennzahl **Volatilität** als durchschnittliche Schwankung um den Mittelwert wird anhand der Grafiken 2.3 und 2.4 besonders gut deutlich. Es gibt wenige hohe Ausschläge die deutlich über der Volatilität liegen aber auch viele kleine Kursänderungen die unter der Volatilität liegen. Im Durchschnitt ergibt sich dadurch eben genau die berechnete Volatilität.

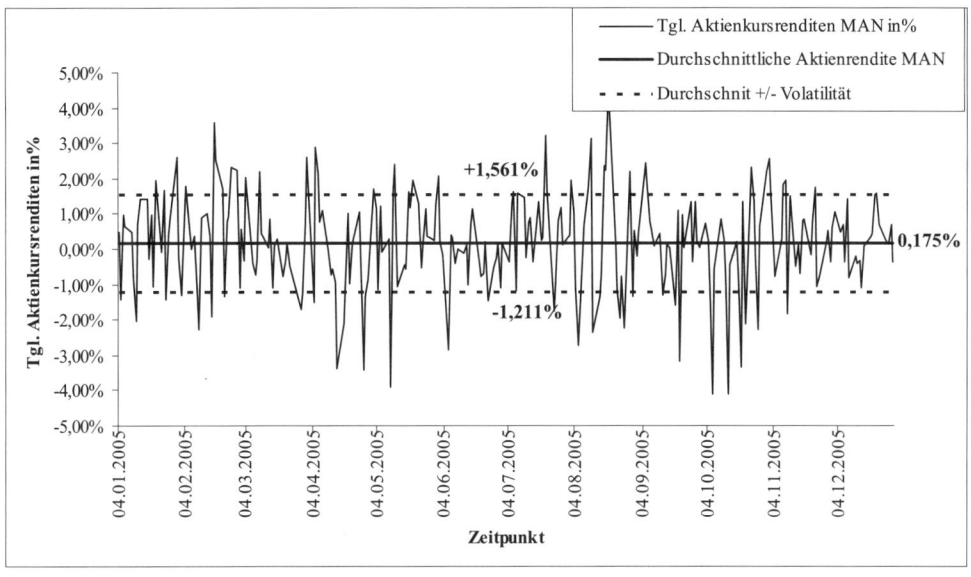

Abb. 2.4 Tägliche Aktienkursrenditen, Durchschnitt und Volatilität von MAN

Die Volatilitäten der **BMW- und MAN**-Aktien können jetzt auch mit den **Beispielen A, B
und C** verglichen werden, da zum Zwecke der **Vergleichbarkeit** die erwarteten Vermögensänderungen (bzw. die durchschnittliche Aktienkursrendite) und die zugehörigen Volatilitäten
in Prozent gemessen werden. Für eine bessere Vergleichbarkeit der Ergebnisse wird zusätzlich noch das Verhältnis von Vermögensänderung zu Volatilität berechnet. Liegt eine hohe
erwartete Vermögensänderung vor und ist gleichzeitig die Volatilität (und damit das Risiko)
klein, so nimmt dieses Verhältnis einen hohen Wert an. Für einen Vergleich sind die Alternativen mit hohen Verhältnis-Werten also als positiv zu bewerten. Eine ausführliche Analyse
der Ergebnisse von Risikomessungen wird im Abschnitt 2.6 vorgenommen. In Tabelle 2.4
sind für die Beispiele A, B und C sowie für die Aktien BMW und MAN alle wichtigen bisher dargestellten Kennzahlen und Ergebnisse zusammengefasst.

Tab. 2.4 Maximalverlust, erwartete Vermögensänderung, Volatilität für die Beispiele A, B, C sowie für die Aktien
BMW und MAN

Kennzahl:	**Beispiel A:**	**Beispiel B:**	**Beispiel C:**	**BMW:**	**MAN:**
Maximalverlust:	-50%	-100%	-100%	-100%	-100%
Erwartete relative Vermögensänderung (durchschnittliche Aktienrendite):	0%	+5%	+5%	+0,042%	+0,175%
Volatilität:	50%	42,25%	42,40%	1,031%	1,386%
Erw. Vermögensänderung / Volatilität:	0	0,1183	0,1179	0,0407	0,1263

Beispiel A schneidet am schlechtesten ab, da die erwartete Vermögensänderung am kleinsten
und das Risiko am höchsten ist. Beispiele B und C unterscheiden sich aufgrund der gleichen

Vermögensänderung und des geringfügig unterschiedlichen Risikos nur marginal. Die MAN-Aktie erweist sich am vorteilhaftesten und die BMW-Aktie ist nur geringfügig besser als Beispiel A.

Bei der Berechnung der **Volatilität** für **Zeitreihen** von z. B. Aktienrenditen wie für die BMW- und MAN-Aktie gibt es verschiedene **Problemkreise** und daraus resultierend unterschiedliche Berechnungsansätze. Auf die wichtigsten Probleme wird an dieser Stelle kurz hingewiesen, ohne jedoch die Diskussion darüber zu vertiefen.

Die erste Frage bei der Berechnung der Volatilität stellt sich bezüglich der **Auswahl des Beobachtungszeitraumes**. Es wurde ein Kalenderjahr bestehend aus insgesamt 257 Handelstagen ausgewählt. Würde ein längerer Zeitraum gewählt, wäre es sicherlich unstrittig, das sich dann andere Volatilitätsergebnisse ergeben würden. Es liegt jedoch auf der Hand, dass es wohl keinen „richtigen" Vergangenheitszeitraum gibt. Bei längeren Beobachtungszeiträumen ist die Wahrscheinlichkeit größer, dass auch ungewöhnliche Ereignisse (wie z. B. länger zurückliegende Schocks, Krisen etc.) berücksichtigt werden. Bei einem kürzeren Zeitraum werden dagegen stärker aktuelle Ereignisse und Strukturen in die Berechnung einfließen. Analog kann umgekehrt argumentiert werden, dass bei langen Vergangenheitszeiträumen Strukturen Berücksichtigung finden, die so in der Zukunft nicht mehr relevant sind. Da diese Diskussion kontrovers in Wissenschaft und Praxis geführt wird, werden nur zwei alternative Berechnungsansätze kurz vorgestellt.

Empirische Untersuchungen haben ergeben, dass bei langen Vergangenheitszeiträumen die Verwendung **logarithmierter Renditen** zu stabileren Ergebnissen führt. Ein weiterer Ansatz, unterschiedliche zeitliche Strukturen in längeren Vergangenheitszeiträumen zu berücksichtigen, besteht in der **exponentiellen Gewichtung** der vergangenen Renditen. Dabei werden die aktuellsten Werte am stärksten gewichtet und die am weitesten zurückliegenden Werte am schwächsten. Im Bereich der klassischen Finanzmarktrisiken hat sich unter Banken inzwischen als Standard die Wahl eines Beobachtungszeitraumes von ca. 250 Handelstagen, also einem Jahr durchgesetzt. Aus diesem Grund wird im Weiteren auch jeweils ein **Vergangenheitszeitraum von einem Jahr** (mit ca. 250 Handelstagen) für die weiteren beispielhaften Berechnungen zugrunde gelegt.

Es existieren weitere Methoden bzw. Ansätze die Volatilität zu ermitteln. Dazu gehören zum einen die so genannten **impliziten Volatilitäten**. Diese leiten sich aus den Marktdaten von Optionen ab. Da diese Marktdaten i. d. R. nur für sehr wenige große, an der Börse notierte Unternehmen vorliegen, ist der Einsatzbereich dieser Methode sehr begrenzt und wird daher an dieser Stelle nicht weiter vertieft.

Verschiedene Untersuchungen haben ferner ergeben, dass die Volatilität über unterschiedliche Zeitphasen betrachtet schwankten, d. h. die Volatilität ist im Betrachtungszeitraum nicht konstant. Mit Hilfe so genannter parametrischer Ansätze wird auf der Grundlage eines stochastischen Prozesses eine **zeitvariierende Schätzung der Volatilität** vorgenommen. Im Mittelpunkt dieser Schätzungen steht das **GARCH-Modell**. Zu Einzelheiten des GARCH-Modells sei auf die einschlägige Literatur (siehe Abschnitt 2.7) verwiesen.

Liegen keine Zeitreihen vor, so müssten **Volatilitäten geschätzt** werden können, z. B. auf der Grundlage von Erfahrungen oder Expertenwissen. Diese Vorgehensweise wird später bei der Berechnung von Volatilitäten innerhalb bestimmter betriebswirtschaftlicher Risikoarten notwendig sein, wie z. B. beim Absatzrisiko (siehe Abschnitt 5.2).

Obwohl sich die Volatilität als grundlegendes Risikomaß durchgesetzt hat, bleiben noch folgende gravierende drei **Nachteile:**

- In dem oben geschilderten Aktienbeispiel wurden die Kurse in gleichen Zeitabständen beobachtet und die Aktien konnten täglich gekauft bzw. verkauft werden. Sollen jedoch Vermögenspositionen miteinander verglichen werden, die unterschiedlich lange Zeiträume gehalten werden müssen (die so genannte Halteperiode oder Liquidationsperiode, z. b. Aktien im Gegensatz zu Krediten), so ist die Volatilität dafür nicht mehr geeignet, weil sie mögliche **unterschiedliche Zeiträume** nicht abbilden kann.
- Die Volatilität ist in erster Linie ein relatives Schwankungsmaß. Damit können aber unmittelbar keine Rückschlüsse auf drohende Verlustpotentiale in Geldeinheiten gezogen werden. Insbesondere findet kein Bezug zu dem Vermögen statt, welches dem entsprechenden Risiko ausgesetzt ist (das so genannte Risiko-Exposure). Aber gerade die risikoorientierte Unternehmenssteuerung erfordert eine **Risikoaussage in Geldeinheiten** um alle Risiken der im Unternehmen dafür zur Verfügung stehenden Haftungsmasse (das Eigenkapital) gegenüber zu stellen.
- Im Gegensatz zum Maximalverlust und zum erwarteten Verlust stellt die Volatilität zwar ein aussagekräftigeres Risikomaß dar (in dem Sinne, dass eine höhere Volatilität auch ein qualitativ höheres Risiko bedeutet), aber die **Risikoeinstellung des Entscheidungsträgers** kann nicht explizit im Volatilitätsmaß berücksichtigt werden. Diese wichtige Problematik wird noch an einem einfachen Beispiel verdeutlicht: Ein risikoscheuer Investor hat zwei Anlagealternativen, eine mit einer Volatilität von 1% und eine Alternative mit einer Volatilität von 0,5%. Aufgrund seiner Risikoaversion wird er sich für die Anlage mit der Volatilität von 0,5% entscheiden. Dies könnte eine Fehlentscheidung sein, da nicht berücksichtigt wird, ob die Volatilität von 0,5% auch in einem besseren Verhältnis gegenüber möglichen Gewinnen aus der Investition steht. Auch ist es denkbar, dass die Alternative mit der geringeren Volatilität aufgrund der Risikoaversion dem Investor zwar zuspricht, aber das Risiko gegenüber einer wie auch immer gemessenen Risikotoleranz des Investors noch zu hoch ist und die Investition daher nicht akzeptiert werden sollte.

2.2.2   Sensitivität

Neben der wichtigen Kennzahl Volatilität wird in der Risikomessung auch häufig die so genannte Sensitivität oder Sensitivitäts-Analyse angewendet.

> Die **Sensitivität** ist ein Maß dafür, wie empfindlich das Vermögen auf Veränderungen einer oder der mehrerer Einflussgrößen reagiert.

Eine zentrale Voraussetzung zur Ermittlung von Sensitivitäten ist die Möglichkeit den Zusammenhang zwischen den **Einflussgrößen** der **Vermögensänderung** und der Vermögensgröße durch ein Modell (insbesondere durch einen funktionalen Zusammenhang) beschreiben zu können. Ist dieser funktionale Zusammenhang bekannt bzw. kann er durch Parameter beschrieben werden, so wird die zugehörige Sensitivität i. d. R. durch die **erste Ableitung** der Funktion nach der entsprechenden Einflussgröße berechnet.

Bei der **Volatilitätsberechnung von Aktienrenditen** in Abschnitt 2.2.1 ist die Berechnung der ersten Ableitung nach der entsprechenden Einflussgröße durch die vorliegenden Aktienkurse allein **nicht möglich**. Vielmehr müssten andere Einflussfaktoren der Aktienkurse ermittelt werden, um dann zwischen diesen Einflussfaktoren und dem daraus resultierenden Aktienkurs einen funktionalen Zusammenhang zu ermitteln. Da bereits zahlreiche Versuche an der Komplexität der Erklärung und der zahlreichen Einflussfaktoren von Aktienkursen gescheitert sind, wird dies nicht weiter vertieft.

Dennoch verbleibt im Risikomanagement ein wichtiger Anwendungsbereich von Sensitivitäten, nämlich im Bereich des **Zinsänderungsrisikos**. Es besteht ein klar definierter Zusammenhang zwischen den Einflussgrößen Zinssätze und der Vermögensgröße Barwert der Zinsposition. Die Sensitivität beantwortet die Frage, wie stark sich der Barwert verändert, wenn der zugrunde liegende Zinssatz um z. B. einen Prozentpunkt steigt. Der funktionale Zusammenhang wird durch die Barwertfunktion eindeutig beschrieben bzw. festgelegt. Das Ergebnis der ersten Ableitung der Barwertfunktion als Sensitivität ist die **Duration** (u. a. als eine Kennzahl für die durchschnittliche Kapitalbindungsdauer), die im Zinsänderungsrisiko eine zentrale Rolle spielt. Im Abschnitt 4.1.1 wird daher auf die Duration noch ausführlich eingegangen werden.

Die **Sensitivität** sollte jedoch **kein alleiniges Beurteilungskriterium** im Risikomanagement sein. Eine **gehaltvolle Risikobeurteilung** ist durch eine **Sensitivitäts-Analyse nicht möglich**, da die verwendete Änderung der jeweiligen Einflußgrößen (z. B. Zinsänderung um 100 Basispunkte) eine rein willkürliche, subjektive Annahme ohne Risikobeurteilung darstellt. Es wird **keine Wahrscheinlichkeit** für den Eintritt der unterstellten Änderung der Einflussgröße berücksichtigt. Die Anwendung der Sensitivität sollte sich daher darauf beschränken, ob eine bestimmte Einflussgröße für die Behandlung im Risikomanagement relevant ist oder nicht. Insbesondere bei mehreren Einflussgrößen kann so das Risikomanagement mit Blick auf die relevanten Einflussfaktoren effizienter ausgestaltet werden. Insbesondere innerhalb der Risikoanalyse ist die Sensitivität eine geeignete Hilfe bei der **Analyse der Risikofaktoren** (Einflußgrößen). Eine Steuerung der Risiken ist mit der Sensitivität allein i. d. R. (mit Ausnahme der Duration, siehe Abschnitt 4.1.1) nicht sinnvoll.

Somit können die o. g. gravierenden drei Nachteile der Volatilität auch nicht durch die Berechnung der Sensitivität behoben werden. Es ist ein weitergehender Ansatz notwendig, der diese Nachteile behebt. Ein möglicher Ansatz wird im nächsten Abschnitt durch das **Value at Risk-Konzept** beschrieben.

2.3 Value at Risk (VaR)

Mit dem VaR-Konzept wird die mögliche Veränderung von Vermögenspositionen betrachtet.

Der **Value at Risk** (VaR) ist ein **verlustorientiertes Risikomaß**. Risikomaße, die auf den Verlustbereich einer möglichen Vermögensänderung abstellen, werden auch als Shortfall- oder **Downside-Risk-Maße** bezeichnet.

In der angelsächsischen Literatur wird der VaR auch als **Capital at Risk** (CaR) bezeichnet. Weitere ähnlich verwendete Begriffe, die auf das gleiche Grundprinzip des Value at Risk zurückgreifen, sind der **Credit Value at Risk**, der sich auf das Kredit- bzw. Ausfallrisiko bezieht und der **Cash Flow at Risk** bezüglich der Anwendung auf leistungswirtschaftliche Risiken. Der Begriff **Operational Value at Risk** ist eine Maßzahl für die Erfassung von Betriebsrisiken.

Die Messung von Risiken, insbesondere anhand der im Abschnitt 2.2.1 eingeführten Volatilität, stellt an sich keine Besonderheit oder Neuheit dar. Ursprünglich wurde der VaR 1994 aufgrund der stark angestiegenen Finanzmarktrisiken von der Investmentbank Morgan Stanley als eine Risikomaßzahl speziell für Marktrisiken entwickelt. In den letzten Jahren ist der VaR auch für andere Risiken, insbesondere für Ausfallrisiken, weiterentwickelt worden. Bei der Entwicklung und Konstruktion des VaR standen **zwei Hauptziele** im Mittelpunkt:

- Mit dem VaR sollen insbesondere mit **einer** Risikomaßzahl **verschiedene Risikoarten** miteinander verglichen bzw. zusammengeführt werden können.
- Die oben in Abschnitt 2.2.1 beschriebenen **Nachteile** des Risikomaßes **Volatilität** (keine Berücksichtigung des Zeitraumes, keine Messung in Geldeinheiten, keine Berücksichtigung der Risikoeinstellung) sollten soweit wie möglich durch das VaR behoben werden.

Schließlich ermöglicht das VaR-Konzept durch Verknüpfung mit Ertragszahlen eine risikoadjustierte Ertrags-Risiko-Steuerung, die sich weitestgehend unter dem Begriff RoRaC-Konzept (Return on Risk adjusted Capital, siehe Abschnitt 2.6 und Kapitel 6.) durchgesetzt hat.

2.3.1 Statistische Grundlagen

Bei der Verfolgung der genannten Hauptziele ist es zunächst nahe liegend, die relativen Vermögensänderungen im Zeitablauf zu betrachten. Dabei wird auf die Beispiele aus Abschnitt 2.2.1 von BMW und MAN zurückgegriffen (siehe Abbildungen 2.3 und 2.4). Bereits bei der Herleitung der Berechnung der Volatilität konnten bestimmte Eigenschaften beobachtet werden. So liegt die mittlere relative Vermögensänderung (Aktienrendite) nahe bei 0% (bzw. sie ist leicht positiv). Die durchschnittliche Schwankung entsprach der berechneten Standardabweichung (Volatilität). Deutlich größere Schwankungen als die Volatilität werden eher selten beobachtet, während geringfügige Schwankungen sehr häufig beobachtet werden. Die Schwankungen verlaufen relativ symmetrisch um den Erwartungswert. Diese Eigenschaften führen zu der Vermutung, für die beobachteten Aktienrenditen eine **Normalvertei-**

lung zugrunde legen zu können. Der Ansatz der Normalverteilung beinhaltet zwei grundlegende **Vorteile**:

- Die Normalverteilung wird vollständig durch die zwei Lageparameter **Erwartungswert / Mittelwert (=µ)** und **Standardabweichung / Volatilität (=σ)** beschrieben.
- Zahlreiche andere Verteilungsarten **konvergieren gegen** die **Normalverteilung** und sind auch aus ihr abgeleitet. Dadurch können aus der Normalverteilung abgeleitete Prinzipien auch auf andere Risikoarten angewendet werden, bei denen nicht unmittelbar die Normalverteilung zugrunde gelegt werden kann (z. B. bei der Anwendung auf Ausfallrisiken).

Die Normalverteilung wurde bereits 1733 (siehe Abschnitt 1.4) entdeckt und spielt in der Statistik eine wichtige Rolle. Besonderes Erkennungsmerkmal ist der symmetrische und glockenförmige Verlauf (auch nach dem Entdecker „Gaußsche Glockenkurve" genannt). In Abbildung 2.5 ist der idealtypische Verlauf der theoretischen Normalverteilung für das obige Beispiel von BMW (siehe Abbildung 2.3!) skizziert.

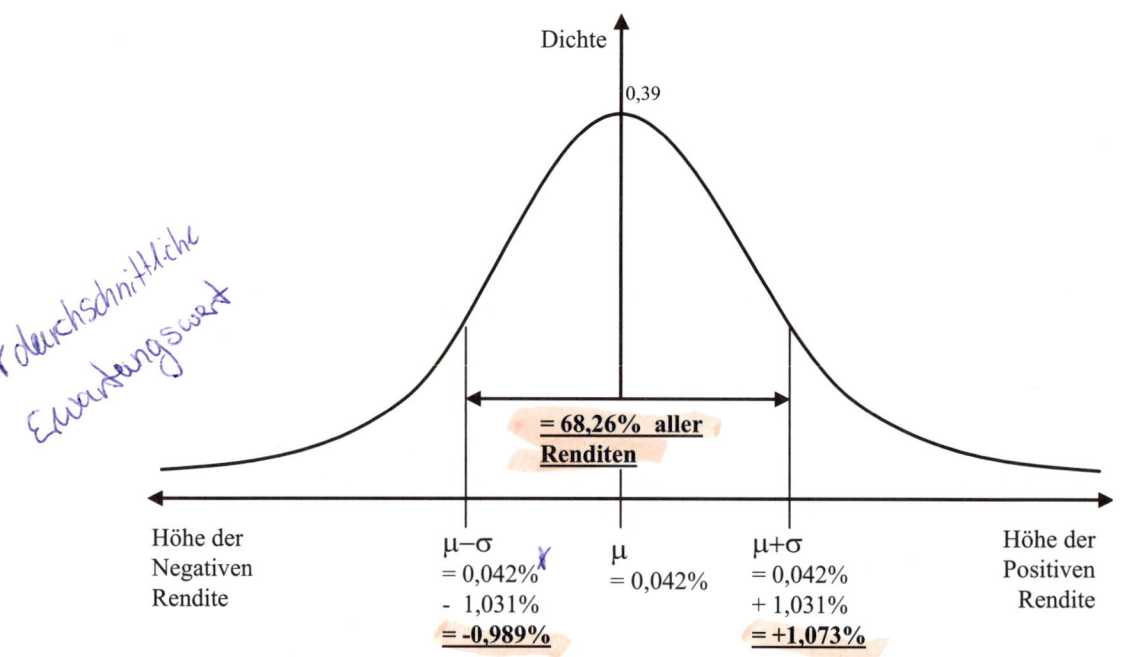

Abb. 2.5: *Dichtefunktion der theoretischen Normalverteilung für das Beispiel BMW*

Die glockenförmige Kurve wird **Dichtefunktion** genannt. Dadurch wird zum Ausdruck gebracht, mit welchen Wahrscheinlichkeiten bestimmte Realisationen, in diesem Fall also bestimmte Renditen, eintreten. Diese **theoretische** Annahme aus der Ableitung der **Normalverteilung** stimmt **nicht** mit den in der **Stichprobe** des Jahres 2005 beobachteten tatsächlichen Renditen überein. Die empirisch tatsächliche beobachtete Verteilung der Renditen weicht i. d. R. immer von den theoretischen idealisierten Verteilungsannahmen ab. Die Ursache hierfür liegt in den zahlreichen Einflussgrößen des Aktienkurses und damit der Aktienrendite. So bildet sich die Aktienrendite nicht aufgrund einer erwarteten Normalverteilungsannahme, sondern aufgrund vielfältiger Faktoren an den Kapitalmärkten. Eine Übereinstimmung mit der idealisierten Normalverteilungsannahme wäre daher rein zufällig. Zur Verdeutlichung dieser Problematik ist in Abbildung 2.6 die empirische Dichtefunktion für die Renditen der BMW-Aktie abgebildet.

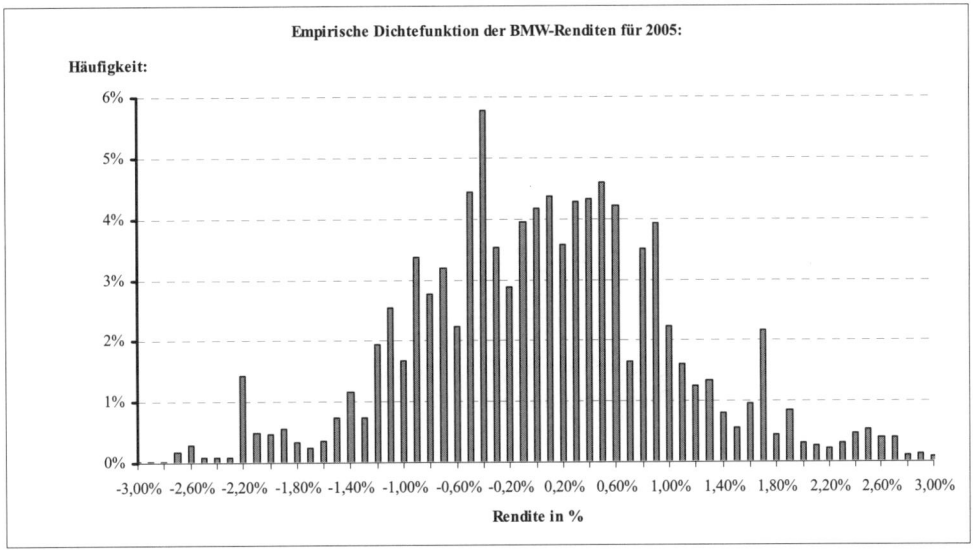

Abb. 2.6: *Empirische Dichtefunktion der Renditen von BMW*

Zu Erstellung von Abb. 2.6 werden **Cluster** (Gruppen) von Renditeänderungen gebildet. So beinhaltet z. B. der Cluster -2,20% die Häufigkeit (hier 1,5%) aller Änderungen der beobachteten Renditen zwischen -2,15% und -2,25%.

Es ist ersichtlich, dass die tatsächlich beobachteten Renditen teilweise erheblich von der theoretischen Normalverteilungsannahme abweichen. Insbesondere bei einzelnen beobachteten Renditen ist die Abweichung (zufällig) besonders groß. Allerdings kann die für die Normalverteilung zugrunde gelegte **Grundstruktur** im Wesentlichen **identifiziert** werden. Eine häufige Korrektur, die bei sehr großen Abweichungen in der Grundstruktur vorgenommen wird, ist der Ansatz einer anderen Verteilung (z. B. die t-Verteilung), welche die tatsächlich beobachteten Realisationen besser abbilden.

Für die Anwendung im Risikomanagement ist jedoch nicht die Frage nach der Häufigkeit einzelner Renditen entscheidend, sondern vielmehr die Frage nach einem bestimmten **Bereich von Renditen**. In Abbildung 2.5 wurde z. B. mit Hilfe der Dichtefunktion der Bereich zwischen dem Durchschnitt minus der Volatilität und dem Durchschnitt plus der Volatilität berechnet. Der Wert von 68,26% ergibt sich aus der entsprechenden Fläche unter der Dichte-funktion. Da dieses Integral für die Berechnung der Fläche unter der Dichtefunktion nicht analytisch bestimmbar ist, wird in der Regel auf entsprechende statistische Tabellen zurück-gegriffen. Eine häufig angewendete Tabelle gibt für eine bestimmte Wahrscheinlichkeit die zugehörige Anzahl von Standardabweichungen wieder. Diese Tabelle wird die **Quantile der Standardnormalverteilung** genannt. Von der Standardnormalverteilung wird gesprochen, wenn der Erwartungswert genau null und die Standardabweichung eins ist. Die Funktions-weise und der Gebrauch von Quantilen der Standardnormalverteilung gem. Tabelle 2.5 wird wieder am Beispiel von BMW verdeutlicht.

Im Sinne des Risikomanagements werden die 2,5% schlechtesten Renditen der BMW Aktie gesucht. Im Umkehrschluss bedeutet dies analog die 97,5% günstigsten Renditen. In Tabelle 2.5 kann für das Quantil 97,5% (bzw. 2,5%) als Anzahl von Standardabweichungen der Wert **1,96** abgelesen werden.

Tab. 2.5 *Quantile (=Anzahl Standardabweichungen) der Standardnormalverteilung*

Wahrscheinlichkeit:	99,5%	99,0%	97,5%	95,0%	90,0%
Anzahl Standardab-weichungen:	2,58	2,33	**1,96**	1,64	1,28

Analog zur Abbildung 2.5 ergibt sich grafisch verdeutlicht der in Abbildung 2.7 dargestellte Zusammenhang in Form der Dichtefunktion für BMW.

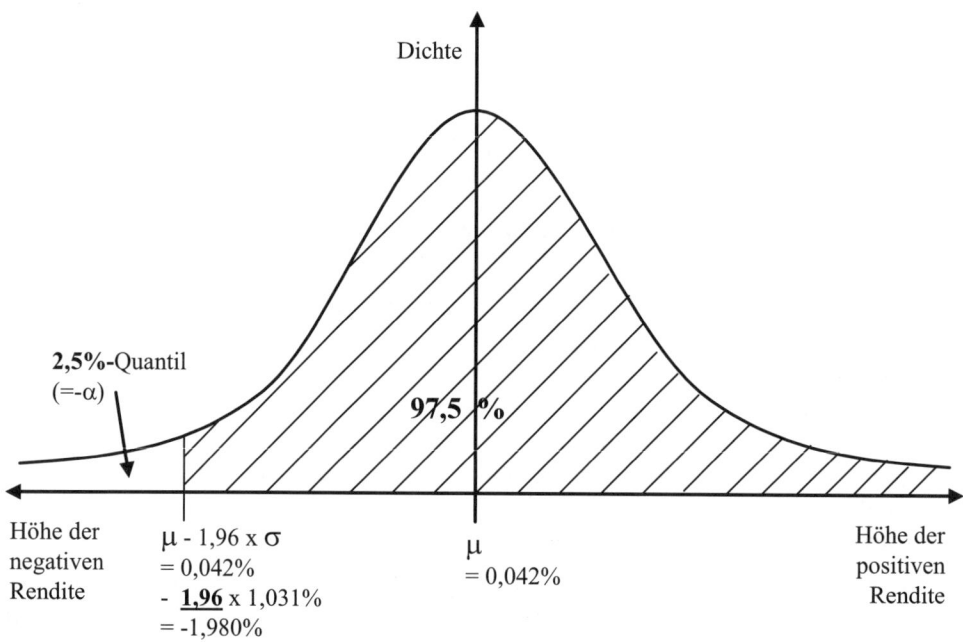

Abb. 2.7: *2,5%-Quantil der Dichtefunktion für BMW*

Mit einer Wahrscheinlichkeit von 2,5% sind die Renditen schlechter als -1,98%. Oder anders ausgedrückt: mit einer Wahrscheinlichkeit von 97,5% sind die Renditen günstiger als - 1,98%. Diese Aussagen über die **kumulierten Wahrscheinlichkeiten** entsprechen den in Abbildung 2.7 gekennzeichneten Flächen (schraffierte Fläche = 97,5%, restliche Fläche = 2,5%). Die gesamte Fläche unter der Dichtefunktion bildet immer 100% ab. Diese Vorgehensweise und Grundprinzip bilden die **statistische Basis** des VaR-Konzeptes. Alle weiteren Vorgehensweisen im Rahmen von VaR-Berechnungen stellen mehr oder weniger komplexe bzw. umfangreiche Modifikationen dieses Grundprinzips dar.

2.3.2   VaR einzelner Risikopositionen

Auf der Basis der oben dargelegten statistischen Grundlagen kann nun eine einfache **Definition** für den Value at Risk für eine **einzelne Risikoposition**, d. h. eine Vermögensposition, deren Wert nur durch **einen Risikofaktor** (=Einflussgröße) beeinflusst wird, wie folgt vorgenommen werden:

> Der **Value at Risk** (VaR) ist definiert als der erwartete **maximale Verlust** der **Risikoposition** über eine bestimmte **Liquidationsperiode** für eine vom Entscheidungsträger festgelegte **Sicherheitswahrscheinlichkeit**.

Die **Risikoposition** ist die Vermögensposition bewertet zu aktuellen (heutigen) Marktpreisen (die so genannte mark-to-market Bewertung) in einheimischen Währungseinheiten (€). Devisenpositionen (z. B. 100 Mio. US-$, siehe Abschnitt 4.1.2) müssen folglich zum aktuellen Wechselkurs in einheimische Währungseinheiten (€) umgerechnet werden.

Die **Liquidationsperiode** ist der Zeitraum, der im Fall einer Krise benötigt wird, um die betreffende Risikoposition zu schließen (zu verkaufen). Die Liquidationsperiode kann z. B. von den Besonderheiten des Unternehmens, des Investors oder allgemein von bestimmten Entscheidungsgremien abhängen. Auch die Besonderheiten bestimmter Risikoarten (z. B. beim Kreditrisiko) oder gesetzliche Regelungen von Aufsichtsbehörden erfordern die Berücksichtigung unterschiedlicher Liquidationsperioden von z. B. einem Tag, zwei Tagen, fünf Tagen, 10 Tagen oder einem Jahr.

Für die rechnerische Berücksichtigung der Liquidationsperiode innerhalb des VaR-Ansatzes ist eine wichtige **zentrale Annahme** erforderlich. Die täglich beobachteten Renditen sollen **zeitlich unabhängig** voneinander sein, d. h. statistisch gesprochen sind die täglichen Änderungen miteinander **unkorreliert**. Dies bedeutet, dass die Renditen einem so genannten Zufallspfad folgen. Daraus kann abgeleitet werden, dass der Erwartungswert recht einfach linear auf unterschiedliche Zeitperioden umgerechnet werden kann. So kann die durchschnittliche Tagesrendite auf die durchschnittliche Jahresrendite umgerechnet werden, in dem der Tagesdurchschnitt mit der Anzahl der Tage pro Jahr (z. B. 256) multipliziert wird. Analog können durchschnittliche Jahreswerte auf Tages oder 10-Tages-Werte zurückgerechnet werden. Für die Varianz gilt ebenfalls die lineare Umrechnungsmöglichkeit wie beim Erwartungswert, dagegen muss für die Standardabweichung (Volatilität) die Wurzel genommen werden. Beträgt die Volatilität für tägliche Renditen z. B. 1,031% (siehe Beispiel

BMW), so wird die Volatilität σ für 10 Tage durch Multiplikation mit Wurzel 10 berechnet, also

$$\sigma_{T=10Tage} = \sigma_{1Tag} \cdot \sqrt{T} = 1,031\% \cdot \sqrt{10} = 3,26\% \text{ und}$$

umgekehrt können auch wieder jährliche Volatilitäten in z. B. tägliche Volatilitäten umgerechnet werden.

Die **Sicherheitswahrscheinlichkeit** ist die vom Risikoträger (Entscheidungsträger) festgelegte Wahrscheinlichkeit im Sinne des oben dargestellten **Quantils der Standardnormalverteilung**. Aus der Sicherheitswahrscheinlichkeit leitet sich die Anzahl der Standardabweichungen ab. Die Ermittlung der Anzahl der Standardabweichungen und damit die schlechtmöglichste Rendite basiert bei dieser Vorgehensweise lediglich auf den zwei Parametern Erwartungswert und Standardabweichung. Die daraus resultierende Berechnung des VaR wird daher **parametrische Berechnung** des VaR genannt! Je höher das gewählte Sicherheitsniveau ist, desto größer ist die Anzahl der Standardabweichungen (siehe Tabelle 2.5) und damit z. B. die Höhe des maximalen Vermögensverlustes.

Auf Basis dieser Konventionen kann dann die **parametrische Berechnung des VaR** nach dem in Abbildung 2.8 dargestelltem Schema berechnet werden.

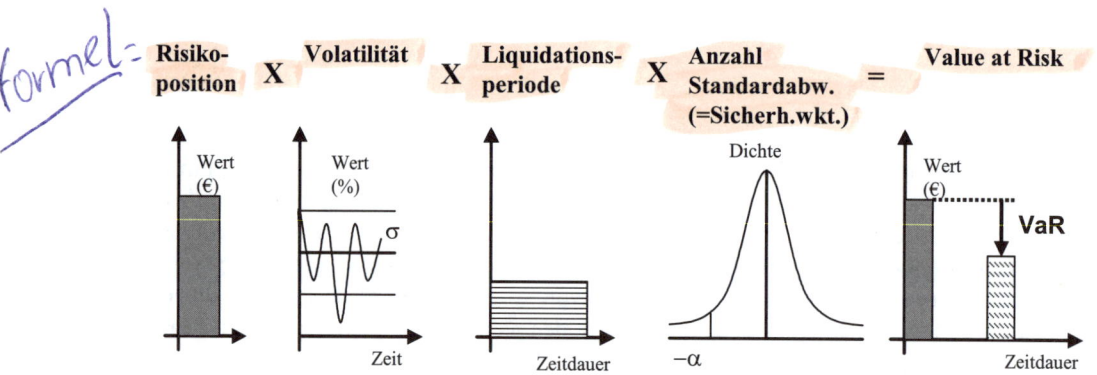

Abb. 2.8 *Schema zur parametrischen Berechnung des VaR*

Als Beispiel zur Berechnung des VaR dient wieder die Aktie von BMW. Es wird ein Investor (Anleger) betrachtet, der zum Stichtag 2.1.2006 genau 10 Aktien von BMW besitzt. Der Kurs der BMW Aktie betrug zum Stichtag 37,- €. Daraus ergibt sich eine **Risikoposition** von 370,- €.

Zur Berechnung der **Volatilität** wird der historische Zeitraum vom Jahr 2005 zugrunde gelegt. Wie bereits oben ausführlich dargestellt ergibt sich für die BMW Aktie eine Volatilität von 1,031%.

Als **Liquidationsperiode** benötigt der Investor einen Zeitraum von 10 Tagen, d. h. der Entscheidungsprozess, die Aktien zu verkaufen, dauert i. d. R. zwei Kalenderwochen. Dieser Ansatz entspricht der üblichen bankbetrieblichen Praxis.

Als **Sicherheitswahrscheinlichkeit** wählt der Investor 99%. Aus der Tabelle 2.5 für die Quantile der Standardnormalverteilung ergibt sich daraus eine Anzahl von 2,33 Standardabweichungen.

Nach dem in Abbildung 2.8 dargestellten Berechnungsschema für den VaR ergeben diese Angaben folgende Berechnung und daraus resultierendes Ergebnis:

Risikoposition:	x Vola.:	x Liquidationsperiode:	x Sicherheitswkt.:	= **VaR:**
370,-€	*x 1,031%*	$x \sqrt{10}$	*x 2,33*	*= **28,11 €***

Der **VaR** dieser einzelnen Risikoposition von BMW Aktien kann wie folgt **interpretiert** werden:

> Ein **VaR** von 28,11 € **bedeutet**, dass in den nächsten 10 Börsentagen mit einer Wahrscheinlichkeit von 99% der erwartete Verlust kleiner gleich 28,11 € sein wird. Anders ausgedrückt: Ein Verlust von über 28,11 € wird in den nächsten 10 Börsentagen nur mit einer Wahrscheinlichkeit von 1% eintreten.

Bei dieser einfachen Berechnung des VaR wurde bei Verwendung der Anzahl der Standardabweichungen in Höhe von 2,33 ein für die Standardnormalverteilung notwendiger Erwartungswert (=durchschnittliche Aktienrendite) von μ=0% unterstellt. Wie oben bereits berechnet ist dies nicht der Fall. Um ein statistisch konsistentes Ergebnis zu berechnen, müsste dieser von **null ungleiche Erwartungswert** rechnerisch bei der **VaR-Berechnung korrigiert** werden! Eine allgemeinere Formel für die Berechnung des VaR auch für Erwartungswerte (durchschnittliche Renditen) <> 0 und die sich daraus ergebende Korrekturrechnung ist im technischen Anhang (Abschnitt 2.8) angegeben. Für die Rendite von 0,042% für BMW ergibt sich ein korrigierter VaR von 370,-€ x (2,33 x 1,031% x $\sqrt{10}$ - 10 x 0,042%) = 26,55 €. Bei einem Erwartungswert >0 verringert sich also durch die Korrekturrechnung der VaR, da durch die erwartete Aktienrendite größer null das Risiko sinkt. Bei Erwartungswerten kleiner null erhöht sich folglich der korrigierte VaR. Da sich durch diese Korrekturrechnung kein weiterer betriebswirtschaftlicher Erkenntnisgewinn einstellt wird auf diese Bereinigung auch in den folgenden Ausführungen verzichtet und ein Erwartungswert von null unterstellt.

Die hohe **Bedeutung** der **Annahme** der **Normalverteilung** wird sehr klar, wenn versucht wird, den VaR für die ursprünglichen Beispiele A, B und C aus den Abschnitten 2.1.1 bzw. 2.1.2 zu berechnen. Läge bei diesen Beispielen die Normalverteilung vor, so könnte der Faktor 2,33 Standardabweichungen (für eine Sicherheitswahrscheinlichkeit von 99%) angesetzt werden. Bei einer Liquidationsperiode von einem Tag, ergäben sich folgende theoretische VaR für A, B und C:

Tab. 2.6   *VaR für die Beispiele A, B und C*

Kennzahl:	Beispiel A:	Beispiel B:	Beispiel C:
Vermögensposition:	1.000,-€	1.000,-€	1.000,-€
Volatilität:	50%	42,25%	42,40%
VaR:	1.165,- €	984,43 €	987,92 €

Die Größenordnungen der berechneten VaR sind nicht plausibel (insbesondere, da im Beispiel A der VaR sogar größer als der Maximalverlust von 500,- € ist) und es ist auch offensichtlich, dass die Ursache dafür die sehr hohen Volatilitäten sind. Die hohen Volatilitäten basieren auf den jeweiligen Verteilungen, die eben keine Ähnlichkeit mit der Normalverteilung haben.

Aus diesen hergeleiteten Prinzipien und Rechenergebnissen des VaR-Konzeptes können nun folgende wesentliche **Eigenschaften** des **VaR** einer einzelnen Risikoposition abgeleitet werden:

- Die **Erwartungen** des Entscheidungsträgers bezüglich der zukünftigen Wertänderungen haben keinen Einfluss auf die Höhe des VaR.
- Durch die Wahl **unterschiedlicher Beobachtungszeiträume** ergeben sich unterschiedliche Volatilitäten, wodurch ein Vergleich nur bei gleichen Beobachtungszeiträumen möglich ist (i. d. R. 250 Börsentage, d. h. ein Börsenjahr).
- Die tatsächlich beobachteten Änderungen der Risikofaktoren entsprechen nicht den **Annahmen der Normalverteilung**. Häufig ist der Erwartungswert $\mu <> 0$ wie bei BMW (Erwartungswert der Kursrenditen ist $\mu = 0,042\%$!) und es sind Schiefe, Kurtosis, fat tails etc. vorhanden. Aus Vereinfachungsgründen wurde bei obiger VaR Berechnung auf rechnerische, rein statistische Korrekturen, die durch die Verletzung der Annahme der Normalverteilung notwendig wären, verzichtet.
- Die **Einflußgrößen des VaR** wirken sich in **positiver** Richtung aus (d. h. sie sind positiv miteinander korreliert). Je höher die Risikoposition, die Volatilität, die Liquidationsperiode, die Sicherheitswahrscheinlichkeit jeweils ist, desto größer ist c. p. auch der Value at Risk.

In einem nächsten Schritt geht es darum, die Erkenntnisse und Eigenschaften für den VaR einzelner Risikopositionen auf **Portfolios** zu übertragen, also auf mehrere zusammengehörige Wertpapiere.

2.3.3   VaR von Portfolios

Im Abschnitt 2.3.2 wurde der VaR von einer einzelnen Vermögensposition, die lediglich von einem Risikofaktor abhängt, berechnet. Diese parametrische Berechnung einer einzelnen Risikoposition ist zwar sehr einfach, bildet aber natürlich nicht die betriebswirtschaftliche Realität ausreichend ab. Aus diesem Grund wird zunächst festgelegt, was bei den folgenden Ausführungen unter einem **Portfolio** verstanden wird.

> In einem **Portfolio** wird eine feste Anzahl von einzelnen Vermögenspositionen zusammengefasst, die alle in einer einheitlichen Basiswährung (=Euro) bewertet werden.

Der VaR kann nun auch für ein Portfolio ermittelt werden, dessen Wert von eben mehreren Risikofaktoren (Vermögenspositionen) abhängt. Die Berechnung des VaR von Portfolios wird wiederum anhand eines einfachen Beispieles erfolgen. Es wird auf das o. g. Beispiel der Aktien von BMW und MAN zurückgegriffen. Es wird nun ein Investor betrachtet, der nicht nur Aktien von BMW sondern auch Aktien von MAN in seinem Portfolio (Gesamtvermögen) besitzt. Der Investor soll folglich ein Portfolio mit den in Tabelle 2.7 beschriebenen Merkmalen der einzelnen Positionen führen.

Tab. 2.7   Value at Risk und Merkmale der einzelnen Positionen eines Beispielportfolios (BMW und MAN)

Vermögens-position:	Anzahl:	Risikoposition zum 2.1.2006:	Durchschnittliche Aktienkursrendite:	Volatilität:	VaR:
BMW	10 St.	370,- €	0,042%	1,031%	28,11 €
MAN	10 St.	450,- €	0,175%	1,386%	45,96 €

Für MAN wird zum Stichtag 2. 1. 2006 ein Aktienkurs von 45,- € zur Berechnung der Risikoposition zugrunde gelegt. Für die Berechnung des VaR der MAN Aktien wurde ebenfalls eine Liquidationsperiode von 10 Tagen angesetzt, so dass der VaR für die MAN Aktien analog zur Berechnung des VaR für die BMW-Aktien gemäß

Risikoposition: x Vola.:   x Liquidationsperiode: x Sicherheitswkt.: = **VaR**:

450,-€   *x 1,386%*   *x $\sqrt{10}$*   *x 2,33*   *= **45,96 €***

erfolgt.

Die zentrale Frage, die sich hieran anschließt, lautet: „Wie werden die einzelnen Vermögenspositionen zu einem **Portfolio** zusammengefasst?" Zur Beantwortung dieser Frage wird jede aggregierte Portfoliogröße (d. h. die Portfoliorendite und die Portfoliovolatilität) einzeln auf zunächst intuitive Art und Weise hergeleitet.

Ausgehend von den Angaben in Tabelle 2.7 ergibt sich die **Portfolioanzahl** aller Aktien einfach durch Summation, in diesem Fall also **20 Stück**. Da diese Stückzahl ohne eine Bewertung in Währungseinheiten keinerlei Aussagekraft besitzt, wird auf diesen Wert nicht weiter eingegangen.

Die gesamte **Risikoposition des Portfolios** ergibt sich ebenfalls durch Summation der einzelnen Risikopositionen. Die Portfolio-Risikoposition beläuft sich also zum Stichtag auf 370,- € plus 450,- € gleich **820,- €** insgesamt. Diese Bewertung des Portfolios basiert wiederum auf der so genannten mark-to-market Methode. Auch der Betrag der Risikoposition ist nur von begrenzter Aussagekraft. Eine bedeutend aussagekräftigere Größe ist das so genannte **Portfoliogewicht** der einzelnen Risikoposition am Portfolio. Das Portfoliogewicht wird durch Division der einzelnen Risikoposition durch die gesamte Portfolio-Risikoposition berechnet, also

*Portfoliogewicht für BMW = 370,- € / 820,- € = **45,12%**,*

*Portfoliogewicht für MAN = 450,- € / 820,- € = **54,88%**.*

Es ist unmittelbar ersichtlich, dass die **Summe** aller **Portfoliogewichte** immer **100%** betragen muss.

Die Portfoliogewichte stellen jetzt die Grundlage dar, um die gesamte Rendite des Portfolios, die so genannte **Portfoliorendite**, aus den durchschnittlichen Kursrenditen der einzelnen Risikopositionen zu berechnen.

Wird beispielsweise die durchschnittliche Kursrendite von **BMW** in Höhe von 0,042% betrachtet, so führt dies zu einer durchschnittlichen Erhöhung der Risikoposition von 370,- € um 0,042% auf 370,16 €. Analog ergibt sich bei **MAN** eine Erhöhung von 450,- € um 0,175% auf 450,79 €. Die Summe beider um die durchschnittliche Rendite erhöhter Risikopositionen beträgt 370,16 € + 450,79 € = 820,95 €. Bezogen auf den Ausgangswert des gesamten Portfolios in Höhe von 820,- € ergibt dies eine Portfoliorendite von **0,115%** (0,95 € / 820,- € = 0,115%).

Durch die **Rundung** der Risikoposition auf zwei Nachkommastellen (Cent) stimmt das Ergebnis auf Basis der gerundeten Werte nicht genau mit dem exakten Ergebnis überein. In einigen folgenden Rechenbeispielen wird dies aus Gründen der Übersichtlichkeit in Kauf genommen!

Aus dieser Rechnung kann nun unmittelbar abgeleitet werden, dass die Portfoliorendite nicht nur über den Umweg der absoluten Risikopositionen in Euro ermittelt werden kann, sondern auch direkt durch die **prozentuale Gewichtung der Einzelrenditen**. Auf diese Art und Weise wird die Portfoliorendite wie folgt berechnet:

   (Portfoliogewicht BMW x Rendite BMW) + (Portfoliogewicht MAN x Rendite MAN)

=(45,12%   x 0,042%   ) + (54,88%   x 0,175%   )

*= **0,115%***

Für die **Berechnung der Portfoliorendite** kann folgende Anleitung formuliert werden:

Die **Portfoliorendite** ergibt sich aus der Summe aller mit dem jeweiligen Portfoliogewicht multiplizierten Einzelrenditen.

Für die Ermittlung der **Portfoliovolatilität** werden im Folgenden analoge Überlegungen wie zur Portfoliorendite angestellt. Ein erster intuitiver Ansatz zur Berechnung der Portfoliovolatilität wäre wiederum die mit Hilfe der Portfoliogewichte berechnete Summe der Einzelvolatilitäten. Eine einfache Plausibilitätsüberlegung zeigt jedoch, dass diese Vorgehensweise falsch wäre. So hätte eine derartige Berechnung zur Folge, dass sich gegenseitig **kompensierende Schwankungen** nicht in der Höhe der Portfoliovolatilität Berücksichtigung fänden.

Ein einfacheres, in Tabelle 2.8 dargestelltes Beispiel, verdeutlicht diese Problematik. Die Berechnung der einzelnen Volatilitäten von Aktie A und Aktie B wurde wie im Abschnitt 2.2.1

für das Beispiel BMW und MAN durchgeführt. Für die Zusammenfassung in der Spalte Portfolio wurde für Aktie A und Aktie B jeweils eine Gewichtung von 50% am Portfolio unterstellt.

Tab. 2.8   Ein einfaches Beispiel zur Portfoliovolatilität

Zeitpunkt:	Aktie A:	Aktie B:	Portfolio: (Aktie A + Aktie B)
1	+2,00%	-0,50%	(50% x 2,00%) + (50% x -0,50%) = **+0,75%**
2	+3,00%	-1,00%	(50% x 3,00%) + (50% x -1,00%) = **+1,00%**
3	-3,00%	+3,00%	(50% x -3,00%) + (50% x 3,00%) = **+0,00%**
4	+1,00%	-0,50%	(50% x 1,00%) + (50% x -0,50%) = **+0,25%**
Rendite:	+0,75%	+0,25%	+0,50%
Volatilität:	**2,28%**	**1,60%**	**±0,40%**
Gewichte:	50%	50%	100%

Für das Portfolio werden in der Tabelle 2.8 die einzelnen Renditen von Aktie A und Aktie B entsprechend ihrer Gewichtung von jeweils 50% am Portfolio zusammengefasst. Auf diese Art und Weise ergeben sich die **aggregierten Portfoliorenditen** zu den einzelnen Zeitpunkten.

Die Renditeberechnungen können unmittelbar nachvollzogen werden und die Gültigkeit der oben dargestellten Berechnung zur Ermittlung der **Portfoliorendite** wird sofort ersichtlich (50% x 0,75% + 50% x 0,25% = +0,50%, was auch exakt dem Durchschnitt der aggregierten Portfoliorenditen entspricht).

Wird nun die **Portfoliovolatilität** anhand der aggregierten Portfoliorenditen, wie in Abschnitt 2.2.1 dargestellt, berechnet, so führt dies im Ergebnis zu einer Volatilität von nur **0,40%**! Eine Gewichtung der einzelnen Volatilitäten von Aktie A und Aktie B würde jedoch zu einem viel höheren Wert von 1,94% (50% x 2,28% + 50% x 1,60% = 1,94%) führen. Die Ursache für diese starke Abweichung ist offensichtlich. Durch die Aggregation der Einzelrenditen tritt ein **Kompensationseffekt** auf. Den positiven Renditen von Aktie A zu den Zeitpunkten 1,2, und 4 stehen zu den gleichen Zeitpunkten jeweils negative Renditen von Aktie B gegenüber. Analog genau umgekehrt zum Zeitpunkt 3. Genau dieser Effekt kann aber durch die Gewichtung der Einzelvolatilitäten nicht berücksichtigt werden, da ja die betragsmäßigen Volatilitäten kumuliert werden. Es muss also ein **Maß** angewendet werden, welches die **Zusammenhänge der Einzelrenditen** zwischen den Aktien zu den jeweiligen Zeitpunkten erfasst.

> Ein Maß zur Berücksichtigung der Zusammenhänge zwischen zwei Größen ist die statistische **Kovarianz**. Allgemein ausgedrückt ist die Kovarianz der Mittelwert der für alle Datenpunktpaare gebildeten Produkte der Abweichungen.

Während die Varianz die quadrierte Streuung der Rendite einer einzelnen Aktie um ihre eigene durchschnittliche Kursrendite misst, so erfasst die Kovarianz die Schwankungen zwischen den Renditen zweier Aktien. Zu diesem Zweck wird zur **Berechnung** der **Kovarianz** die Differenz zwischen der beobachteten Einzelrendite der einen Aktie und ihrer durchschnittlichen Rendite berechnet und mit der entsprechenden Differenz der anderen Aktie multipliziert (=Produkte der Abweichungen). Zur Berechnung des Mittelwertes werden diese Produkte wie bei der Varianz über alle Zeitpunkte aufaddiert und die Summe wird durch die Anzahl der Zeitpunkte dividiert. Für das in Tabelle 2.8 dargestellte Beispiel wird die Kovarianz wie folgt berechnet:

Zeitpunkt:	*Differenz Aktie A:*	*x*	*Differenz Aktie B:*	
1	*(2% - 0,75%)*	*x*	*(-0,5% - 0,25%)*	*= -0,00009375*
2	*(3% - 0,75%)*	*x*	*(-1% - 0,25%)*	*= -0,00028125*
3	*(-3% - 0,75%)*	*x*	*(3% - 0,25%)*	*= -0,00103125*
4	*(1% - 0,75%)*	*x*	*(-0,5% - 0,25%)*	*= -0,00001875*

Die Summe über alle Zeitpunkte ergibt -0,001425 und die Division durch die Anzahl der Zeitpunkte in Höhe von 4 liefert für die **Kovarianz**

Kovarianz (A,B) = **-0,00035625**.

Ähnlich wie bei der Berechnung der Varianz besitzt auch die statistische Kennzahl Kovarianz bezüglich der **Interpretation** einige **Schwächen**. So besitzt die Kovarianz durch die Multiplikation von Prozent mit Prozent keine interpretationsfähige Dimension. Auch die Größenordnung der Kovarianz ist dadurch für einen Vergleich von unterschiedlichen Vermögenspositionen und deren Renditen ungeeignet.

Aus diesem Grund kann die Kovarianz zu einer normierten und dadurch interpretationsfähigeren Kennzahl weiterentwickelt werden. Bei dieser normierten Kennzahl handelt es sich um den so genannten **Korrelationskoeffizienten**.

Der **Korrelationskoeffizient** zwischen zwei Größen wird berechnet, indem die Kovarianz zwischen den beiden Größen durch das Produkt der beiden einzelnen Standardabweichungen (Volatilitäten) geteilt wird.

Für das obige Beispiel der beiden Aktien A und B wird der Korrelationskoeffizient wie folgt berechnet:

Kovarianz[A,B] / (Volatilität[A] x Volatilität[B]) = Korrelationskoeffizient[A,B]

*-0,00035625   / (2,28%   x   1,60%   ) = **-0,977***

Die Normierung der Kovarianz durch die Division des Produktes der beiden Volatilitäten führt zu folgenden nützlichen **Eigenschaften** des **Korrelationskoeffizienten**:

- Der Korrelationskoeffizient kann nur Werte zwischen +1 und -1 annehmen.
- Ein Korrelationskoeffizient von +1 bedeutet einen vollständig positiven Zusammenhang zwischen den beiden Größen (z. B. Renditen).
- Ein Korrelationskoeffizient von null zeigt an, dass kein Zusammenhang zwischen beiden Größen messbar ist.
- Ein vollständig negativer Zusammenhang wird bei einem Korrelationskoeffizienten von -1 festgestellt.

Im einfachen Beispiel der Aktien A und B wird also ein fast vollständig negativer Zusammenhang zwischen den Renditen von Aktie A und Aktie B im Zeitablauf (also für die Zeitpunkte 1,2,3 und 4) festgestellt. Dies beruht auf der offensichtlichen Beobachtung, dass positiven Renditen von Aktie A zum gleichen Zeitpunkt negative Renditen von Aktie B gegenüberstehen und umgekehrt. Ein **vollständig negativer Zusammenhang**, d. h. ein Korrelationskoeffizient von genau -1 wird erreicht, wenn die Renditen nicht nur in der Richtung genau jeweils entgegengesetzt verlaufen, sondern auch die Höhe der Renditen sich jeweils genau kompensieren (was im obigen Beispiel von Aktie A und Aktie B nur zum Zeitpunkt 3 der Fall war, zu den anderen Zeitpunkten war die Richtung zwar entgegengesetzt, aber eben nicht in gleicher Höhe).

Obwohl der Korrelationskoeffizient positive Eigenschaften besitzt, ist das ursprünglich angestrebte Ziel der Berechnung der Volatilität des Portfolios noch nicht erreicht. Sowohl die Kovarianz als auch der Korrelationskoeffizient entsprechen nicht der in Tabelle 2.8 errechneten Portfoliovolatilität von 0,40%! Um die Portfoliovolatilität zu berechnen, fließen die bisher berechneten Einflussgrößen

- Portfoliogewichte von A und B (w_A=50%, w_B=50%),
- Volatilitäten bzw. Varianzen von A und B (s_A=2,28%, s_B=1,6% bzw. s^2_A, s^2_B),
- und die Kovarianz bzw. der Korrelationskoeffizient ($s_{A,B}$=-0,00035625 bzw. $k_{A,B}$=-0,977).

in ein Rechenmodell ein, was an dieser Stelle aus Gründen der Übersichtlichkeit (und des mangelnden zusätzlichen betriebswirtschaftlichen Erkenntnisgewinnes) nicht explizit hergeleitet wird. Die Herleitung dieses Modells beruht auf der von Markowitz (1952) entwickelten **Portfoliotheorie**. Auf die Anwendung der Portfoliotheorie speziell beim Aktienkursrisiko im Rahmen des Risikomanagements wird explizit im Abschnitt 4.1.3 näher eingegangen werden. An dieser Stelle wird zunächst nur das für die Berechnung des VaR notwendige Rüstzeug bereitgestellt. Für die **Berechnung** der **Portfoliovolatilität** auf der Grundlage der Portfoliotheorie gilt:

$$\text{Portfoliovolatilität (A,B)} = \sqrt{w_A^2 \cdot s_A^2 + w_B^2 \cdot s_B^2 + 2 \cdot w_A \cdot w_B \cdot k_{A,B} \cdot s_A \cdot s_B}$$

Für das Beispiel mit den Aktien A und B kann mit Hilfe dieser Gleichung die **Portfoliovolatilität** wie folgt ermittelt werden:

$$\textit{Portfoliovola. (A,B)} = \sqrt{0,5^2 \cdot 0,0228^2 + 0,5^2 \cdot 0,016^2 + 2 \cdot 0,5 \cdot 0,5 \cdot -0,977 \cdot 0,0228 \cdot 0,016}$$

$$= \underline{\mathbf{0{,}40\%}}$$

Dieses Ergebnis entspricht der über die aggregierten Portfoliorenditen ermittelten Schwankung für das Portfolio von ebenfalls 0,40% (siehe Tabelle 2.8). Die Darstellung über die Gleichung der Portfoliovolatilität besitzt jedoch gegenüber der aggregierten Portfoliodarstellung einige entscheidende Vorteile bezüglich der **Interpretation** der **Portfoliostruktur**, auf die in den folgenden Ausführungen anhand der VaR-Berechnung für das Portfolio näher eingegangen wird.

Mit Hilfe der Portfoliovolatilität kann nun analog zur Berechnung des VaR für einzelne Risikopositionen auch der VaR für das gesamte Portfolio, welches aus BMW- und MAN-Aktien besteht, berechnet werden. Im ersten Schritt wird analog zum Beispiel der Aktien A und B die Portfoliovolatilität für das Portfolio aus BMW und MAN-Aktien berechnet. Zu diesem Zweck wird zuerst die Kovarianz zwischen den Renditen von BMW und MAN berechnet. Analog zur oben beschriebenen Vorgehensweise beträgt diese

Kovarianz (=$s_{BMW, MAN}$) = **+0,00005158**.

Daraus wird der Korrelationskoeffizient zwischen den Renditen von BMW und MAN berechnet:

Kovar.[BMW,MAN] / (Vola.[BMW]xVola.[MAN]) = Korrelationskoeffizient[BMW, MAN]

   +0,00005158   / (1,031%   x 1,386%   ) = **+0,36** = $k_{BMW,MAN}$

Der Korrelationskoeffizient $k_{BMW,MAN}$ bildet dann die Grundlage zur Berechnung der Portfoliovolatilität s_P von BMW und MAN:

$$= \sqrt{w_{BMW}^2 \cdot s_{BMW}^2 + w_{MAN}^2 \cdot s_{MAN}^2 + 2 \cdot w_{BMW} \cdot w_{MAN} \cdot k_{BMW,MAN} \cdot s_{BMW} \cdot s_{MAN}}$$

$$= \sqrt{0,4512^2 \cdot 0,01031^2 + 0,5488^2 \cdot 0,01386^2 + 2 \cdot 0,4512 \cdot 0,5488 \cdot 0,36 \cdot 0,01031 \cdot 0,01386}$$

= s_P =Portfoliovolatilität (BMW, MAN) = **1,025%.**

Mit Hilfe dieser Portfoliovolatilität kann nun der VaR für das Portfolio berechnet werden. Die Risikoposition des Portfolios setzt sich dann aus der Summe der beiden Einzelpositionen zusammen und ergibt 370,- € + 450,- € = 820,- €. Auch für das Portfolio wird zweckmäßigerweise die gleiche Liquidationsperiode von 10 Tagen zugrunde gelegt. Die **Berechnung** des **VaR** des **Portfolios** ergibt dann:

Risikoposition: x Vola.:   x Liquidationsperiode: x Sicherheitswkt.: = **VaR**:

820,- €   *x 1,025%*   *x $\sqrt{10}$*   *x 2,33*   = **61,93 €.**

Für einen besseren Überblick und eine zweckmäßige Interpretation der Ergebnisse sind die Ergebnisse für BMW, MAN und das Portfolio (bestehend aus den BMW- und MAN-Aktien) in Tabelle 2.9 im Überblick zusammengestellt.

Tab. 2.9   *Ergebnisse der Berechnung des VaR für ein Beispielportfolio (BMW und MAN)*

Vermögensposition:	Risikoposition zum 2.1.2006:	Portfoliogewichtung:	Durchschnittl. Kursrendite:	Volatilität:	VaR:
BMW	370,- €	45,12%	0,042%	1,031%	28,11 €
MAN	450,- €	54,88%	0,175%	1,386%	45,96 €
Portfolio	820,- €	100,00%	0,115%	1,025%	61,93 €

Auf den ersten Blick fallen die Auswirkungen der gegenseitigen Kompensationen der Rendi-
teschwankungen von BMW gegenüber MAN auf. Dies äußert sich in einem VaR des Portfolios von 61,93 €, während dagegen die Summe der VaR der einzelnen Vermögenspositionen
(28,11 € + 45,96 €) 74,07 € beträgt. Das heißt die **Portfoliobetrachtung** führt zu einem um
12,14 € (74,07 € - 61,93 €) geringeren VaR und damit auch zu einem **geringeren Risiko** als
bei der **Summe** der **einzelnen Risiken**. Dieser Effekt wird bei der Bildung von Portfolios
häufig **geplant** und ist betriebswirtschaftlich auch so gewollt.

> Unter dem **Diversifikationseffekt** wird die Risikominderung durch eine geeignete Zu-
> sammenstellung bestimmter Vermögenspositionen zu einem Portfolio verstanden. Die
> Stärke des Diversifikationseffektes basiert dabei auf den Korrelationen zwischen den ein-
> zelnen Vermögenspositionen bzw. deren Renditen.

Um die Stärke des Diversifikationseffektes zu verdeutlichen, sind in Tabelle 2.10 für verschiedene (theoretische) Korrelationen die jeweils zugehörigen VaR des Portfolios berechnet. Grundlage für diese Berechnungen bildet wieder das obige Portfolio bestehend aus
BMW- und MAN-Aktien. Die Portfoliogewichtung, die Liquidationsperiode, die Volatilitäten der einzelnen Positionen und die Sicherheitswahrscheinlichkeit werden dabei konstant
gelassen. Lediglich die theoretische **Änderung des Korrelationskoeffizienten** und die sich
daraus c. p. ergebende Änderung der Portfoliovolatilität und damit auch die **Änderung** des
VaR des Portfolios sind in Tabelle 2.10 angegeben. In der Spalte „Differenz" ist die Differenz zwischen der Summe der VaR der Einzelpositionen und dem VaR des Portfolios auf
Basis des jeweils angegebenen Korrelationskoeffizienten (für einen Korrelationskoeffizienten von +0,36 also die oben berechneten 12,14 €) aufgeführt.

Tab. 2.10   Beispiel für die Änderung des VaR eines Portfolios in Abhängigkeit vom Korrelationskoeffizienten

Korrelations-koeffizient:	Portfolio-volatilität:	VaR des Portfolios:	Differenz zur Summe der Einzelrisiken:
-1	0,295%	17,85 €	56,22 €
-0,8	0,478%	28,90 €	45,16 €
-0,6	0,609%	36,77 €	37,30 €
-0,4	0,716%	43,23 €	30,84 €
-0,2	0,808%	48,84 €	25,22 €
0	0,892%	53,87 €	20,19 €
0,2	0,968%	58,47 €	15,59 €
0,36	**1,025%**	**61,93 €**	**12,14 €**
0,4	1,038%	62,74 €	11,33 €
0,6	1,104%	66,73 €	7,34 €
0,8	1,167%	70,49 €	3,57 €
1	1,226%	74,07 €	0,00 €

Aus der Tabelle 2.10 und durch mathematische Umformungen der obigen Gleichung für die
Portfoliovolatilität (siehe technischer Anhang Abschnitt 2.8) können folgende zentrale **Eigenschaften** des **Diversifikationseffektes** im Zusammenhang mit dem VaR abgeleitet werden:

- Wegen möglicher Diversifikationseffekte ist das auf **Portfolio-Ebene** zusammengefasste **VaR kleiner** gleich als die **Summe der VaR der Einzelrisiken.**
- Ist der **Korrelationskoeffizient kleiner eins**, so tritt eine Diversifikation ein, d. h. das Portfoliorisiko und damit auch der VaR des Portfolios sinken unter die Summe der Einzelrisiken.
- Sind die Renditen der Vermögenspositionen **vollkommen positiv korreliert** (Korrelationskoeffizient = +1), ist der VaR des Portfolios gleich der Summe der VaR der Einzelrisiken.
- Bei einer **vollständigen negativen Korrelation** ist der Diversifikationseffekt am größten, d. h. die Portfoliovolatilität ist am kleinsten und dadurch ist auch der VaR des Portfolios gegenüber der Summe der VaR der Einzelrisiken am geringsten.

Der Korrelationskoeffizient spielt insbesondere bei der Aggregation von Risiken eine fundamentale Rolle. Aus diesem Grund werden anhand der folgenden Ausführungen die Eigenschaften des Korrelationskoeffizienten ausführlicher dargestellt und interpretiert. Es werden zu diesem Zweck die möglichen Ausprägungen der Renditen von (einer beliebigen) Aktie A als Basis zugrunde gelegt. Für die einzelnen Ausprägungen von Rendite A werden dann unterschiedliche Ausprägungen von Rendite B zugeordnet. Aus diesen Zuordnungen ergeben sich dann jeweils unterschiedliche Korrelationskoeffizienten zwischen den Renditen von A und B. Die verschiedenen Renditen mit den sich jeweils ergebenden Korrelationskoeffizienten sind in Tabelle 2.11 im Überblick dargestellt.

Tab. 2.11   Beispiele für unterschiedliche Korrelationskoeffizienten

Beispiel:		I:	II:	III:	IV:	V:
Korrelations-koeffizient (k):		k = +1	k = +1	k = -1	k = +0,6	k = 0
Beobachtung:	Rendite A:	Rendite B:	Rendite B:	Rendite B:	Rendite B:	Rendite B:
1	-4,00%	-3,00%	-7,00%	4,00%	-1,00%	4,00%
2	-3,00%	-2,50%	-5,00%	3,00%	-3,50%	-3,00%
3	-2,00%	-2,00%	-3,00%	2,00%	2,11%	2,00%
4	-1,00%	-1,50%	-1,00%	1,00%	-2,50%	-1,00%
5	0,00%	-1,00%	1,00%	0,00%	3,00%	0,00%
6	1,00%	-0,50%	3,00%	-1,00%	0,50%	-1,00%
7	2,00%	0,00%	5,00%	-2,00%	-0,50%	2,00%
8	3,00%	0,50%	7,00%	-3,00%	1,00%	-3,00%
9	4,00%	1,00%	9,00%	-4,00%	5,00%	4,00%

Ein **Korrelationskoeffizient** von **+1** bedeutet nicht immer, dass bei einer positiven Rendite von A auch die Rendite von B positiv sein muss. Lediglich der Zusammenhang ist vollständig linear. Über die Richtung (bzw. die Steigung der linearen Geraden) dieses Zusammenhanges sagt ein Korrelationskoeffizient von +1 nichts aus. In Abbildung 2.9 ist dieser Sachverhalt grafisch dargestellt.

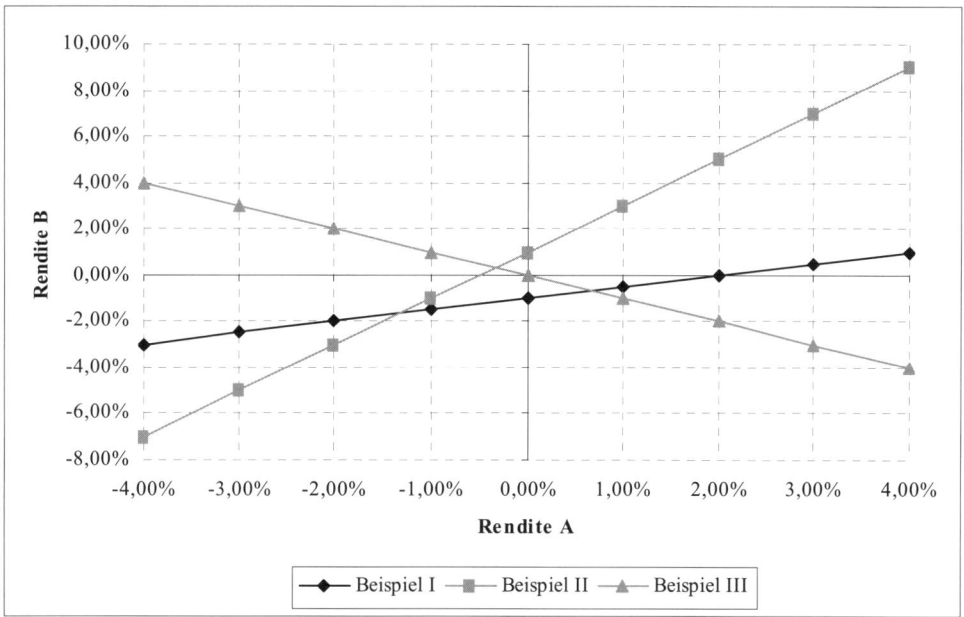

Abb. 2.9   *Beispiele für einen Korrelationskoeffizienten von +1 und -1*

In Abbildung wird 2.9 wird deutlich, dass für alle Beispiele die beobachteten Renditepaare von A und B auf einer Geraden liegen, diese aber unterschiedliche Steigungen besitzt. So wird z. B. für eine Renditeausprägung von 0% bei A im Beispiel I für B eine Rendite von -1,0% beobachtet. Im Beispiel II wird dagegen für B eine Rendite von +1,0% beobachtet, obwohl in beiden Bcispiclen der Korrelationskoeffizient jeweils +1 beträgt. Es liegen also unterschiedliche Steigungen vor. Gleiches gilt umgekehrt für eine Korrelation von -1 im Beispiel III. Der Zusammenhang ist hier negativ bzw. die Gerade hat eine negative Steigung. Rückschlüsse auf die Höhe der negativen Steigung können aus dem Korrelationskoeffizienten von -1 nicht gezogen werden.

In Abbildung 2.10 wird der Zusammenhang für einen **Korrelationskoeffizienten** von **+0,6** dargestellt. Es ist zwar insgesamt noch ein positiver Zusammenhang erkennbar (ersichtlich durch die Regressionsgerade), aber der Zusammenhang ist nicht mehr streng linear, sondern die beobachteten Renditepaare streuen um die Regressionsgerade. Gleiches würde analog umgekehrt für einen negativen Korrelationskoeffizienten größer als -1 gelten (was lediglich aus Gründen der Übersichtlichkeit nicht in Abbildung 2.10 dargestellt wurde).

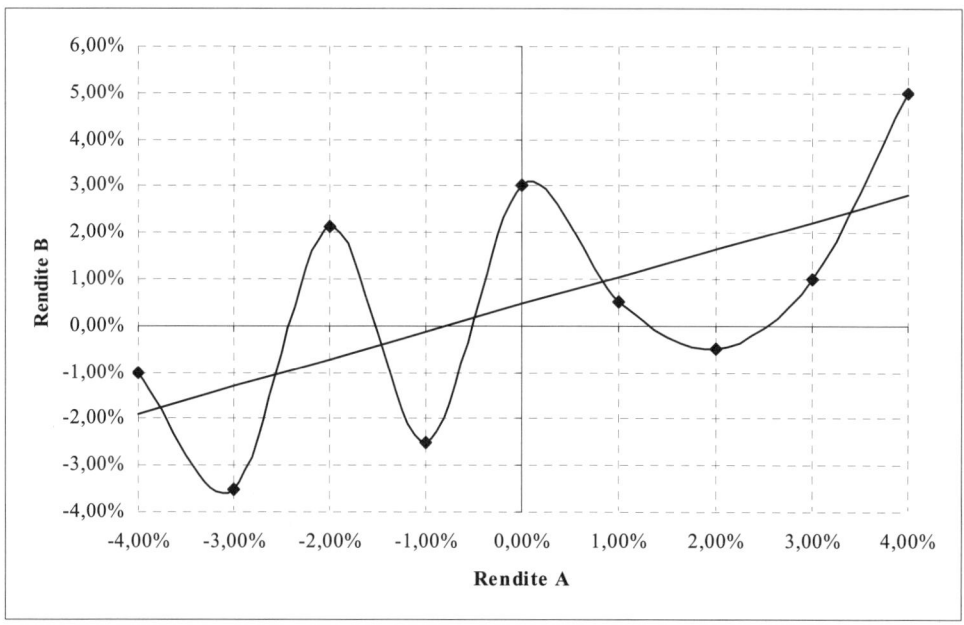

Abb. 2.10   *Beispiel für einen Korrelationskoeffizienten von +0,6*

Ein Beispiel für einen unkorrelierten Zusammenhang ist in Abbildung 2.11 skizziert. Hier ist weder eine positive noch eine negative Tendenz zu erkennen. Der **Korrelationskoeffizient** ist **null**, was auch bedeutet, dass die Renditen A und B unabhängig voneinander sind. Die Steigung der Regressionsgeraden durch die beobachteten Renditepaare beläuft sich auf null.

In den bisherigen Ausführungen zum Value at Risk Konzept bestand der Schwerpunkt in der Berechnung einer **Maßzahl** für die Erfassung insbesondere von **Portfoliorisiken**. Mit Hilfe des VaR ist jedoch wesentlich mehr möglich als nur das Berechnen einer einzelnen Zahl in Geldeinheiten. Wie im Abschnitt zur Risikoanalyse (2.6) gezeigt wird, können leichte **Modifikationen** des bisherigen Schemas zur Berechnung des **VaR** die Interpretationsmöglichkeiten und daraus die Ableitung von Handlungsempfehlungen auf Basis des VaR erheblich erweitern. Einige sinnvolle Modifikationen werden an dieser Stelle mit Blick auf die spätere **Risikoanalyse** dargestellt.

Eine übliche Fragestellung bei der Analyse von Portfolios ist die **Änderung** des **VaR**, also des Portfoliorisikos, wenn sich **einzelne Vermögenspositionen ändern**. Die Volatilität oder der VaR der einzelnen Positionen können für sich isoliert betrachtet darüber keine aussagekräftigen Informationen liefern, da in diesen Werten keine Informationen über mögliche Auswirkungen der Korrelationen bzw. der Portfoliostruktur enthalten sind. Aus diesem Grund wird jetzt der Frage nachgegangen, wie sich der Beitrag zum Portfoliorisiko ändert, wenn eine Position des Portfolios um eine Einheit erhöht wird.

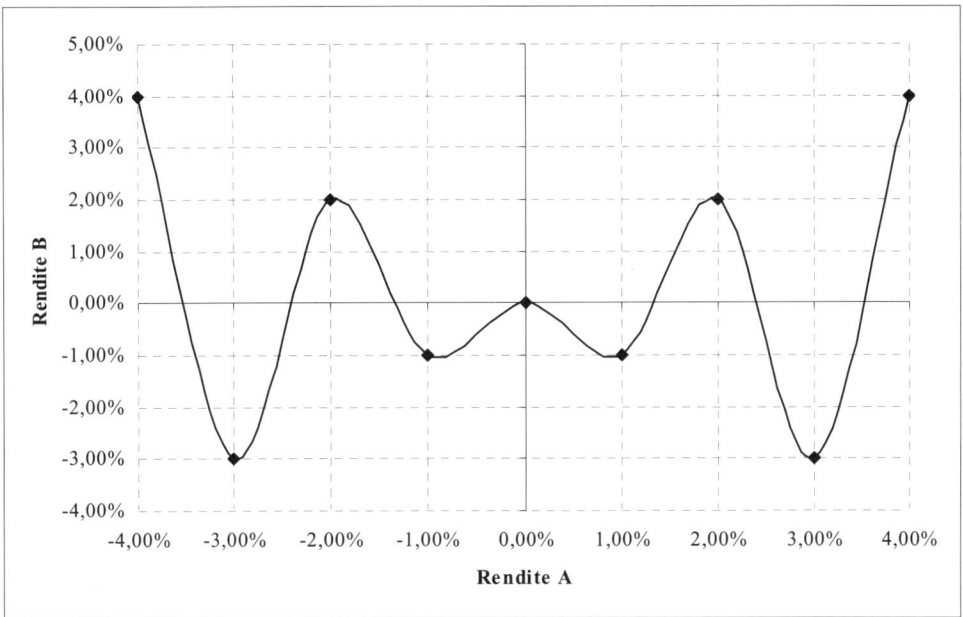

Abb. 2.11 *Beispiel für einen Korrelationskoeffizienten von null*

Der **marginale VaR** ist derjenige (dimensionslose) Faktor einer Position des Portfolios, der angibt, wie stark sich das gesamte Portfoliorisiko erhöht, wenn diese Position des Portfolios um eine Einheit erhöht wird.

Mathematisch kann diese Frage gelöst werden, indem die erste Ableitung des Portfoliorisikos nach der Gewichtung der betrachteten Position gebildet wird (siehe auch Abschnitt 2.2.1 Sensitivitäten). Auf die mathematische Herleitung wird an dieser Stelle verzichtet (siehe Abschnitt 2.8 technischer Anhang), sondern nur das Ergebnis betriebswirtschaftlich interpretiert. Die Ableitung liefert für den marginalen VaR einer Vermögensposition i (=ΔVaR_i) innerhalb des Portfolios den Wert

$\Delta VaR_i = \alpha$ x Kovarianz (Position i, Gesamtportfolio) / Portfoliovolatilität (=s_p).

Der marginale VaR ergibt sich also durch die Multiplikation der Anzahl der Standardabweichungen α entsprechend des Quantils aus der Standardnormalverteilung multipliziert mit der Kovarianz zwischen den Renditen der Position i und den aggregierten Portfoliorenditen, dividiert durch die Portfoliovolatilität.

Für die Anwendung auf das Portfoliobeispiel mit den BMW- und MAN-Aktien muss zur Berechnung also als erstes eine **Zeitreihe** mit der **aggregierten Portfoliorendite** entsprechend der Portfoliogewichte (BMW=45,12% und MAN=54,88%) erstellt werden. Dies erfolgt wie oben bereits beschrieben. Dann kann die Kovarianz zwischen der Rendite von

BMW und dem Portfolio und zwischen MAN und dem Portfolio berechnet werden, was folgende Werte ergibt:

Kovarianz (BMW, Portfolio) = **0,00007627**,

Kovarianz (MAN, Portfolio) = **0,00012872**.

Mit Hilfe dieser Kovarianzen, der Anzahl Standardabweichungen von 2,33 (für eine Sicherheitswahrscheinlichkeit von 99%) und der oben bereits errechneten Portfoliovolatilität von 1,03% können nun für BMW und MAN die marginalen VaR-Beiträge gem. obiger Gleichung bestimmt werden:

ΔVaR_i	=	α	x	Kovarianz (Position i, Portfolio) / Portfoliovolatilität		
ΔVaR_{BMW} =	2,33	x	0,00007627	/ 1,025%	= **0,01734**
ΔVaR_{MAN} =	2,33	x	0,00012872	/ 1,025%	= **0,02926**

Die **Kovarianz** ist als absolute Zahl, wie bereits ausgeführt, **wenig aussagekräftig**. Da aber die Erkenntnisse aus der Gleichung für den marginalen VaR später noch für andere Zwecke verwendet werden, gibt es die Möglichkeit, den marginalen VaR noch anschaulicher darzustellen. Zu diesem Zweck wird für die einzelnen Vermögenspositionen i der so genannte **Beta-Faktor** (=ß_i) wie folgt definiert:

ß_i = Kovarianz (Position i, Gesamtportfolio) / Portfolio**varianz**

Dieser Beta-Faktor misst den Anteil des Risikos der Position i gegenüber dem gesamten Portfolio. Je höher der Beta-Faktor ist, desto größer ist der Einfluss des Risikos der zugehörigen Vermögensposition auf das Portfolio. Abgeleitet wurde der Beta-Faktor im Rahmen des **CAPM** von Sharpe (1968). Im Rahmen der Portfoliotheorie beim Aktienkursrisiko wird auf die Anwendung des Beta-Faktors im Einzelnen noch weiter eingegangen werden. Für BMW und MAN beträgt der Beta-Faktor jeweils:

β_{BMW} = 0,00007627 / 0,00010506 = **0,726**

β_{MAN} = 0,00012872 / 0,00010506 = **1,225**

Mit Hilfe einiger Umformungen (siehe technischer Anhang 2.8) kann nun durch die Beta-Faktoren der marginale VaR auch wie folgt berechnet werden und es ergeben sich für BMW und MAN die identischen Ergebnisse:

ΔVaR_i	= α	x	ß_i	x	Portfoliovolatilität (=s_p)	
ΔVaR_{BMW}	= 2,33	x	0,726	x	1,025%	= **0,01734**
ΔVaR_{MAN}	=2,33	x	1,225	x	1,025%	= **0,02926**

Der **marginale VaR** setzt sich also vereinfacht formuliert aus der Sicherheitswahrscheinlichkeit, dem systematischen Risiko der Position am Portfolio und dem Portfoliorisiko insgesamt (ausgedrückt durch die Portfoliovolatilität) zusammen. Der marginale VaR kann für verschiedene Zwecke im Risikomanagement eingesetzt werden. Insbesondere als **Sensitivi-**

tätsmaß in der **Risikoanalyse** (Abschnitt 2.6) wird darauf im Zusammenhang noch näher eingegangen. Soll jedoch das gesamte Portfoliorisiko reduziert werden, indem lediglich eine Vermögensposition verkauft werden soll, so kann mit Hilfe des größten marginalen VaR bzw. des größten Beta-Faktors leicht identifiziert werden, bei welcher Vermögensposition dies am wirksamsten mit Blick auf das Gesamtrisiko möglich ist.

Der marginale VaR stellt jetzt die Grundlage dar, um als weitere Anwendungsmöglichkeit den so genannten Incremental Value at Risk zu entwickeln.

> Der **Incremental Value at Risk** ist der jenige Value at Risk, um den durch Aufnahme einer zusätzlichen Risikoposition oder Erhöhung einer bestehenden Position sich der ursprüngliche Value at Risk erhöht.

Wird als Ausgangsposition wieder das Portfolio bestehend aus BMW- und MAN-Aktien benutzt, so besitzt vor einer möglichen Änderung dieses Portfolio einen VaR von 61,93 €. Der Incremental Value at Risk gibt näherungsweise die Erhöhung dieses vorherigen VaR an, wenn z. B. eine neue BMW-Aktie zum Bewertungskurs von 37,- € pro Stück zum alten Portfolio dazu gekauft wird. Der neue VaR für das gesamte Portfolio wird dann ganz einfach durch Multiplikation des entsprechenden marginalen VaR für BMW mit dem Betrag der Erhöhung der zugehörigen Position (also eine Aktie zu 37,- €) berechnet und dies ergibt

*Incremental VaR$_{BMW}$ = ΔVaR$_{BMW}$ (=0,01734) x 37,- € = **0,64 €**.*

Werden diese Incremental VaR von BMW zum alten VaR des Portfolios addiert, so ergibt sich der VaR des neuen Portfolios in Höhe von 61,93 € + 0,64 € = **62,57 €**. Diese Berechnung des neuen VaR ist jedoch nur eine **approximative Berechnung**, bei der eine **Linearität** zwischen der Erhöhung einer einzelnen Risikoposition und der Erhöhung des Portfolio-VaR unterstellt wird. Dies ist aber aufgrund der Eigenschaft der Portfoliovolatilität (Wurzel aus quadrierten Summanden) nicht gegeben. Wird für das neue Portfolio der exakte VaR berechnet, so liefert dies einen Wert von **63,98 €**. Der Incremental VaR kann also nur eine **einfache** und mit wenig Rechenaufwand zu ermittelnde **Abschätzung** sein, wie sich durch eine Veränderung einer einzelnen Position des Portfolios der VaR insgesamt ungefähr verändert.

Ein wesentliche bedeutendere Funktion und Aussagekraft hat dagegen der so genannte **Component VaR**, der ebenfalls auf den marginalen VaR aufbaut bzw. auf die dort abgeleiteten Zusammenhänge zurückgreift.

Für eine Analyse eines Portfolios anhand des VaR spielt der Diversifikationseffekt eine fundamentale Rolle. Im Beispiel wirkt sich der Diversifikationseffekt betragsmäßig in Höhe von 12,13 € aus. Die Summe der einzelnen VaR beträgt 74,06 € während der VaR des Portfolios mit Berücksichtigung der Korrelation also nur 61,93 € beträgt. Eine Analyse der VaR der Einzelpositionen reicht also nicht aus, da der Diversifikationseffekt vernachlässigt wird. Genau dieser Mangel wird durch den Component VaR behoben.

> Der **Component Value at Risk** (CoVaR$_i$) ist der um den anteiligen Diversifikationseffekt des Portfolios verminderte VaR einer Einzelposition i dieses diversifizierten Portfolios.

Die Berechnung des Component Value at Risk einer einzelnen Position i erfolgt mit Hilfe des Beta-Faktors der Position (ß$_i$) wie folgt:

CoVaR$_i$ = VaR des Portfolios (=VaR$_p$) x Beta-Faktor von i (=ß$_i$) x Gewichtung von i (=w$_i$)

Werden die für BMW und MAN bereits ausgerechneten Werte in diese Gleichung eingesetzt, so ergibt dies

$CoVaR_{BMW}$ = 61,93 € x 0,726 x 45,12% = **20,29 €**,

$CoVaR_{MAN}$ = 61,93 € x 1,225 x 54,88% = **41,64 €**.

Diese Form der Berechnung kann in eine noch einfachere Darstellung umgeformt werden, indem der **Korrelationskoeffizient** zwischen der Position i und dem Portfolio verwendet wird. Der Korrelationskoeffizient (=k$_{i,p}$) wird berechnet, indem die Kovarianz zwischen der Position i und dem Portfolio durch das Produkt der Volatilitäten von Position i und dem Portfolio P dividiert wird. Für BMW und MAN ergibt dies

$k_{BMW,P}$ = 0,00007627 / (1,031% x 1,025%) = **0,722**

$k_{MAN,P}$ = 0,00012872 / (1,386% x 1,025%) = **0,906**

Mit Hilfe des Korrelationskoeffizienten kann der Component VaR in einer einfacheren Form dargestellt werden, nämlich:

CoVaR$_i$=VaR der Position i (=VaR$_i$) x Korrelationskoeffizient (Position i, Portfolio P) (=k$_{i,p}$)

Aus dieser Darstellung können der Component VaR für BMW und MAN dann auch wie folgt berechnet werden:

$CoVaR_{BMW}$ = 28,11 € x 0,722 = **20,29 €**,

$CoVaR_{MAN}$ = 45,96 € x 0,906 = **41,64 €**,

Die **Summe** beider **Component VaR** ergibt den **VaR** des **diversifizierten Portfolios** in Höhe von 20,29 € + 41,64 € = **61,93 €**. In den beiden Component VaR ist also jeweils der anteilige Diversifikationseffekt bereits berücksichtigt. Wenn dann die einzelnen Portfoliopositionen analysiert werden sollen, so ist der CoVaR aussagekräftiger, da der anteilige Diversifikationseffekt enthalten ist, während sonst der Diversifikationseffekt nur auf aggregierter Gesamtportfolioebene berücksichtigt werden würde. Genau dieser Vorteil wird bei der späteren Risikoanalyse (Abschnitt 2.6) eine wesentliche Rolle spielen.

Das Grundprinzip des **VaR eines Portfolios**, welches aus zwei einzelnen Vermögenspositionen (hier BMW und MAN) besteht kann auf Portfolios mit **beliebig vielen Vermögenspositionen** übertragen werden. An der ökonomischen Herleitung und am betriebswirtschaftlichen Erkenntnisgewinn ändert sich nichts, lediglich die technische Darstellung wird entsprechend komplexer. Auf die mathematische Darstellung sei daher an dieser Stelle verzichtet und auf den technischen Anhang (2.8) verwiesen.

Auf dieses **Grundprinzip** der VaR-Berechnung von mehreren Vermögenspositionen wird später wieder zurückgegriffen, wenn es um eine unternehmensweite Risikomessung auf Basis des VaR gehen wird. In diesem Fall werden alle Vermögenspositionen bzw. vergleichbare Positionen des Unternehmens quasi als ein Portfolio betrachtet, um daraus dann den VaR für das ganze Unternehmen zu berechnen.

Als Fazit kann festgehalten werden, dass das VaR-Konzept viele **Nachteile** anderer Risikomessverfahren **behebt** und insbesondere auch durch Anwendung der **Portfoliotheorie** für eine unternehmensweite Risikomessung- und Steuerung geeignet ist. Aufgrund dieser Vorteile des VaR-Ansatzes werden noch kurz weitere Möglichkeiten der VaR-Berechnung dargestellt. Abschließend wird noch eine Alternative zum VaR-Konzept kurz diskutiert.

2.3.4   Weitere Berechnungsmethoden

Die oben dargestellte Berechnung zur Bestimmung des Value at Risk wird als die „**Varianz-Kovarianz-Methode**" bezeichnet und wird auch synonym **parametrische** oder **analytische Methode** genannt. Diese Methode beruht grundsätzlich auf den Volatilitäten und Korrelationen der Risikofaktoren. Für einfache Portfolios bzw. Vermögenspositionen, die nur durch einen Risikofaktor beeinflusst werden, ist die Berechnung relativ einfach. Wesentlich schwieriger ist die VaR-Berechnung von Derivaten bzw. Portfolios, in denen auch Derivate vorhanden sind. Für die Berechnung des VaR nach der Varianz-Kovarianz-Methode wird weiterhin zwischen dem **Approximationsverfahren** und dem **Standardverfahren** unterschieden. Im Abschnitt 2.3.2 wurde das Standardverfahren dargestellt, bei dem die Volatilitäten und Korrelationen der Renditen der einzelnen Vermögenspositionen direkt aus den historischen Zeitreihen geschätzt werden.

Bei dem **Approximationsverfahren** werden in einem ersten Schritt die Sensitivitäten (z. B. die Duration bei Bonds, der ß-Faktor bei Aktien und das Delta bei Optionen, siehe auch Abschnitt 2.2.2) der Vermögenspositionen auf die jeweiligen Einflussfaktoren bestimmt. Im zweiten Schritt werden dann die Volatilitäten und Korrelationen eben dieser Einflussfaktoren (Risikofaktoren) geschätzt (approximiert und nicht wie beim Standardverfahren direkt aus historischen Daten berechnet). Der Vorteil besteht darin, dass bei vielen Vermögenspositionen in einem Portfolio immer wieder dieselben Volatilitäten und Korrelationen benutzt werden können und sich dadurch der rechnerische Aufwand verringert. Beim Approximationsverfahren wird zwischen den Barwerten der Vermögenspositionen und ihren jeweiligen Risikofaktoren **linearisiert**. Dies wird bei festverzinslichen Positionen durch die Berechnung der Duration und bei Aktien durch den ß-Faktor erreicht. Bei Währungen ist eine Linearisierung nicht notwendig, da diese bereits vorliegt. Dadurch reduziert sich die Berechnung der Volatilitäten und Korrelationen auf die entsprechenden Marktindizes (DAX), die Zinssätze der entsprechenden Laufzeiten, die Währungen und Rohstoffpreise. Das Approximationsverfahren eignet sich also bei

- Portfolios mit zahlreichen Vermögenspositionen, die meistens von denselben Risikofaktoren abhängen,
- Vermögenspositionen, für die eine lineare Barwertabschätzung keinen oder einen noch vertretbaren Schätzfehler aufweist.

Bei der **historischen Simulation** wird jede Vermögensposition zu jedem beobachteten Zeitpunkt der Vergangenheit mit der zugehörigen Ausprägung des zugrunde liegenden Risikofaktors bewertet und zum Gesamtportfoliowert am Beobachtungszeitpunkt aufaddiert. Diese Vorgehensweise ist besonders einfach, da keine Volatilitäten, Korrelation und sonstige statistischen Parameter geschätzt werden müssen. Folglich entfallen auch die oben genannten, teilweise unrealistischen Annahmen. Die historische Simulation läuft in folgenden Schritten ab:

- Zuerst werden die (z. B. täglichen) historischen Risikofaktoren ermittelt.
- Danach werden anhand der historischen Daten der verschiedenen Risikofaktoren die historischen Marktwerte des Portfolios berechnet.
- Aus den simulierten Werten werden die Marktwertveränderungen des Portfolios berechnet und das zugehörige Quantil für die gewählte Sicherheitswahrscheinlichkeit bestimmt (bzw. der zugehörige VaR des Portfolios).

Aufgrund der einfachen Durchführbarkeit wird die historische Simulation häufig in der Praxis angewendet! Insbesondere wird der Nachteil der Linearisierung zur Bewertung von Vermögenspositionen und der sich daraus ergebende Schätzfehler (bei der Varianz-Kovarianz-Methode) beseitigt. Aus diesem Grund soll die Vorgehensweise an einem einfachen Beispiel verdeutlicht werden, um so auch die entscheidenden Nachteile besser darstellen zu können. Es soll ein Portfolio mit folgenden Vermögenspositionen betrachtet werden:

- Ein Zero-Bond mit einer Fälligkeit in 10 Jahren in Höhe von 100,- €. Der aktuelle Zinssatz zur Bewertung dieses Zero-Bonds betrage 4,5%. Daraus ergibt sich eine aktuelle Risikoposition des Zero-Bonds von 100,-€ / $1,045^{10}$ = **64,39€**
- Die zweite Vermögensposition besteht aus 30 amerikanischen Aktien die in US-$ gehandelt werden. Der aktuelle Aktienkurs beträgt 35,-US-$ und der aktuelle Wechselkurs beläuft sich auf 1,45 US-$/€. Daraus ergibt sich ein Risikoposition von (30 x 35,-US-$) / 1,45 = **724,14€**.

Die gesamte Risikoposition des Portfolios beträgt demnach **788,53€** (64,39€ + 724,14€). Für die drei Risikofaktoren (Zinssatz-10 Jahre, Aktienkurs in US-$, Wechselkurs US-$ - €) konnten auszugsweise für 10 Zeitpunkte in der Vergangenheit die in Tabelle 2.12 aufgeführten historischen Werte beobachtet werden.

Tab. 2.12   *Beispiel für die historische Simulation*

Zeitpunkt:	Zins – 10 J.:	Aktienkurs:	Wechselkurs:	Portfoliowert:	Portfolioänderung:
1	4,76%	$35,30	$1,4329	801,87 €	-
2	4,54%	$34,70	$1,4456	784,26 €	0,89%
3	4,89%	$33,00	$1,4892	726,82 €	3,02%
4	4,56%	$33,20	$1,4532	749,41 €	-2,42%
5	4,25%	$34,10	$1,4294	781,64 €	-1,64%
6	4,93%	$36,00	$1,4383	812,69 €	0,62%
7	4,44%	$35,90	$1,4652	799,82 €	1,87%
8	4,50%	$34,20	$1,4777	758,72 €	0,85%
9	4,45%	$34,00	$1,4553	765,59 €	-1,52%
10	4,78%	$33,90	$1,4309	773,43 €	-1,68%

In der Spalte Portfoliowert werden die Werte für die zugehörigen historischen Risikofaktoren anlog zur obigen Berechnung der Risikoposition berechnet. Die Portfoliowerte bzw. die zugehörigen relativen Änderungen bilden die Grundlage für die Berechnung des VaR. Hierfür sind unterschiedliche Ansätze möglich:

- Anhand der historischen Portfoliowerte kann quasi durch „**Abzählen**" der VaR für eine Sicherheitswahrscheinlichkeit von z. B. 90% bestimmt werden. So ist in 10% der schlechtesten Fälle der Wert des Portfolios 726,82€. D. h. mit einer Wahrscheinlichkeit von 90% ist die Wertverschlechterung des Portfolios nicht schlechter als 749,41€ (der zweitschlechteste Wert). Daraus ergibt sich ein VaR von 788,53€ (aktuelle Risikoposition) – 749,41€ = **39,12€**. Diese Vorgehensweise besitzt jedoch einen gravierenden Nachteil: Die Höhe des VaR hängt ausschließlich von der Höhe des zweitschlechtesten Wertes ab. Die Verteilung und Struktur aller anderen Wertänderungen wird gar nicht berücksichtigt. Daher ist diese Berechnung nur sehr eingeschränkt aussagekräftig.
- Die Berechnung des VaR mit Hilfe des Parameters **Volatilität** ist aussagekräftiger, da hier alle Wertänderungen einfließen. Die Berechnung kann einerseits direkt auf **Euro-Basis** anhand der historischen Portfoliowerte erfolgen. Es ergibt sich für die Volatilität ein Wert von 26,29€ und daraus für die Sicherheitswahrscheinlichkeit von 90% ein VaR von 26,29€ x 1,28 = **33,65€**. Aber auch diese Vorgehensweise besitzt einen Nachteil. So wird die Volatilität als Abweichung vom Mittelwert der historischen Portfoliowerte berechnet. Die Höhe der Risikoposition hat dann keinen Einfluss auf die Höhe des VaR.
- Die beste Methode stellt die Berechnung der **Volatilität** in Abhängigkeit von den **relativen** historischen Änderungen des Portfolios dar. Die Volatilität beläuft sich dann auf 1,8752%. Für den VaR erhält man daraus VaR = Risikoposition x Volatilität (in %) x Anzahl Standardabweichungen = 788,53€ x 1,8752% x 1,28 = **18,93€**. Diese Vorgehensweise besitzt den Vorteil, dass sowohl die Höhe der Risikoposition als auch die Verteilung der historischen Wertänderungen einfließt.

Aus dem Beispiel wird deutlich, dass in der Berechnung des Portfoliowertes alle Korrelationen zwischen den Risikofaktoren enthalten sind. Auch nicht lineare Zusammenhänge zwischen den Risikofaktoren und dem Portfolio (hier der 10 Jahres – Zinssatz) werden exakt berücksichtigt. Die Nachteile der historischen Simulation bestehen in der geringen Flexibilität bezüglich der Sensitivität gegenüber sich ändernden Volatilitäten und Korrelationen und den notwendigen großen Datenmengen sowie den sich daraus ergebenden Rechenaufwand. Der entscheidende Nachteil ergibt sich jedoch bei der Anwendung in der Praxis. So einfach die Berechnung und Vorgehensweise erscheinen mag, umso eingeschränkter sind dann die Interpretationsmöglichkeiten für Entscheider. Werden unterschiedlich historische Daten verwendet, so ändert sich auch das Ergebnis. Das Problem besteht in der mangelnden Ursachenforschung. Es kann nicht abgeleitet werden worauf unterschiedliche Portfolio - VaR basieren. Die historische Simulation wirkt wie eine so genannte „Black Box". Man kann im Gegensatz zur analytischen Berechnung nicht ermitteln wie stark sich der VaR ändert, wenn sich die Volatilität eines Risikofaktors um einen bestimmten Wert ändert (Sensitivität der Volatilität).

Gegenüber der historischen Simulation ist die **Monte-Carlo-Simulation** wesentlich flexibler. Hierbei werden aufgrund verschiedener Verteilungsannahmen zukünftige mögliche Änderungen der Risikofaktoren simuliert, die dadurch nicht den Veränderungsraten der Vergangenheit entsprechen müssen. Dabei wird lediglich angenommen, dass die Risikofaktoren einem Random Walk (=Zufallspfad) folgen.

- Im ersten Schritt werden die Risikofaktoren festgelegt und ihre zugehörigen Volatilitäten und Kovarianzen berechnet bzw. geschätzt. Die Vorgehensweise entspricht der Varianz-Kovarianz-Methode.
- Danach werden aus den standardnormalverteilten unkorrelierten Zufallszahlen jedes einzelnen Risikofaktors durch eine Cholesky-Zerlegung der Kovarianzmatrix korrelierte Zufallszahlen erzeugt (die Cholesky-Zerlegung ist ein Verfahren der numerischen Mathematik, bei dem eine symmetrische positiv definite Matrix zerlegt wird).
- Die so simulierten korrelierten Zufallszahlen werden benutzt um die Änderungen der Risikofaktoren zu simulieren. Anhand der simulierten Risikofaktoren werden dann wiederum anhand von Bewertungsmodellen die Marktwerte der einzelnen Positionen und daraus dann der aggregierte Portfoliowert berechnet. Aus einer entsprechenden Anzahl von simulierten Portfolioneubewertungen kann dann wieder der VaR (bzw. das zugehörige Quantil) für ein bestimmtes Konfidenzintervall berechnet werden.

Bei der Monte-Carlo-Simulation können die Verteilungsannahmen beliebig variiert werden und auch die Sensitivität bezüglich geänderter Volatilitäten und Korrelationen kann berechnet werden. So können auch beliebige Gleichverteilungen simuliert werden, indem im Intervall von null bis eins (z. B. in EXCEL) gleich verteilte Zufallszahlen erzeugt werden und diese der zugehörigen Verteilungsvorschrift zugeordnet werden. Ein typisches Anwendungsbeispiel hierfür ist die Berechnung des VaR für Absatzrisiken (siehe Abschnitt 5.2.2). Der Nachteil der Monte – Carlo – Simulation besteht auch wieder in den eingeschränkten Analysemöglichkeiten (wie oben bei der historischen Simulation).

Zahlreiche empirische Untersuchungen haben ergeben, dass jede Berechnungsmethode verschiedene **Vor- und Nachteile** aufweist. Die Auswahl der Methode sollte daher vom Anspruchsniveau und der Prioritätensetzung des Anwenders abhängig gemacht werden. Mit der Value at Risk Methode ist nicht die quantitative Risikomessung neu erfunden worden. Mit Duration, Delta, Gamma usw. gab es bereits sehr viel früher ähnliche Instrumente der Risikomessung, die ja auch im VaR-Konzept wieder eingesetzt werden bzw. sich wieder finden. Der entscheidende Vorteil des VaR besteht in der **unternehmensweiten Zusammenführung verschiedener Risikoarten** zu einer übergeordneten und **aggregierten Betrachtung**. Allerdings stellt der Value at Risk kein vollständiges Risikomanagementsystem dar, sondern ist ein wertvolles und fundiertes Zusatzinstrument im Gesamtrahmen eines unternehmensweiten Risikomanagements (siehe Abschnitt 6.3).

2.3.5   Backtesting

Neben der Untersuchung, ob der VaR auch in Extremsituationen ein robustes Risikomaß darstellt, kann überprüft werden, wie zuverlässig die verwendete Rechenmethode tatsächlich eingetretene Verluste in der Vergangenheit vorhergesagt hätte.

> Die Überprüfung für die statistische Genauigkeit des VaR anhand von historischen Daten wird **Backtesting** genannt.

Dabei wird die Frage gestellt, ob das statistische Modell, auf dessen Grundlage der VaR zustande gekommen ist (z.B. Varianz-Kovarianz-Methode, Approximations- oder Simulationsverfahren), die Realität in der Vergangenheit **angemessen vorhersagen** konnte.

Untersucht werden kann zum Beispiel die statistische Zuverlässigkeit eines VaR, der zu einem Zeitpunkt in der Vergangenheit den Maximalverlust pro Tag mit einer Sicherheitswahrscheinlichkeit von z. B. 95% vorhergesagt hat. Es handelt sich um nichts anderes als **die Prognose**, dass zukünftig 95% der täglichen Verluste den VaR nicht übersteigen, es aber in weniger als 5% der Fälle doch zu größeren Verlusten kommen kann. Ist das Rechenmodell angemessen, sollten die dann tatsächlich eingetretenen Verluste nur an etwa 5% der beobachteten Tage über dem VaR liegen, an allen anderen Tagen darunter.

Allerdings wird bei einem solchen Abgleich von Prognose und Realität nur in den seltensten Fällen eine exakte Übereinstimmung zu beobachten sein. Vielmehr kommt es darauf an zu untersuchen, ob die beobachteten Abweichungen **noch tolerierbar** sind. So sollte eine Überschreitung des VaR an 30% der Tage zu dem Schluss führen, dass die verwendete Methode zur Berechnung des VaR fehlerhaft ist. Liegt die Quote der Überschreitungen jedoch bei 7% oder möglicherweise bei 4%, kann die **Zuverlässigkeit des VaR** als gegeben betrachtet werden.

Für das Portfolio aus BMW- und MAN-Aktien kann untersucht werden, ob der VaR, der am 3. Januar 2005 auf Grund der Daten von 2004 vorgelegen hätte, durch die Realität bestätigt worden wäre. Analog zu Abschnitt 2.3.2 wäre an diesem Tag der VaR für das Portfolio durch die Komponenten Risikoposition, Volatilität, Liquidationsperiode und Sicherheitswahrscheinlichkeit bestimmt worden:

VaR = Risikoposition x Volatilität x Liquidationsperiode x Sicherheitswahrscheinlichkeit

Risikoposition und Volatilität wären auf Grund folgender Ausgangsdaten berechnet worden, die zum Stichtag 03.01.05 vorlagen:

Tab. 2.13   Risikoposition und Volatilität für BMW und MAN per Stichtag 3.1.2005

	BMW	**MAN**
Preis pro Aktie:	33,75 €	29,50 €
Anzahl:	10 St.	10 St.
Risikoposition:	337,50 €	295,00 €
Gewichtung im Portfolio w:	53,4%	46,6%
Volatilität (2004) s:	1,635%	1,274%
Korrelationskoeffizient (2004) k:	0,58	

Die Risikoposition des Portfolios ergibt sich aus der Summe der einzelnen Risikopositionen von BMW und MAN:

*337,50 € + 295,00 € = **632,50 €***

Zur Berechnung der **Portfoliovolatilität** hätte die Varianz-Kovarianz-Methode analog zu Abschnitt 2.3.3 an diesem Stichtag folgendes Resultat hervorgebracht:

$$s_P = \sqrt{w_{BMW}^2 \cdot s_{BMW}^2 + w_{MAN}^2 \cdot s_{MAN}^2 + 2 \cdot w_{BMW} \cdot w_{MAN} \cdot k_{BMW,MAN} \cdot s_{BMW} \cdot s_{MAN}}$$

$$= \sqrt{0,534^2 \cdot 0,01635^2 + 0,466^2 \cdot 0,1274^2 + 2 \cdot 0,534 \cdot 0,466 \cdot 0,58 \cdot 0,01635 \cdot 0,01274}$$

$$= \underline{\mathbf{1,281\%}}$$

Für einen täglichen VaR mit einer Sicherheitswahrscheinlichkeit von 95% muss für die Liquidationsperiode der Faktor 1 und für die Sicherheitswahrscheinlichkeit der Faktor 1,645 verwendet werden. Unter diesen Voraussetzungen hätte sich am 03.01.2005 folgender VaR ergeben:

VaR = 632,50 € x 0,01281 x 1 x 1,645

$$= \underline{\mathbf{13,32\ €}}$$

Die Aussage des Wertes, dass nach dem 03.01.2005 voraussichtlich 95% der Verluste des Portfolios nicht größer als 13,32 € sein würden, kann nun anhand der tatsächlichen Verluste im Jahr 2005 überprüft werden. Der VaR wurde in der Realität an 8 Handelstagen überschritten, an 248 Handelstagen gab es Verluste ≤ 13,32 € oder Gewinne. Dies bedeutet, dass der VaR in 96,88% der Fälle nicht überschritten wurde. Die verwendete **Rechenmethode** kann daher als **zuverlässig** eingestuft werden.

Auch wenn durch das Backtesting eine gewisse Aussage über die statistische Robustheit des VaR abgeleitet werden kann, so wird durch den VaR keine Aussage über die Höhe und Verteilung der über der Sicherheitswahrscheinlichkeit liegenden Ausprägungen getroffen. Genau an diesem Kritikpunkt des VaR setzt die Methodik der im folgenden Abschnitt dargestellten Lower Partial Moments an.

2.3.6   Lower Partial Moments (LPMs)

Einen mit dem Value-at-Risk-Konzept verwandten Ansatz zur Risikobewertung stellen die so genannten Lower Partial Moments (=LPMs) dar. Auch wird davon ausgegangen, dass die Wahrscheinlichkeitsverteilung für eine zukünftig unsichere Zielgröße, z. B. Marktpreis eines Wertpapier-Portfolios, bekannt ist. Im Gegensatz zu den LPMs erfordert allerdings der Value at Risk zunächst die Festlegung einer Sicherheitswahrscheinlichkeit, auf deren Grundlage dann am linken Rand der Verteilungsfunktion ein Wert ermittelt werden kann, der sich als Maximalverlust interpretieren lässt. Der Ansatz der Lower Partial Moments geht den umgekehrten Weg:

- Zunächst wird für die zu untersuchende Risikoposition ein **Verlustlimit** in € (oder ein sonstiger interessierender Wert) definiert.
- In einem zweiten Schritt wird untersucht, welche **Eigenschaften** die **Verteilungsfunktion** unterhalb dieses Wertes aufweist.

> Damit können die **Lower Partial Moments** als ein Untersuchungsinstrument für die Unterschreitungen eines Referenzwertes bezeichnet werden. Sie liefern, im Gegensatz zum Value at Risk, Informationen über den linken Rand einer Verteilungsfunktion.

So kann neben der Unterschreitungswahrscheinlichkeit für einen Referenzwert, auch das durchschnittliche Ausmaß der Unterschreitungen, sowie Streuungsmaße ermittelt werden.

Das Grundprinzip der Lower Partial Moments ist die Bildung eines Mittelwertes für alle beobachteten Referenzwert-Unterschreitungen. Die einzelnen LPMs unterscheiden sich lediglich darin, dass sie den Unterschreitungen **unterschiedliche Exponenten** hinzufügen. So beschreibt das „LPM 0" den Mittelwert der mit Null potenzierten Unterschreitungen, das „LPM 1" den Mittelwert der Unterschreitungen in der ersten Potenz, das „LPM 2" den Mittelwert der Unterschreitungen in der zweiten Potenz. Durch die Verwendung unterschiedlicher Potenzen verändert sich der Aussagegehalt der jeweiligen Ergebnisse, wobei aus betriebswirtschaftlicher Sicht besonders die Lower Partial Moments nullter, erster und zweiter Ordnung von Interesse sind (für eine mathematische Darstellung der Lower Partial Moments siehe im technischen Anhang Abschnitt 2.8).

Beim **LPM 0** werden durch die Verwendung des Exponenten Null alle Unterschreitungen in den Wert Eins verwandelt. (Die Potenzierung einer beliebigen Zahl mit Null ergibt den Wert Eins). Der Erwartungswert liefert dann ein Ergebnis zwischen Null und Eins, das sich als Eintrittswahrscheinlichkeit dafür, dass es überhaupt zu einer Unterschreitung kommt, interpretieren lässt. Dabei bedeutet die Ermittlung einer Wahrscheinlichkeit für die Unterschreitung eines Referenzwertes, dass eine **starke Analogie** zwischen dem Informationsgehalt von **LPM 0** und **VaR** besteht. Das Komplementär des LPM 0 (1-LPM 0) entspricht methodisch der Sicherheitswahrscheinlichkeit beim VaR, da es die Wahrscheinlichkeit, dass der Referenzwert nicht unterschritten wird, ausdrückt.

Das **LPM 1** gibt durch die Verwendung des Exponenten Eins Aufschluss darüber, wie groß die Referenzwertunterschreitungen im Durchschnitt sind. Dabei handelt es sich um die entscheidende Zusatzinformation, durch welche sich die Lower Partial Moments vom Value at Risk abheben: Es wird nicht nur gesagt, dass zu einem bestimmten Prozentsatz mit Unterschreitungen zu rechnen ist, sondern auch, welches **Ausmaß** der **Unterschreitungen** erwartet werden kann. Bei der Ermittlung des LPM 1 ist zu beachten, dass nicht mehr alle Ausprägungen der Zufallsvariablen (d. h. die gesamte Wahrscheinlichkeitsverteilung) in die Berechnung einbezogen werden, sondern nur die Fälle, in denen eine Unterschreitung tatsächlich vorliegt. Nur so kann der berechnete Mittelwert die betriebswirtschaftlich interessante Frage beantworten, mit welcher **durchschnittlichen Unterschreitungshöhe** zu rechnen ist.

Auch beim **LPM 2** werden nur die Fälle der tatsächlichen Unterschreitungen berücksichtigt. Durch die Bildung des Durchschnitts aus quadrierten Werten entsteht ein mit der Varianz verwandtes Ergebnis. Während in die Varianz allerdings die Streuung ober- und unterhalb des betrachteten Referenzwertes einfließt, stellt das LPM 2 nur auf eine einseitige Betrachtung der Unterschreitungen ab. Durch die Quadrierung erhalten die Unterschreitungen mit zunehmender Größe eine stärkere Gewichtung bei der Bildung des Erwartungswertes. Eine Übergewichtung großer Werte ist aber aus betriebswirtschaftlicher Sicht nur sinnvoll, wenn hohe Verluste trotz einer verhältnismäßig geringen Eintrittswahrscheinlichkeit subjektiv als größere Gefahr wahrgenommen werden, als Verluste geringen Ausmaßes mit einer weitaus höheren Eintrittswahrscheinlichkeit. Das LPM 2 ist also ein Indikator für das **Vorhandensein besonders hoher Verluste**, selbst wenn diese eine nur **geringe Häufigkeit** aufweisen. Sinnvoll zu interpretieren ist das Ergebnis jedoch nur, wenn die subjektive Risikowahrnehmung von der statistischen Risikoerwartung (ausgedrückt durch das LPM 1) abweicht, d.h. wenn der Verlusthöhe eine stärkere Rolle beigemessen wird als der Eintrittswahrscheinlichkeit. Zum Zwecke einer besseren Interpretation ist es sinnvoll, die Wurzel aus dem LPM 2 zu ziehen, denn wie auch die Varianz liefert das LPM 2 ein Ergebnis in einer nicht interpretierbaren Einheit (quadrierte Euro). Durch das Wurzelziehen geht aber die nichtlineare Abbildung besonders großer Verluste nicht verloren. Die Wurzel aus dem LPM 2 kann daher gut mit anderen Eurobeträgen, z.B. dem LPM 1, verglichen werden.

Grundsätzlich folgt der Ansatz der Lower Partial Moments methodisch dem Konzept der **Momente** in der **Statistik**, welches die Beschreibung von Verteilungsfunktionen erlaubt. Dabei können theoretisch alle Werte einer Verteilung als Referenzwert betrachtet werden. Besondere Bedeutung kommt in der Statistik den so genannten zentralen Momenten zu, bei denen der Erwartungswert der Verteilung als Referenzwert herangezogen wird. Dabei entspricht das zentrale Moment zweiter Ordnung der Varianz, das zentrale Moment dritter Ordnung der Schiefe und das zentrale Moment vierter Ordnung der Wölbung (Kurtosis), einem Maß für die Steilgipfligkeit einer Verteilungsfunktion. Bei einer Untersuchung der Lower Partial Moments im Rahmen des Risikomanagements lassen sich jedoch nur die **Momente der Ordnung k ≤ 2 betriebswirtschaftlich sinnvoll** interpretieren.

Die folgenden Berechnungen werden am **Beispiel** des Portfolios aus BMW- und MAN-Aktien deutlich machen, wie die Lower Partial Moments nullter, erster und zweiter Ordnung ermittelt werden.

Vermögens-position :	Anzahl:	Preis pro Aktie am 2.1.2006:	Risikoposition am 2.1.2006:
BMW	10 St.	37,- €	370,- €
MAN	10 St.	45,- €	450,- €

Der Wert des Portfolios am 2.1.2006 entspricht der Summe der Risikopositionen (370,- € + 450,- € = 820,- €). Als Verlustlimit für einen Tag wird ein Wert von 15,- € festgelegt. Als Referenzwert für die Berechnung der Lower Partial Moments dient der um 15,- € verminderte Portfoliowert (820,- € - 15,- € = 805,- €).

- Risikoposition am 2.1.2006:   820,- €
- Verlustlimit: 15,- €
- Referenzwert: 805,- €

Um nun zu ermitteln, an wie vielen Tagen und in welchem Ausmaß eine Unterschreitung des Referenzwertes zu erwarten ist, werden zunächst alle im Jahr 2005 beobachteten prozentualen Wertänderungen des Portfolios mit dem Portfoliowert am Stichtag 2.1.2006 multipliziert. Daraus ergibt sich eine anhand historischer Daten simulierte Verteilung der zu erwartenden Wertänderungen für das aktuelle Portfolio (**historische Simulation**), die einen Umfang von 256 Werten hat. Die simulierten Szenarien werden dann in eine Rangordnung gebracht, welche die Größe der Wertänderungen widerspiegelt, so dass alle Werte, die das Verlustlimit von 15,- € überschreiten, gezählt werden können.

Die Tabelle 2.14 zeigt, dass in 11 von 256 Fällen der Referenzwert von 805,- € unterschritten wird. Die **Berechnung** der Lower Partial Moments kann nun wie folgt durchgeführt werden:

*LPM 0 = 11 / 256 = **4,3%***

*LPM 1 = [(805-804,24) + (805-803,79) + ... + (805-794,06)] / 11 = **3,84 €***

$LPM\ 2 = [\ (805\text{-}804,24)^2 + (805\text{-}803,79)^2 + ... + (805\text{-}794,06)^2\ ] / 11 = \underline{\textbf{23,43}}$ bzw.

$\sqrt{LPM\ 2}\ = \underline{\textbf{4,84 €}}$

Tab. 2.14   *Beispiel für die Berechnung von Lower Partial Moments*

Rang:	Wertänderung:	Portfoliowert:	Rang:	Wertänderung:	Portfoliowert:
1	+23,49 €	843,49 €	247	-16,21 €	803,79 €
2	+21,25 €	841,25 €	248	-16,46 €	803,54 €
3	+17,88 €	837,88 €	249	-17,06 €	802,94 €
4	+16,97 €	836,97 €	250	-17,29 €	802,71 €
(...)	(...)	(...)	251	-18,15 €	801,85 €
242	-13,87 €	806,13 €	252	-18,94 €	801,06 €
243	-14,00 €	806,00 €	253	-19,18 €	800,82 €
244	-14,09 €	805,91 €	254	-19,35 €	800,65 €
245	-14,38 €	805,62 €	255	-22,91 €	797,09 €
246	-15,76 €	804,24 €	256	-25,94 €	794,06 €

Aus den ermittelten Werten lassen sich für das **Portfolio** folgende **Schlüsse** ziehen:

Die Eintrittswahrscheinlichkeit dafür, dass an einem Tag ein Verlust von mehr als 15,- € eintritt, liegt bei **4,3 %** (LPM 0). In einem solchen Fall muss mit einer durchschnittlichen Überschreitung des Verlustlimits um **3,84 €** (LPM 1) gerechnet werden, was einem zu erwartenden Gesamtverlust von **18,84 €** (15,-€ + 3,84€) entspricht. Es kann allerdings nicht ausgeschlossen werden, dass es in einigen Fällen zu deutlich höheren Überschreitungen von **4,84 €** kommt (√LPM 2). Eine aussagekräftigere Möglichkeit gegenüber den LPM 2 besteht in der Berechnung der durchschnittlichen Schwankungen (s) um den LPM 1. Für das obige Beispiel ergibt sich

$LPM\ s^2 = [\ (0,76\text{-}3,84)^2 + (1,21\text{-}3,84)^2 + ... + (10,94\text{-}3,84)^2\ ] / 11 = \underline{\textbf{8,68}}$ bzw.

$LPM\ s = \sqrt{LPM\ s^2} = \underline{\textbf{2,95 €}}$

Die Überschreitung des Verlustlimits um 3,84 (LPM 1) schwankte also im Durchschnitt um **2,95 €** (=LPM s).

Aus diesen Darstellungen können für Lower Partial Moments folgende **Eigenschaften** und Kritikpunkte festgehalten werden:

- Für die Berechnung von Lower Partial Moments ist eine **historische Simulation** notwendig. Die Berechnung durch Schätzung von Volatilitäten ist (wie beim VaR) nicht möglich.
- Die Berechnung des Lower Partial Moments der Ordnung null ist **eng verknüpft** mit dem Aussagegehalt des **Value at Risk**.
- Die Berücksichtigung von **Korrelationen** und Diversifikationseffekten ist durch Lower Partial Moments nicht möglich bzw. konzeptionell auch nicht vorgesehen.
- Auch können methodisch **keine unterschiedlichen Liquidationsperioden** berücksichtigt werden. Die Lower Partial Moments können sich stets nur auf die Anzahl von Tagen beziehen, an denen die Grenzwertunterschreitungen beobachtet werden konnten.
- Lower Partial Moments können den **VaR** nicht ersetzen sondern nur **ergänzen**. Eine unternehmensweite Risikosteuerung nach den Lower Partial Moments ist nicht sinnvoll, da dies in der Konsequenz eine Vorhaltung von Eigenkapital für Extremsituationen (statt auf Basis einer Sicherheitswahrscheinlichkeit) zur Folge hätte. Dies ist in der betriebswirtschaftlichen Praxis ökonomisch nicht sinnvoll und auch nicht machbar (siehe hierzu Abschnitt 2.3.7 und insbesondere Kapitel 6).

Trotz der Möglichkeiten die **Aussagekraft** des **VaR** statistisch durch ein Backtesting zu untermauern und durch die ergänzende Berechnung von Lower Partial Moments sinnvoll zu erweitern, verbleiben noch einige zentrale Kritikpunkte am VaR-Konzept, auf die im Folgenden noch genauer eingegangen wird.

2.3.7 Kritik am VaR-Konzept

Die in betriebswirtschaftlicher Praxis und Literatur am häufigsten vorgetragenen Kritikpunkte am VaR-Konzept sind die Folgenden:

- Ein zentraler Kritikpunkt an der VaR Methode besteht in der **Annahme der Normalverteilung** und insbesondere die empirisch häufig zu beobachtenden Abweichungen in Form von dicken Enden (den so genannten „Fat Tails"), überhöhten Spitzen (Leptokurtosis) und auch von Schiefen (Skewness) im Vergleich zum idealisierten theoretischen Verlauf der Normalverteilungskurve.
- Nicht nur für das VaR-Konzept sondern grundsätzlicher Natur ist der Einwand bezüglich der prinzipiellen Schwierigkeit des Rückschlusses von **Vergangenheitsdaten** in die **Zukunft**.
- Ein weiterer Kritikpunkt bezieht sich auf die **Kurzfristigkeit** des VaR-Ansatzes. Diese Kurzfristigkeit äußert sich in der Wahl der Liquidationsperiode in Höhe von zwei bis zehn Tagen bei der typischen Anwendung auf Finanzmarktrisiken.
- Das VaR-Konzept besteht nur aus einem Wert. Die möglichen **Extremwerte** in Form von Verlusten, die höher sind als der eine VaR – Wert für die festgelegte Sicherheitswahrscheinlichkeit, werden nicht berücksichtigt.

Obwohl diese Kritiken aktuell in vielen Medien **sehr kontrovers diskutiert** werden, werden an dieser Stelle einige **Erwiderungen** auf die oben genannten Punkte vorgenommen:

- Die **Annahme** der **Normalverteilung** ist zwar zweifelsohne empirisch nicht haltbar, aber sie kann statistisch weitgehend geheilt werden. Eine Möglichkeit zur Behandlung der „Fat Tail" Problematik bietet die Studenten- oder t-Verteilung. Aber auch die historische Simulation bzw. das „Abzählen der schlechtesten beobachtbaren Vermögensverluste beheben diesen Nachteil. Schließlich kann das VaR-Konzept grundsätzlich auch angewendet werden, wenn überhaupt keine erkennbare Normalverteilung vorliegt. Allerdings ist in diesem Fall die Bestimmung des Quantils schwieriger (eine Möglichkeit ist die so genannte Vollenumeration, siehe Abschnitt 5.1.1). Aber die Kernaussage des VaR bleibt auch bei einer Gleichverteilung erhalten (der mit der Sicherheitswahrscheinlichkeit maximal mögliche Vermögensverlust).
- Die grundsätzliche Problematik, von **Vergangenheitsdaten** in die **Zukunft** zu **schließen**, kann durch kein statistisches Verfahren völlig behoben werden. Es stellt sich jedoch zumindest die Frage nach den jeweiligen Vor- und Nachteilen von statistischen Verfahren gegenüber subjektiven, individuellen Prognosemodellen, die auf keinerlei Vergangenheitsdaten beruhen. Befürworter statistischer Verfahren führen die Objektivität und damit die besserer Nachvollziehbarkeit an. Auch können z. B. Stress-Tests (siehe Abschnitt 2.4) die mangelnde Berücksichtigung von unerwarteten Risikositurationen teilweise beseitigen.
- Die offenbare **Kurzfristigkeit** des VaR-Ansatzes kann leicht behoben werden, indem mit dem entsprechenden **Wurzelfaktor** multipliziert wird (z. B. für den Vergleich von Markt- und Ausfallrisiken können die Marktrisiken mit dem Faktor Wurzel aus 250 Tagen multipliziert werden). Das durch diese Multiplikation die Genauigkeit der Abschätzung eines möglichen Maximalverlustes abnimmt ist nicht von der Hand zu weisen! Aber dies ist kein Problem des VaR-Konzeptes, sondern eine Schwierigkeit die generell bei langfristigen ökonomischen Prognosen auftritt.
- Die Berücksichtigung möglicher Extremwerte erfolgte in Abschnitt 2.3.6 durch die **Lower Partial Moments** (ein ähnliches Verfahren ist die Berechnung des Value at Risk auf Basis der **Extremwerttheorie**), die jedoch das VaR-Konzept nicht ersetzen, sondern nur ergänzen können. So kann bei der Berücksichtigung von Extremwerten der Diversifikationseffekt nicht berücksichtigt werden. Damit können Extremwerte auch nicht bei einer unternehmensweiten Risikomessung- und Steuerung eingesetzt werden, sondern lediglich zusätzlichen Informationscharakter besitzen. Zusätzlich sind Extremwerte nicht für eine unternehmensweite Risikosteuerung geeignet, weil ein Unternehmen nicht teueres Eigenkapital für sehr seltene (extreme) Verluste vorhalten kann und will. Vielmehr wird ein „normales" Maß für mögliche Verluste gesucht. Ein normales Maß stellt eben der VaR-Ansatz da und nicht extreme Verluste. Dies kann an einem Beispiel aus dem Alltag besonders gut verdeutlicht werden.

Angenommen es möchte jemand wissen, wie viel Dachziegel ihn beim Verlassen des Hauses mit 99% Sicherheitswahrscheinlichkeit maximal am Kopf treffen können? Dann entspricht die Antwort (z. B. ein Dachziegel) vom **Grundsatz** dem **Value at Risk**. Anhand der Antwort soll jetzt eine Steuerungsmaßnahme getroffen werden. So wird z. B. als einzige Vorsichtsmaßnahme die Beobachtung möglicher loser Dachziegel vorgenommen. Werden jetzt die Extremwerte betrachtet, so wird z. B. ermittelt, dass es alle 50 Jahre passieren kann, dass drei

Ziegel auf einmal vom Dach stürzen können. Da dies zum Tod führen kann, wäre eine geeignete Vorsichtsmaßnahme, das tägliche Tragen eines Bauhelmes, wenn aus dem Haus gegangen wird. Es leuchtet ein, dass diese Maßnahme von keinem ernsthaft in Erwägung gezogen werden würde, da die **Verhältnismäßigkeit** nicht gegeben wäre! Und genau um diese Verhältnismäßigkeit geht es bei der Anwendung des VaR-Konzeptes im Rahmen einer unternehmensweiten Risikomessung- und Steuerung.

Obwohl die wichtigsten Kritikpunkte am VaR-Konzept widerlegt werden können, ist es durchaus sinnvoll, wie bei den Lower Partial Moments, ergänzende statistische Verfahren anzuwenden. Zu diesen **weiteren Verfahren** gehören unter anderem die Stress-Tests, die im folgenden Abschnitt dargestellt werden.

2.4 Stress-Tests, Szenario-Analysen und Worst Case-Szenarien

Als ein wesentlicher Kritikpunkt am VaR-Konzept wird in wissenschaftlicher Literatur und betriebswirtschaftlicher Praxis angeführt, dass der Rückschluss von Daten aus der Vergangenheit in die Zukunft häufig widerlegt werden kann. Daran schließt sich die Frage an, inwieweit die bisher vorgestellten Risikomaße und insbesondere der VaR ein **robustes Risikomaß** auch für unerwartete Risikosituationen in der Zukunft darstellen. Genau diese Frage sollen die so genannten Stress-Tests, Szenario-Analysen und Worst Case-Szenarien versuchen zu beantworten.

Die Überlegung zur Robustheit der Kennzahl VaR führt zu einer weiteren Kernproblematik des VaR-Konzeptes. Der VaR trifft nur eine Aussage darüber, wie groß der erwartete Verlust bis zu einer bestimmten Sicherheitswahrscheinlichkeit maximal ist. Er lässt aber keinerlei Aussage zu, wie groß der **Verlust oberhalb der Sicherheitswahrscheinlichkeit** ist. Oder anders ausgedrückt: Wenn der maximale Verlust mit einer Sicherheitswahrscheinlichkeit von 95% z. B. unter normalen Marktbedingungen nicht größer als 1 Mio. € ist, wie groß sind dann mögliche Verluste oberhalb dieser 95%? Es geht also insbesondere um die Erfassung von so genannten **Ausreißern**. Dies ist der Grund für die Durchführung von Stress-Tests, bei denen versucht wird, extrem ungewöhnliche Situationen zu berücksichtigen, um so das Konzept des VaR zu unterstützen.

> **Stress-Tests** können als ein Prozess beschrieben werden, in dem Situationen identifiziert und gesteuert werden, die außergewöhnliche (über den VaR hinausgehende) Verluste verursachen können.

Zu diesem Zweck werden zum einen so genannte **Szenario-Analysen** durchgeführt, bei denen das Portfolio unter der Annahme verschiedener Szenarien oder Umweltzustände jeweils bewertet wird. Hierfür werden für die jeweiligen **Schlüssel-Risikofaktoren** unterschiedliche, aber jeweils **sehr große Veränderungen** angenommen und der daraus jeweils resultierende Portfolioverlust ermittelt. Dabei werden **Korrelationen** zwischen den Risiko-faktoren jedoch **vernachlässigt**.

Zum anderen können **Worst Case-Szenarien** durchgeführt werden, bei denen nicht verschiedene Szenarien analysiert werden, sondern jeweils immer nur das denkbar schlechteste Szenario. Ein mögliches Risikomaß, um den höchstmöglichen Verlust zu ermitteln, wurde mit dem Maximalverlust bereits in Abschnitt 2.1 ausführlich dargestellt.

Die entscheidende Problematik bei der Durchführung von Stress-Tests jeglicher Art ist die **Bestimmung** der **außergewöhnlichen Veränderungen** der jeweiligen Risikofaktoren. Hierbei können grundsätzlich zwei Vorgehensweisen unterschieden werden.

Zum einen können aus **historischen Veränderungen** über einen sehr langen Beobachtungs-zeitraum die z. B. vier höchsten Verminderungen ermittelt werden. Empirische Untersuchungen haben ergeben, dass diese Veränderungen (insbesondere Renditesenkungen) bei weitem nicht durch den VaR auf Basis der empirischen Normalverteilung der letzten 250 Handelstage abgedeckt werden. Auch kann aus empirischen Untersuchungen abgeleitet werden, wie groß über einen langen Zeitraum von z. B. 10 Jahren die maximale Anzahl von Standardabweichungen statistisch belegt werden kann.

Ein anderer Ansatz ist die Ableitung von außergewöhnlichen Verlusten aufgrund der Einschätzung von Experten und Entscheidungsträgern bezüglich der **zukünftigen Entwicklung** wichtiger **Indikatoren**, wie z. B. Aktienindizes, Ölpreise, Leitzinsen etc.

Die **Durchführung** von Stress-Tests anhand verschiedener Szenarien wird an dem obigen Beispiel des Portfolios aus BMW- und MAN- Aktien verdeutlicht. Für die täglichen Änderungen der Aktienrenditen von BMW und MAN könnten **beispielhaft** folgende Szenarien angesetzt werden:

1. Die höchste relative tägliche **Minderung** des Aktienindizes **DAX** in den letzten 20 Jahren lag am 16.10.1989 vor und betrug **-12,81%**.
2. Der *Durchschnitt* der drei **niedrigsten täglichen Kursrenditen** der letzten sechs Jahre betrug bei **BMW -9,49%** (14.09.2001: -10,79%, 20.09.2001: -9,38%, 04.03.2003: -8,31%) und bei **MAN -10,10%** (30.09.2002: -10,77%, 18.09.2002 -10,46%, 09.02.2000: -9,07%).
3. Die Regel von Bookstaber (1997) besagt, als Ansatz die **Anzahl Standardabweichungen** in Höhe von **10** zu wählen. Bei der im Rahmen der VaR- Berechnung ermittelten Volatilität für BMW von 1,031%, bei MAN von 1,386% und für das Portfolio von 1,025% ergeben sich daraus für **BMW -10,31%**, für **MAN -13,86%** und für das **Portfolio -10,25%**.
4. Experten schätzen (eine völlig frei gewählte Annahme) aufgrund stark steigender Ölpreise und einer drohenden Rezession der Weltwirtschaft für Automobilbauer und Maschinenbauer einen zukünftigen Umsatzrückgang in Höhe von 30% ein, der die entsprechenden **Aktienkurse** um **-15%** verändert.
5. Als Worst Case-Szenario wird der **Maximalverlust** von **-100%** des gesamten Vermögens (siehe Abschnitt 2.1) zugrunde gelegt.

Als Ausgangswert zur Berechnung des Vermögensverlustes im Rahmen der jeweiligen Szenarien wird wieder die Bewertung der Aktien zum 2.1.2006 festgelegt, also für BMW 370,-

€, für MAN 450,- € und für das Portfolio 820,- €. Die Ergebnisse der Szenarien und die sich daraus ergebenden Verluste sind zusammen mit den oben errechneten VaR-Ergebnissen in Tabelle 2.15 zusammengefasst.

Tab. 2.15　Ergebnisse VaR und Stress-Tests bzw. Szenario-Analysen im Vergleich

Szenario:	BMW-Aktien:	MAN-Aktien:	Portfolio:
VaR (gem. Abschnitt 2.3):	28,11 €	45,96 €	61,93 €
1. Minderung DAX:	-47,40 €	-57,65 €	-105,05 €
2. Niedrigste Renditen BMW, MAN:	-35,11 €	-45,45 €	-80,56 €
3. Anzahl Standardabweichungen = 10:	-38,15 €	-62,37 €	-84,05 €
4. Experten-Schätzung:	-55,50 €	-67,50 €	-123,00 €
5. Maximalverlust:	-370,00 €	-450,00 €	-820,00 €

Mit Ausnahme des Szenario 3. „Anzahl der Standardabweichungen" werden **keine** möglichen **Korrelationen** berücksichtigt, d. h. der Portfolioverlust ergibt sich stets aus der **Summe der Einzel-Verluste** von BMW und MAN Aktien. Im Szenario 3. „Anzahl Standardabweichungen" werden die Korrelationen indirekt durch die ursprüngliche Berechnung der Portfoliovolatilität im Rahmen der VaR-Berechnung berücksichtigt, da die Portfoliovolatilität in diesem Szenario dann lediglich mit dem Faktor 10 multipliziert wird. Dies ist die Ursache dafür, dass die Verluste des Portfolios für die verschiedenen Szenarien gegenüber dem VaR des Portfolios deutlich höher ausfallen als dies jeweils bei den Einzelpositionen von BMW und MAN der Fall ist.

Besonders auffällig ist jedoch die **Willkür** bei der Erstellung der Szenarien und die sich daraus ergebenden signifikanten Unterschiede in der Höhe der Verluste. Insbesondere sind die Berechnungen zu den relativen Vermögensänderungen innerhalb der einzelnen Szenarien meistens **nicht objektiv** nachvollziehbar. So können sich erhebliche Unterschiede allein durch

- die Auswahl unterschiedlicher Vergangenheitszeiträume für die Ermittlung der minimalen Rendite (Szenario 1. und 2.),
- die Anzahl der zugrunde gelegten Renditen zur Durchschnittsberechnung, (Szenario 2.),
- die Auswahl der Verfasser unterschiedlicher Kapitalmarktuntersuchungen (Szenario 3.) und
- die Befragung unterschiedlicher Experten (Szenario 4.)

ergeben. Zur Aussagekraft des Maximalverlustes sei auf Abschnitt 2.1 verwiesen.

Damit weisen Stress-Tests gegenüber dem VaR-Konzept einen entscheidenden **Nachteil** auf. Sie sind für **Vergleiche** zwischen Unternehmen und auch für Vergleiche von verschiedenen Geschäftsfeldern und Risikoarten innerhalb eines Unternehmens ungeeignet. Hinzu kommt, dass für die ermittelten Extremverluste **keine** plausiblen **Eintrittswahrscheinlichkeiten** angegeben werden können, was die Vergleichbarkeit zusätzlich erschwert. Genau hierin besteht im Umkehrschluss der fundamentale Vorteil des VaR-Konzeptes. Durch die Festlegung der Parameter Sicherheitswahrscheinlichkeit, Vergangenheitszeitraum (ein Handelsjahr mit ca. 250 Handelstagen) und Liquidationsperiode ist die Risikomessung über verschiedenen Risikoarten nahezu objektiv anhand des VaR möglich. In den weiteren Kapiteln wird diese objektive Übertragbarkeit des VaR-Ansatzes auf verschiedene betriebswirtschaftliche Risikoarten daher im Vordergrund stehen.

Dennoch besitzen **Stress-Tests** ihre Berechtigung zur **Anwendung.** So sind sie als Risikokennzahl geeignet, um zumindest den rein theoretischen Extremverlust, der durch den VaR nicht abgebildet wird, als **Zusatzinformation** gegenüber zustellen. Innerhalb der verschiedenen exemplarisch aufgezeigten Gestaltungsmöglichkeiten zur Szenario-Bildung stellt der Ansatz von Bookstaber noch die beste Möglichkeit bezüglich Objektivität und Berücksichtigung von Korrelationen dar. Nach dem Ansatz von Bookstaber wird in einem hinreichend langen Vergangenheitszeitraum die maximal beobachtbare Anzahl von Standardabweichungen bei den größten Vermögensverlusten in diesem Zeitraum gemessen und zugrunde gelegt.

Der **entscheidende Nachteil** aller Formen von **Stress-Tests** ist also häufig die mangelnde Objektivität und die nicht vorhandenen bzw. unpräzisen Wahrscheinlichkeiten für den Eintritt des jeweiligen Verlustes. Da die Durchführung von Stress-Tests sehr subjektiv ist, hängt die konkrete Ausgestaltung von den Besonderheiten des jeweiligen Anwenders (Unternehmen, Investor) ab. Es können sich gravierende Unterschiede aufgrund unterschiedlicher Branchen, Regionen, Unternehmensgrößen usw. ergeben. Aus diesem Grund wird auf die verschiedenen subjektiven Gestaltungsmöglichkeiten im Rahmen von Stress-Tests an dieser Stelle nicht weiter eingegangen.

2.5 Qualitative Risikomessverfahren

Die bisher behandelten Risikomaße weisen alle als Merkmal die Bewertbarkeit des Risikos in Geldeinheiten auf. Diese wichtige Eigenschaft beruht auf einem ökonomischen Tatbestand, der in der Praxis nur bei wenigen betriebswirtschaftlichen Sachverhalten relevant ist. Es handelt sich hierbei um Vermögenspositionen, die auf funktionierenden Kapitalmärkten täglich gehandelt und damit bewertet werden. Risiken, die in Form von möglichen Vermögensverlusten aufgrund von Preisschwankungen an den Finanzmärkten entstehen, werden auch unter der Risikokategorie **Finanzmarktrisiken** zusammengefasst. Finanzmarktrisiken sind durch Risikomaße direkt quantifizierbar und damit auch einfacher zu behandeln als qualitative (im Sinne von nicht quantifizierbar) Risiken. In der typischen unternehmerischen betriebswirtschaftlichen Tätigkeit entstehen Finanzmarktrisiken nicht aufgrund des operativen Geschäftes, sondern durch ein wie auch immer motiviertes Rentabilitäts- oder Sicherheitsdenken. Mit Ausnahme von Banken, Versicherungen und Finanzdienstleistern (bei denen die Behandlung von Finanzmarktrisiken zum Kerngeschäft gehört) spielen folglich qualitative Risiken, die nicht messbar sind, eine wichtige betriebswirtschaftliche Rolle. Aus diesem Grund wird jetzt ein Ansatz vorgestellt, der es ermöglicht, nicht direkt messbare Risiken zu quantifizieren.

Die Notwendigkeit der Messung qualitativer Risiken wird zunächst an einigen betriebswirtschaftlich nahe liegenden **Beispielen** verdeutlicht.

- Das **Kreditrisiko** besteht in der Möglichkeit, dass ein Kunde (von insgesamt drei Kredit-kunden A, B und C) den Lieferantenkredit nicht zurückzahlt und dadurch das Unternehmen (der Lieferant) einen Vermögensverlust in Höhe des nicht zurück gezahlten Kredites erleidet.

- Ein Unternehmen verkauft drei verschiedene Produkte A, B und C. Für jedes der Produkte unterliegt das Unternehmen dem **Absatzrisiko**. Das Absatzrisiko besteht in der Möglichkeit, dass weniger Produkte verkauft werden als geplant und dadurch ein Vermögensverlust entsteht.

- Ein Unternehmen plant die Anschaffung neuer Produktionsanlagen, wofür drei Alternativen A, B und C zur Auswahl stehen. Die Produktion mit einer der neuen Anlage unterliegt dem so genannten **Betriebsrisiko**. Es können durch einen Ausfall der Produktions-anlage nicht die von Kunden bestellten Produkte fristgerecht ausgeliefert werden, wodurch dem Unternehmen ein Vermögensverlust entstehen kann. Auch durch fehlerhafte Produktion oder Schäden an den Produktionsanlagen können Vermögensverluste entstehen.

Diese Beispiele verdeutlichen sehr gut den **Unterschied** zu **Finanzmarktrisiken**. Beim geschilderten Kreditrisiko wird der Wert der Forderung nicht an einem Markt täglich in Geldeinheiten bewertet. Folglich kann auch eine Vermögensverschlechterung, z. B. aufgrund einer Bonitätsverschlechterung des Kreditnehmers, nicht direkt in Geldeinheiten gemessen werden.

Damit wird das zweite Hauptproblem deutlich. Wenn keine Bewertung an einem funktionie-renden Markt in Geldeinheiten erfolgt, so muss für eine Bewertung des Risikos eine **Quanti-fizierung** der **Einflussgrößen** erfolgen. Es müssen alle für den Vermögenswert relevanten Einflussfaktoren erfasst und zu einer Gesamtgröße aggregiert werden. Dieser Gesamtgröße muss ein Vermögenswert zugeordnet werden, um dann mögliche Vermögensverluste wieder im Sinne des VaR-Konzeptes erfassen zu können.

Die Quantifizierung insbesondere qualitativer Einflussfaktoren kann nach einem bekannten Grundprinzip erfolgen. Die **Anwendung** dieses **Grundprinzips** wird als **Scoring-Modell** bezeichnet. Der moderne Begriff Scoring-Modell ist dabei als Obergriff zu verwenden. Es gibt zahlreiche Variationsmöglichkeiten, die insbesondere in der Investitionsentscheidung unter den Begriffen **Nutzwertanalyse** oder Wertanalyse wieder zu finden sind.

Die **Grundstruktur** von Scoring-Modellen besteht im ersten Schritt in der **Gewichtung** der unterschiedlichen **Einflussgrößen**. Einflussfaktoren mit einer großen Auswirkung werden mit einem hohen Gewicht versehen (z. B. 60%) und entsprechend umgekehrt. Im zweiten und entscheidenden Schritt werden die Ausprägungen der verschiedenen Einflussfaktoren in Abhängigkeit von den jeweiligen Alternativen bewertet, in dem eine **Punktzahl** von der Skala eins bis zehn Punkte **zugeordnet** wird. Im dritten und letzten Schritt wird für jede Alternative die Summe der gewichteten Punkte aller Einflußgrößen aufsummiert und bildet zur Beurteilung den **Zielwert** (den „Score").

Ein **Beispiel** zum oben angeführten Kreditrisiko verdeutlicht die beschriebene Vorgehens-weise. Es werden drei Kreditkunden A, B und C beurteilt. Für diese Beurteilung werden beispielhaft folgende drei Einflussfaktoren und ihre jeweiligen Ausprägungsmöglichkeiten eine Rolle spielen:

- die bisherige **Zahlungsbereitschaft** des Kreditnehmers (sehr gut, gut, befriedigend, ausreichend, mangelhaft),
- die aktuelle **Finanzlage** des Kreditnehmers (gut, mittel, schlecht),
- die Höhe der vorhandenen **liquiden Mittel** des Kreditnehmers im Verhältnis zum Kreditbetrag (in %),
- die allgemeine **Geschäftsverfassung** bzw. die **Geschäftsaussichten** bezüglich des Absatzes der Produkte (hervorragend, gut, mäßig, schlecht).

Die Zahlungsbereitschaft soll mit 40% den stärksten Einfluss auf das Kreditrisiko besitzen. Die Finanzlage soll mit 30%, die liquiden Mittel mit 20% und die Geschäftsverfassung mit 10% in das Kreditrisiko einwirken. In Tabelle 2.16 sind beispielhaft mögliche Ausprägungen der einzelnen Einflussfaktoren für die jeweiligen Kreditkunden dargestellt.

Tab. 2.16   Beispiel für ein Scoring-Modell zur Messung des Kreditrisikos

Einflussfaktor:	Zahlungsbereitschaft:	Finanzlage:	Liquide Mittel:	Geschäftsverfassung:
Gewichtung:	40%	30%	20%	10%
Kreditkunde A	Gut	Gut	30%	Mäßig
Kreditkunde B	Befriedigend	Schlecht	20%	Gut
Kreditkunde C	Sehr gut	Mittel	40%	Schlecht

Im nächsten Schritt werden den verschiedenen Ausprägungen Punkte von ein bis zehn zugeordnet. Dabei werden zehn Punkte für die bestmöglichste Ausprägung vergeben und ein Punkt für die schlechteste Realisation. Dabei steht bestmöglich in diesem Fall für ein geringes Risiko aus Sicht des Anwenders (Kreditgebers) und ein Punkt wird vergeben, wenn die Ausprägung einen starken Einfluss auf ein hohes Risiko hat (z. B. bei sehr schlechter Zahlungsmoral). Für die einzelnen Einflussfaktoren werden folgende **Punkteskalen** zugewiesen:

Zahlungsbereitschaft: sehr gut=10, gut=8, befriedigend=6, ausreichend=4, mangelhaft=2,

Finanzlage: gut=9, mittel=6, schlecht=3,

Liquide Mittel: <10%=1, 10-20%=2, ..., 80-90%=9, 90-100%=10

Geschäftsverfassung: hervorragend=10, gut=8, mäßig=5, schlecht=2).

Werden im letzten Schritt die vergebenen Punkte gewichtet und zu einem Zielwert aufaddiert, so ergeben sich die Ergebnisse in Tabelle 2.17.

Tab. 2.17   Ergebnisse eines Scoring-Modelles zur Messung des Kreditrisikos

Einflussfaktor:	Zahlungs-bereitschaft:	Finanz-lage:	Liquide Mittel:	Geschäfts-verfassung:	Zielwert:
Gewichtung:	40%	30%	20%	10%	Summe=100%
Kreditkunde A	8	9	3	5	=0,4x8+0,3x9+0,2x3+0,1x5=**7**
Kreditkunde B	6	3	2	8	=0,4x6+0,3x3+0,2x2+0,1x8=**4,5**
Kreditkunde C	10	6	4	2	=0,4x10+0,3x6+0,2x4+0,1x2=**6,8**

Kreditkunde A besitzt mit einem Zielwert von 7 das geringste **Kreditrisiko**, Kunde C mit 6,8 nur ein geringfügig höheres Risiko und Kunde B besitzt mit 4,5 das deutlich höchste Kreditrisiko. Ähnlich wäre die Vorgehensweise bei den anderen beispielhaft genannten Anwendungsbereichen des **Absatzrisikos** (Produkt A, B, C, Einflussfaktor wäre z. B. die Kundenfreundlichkeit) und des **Betriebsrisikos** (Anlage A, B, C, Einflussfaktor wäre z. B. die Verarbeitungsqualität).

Anhand dieses Beispieles lassen sich die für das **Risikomanagement** wichtigsten **Eigenschaften** von Scoring-Modellen zusammenfassen:

- Scoring-Modelle bieten die Möglichkeit, **qualitative und quantitative Einflussfaktoren** eines Risikos zu berücksichtigen und mit der Berechnung eines Zielwertes Alternativen vergleichbar zu machen.
- Der Zielwert von Scoring-Modellen kann als **Grundlage** für weitere **Quantifizierungen** des relevanten Risikos dienen.
- Die **Korrelationen** zwischen verschiedenen Einflussfaktoren werden bei Scoring-Modellen **nicht** explizit **berücksichtigt**.
- Die Anwendung einer **Punkteskala** von ein bis zehn Punkten wird vom Anwender **subjektiv** vorgenommen, d. h. die Vergleichbarkeit von Risiken zwischen verschiedenen Anwendern ist dadurch eingeschränkt.
- Die Auswahl der **Einflussfaktoren** und deren jeweilige **Gewichtung** werden von jedem Anwender **individuell** vorgenommen. Dadurch wird die mangelnde Vergleichbarkeit der Ergebnisse noch erhöht.

Die **Nachteile** von Scoring-Modellen weisen sehr viel Ähnlichkeit mit denen der **Stress-Tests** auf. So stellt sich die Frage bezüglich der Anwendung von Scoring-Modellen im Rahmen des Risikomanagements. Während Stress-Tests lediglich ein Zusatzkriterium neben den VaR-Berechnungen darstellen, ist die Bedeutung von Scoring-Modellen wesentlich größer.

Erst durch die Anwendung von Scoring-Modellen lassen sich wichtige betriebswirtschaftliche Risiken überhaupt nur quantifizieren und damit in einem unternehmensweiten Risikomanagement integrieren. **Scoring-Modelle** sind also kein Zusatzkriterium sondern unabdingbare **Voraussetzung** insbesondere für ein VaR basiertes **Risikomanagement**. In späteren Ausführungen wird gezeigt, dass die Scoring-Modelle notwendige Voraussetzung sind, um die Vergleichbarkeit zum VaR-Konzept herstellen zu können. Nur so wird letztendlich die Möglichkeit geschaffen unterschiedlichste betriebswirtschaftliche Risiken in einem Gesamtkonzept zusammen zu führen. In Anbetracht dieser Bedeutung von Scoring-Modellen können die genannten **Nachteile** als **vernachlässigbar** eingestuft werden.

2.6   Risikoanalyse

Im Anschluss an die Messung der Risiken folgt unmittelbar die Frage nach der Analyse der Messergebnisse und die sich daraus abzuleitenden Handlungsmaßnahmen. Die Risikoanalyse hängt zunächst in erster Linie von der **Risikoeinstellung des Unternehmers** bzw. des Investors ab. Dabei reicht die Bandbreite von völlig risikoavers bis total risikofreudig. Eine völlige Risikoabneigung ist für eine wie auch immer gestaltete unternehmerische Tätigkeit nicht zweckmäßig, da jede unternehmerische Tätigkeit auch mit einem unternehmerischen Risiko verknüpft ist. Durch eine völlige Risikovermeidung würde jedoch auch jegliche **Ertragserwartung** aufgegeben. Dies verdeutlicht, dass für eine Risikoanalyse keine einheitlichen, für alle Unternehmen gültigen Standards abgeleitet werden können. Da es wenig zweckmäßig ist, Handlungsanleitungen für Individuen abzuleiten, werden im Folgenden nur allgemeine Grundüberlegungen zur Risikoanalyse hergeleitet.

Eine erste grobe **Einteilung** der Messergebnisse in verschiedene **Risikokategorien** wird in der unternehmerischen Praxis häufig vorgenommen. Es kann in einem ersten Schritt in folgende Kategorien unterteilt werden:

- **Kritische Risiken**, die zu einer Gefährdung des Unternehmens führen können.
- **Wichtige Risiken**, die zwar nicht den Fortbestand des Unternehmens gefährden können, die aber zu kurzfristigen Kapitalmaßnahmen führen können, um die Geschäftstätigkeit aufrecht zu erhalten.
- **Unwichtige Risiken**, die keine besonderen Maßnahmen erforderlich machen könnten, sondern aus dem laufenden Geschäft heraus bewältigt werden können.

Es stellt sich jedoch unmittelbar die Frage, wann und wie explizit ein Risiko aufgrund seines Messergebnisses als kritisch, wichtig oder unwichtig eingestuft wird. Zu diesem Zweck ist es notwendig den VaR mit Blick auf ein aktives Risikomanagement zu betrachten.

So kann der **VaR** als **Risikokapital** oder auch als ökonomisch notwendiges Kapital für unternehmerische Tätigkeiten interpretiert werden. Damit steht dem VaR als notwendiges Deckungskapital für mögliche zukünftige Verluste das **Eigenkapital** als eine wichtige Größe gegenüber. Der VaR gibt also das notwendige Eigenkapital an, welches zur Abdeckung möglicher Verluste als Puffer notwendig ist. Mit diesem Ansatz ist es jetzt auch besser möglich anhand des VaR verschiedener Positionen eine grobe Einteilung in obige Risikokategorien vorzunehmen. So können z. B. Positionen mit einem VaR bis zu z. B. 5% des Eigenkapitals als unwichtig, mit einem VaR zwischen 5 und 20% des Eigenkapitals als wichtig und Positionen mit einem VaR größer als 20% des Eigenkapitals als kritisch eingeordnet werden. Die Höhe der jeweiligen prozentualen Anteile des VaR am Eigenkapital richtet sich wieder nach der individuellen Risikoeinstellung des Unternehmens und ist an dieser Stelle nur beispielhaft für ein beliebiges Unternehmen aufgeführt.

Eine solche Einteilung in Risikokategorien reicht für eine Risikoanalyse jedoch bei weitem nicht aus. Entscheidend ist der **Einbezug** der **Gewinne** bzw. der **Gewinnerwartungen**. Also müssen zum einen die Gewinne, welche den Vermögenspositionen zugeordnet werden können, erfasst und berücksichtigt werden. Andererseits ist die (notwendige) **Verzinsung** des

Eigenkapitals zu berücksichtigen. Für eine alternative Anlage des Eigenkapitals am Kapitalmarkt wird als Verzinsungsmaßstab der risikolose Zins (Risikoloser Zins: $i_f = 3\%$) zugrunde gelegt.

Ein erster intuitiver Ansatz **Gewinn** und **Risiko** in einer **Kennzahl** zusammen zu führen, besteht in der Division der durchschnittlichen Kursrendite durch die zugehörige Volatilität. Für BMW und MAN (siehe auch Tabelle 2.4) ergibt dies für

*BMW = 0,042% / 1,031% = **0,0407** und für*

*MAN = 0,175% / 1,386% = **0,1263**.*

Die **Interpretation** der beiden **Ergebnisse** legt die Schlussfolgerung nahe, dass eine Investition in MAN-Aktien lohnender ist als in BMW-Aktien, weil eine sehr viel höhere Rendite (0,175% gegenüber 0,042%) nur mit einem unterproportional höheren Risiko (1,386% gegenüber 1,031%) erreicht wird. Anders ausgedrückt: Desto größer der Quotient, je höher ist die erwartete Rendite bei gleichem Risiko oder bei identischem Risiko ist die erwartete Rendite höher. Diese Berechnung besitzt den unmittelbar ersichtlichen Nachteil, dass die Verzinsung des Eigenkapitals im Sinne von Opportunitätskosten nicht berücksichtigt wird. Dagegen berücksichtigt die Sharpe Ratio explizit die risikolose Verzinsung und wird gemäß

Sharpe Ratio = (durchschnittliche Kursrendite – risikolose Verzinsung) / Volatilität

---

berechnet. Um die risikolose Verzinsung von 3% p. a. zu berücksichtigen, muss diese noch auf einen Tag umgerechnet werden, da die oben ermittelte Rendite und Volatilität ebenfalls Tageswerte sind. Für die tägliche risikolose Verzinsung ergibt sich 3% / 256 Handelstage = 0,012%. Die Sharpe Ratio von BMW und MAN betragen dann

*Sharpe Ratio BMW = (0,042% - 0,012%) / 1,031% = **0,0291***

*Sharpe Ratio MAN = (0,175% - 0,012%) / 1,386% = **0,1176***

An der Vorteilhaftigkeit kann sich durch Berücksichtigung der risikolosen Verzinsung (sofern diese größer als null ist) nichts ändern. Allerdings haben sich die Relationen der beiden Quotienten zueinander etwas verändert. Die **Sharpe Ratio** besitzt jedoch folgende **gravierende Nachteile**:

- In die Berechnung der Sharpe Ratio fließen **keine** in **Geldeinheiten** bewerten Größen ein, sondern relative Größen. Dadurch sind keine Aussagen über die absoluten Auswirkungen in Geldeinheiten aus der Sharpe Ratio ableitbar.
- Die **Volatilität** als Risikomaß besitzt die in Abschnitt 2.2.1 beschriebenen **Nachteile**, die durch den VaR weitestgehend behoben werden können.
- Die durchschnittliche Vermögensänderung bzw. Kursrendite ist nicht die einzige Gewinnkomponente einer Vermögensposition. Vielmehr müssen auch z. B. **Dividendenzahlungen** oder **Zinsausschüttungen** im Gewinn zusätzlich zu den Kursgewinnen berücksichtigt werden. Bei der Sharpe Ratio bleibt dies **unberücksichtigt**.
- Die Sharpe Ratio für einzelne Positionen berücksichtigt **keine** Korrelationen und daraus resultierende **Diversifikationseffekte**.

Die Beseitigung dieser Nachteile der Sharpe Ratio kann durch Verwendung des **Component Value at Risk** als Risikogröße erfolgen. Dadurch werden mehrere Nachteile beseitigt. Zum einen handelt es sich um eine Risikogröße in Geldeinheiten. Zum zweiten werden Diversifikationseffekte auch bei Einzelpositionen anteilig berücksichtigt. Und schließlich besitzt der CoVaR auch nicht die sonstige Nachteile der Volatilität (siehe Abschnitte 2.2.1 und 2.3). Wird für den Gewinn jetzt nicht die prozentuale Kursrendite benutzt, sondern der Gewinn in Währungseinheiten, bestehend aus den Komponenten Kursgewinn plus Dividenden- oder Zinsausschüttungen abzüglich der risikolosen Zinszahlung in Währungseinheiten ermittelt, so führt dies zu folgender Rechnung für den so genannten **Return on Risk adjusted Capital (=RoRaC)**:

RoRaC = (Kursgewinn + Ausschüttungsgewinn – risikoloser Zins) / Component VaR.

Dabei steht der Begriff Return für den Gewinn und für den Risk adjusted Capital wird der Component Value at Risk verwendet. In Literatur und Praxis werden für diese oder leicht modifizierte Varianten auch die Begriffe **RaRoC** (=**R**isk **a**djusted **R**eturn **o**n **C**apital) oder **RaPM** (=**R**isk **a**djusted **P**erformance **M**easurement) benutzt. Da es sich hierbei um Berechnungen handelt, die jeweils ineinander überführt werden können und jeweils immer der gleiche betriebswirtschaftliche Sachverhalt abgebildet wird, wird auf die verschiedenen Varianten und Bezeichnungen nicht weiter eingegangen.

Die **Anwendung** dieser **Kennzahlen** wird wieder für das **Portfolio** mit den BMW- und MAN-Aktien vertieft). Zur Berechnung des RoRaC werden die Angaben aus Tabelle 2.9 noch um folgende Informationen und Berechnungen erweitert:

- Zur Ermittlung des **jährlichen Kursgewinnes** in Euro wird die Kursrendite auf ein Jahr hochgerechnet und auf die Risikoposition bezogen. Für BMW ergibt sich 0,042% x 256 Handelstage = 10,752% auf 370,- € = **39,78 €** und für MAN 0,175% x 256 Handelstage = 44,8% auf 450,- € = **201,60 €**.
- Für die **Dividendenausschüttung** wird bei BMW 2% auf die Risikoposition zum 2.1.2006 angesetzt (=**7,40 €**) und für MAN 1% (=**4,50 €**).
- Aus der Summe von jährlichem Kursgewinn und Dividendenausschüttung sowie abzüglich der **risikolosen Verzinsung** (BMW: 3% von 370,- € = **11,10 €**, MAN: 3% von 450,- € = **13,50 €**) ergibt sich bei BMW ein **Gesamtgewinn** von **36,08 €** und für MAN **192,60 €** für ein Jahr. Für das Portfolio beläuft sich der Gesamtgewinn auf **228,68 €**.
- Der bereits in Abschnitt 2.3.3 ermittelte **Component VaR** muss aus Gründen der Vergleichbarkeit mit den jährlichen Gewinnen auch auf ein Jahr hochgerechnet werden, indem statt mit der Wurzel aus 10 (Handelstagen) mit der Wurzel aus 256 (Handelstagen) multipliziert wird. Für BMW beträgt der CoVaR für 1 Jahr dann **102,66 €**, für MAN **210,68 €** und für das Portfolio **313,34 €**.

In Tabelle 2.18 sind die sich daraus ergebenden Kennzahlen und Berechnungsgrundlagen zusammengefasst.

Tab. 2.18   Sharpe Ratio und RoRaC für das Beispielportfolio (BMW und MAN)

Kennzahl:	BMW:	MAN:	Portfolio:
Rendite 1 Tag:	0,042%	0,175%	0,115%
Volatilität 1 Tag:	1,031%	1,386%	1,025%
Gewinn 1 Jahr:	36,08 €	192,60 €	228,68 €
VaR 1 Jahr:	142,23 €	232,54 €	313,34 €
Component VaR 1 Jahr:	102,66 €	210,68 €	313,34 €
Relativer Component VaR 1 Jahr: (im Verhältnis zum Portfolio)	32,76%	67,24%	100%
ΔVaR:	0,01734	0,02926	-
Rendite / Volatilität (1 Tag):	0,0407	0,1263	0,1122
Sharpe Ratio (1 Tag):	0,0291	0,1176	0,1005
RoRaC (1 Jahr):	0,3515	0,9142	0,7298

Aus den Ergebnissen der Tabelle 2.18 können abschließend folgende **Eigenschaften** und **Analysemöglichkeiten** im Rahmen des Risikomanagements zusammengefasst werden:

- Der **Value at Risk** des gesamten **Portfolios** liefert eine erste **Risikoabschätzung** durch Gegenüberstellung mit dem **Eigenkapital**. Liegt der VaR des Portfolios deutlich unter dem vorhandenen Eigenkapital, so ist eine hohe Kreditwürdigkeit gegeben. Liegt je nach Risikoeinstellung der VaR zu nahe am Eigenkapital oder sogar darüber, so sind Maßnahmen auf Basis weiterer Analysen notwendig.
- Anhand des **relativen Component VaR** kann für die verschiedenen Risikopositionen bzw. Geschäftsfelder eine Einordnung in **Risikokategorien** (z. B. niedrig, mittel, hoch) vorgenommen werden.
- Mit Hilfe des **ΔVaR** kann eine Abschätzung vorgenommen werden, wo ein Abbau der Risikoposition am schnellsten eine **Verminderung** des gesamten **VaR** bewirkt.
- Für einen **Vergleich** von **Risikopositionen** oder von Geschäftsfeldern ist der **RoRaC** am besten geeignet.

Für eine **Anwendung** auf die Ergebnisse von Tabelle 2.18 seien **zwei Szenarien** unterstellt:

1. Das Portfolio ist vollständig mit Eigenkapital, also in Höhe von 820,- € finanziert.
2. Das Portfolio ist nur zu 40% mit Eigenkapital in Höhe von 328,- € finanziert.

Im **Szenario 1.** wäre die Kreditwürdigkeit voll gegeben und Maßnahmen, das gesamte VaR zu senken, wären nicht nötig. Bei einem Vergleich der Risikopositionen oder Geschäftsfelder würde sich ein Ausbau der MAN-Aktien ergeben, da der RoRaC sehr viel höher ist als bei BMW und sogar höher als das gesamte Portfolio.

Im **Szenario 2.** würde sich je nach Risikoeinstellung des Investors ein Handlungsbedarf ergeben, um den gesamten VaR zu senken. Zu diesem Zweck würde ein Blick auf den relativen Component VaR zeigen, dass bei MAN-Aktien das Schwergewicht des Risikos liegt (67,24%, siehe Tabelle 2.18). Für einen möglichst schnellen Abbau würde sich aufgrund des höchsten ΔVaR auch eine Senkung der Risikoposition MAN-Aktien anbieten. Allerdings stünde der hohe RoRaC im Widerspruch zu diesen Handlungsempfehlungen und es müsste dann eine Abwägung auf Basis der Risikoeinstellung vorgenommen werden. Für verschiedene Risikoeinstellungen könnten sich folgende Handlungsempfehlungen ergeben:

Risikoeinstellung = **Sicherheit**: VaR senken und MAN-Aktien verkaufen trotz des hohen RoRaC; Risikoeinstellung = **Risikofreudig**: trotz des hohen gesamten VaR, aber wegen des hohen RoRaC MAN-Aktien behalten und BMW-Aktien verkaufen um den gesamten VaR zu senken.

2.7   Literaturhinweise

Der weltweite **Industriestandard** zum Thema **Value at Risk** ist das Werk von

Jorion, Philippe: „Value at Risk", McGraw-Hill 2. Aufl., 2002.

In diesem Buch finden sich nicht nur umfangreiche Ausführungen zum Thema Value at Risk sondern auch die Schnittstellen wie z. B. das Absatzrisiko, das Betriebsrisiko, die risikoadjustierte Gewinnmessung, Grundlagen eines unternehmensweiten Risikomanagements usw. werden ausführlich und klar dargestellt sowie mit Zahlen-Beispielen verdeutlicht.

Neben dem Werk von Jorion gibt es noch **weitere englischsprachige Werke**, die zwar nicht die gleiche Bedeutung besitzen aber gewisse Ähnlichkeiten bei der Behandlung der Schwerpunkte (insbesondere des VaR) aufweisen. Folgende drei Werke sind hierbei besonders hervor zu heben:

Dowd, Kevin: „Beyond Value at Risk", John Wiley and Sons, 1998,

Penza, Pietro / Bansal, Vipul K.: "Measuring Market Risk with Value at Risk", Wiley, New York, 2001,

Holton, Glyn A.: "Value-at-Risk. Theory and Practice", Academic Press, 2003.

Das Werk von Holton fällt dabei besonders durch seine **sehr technischen** und **mathematischen Ausführungen** auf und ist daher besonders für den mathematisch geneigten Leser zu empfehlen. In allen Werken finden sich mehr oder weniger ausführliche Darstellungen zu den **GARCH-Modellen**.

Als **deutschsprachiges** Werk für einen Überblick zum Thema Value at Risk kann das Buch von

Diggelmann, Patrick: „ Value at Risk. Kritische Betrachtung des Konzepts, Möglichkeiten der Übertragung auf den Nichtfinanzbereich ", Versus Verlag, 1999

benutzt werden. Allerdings sind die Zahlenbeispiele meistens nicht nachrechenbar, da wichtige Zahlenangaben fehlen.

Für eine **kritische Auseinandersetzung** mit dem **VaR-Konzept** und möglichen Alternativen eigenen sich beispielhaft die Ausführungen von

Franke, Günter: „Gefahren kurzsichtigen Risikomanagements durch Value-at-Risk", in: Johanning, Lutz / Rudolph, Bernd (Hrsg.): „Handbuch des Risikomanagements", Band 1,S. 53-85, Uhlenbruch Verlag, 2000 und

Pfingsten, Andreas u. a.: „Armutsmaße als Downside-Risikomaße: Ein Weg zu Risikomaßen, die dem Value-at-Risk überlegen sind", in: Johanning, Lutz / Rudolph, Bernd (Hrsg.): „Handbuch des Risikomanagements", Band 1, S. 85-107, Uhlenbruch Verlag, 2000.

Beide Aufsätze setzten sich auf sehr mathematische und statistische Art und Weise mit der Kritik am Value at Risk Konzept auseinander. In dem Beitrag von Pfingsten u. a. wird bezüglich der Anwendung von Armutsmaßen eingeräumt, dass vor einer überlegenen Anwendung gegenüber dem Value at Risk noch zahlreiche Fragen und Probleme zu lösen sind.

Für eine Vertiefung der **statistischen Grundlagen** insbesondere der Normalverteilung in Abschnitt 2.3.1 ist das Buch von

Poddig, Thorsten / Dichtl, Hubert / Petersmeier, Kerstin: „Statistik, Ökonometrie, Optimierung", Uhlenbruch Verlag, 2. Aufl., 2001

zu empfehlen. Insbesondere wird der Bezug und die Anwendung im Portfoliomanagement an Bespielen erklärt. So werden auch sehr anschaulich die Berechnungen von empirischen Volatilitäten, Korrelationskoeffizienten usw. ausgeführt.

Zur Diskussion über die Streuungsmaße **mittlere absolute Abweichung** versus Standardabweichung siehe:

Gorard, Stephen: "Revisiting a 90-year-old debate: the advantages of the mean deviation", in: http://www.leeds.ac.uk/educol/documents/00003759.htm.

Die Ausführungen zu den **Lower Partial Moments** erfolgen in Anlehnung an

Angermüller, Niels O. / Eichhorn, Michael / Ramke, Thomas: „Lower Partial Moments: Alternative oder Ergänzung zum Value at Risk?", in: Finanz Betrieb, Heft 3, 2006, S. 149-153.

Einen Ansatz zur Berechnung des Value at Risk auf Basis der **Extremwerttheorie** findet sich in

Hakenes, Hendrik / Wilkens, Sascha: „Der Value-at-Risk auf Basis der Extremwerttheorie", in: Finanz Betrieb, Heft 12, 2003, S. 821-829.

Für die Wahl der Anzahl von Standardabweichungen im Rahmen von **Stress-Tests** ist der Aufsatz von

Bookstaber, Richard: „Global Risk Management: Are We Missing the Point?" in: Journal of Portfolio Management 23 (Spring), S. 102-107, 1997

geeignet.

Einen ausgezeichneten Ein- und Überblick zur Problematik der **Berechnung** von **Aktien-kursrenditen** liefert auch

Uhlir, Peter / Steiner, Helmut: „Wertpapieranalyse", Physica-Verlag, 2002.

Die verwendeten **historischen Kapitalmarktdaten** (Aktienkurse, DAX) wurden den Internetseiten der jeweiligen Unternehmen (BMW, MAN) und der Internetseite der Österreichischen Nationalbank (www.oenb.at) entnommen.

2.8   Technischer Anhang

Die Berechnung des erwarteten Verlustes und der erwarteten Vermögensänderung erfolgt durch den **Erwartungswert** E (auch theoretischer Mittelwert genannt):

$$E(X) = \mu = \sum_{i=1}^{N} x_i \cdot p_i$$

mit

X: Zufallsvariable (z. B. für den Verlust oder die Vermögensänderung),

N: Anzahl der möglichen Ereignisse,

x_i: das i-te Ereignis,

p_i: Eintrittswahrscheinlichkeit für das i-te Ereignis.

Auf Basis des Erwartungswertes wird die **Varianz** V wie folgt definiert:

$$V(X) = \sigma^2 = \sum_{i=1}^{N} (x_i - E(X))^2 \cdot p_i \,.$$

Daraus ergibt sich für die **Standardabweichung** S (Volatilität):

$$S(X) = \sigma = \sqrt{V(X)} = \sqrt{\sum_{i=1}^{N} (x_i - E(X))^2 \cdot p_i} \,.$$

Die Berechnung der **Aktienkursrenditen** r_t aus den Aktienkursen k_t in Euro zum Zeitpunkt t erfolgt gemäß

$$r_t = \frac{k_t - k_{t-1}}{k_{t-1}}$$

und für lange Zeitreihen wird

$$R_t = \ln\left(\frac{k_t}{k_{t-1}}\right)$$

angewendet. Dabei werden mögliche Dividendenzahlungen vernachlässigt.

Der Erwartungswert für empirische Zeitreihen (auch empirischer Mittelwert genannt), z. B. die Berechnung der **durchschnittlichen Rendite** r ergibt sich aus

$$r = \hat{\mu} = \frac{1}{T} \cdot \sum_{t=1}^{T} r_t$$

dabei ist

T: Anzahl der Zeitpunkte der Zeitreihe,

r_t: die zum Zeitpunkt t beobachtete Rendite.

Für den erwartungstreuen Schätzer der **empirischen Varianz** s^2 gilt:

$$s^2 = \hat{\sigma}^2 = \frac{1}{T-1} \cdot \sum_{t=1}^{T} (r_t - r)^2$$

Aus der empirischen Varianz s^2 ergibt sich durch Wurzelziehen das Risikomaß Standardabweichung s (die Streuung), welches die **Volatilität** um die Rendite darstellt:

$$s = \hat{\sigma} = \sqrt{\frac{1}{T-1} \cdot \sum_{t=1}^{T} (r_t - r)^2} \; .$$

Ein Ansatz unterschiedliche Zeitstrukturen zu berücksichtigen besteht in der **exponentiellen Gewichtung** innerhalb der **Standardabweichung** $s^{\exp}$ gemäß

$$s^{\exp} = \hat{\sigma}^{\exp} = \sqrt{(1-\lambda) \cdot \sum_{t=1}^{T} \lambda^{t-1} \cdot (r_t - r)^2} \; .$$

Durch den so genannten **Zerfallsfaktor** λ werden aktuellere Daten stärker gewichtet als ältere Beobachtungen. Für den Faktor λ können Werte zwischen null und eins gewählt werden. Für die Anwendung in der Praxis werden häufig Zerfallsfaktoren zwischen 0,90 und 0,99 gewählt.

Die **Dichtefunktion** der **Normalverteilung** hat die Gestalt

$$f(x) = \frac{1}{\sqrt{2 \cdot \pi} \cdot \sigma} \cdot e^{\left(-\frac{(x-\mu)^2}{2 \cdot \sigma^2}\right)}$$

und ist durch den Erwartungswert μ und die Standardabweichung σ eindeutig bestimmt.

Die Berechnung des **VaR** bei einem **Erwartungswert** von **μ<>0** hat die Form:

$$VaR = RP \cdot (\alpha \cdot s \cdot \sqrt{T} - r \cdot T)$$

mit:

RP: Höhe der Risikoposition in Euro,

α: Anzahl der Standardabweichungen auf Basis der Sicherheitswahrschein-
                        lichkeit (Quantil aus der Standardnormalverteilung),

s: Volatilität,

T: Liquidationsperiode in Tagen,

r: durchschnittliche Rendite (Erwartungswert).

Für die **Porfoliorendite** r_p gilt:

$$r_p = \sum_{i=1}^{N} w_i \cdot r_i$$

und dabei ist

$$w_i = \frac{RP_i}{RP_p} \quad \text{mit} \quad \sum_{i=1}^{N} w_i = 1,$$

wobei

N: Anzahl der einzelnen Vermögenspositionen,

r_i: Durchschnittliche Rendite der i-ten Vermögensposition,

w_i: Prozentuale Gewichtung der i-ten Vermögensposition (=Risikoposition
                        RP_i) an der Risikoposition des Portfolios (RP_p).

Die empirische **Kovarianz** $s_{1,2}$ zwischen den Renditen zweier Vermögenspositionen 1 und 2 wird wie folgt berechnet:

$$s_{1,2} = \hat{\sigma}_{1,2} = \frac{1}{T-1} \cdot \sum_{t=1}^{T} (r_{t,1} - r_1) \cdot (r_{t,2} - r_2)$$

mit

$r_{t,1}$ bzw. $r_{t,2}$:   beobachtete Rendite der Vermögensposition 1 bzw. 2 zum
                        Zeitpunkt t,

r_1 bzw. r_2:   durchschnittliche Rendite der Vermögensposition 1 bzw. 2.

Mit der Kovarianz kann der **Korrelationskoeffizient** $k_{1,2}$ berechnet werden.

$$k_{1,2} = \frac{s_{1,2}}{s_1 \cdot s_2}$$

Dabei ist

s_1 bzw. s_2:   Die Volatilität der Vermögensposition 1 bzw. 2.

Mit Hilfe der Kovarianz bzw. des Korrelationskoeffizienten kann die **Portfoliovarianz** s^2_p allgemein für N Positionen durch

$$s^2_p = \sum_{i=1}^{N} w_i^2 \cdot s_i^2 + \sum_{i=1}^{N} \sum_{j=1, i \neq j}^{N} w_i \cdot w_j \cdot s_{i,j}$$

und die zugehörige **Portfoliovolatilität** durch die Wurzel von s^2_p berechnet werden.

Für ein Portfolio, welches nur aus **N=2 Vermögenspositionen** besteht, kann die **Portfolio-volatilität** einfacher durch

$$s_p = \sqrt{w_1^2 \cdot s_1^2 + w_2^2 \cdot s_2^2 + 2 \cdot w_1 \cdot w_2 \cdot s_{1,2}}$$

dargestellt werden. Bei Verwendung des **Korrelationskoeffizienten** ergibt sich daraus dann die Form:

$$s_p = \sqrt{w_1^2 \cdot s_1^2 + w_2^2 \cdot s_2^2 + 2 \cdot w_1 \cdot w_2 \cdot k_{12} \cdot s_1 \cdot s_2} \ .$$

Aus der Darstellung der Portfoliovolatilität anhand des Korrelationskoeffizienten für zwei Vermögenspositionen kann die Berechnung des **VaR** für das **Portfolio** (VaR_p) gemäß:

$$VaR_p = RP_p \cdot \alpha \cdot s_p$$

erfolgen. RP_p ist die gesamte Vermögensposition des Portfolios, als Liquidationsperiode wird 1 Tag angesetzt und schließlich wird ein Erwartungswert von $\mu=0$ angenommen. Diese Gleichung der VaR-Berechnung kann mit Hilfe der Gleichung für die Portfoliovolatilität s_p umgeformt werden zu

$$VaR_p = \sqrt{RP_p^2 \cdot \alpha^2 \cdot w_1^2 \cdot s_1^2 + RP_p^2 \cdot \alpha^2 \cdot w_2^2 \cdot s_2^2 + RP_p^2 \cdot \alpha^2 \cdot 2 \cdot w_1 \cdot w_2 \cdot k_{12} \cdot s_1 \cdot s_2} \ .$$

Für einen **Korrelationskoeffizienten** von $k_{1,2}=0$ ergibt sich dann ein **VaR** des **Portfolios** von

$$VaR_P = \sqrt{VaR_1^2 + VaR_2^2} \ .$$

Beträgt der Korrelationskoeffizient $k_{1,2}=-1$, so gilt:

$$VaR_P = \left| VaR_1 - VaR_2 \right|$$

und für einen Korrelationskoeffizienten von $k_{1,2}=+1$ folgt

$$VaR_P = VaR_1 + VaR_2 .$$

Der **marginale VaR** (ΔVaR_i)einer Vermögensposition i in einem Portfolio p wird anhand von

$$\Delta VaR_i = \alpha \cdot \frac{s_{i,p}}{s_p}$$

berechnet.

Der **Beta-Faktor** β_i einer Vermögensposition i in einem Portfolio p ist definiert als

$$\beta_i = \frac{s_{i,p}}{s_p^2} = \frac{k_{i,p} \cdot s_i \cdot s_p}{s_p^2} = k_{i,p} \cdot \frac{s_i}{s_p}$$

Mit Hilfe des Beta-Faktors kann der **marginale VaR** auch **vereinfacht** werden zu

$$\Delta VaR_i = \alpha \cdot (\beta_i \cdot s_p)$$

Der **Component VaR** einer Vermögensposition i (=$CoVaR_i$) eines Portfolios p wird gemäß

$$CoVaR_i = VaR_p \cdot \beta_i \cdot w_i = VaR_i \cdot k_{i,p}$$

berechnet und es gilt außerdem

$$\sum_{i=1}^{N} CoVaR_i = VaR_p .$$

Mathematisch lassen sich **Lower Partial Moments** wie folgt beschrieben:

a) für diskrete Verteilungen:

$$LPM_k (r;X) = E[\max((r-X);0)^k]$$

und für die durchschnittlichen Schwankungen (s) um LPM_1 gilt:

$$LPM_s (r;X) = \sqrt{E[\max((r-X-LPM_1);0)^2]}$$

b)   für stetige Verteilungen:

$$LPM_k\left(r;X\right) = \int\limits_{-\infty}^{r} \left(r-X\right)^k f\left(x\right) dx$$

mit:

r = festgelegter Referenzwert (Verlustlimit) in €,

X = Zufallsvariable (z.B. Wert des Portfolios),

k = Ordnung des Lower Partial Moments,

E = Erwartungswert,

f(x) = Dichtefunktion der Zufallsvariablen X.

Um die Unterschreitungen des festgelegten Limits r beschreiben zu können, wird in der Formel zunächst die Differenz zwischen r und allen möglichen Ausprägungen von X ermittelt. Ist die Differenz negativ, so wurde der Referenzwert nicht unterschritten. Da aber nur die Unterschreitungen, d.h. alle Differenzen mit einem positiven Vorzeichen berücksichtigt werden sollen, wird zusätzlich das Maximum von Null und der jeweiligen Differenz gebildet.

3   Risikosteuerung

Das Ergebnis der Risikoanalyse führt zu der Fragestellung, welche Maßnahmen im Rahmen der Unternehmenssteuerung durchzuführen sind, um die gemessenen und analysierten Risiken zu steuern. Die möglichen Instrumente zur Steuerung sind so zahlreich und komplex, dass zunächst eine Eingrenzung vorgenommen wird. Auf eine Darstellung von Instrumenten, die aus rechtlichen und branchenspezifischen Gründen nur bestimmten Unternehmen (insbesondere Banken) vorbehalten sind, wird verzichtet. Vielmehr wird die **grundsätzliche Funktionsweise** von allgemeinen **Steuerungsinstrumenten** innerhalb der **Risikostrategien** dargestellt, die in nahezu jedem Untermnehmen angewendet werden können.

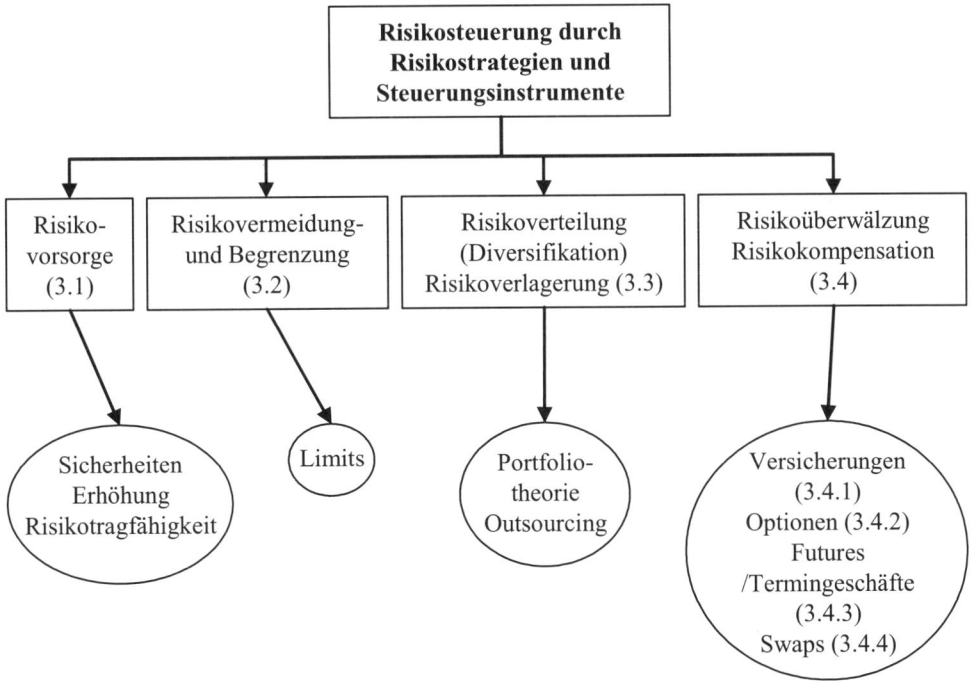

Abb. 3.1   *Übersicht Risikostrategien und Steuerungsinstrumente*

Abbildung 3.1 zeigt eine mögliche Aufteilung der verschiedenen Risikostrategien und die zugehörigen Steuerungsinstrumente. Dabei wird die **Risikostrategie „Risiko voll eingehen"** nicht aufgeführt, da in diesem Fall ja keine Steuerung des Risikos im eigentlichen Sinne vorgenommen wird und demzufolge auch keine Steuerungsinstrumente zugeordnet werden können. Das Unternehmen entscheidet sich für das bewusste Eingehen des vollen Risikos, um sich auch die gesamten mit der Risikoposition verbundenen Gewinnmöglichkeiten offen zu halten.

3.1   Risikovorsorge

Risikovorsorge bedeutet die Planung zukünftiger Risiken mit Blick auf die heutige und zukünftig notwendige Risikotragfähigkeit. Im Abschnitt 2.6 „Risikoanalyse" wurde bereits die entscheidende betriebswirtschaftliche Größe für die **Risikotragfähigkeit** eines Unternehmens dargestellt, nämlich das **Eigenkapital**. Eine Erhöhung des Eigenkapitals bedeutet eine Erhöhung der Risikotragfähigkeit, um eventuell neue Risiken einzugehen (z. B. im Rahmen von geplanten Investitionen) oder die bewusst eingegangenen Risiken vorsorglich besser abzudecken.

Neben dem bilanziellen Ausweis des Eigenkapitals stellen aber auch **Rückstellungen** und **stille Reserven** einen Puffer für die Risikotragfähigkeit dar. Die Risikotragfähigkeit und damit die **Risikovorsorge** können also durch folgende **Vorgänge erhöht** werden:

- Die Eigenkapitalerhöhung an den Kapitalmärkten oder durch die Gesellschafter,
- Die Einstellung von Gewinnen in die Gewinnrücklagen oder sonstige Rücklagen,
- Die Bildung stiller Reserven durch überhöhte Abschreibungen und/oder erhöhten Ansatz von Verbindlichkeiten.

Diese verschiedenen Möglichkeiten der Risikovorsorge sind jedoch bezüglich ihrer Substanz als Risikopuffer unterschiedlich zu beurteilen. Eine **Eigenkapitalerhöhung** wird von den Kapitalmärkten nicht angenommen und Kapital zur Verfügung gestellt, um vorhandene Risiken besser abzudecken, sondern in der Regel sind mit der Eigenkapitalerhöhung langfristige Investitionen im leistungswirtschaftlichen Bereich verknüpft.

Der **operative Gewinn** (also **keine Veräußerungsgewinne**) sollte für das abschätzbare unternehmerische Risikopotential zur Verfügung stehen. Dies ist nur der Fall, wenn der Gewinn nicht ausgeschüttet wird, sondern in die **Gewinnrücklagen** eingestellt wird.

Die Bildung von **Rückstellungen** ist in der Regel mit einem konkret vorhandenen Risiko (Steuernachzahlungen, Gewährleistungsansprüche etc.) verknüpft und steht damit nicht als allgemeiner Risikopuffer zur Verfügung.

Auch **stille Reserven** sind als Risikovorsorge nur bedingt geeignet, da sie nicht explizit bewertet werden und damit in ihrer Höhe erst durch eine Realisierung zur Verfügung stehen.

Eine weitere Möglichkeit der Risikovorsorge besteht in der Hereinnahme von **Sicherheiten**. Sicherheiten spielen insbesondere bei der Steuerung des Kreditrisikos (siehe Abschnitt 4.2) eine wichtige Rolle. Obwohl die Steuerung des Kreditrisikos durch Sicherheiten eine Kern-kompetenz von Kreditinstituten darstellt, ist diese Form der Risikovorsorge auch für viele Nichtbanken relevant. Hierbei spielt insbesondere die Stellung von Sicherheiten in Form von

- Sicherungsübereignungen,
- Eigentumsvorbehalten und
- Bürgschaften

im Zusammenhang mit der Gewährung von **Lieferantenkrediten** eine wichtige Rolle.

Die **Risikovorsorge** ist eng mit der **Risikobegrenzung verknüpft**, da bei der Risikovorsor-ge der Risikopuffer in Form des Eigenkapitals erhöht wird und dadurch der Anteil des ge-samten Value at Risk des Unternehmens am Risikopuffer (Eigenkapital) kleiner wird. Ist jedoch eine Erhöhung des Eigenkapitals wie oben erläutert nicht möglich oder sinnvoll, so kann der Anteil des VaR am Eigenkapital nur verkleinert werden, wenn der VaR durch Risi-kovermeidung oder Risikobegrenzung verringert wird. Diese Form der Risikosteuerung ist Gegenstand des folgenden Abschnitts 3.2.

3.2 Risikovermeidung und Risikobegrenzung

Die Risikovermeidung und die Risikobegrenzung haben das Ziel, den VaR des gesamten Unternehmens zu begrenzen oder sogar zu senken. Dabei sollte die Verwendung des Begrif-fes **Risikovermeidung** nicht in seiner absoluten Ausprägung erfolgen, da jede unternehmeri-sche Tätigkeit per se mit einem Risiko behaftet ist. Insofern laufen die Begriffe Risikover-meidung und Risikobegrenzung auf denselben Sachverhalt bzw. dasselbe Steuerungsziel hinaus, nämlich die Risikobegrenzung durch **Limits**.

Limits zur Begrenzung von Risiken gibt es in den unterschiedlichsten Ausprägungen und Varianten. Für einen Überblick seien nur kurz einige Limitarten für Risiken von **Finanzposi-tionen** dargestellt:

- **Nominallimits** begrenzen Finanzpositionen, die einem Marktpreisrisiko ausgesetzt sind. Es erfolgt jedoch keine Berücksichtigung der Risikohöhe und des Risikogehaltes der zu-grunde liegenden Position, sondern es wird pauschal das Finanzvermögen zu seinem Nennwert (z. B. 10 Mio. € Nennwert) limitiert. Eine Limitierung anhand des Nennwertes spiegelt jedoch nicht den dahinter stehenden Risikogehalt wieder. So haben z. B. festver-zinsliche Wertpapiere mit einem Nennwert von 10 Mio. € i. d. R. einen geringeren Risi-kogehalt als Aktienoptionen mit einem Nennwert von ebenfalls 10 Mio. €.
- Bei **Stop-Loss-Limits** wird die Finanzposition verkauft, wenn ein bestimmter Marktpreis unter- oder überschritten wird. Auch diese Art der Risikolimitierung lässt keine aussage-kräftige Risikobegrenzung zu, da derartige Limits zwar einen schlechtmöglichsten Fall (worst case) verhindern können, aber die Wahrscheinlichkeit des Eintretens dieses Stop-Loss-Limits unberücksichtigt bleibt.
- Bei **Sensitivitäts-Limits** wird, wenn eine bestimmte Sensitivität (z. B. um wie viel % sinkt der Wert der Vermögensposition, wenn der zugehörige Risikofaktor um 1% sinkt;

siehe auch Abschnitt 2.2.2) erreicht wird, die Position nicht weiter erhöht bzw. verkleinert. Gegenüber den Nominallimits und den Stop-Loss-Limits findet durch die Sensitivitäts-Limits zwar eine gehaltvollere Risikobeurteilung statt, allerdings reicht die Sensitivität alleine für eine Risikosteuerung nicht aus. So muss die Höhe der Änderung der Risikofaktoren mehr oder weniger willkürlich festgelegt werden, ohne dass die Verteilung des Risikofaktors explizit berücksichtigt werden kann. Außerdem sind Sensitivitäts-Limits relative Größen, d. h. es werden keine Risikobegrenzungen in Geldeinheiten vorgenommen, wodurch eine Gegenüberstellung mit dem Eigenkapital als Risikopuffer nicht zweckmäßig ist.

- Bei **Szenario-Limits** wird für bestimmte Szenarien (z. B. globale Wirtschaftskrise => alle großen Aktienindizes fallen in einem bestimmten Zeitraum um 30%; oder der 10-Jahre Bundfuture fällt unter 95,- usw.) eine Verlustbegrenzung durch Verkauf der Vermögenspositionen vorgenommen. Szenario-Limits weisen eine hohe Ähnlichkeit mit den Stop-Loss-Limits auf. Der Unterschied besteht nur in der Art und Weise der Festlegung der Limithöhe. Es gilt der gleiche entscheidende Nachteil der Nichtberücksichtigung der Eintrittswahrscheinlichkeit.

Die Nachteile dieser Limite werden durch ein **Limitsystem** auf Basis des **Value at Risk** behoben. Dabei werden für jedes Geschäftsfeld, Vermögensposition oder andere festgelegte Risikoeinheiten als Limit die maximalen VaR festgelegt. In Abbildung 3.2 ist beispielhaft ein mögliches VaR-Limitsystem dargestellt.

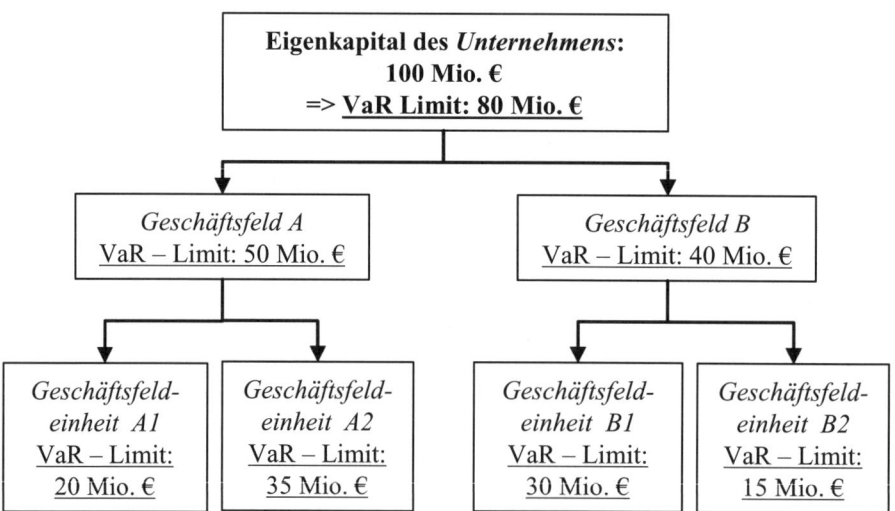

Abb. 3.2   *Beispiel für ein VaR-Limitsystem*

Die Summe der VaR der Geschäftsfeldeinheiten ist jeweils höher als das zugehörige VaR-Limit des Geschäftsfeldes (A: 20 Mio. € + 35 Mio. € = 55 Mio. € > 50 Mio. €; B: 30 Mio. € + 15 Mio. € = 45 Mio. € > 40 Mio. €). Diese Differenz von jeweils 5 Mio. € berücksichtigt die **Diversifikation** bzw. die Korrelation zwischen den **Geschäftsfeldeinheiten**, für die die Leiter der Geschäftsfelder verantwortlich sind. Gleiches gilt eine Ebene höher für die Unternehmensleitung und die Diversifikation zwischen den Geschäftsfeldern (VaR von A + VaR von B = 90 Mio. € gegenüber einem VaR-Limit für das ganze Unternehmen von 80 Mio. €. Für die VaR-Limite darf also **nicht** der **Component Value at Risk** verwendet werden, da sonst der Diversifikationseffekt z. B. bereits auf der Ebene der Geschäftsfeldeinheiten berücksichtigt werden würde, obwohl für die Diversifikation der Leiter des Geschäftsfeldes auf Geschäftsfeld-Ebene verantwortlich ist. Die Steuerung von Korrelationen und das bewusste Eingehen von Diversifikationseffekten können immer nur auf übergeordneter Portfolioebene erfolgen. Das durch den Diversifikationseffekt verminderte Risiko muss demnach auch dem VaR-Limit auf Portfolioebene (hier dem Geschäftsfeld) zugeordnet werden.

Ein Nachteil bleibt bei einer risikolimitierenden Strategie in jedem Fall. Es wird durch die Limitierung zwar die Nebenbedingung erfüllt, dass die Risiken die Risikotragfähigkeit nicht überschreiten. Aber die Steuerung der **Gewinn-Risiko-Relation** bleibt bei jeder Form der Limitierung **unberücksichtigt**. Die Steuerung der Gewinn-Risiko-Relation steht daher im Mittelpunkt der folgenden Abschnitte.

3.3 Risikoverteilung (Diversifikation) und Risikoverlagerung

Bei der Risikoverteilung geht es um die **Ausnutzung** von **Diversifikationseffekten**. Diversifikationseffekte werden erzielt, wenn sich die Risiken von mindestens zwei Vermögenspositionen gegenseitig kompensieren und dadurch das Risiko der zusammengefassten Vermögenspositionen kleiner ist als die Summe der Einzelrisiken. Gleichzeitig verringert sich der Gewinn der zusammengefassten Positionen nicht so stark wie sich das aggregierte Risiko vermindert. Dadurch **verbessert** sich die **Gewinn-Risiko-Relation**. Die theoretische Grundlage für die Diversifikation liefert die **Portfoliotheorie**, deren Basisberechnungen bereits im Abschnitt 2.3.3 zur Berechnung des VaR von Portfolios angewendet wurde.

Die Erkenntnisse der Portfoliotheorie werden hauptsächlich aus der Anwendung auf **Aktienportfolios** abgeleitet. Auf die Besonderheiten, die sich aus der Anwendung auf Aktienportfolios und die Anwendung im Risikomanagement ergeben, wird in Abschnitt 4.1.3 „Aktienkursrisiko" näher eingegangen. Seit Beginn der 90er Jahre wird in Unternehmen nicht nur versucht im Rahmen von Aktienportfolios den Diversifikationseffekt auszunutzen. Das Prinzip der **Diversifikation** kann auch auf **Geschäftsfelder, Produkte, Dienstleistungen** usw. angewendet werden. Insofern besitzt die Anwendung des Diversifikationseffektes im Rahmen der Risikosteuerung eine weitaus größere Bedeutung als dies nur bei Aktienportfolios der Fall wäre. Bekanntestes Beispiel in Deutschland war hierfür der Daimler-Konzern Ende der 80er Jahre unter der Führung von Edzard Reuter. Reuter hat den Daimler-Konzern von einem Automobil-Konzern zu einem Mischkonzern umgebaut. Das Ziel und die Vorgehensweise von Reuter bestanden in der Risikoverteilung von Autos weg auch auf andere Produkte (Raumfahrt, Flugzeuge, Industrieanlagen, Elektrogeräte usw.) zu einem integrierten Technologiekonzern. Damit sollten massivere Gewinneinbrüche (Vermögensverluste) durch ein schlecht laufendes Automobilgeschäft abgemildert werden. Erfolgreich war Edzard Reuter mit dieser Strategie nicht. In Anlehnung an dieses Beispiel wird auf einige grundsätzliche **Schwierigkeiten** der Risikoverteilung bzw. Diversifikation im Rahmen der Risikosteuerung hingewiesen:

- Der entscheidende Unterschied bei der Anwendung des Diversifikationseffektes in der Risikosteuerung auf verschiedene Produkte wie bei Daimler besteht in dem notwendigen **Management** der **diversifizierten Produkte**. Bei einem Produktportfolio wird dieses Management von der Unternehmensführung wahrgenommen, die in der Regel über die entsprechende Fachkompetenz ihrer Produkte verfügen (z. B. Fachkompetenz nur bezüglich Autos, oder nur für Elektrogeräte). Genau diese mangelnde Fachkompetenz bezüglich der neu von Daimler in das Produktportfolio aufgenommenen Produkte war in den Augen vieler Beobachter die Ursache für den Misserfolg der Diversifikationsstrategie von Reuter.
- Der Erfolg einer Risikoverteilung und damit das Ausmaß des Diversifikationseffektes basiert auf den gemessenen **Korrelationen** zwischen den Renditen der einzelnen Vermögenspositionen (Umsatzerlöse der Produkte). Genau dies ist aber in der Regel **nicht zuverlässig** und über die Zeit konstant möglich. Während bei Aktienportfolios anhand von umfangreichen täglich beobachtbaren Kursen durch verschiedene (komplexe) statistische Verfahren stabile Schätzwerte für die Korrelationen (bzw. Volatilitäten, siehe Abschnitt 2.2.1) berechnet werden können, ist dies für die Einführung neuer Produkte und deren spätere Abschaffung naturgemäß nicht möglich.
- Die Ableitung des Diversifikationseffektes aus der Portfoliotheorie basiert auf weiteren zentralen Annahmen. Zu diesen Annahmen gehören unter anderem die **Vernachlässigung** von **Transaktionskosten** für den Kauf und Verkauf von Aktien, die Festlegung von **konstanten Zeitperioden** sowie die **beliebige Teilbarkeit** von Aktien. Aber genau diese Annahmen treffen für die Produktdiversifizierung innerhalb eines Unternehmens sicherlich auch nicht zu.

Bei der **Risikoverlagerung** steht die Idee im Vordergrund, bestimmte Risiken aus dem Unternehmen heraus in andere unternehmensfremde Bereiche, Organisationen oder Regionen hinein zu verlagern. Ein wesentliches Merkmal der Risikoverlagerung im Unterschied zu anderen Risikostrategien (insbesondere die Risikokompensation und die Risikoüberwälzung) besteht darin, dass nicht nur das Risiko verlagert wird, sondern auch das zugehörige Vermögen bzw. die Grundlage der Risikoverursachung und so auch die möglicherweise damit verbundenen Gewinnmöglichkeiten.

Zu den aktuellen typischen Möglichkeiten und in der Praxis auch häufig durchgeführten Arten der Risikoverlagerung gehört das so genannte **Outsourcing** von z. B. Unternehmensfunktionen und Unternehmensbereichen wie z. B.

- des EDV-Bereichs,
- von Logistikfunktionen oder
- des Facility Managements.

Nach dem Outsourcing werden dann vom outsourcenden Unternehmen die erforderlichen Leistungen und Produkte der outgesourcten Bereiche im Rahmen von so genannten Service-Level-Agreements wieder eingekauft. Dadurch ändert sich die Gewinn-Risiko-Relation, die neu berechnet werden muss, um eine Abschätzung über die **Vorteilhaftigkeit des Outsourcing** vornehmen zu können. Der Gewinn wird um die Kosten für den Einkauf der outgesourcten Leistungen und Produkte gemindert, gleichzeitig aber auch das zugehörige Risiko eliminiert. Die **Chancen** und **Risiken** des **Outsourcings** von Unternehmensfunktionen werden derzeit viel diskutiert. Diese Diskussion wird an dieser Stelle nicht weiter ausgeführt, sondern auf die einschlägige Literatur zu diesem Thema verwiesen (siehe Literaturhinweise Abschnitt 3.5).

Eine weitere **typische Risikoverlagerung** wird im Rahmen des **Wechselkursrisikos** vorgenommen, in dem teilweise ganze Wertschöpfungsketten vom Einkauf bis zum Vertrieb in die jeweilige Fremdwährungszone (in der Regel US-$ Währungsraum) verlagert werden. Diese Form der Wechselkursrisikoverlagerung wird auch **Natural Hedging** genannt. Auf die Möglichkeiten der Risikosteuerung speziell von Währungsrisiken wird im Abschnitt 4.1.2 eingegangen.

Die Risikoverteilung (Diversifikation) und die Risikoverlagerung (Outsourcing) weisen im Rahmen der Risikosteuerung jeweils **gravierende Nachteile** auf. Mit Hilfe von Derivaten können einige dieser Nachteile behoben werden. Die Anwendungsmöglichkeiten von Derivaten im Rahmen der Risikosteuerung stehen daher im Mittelpunkt des folgenden Abschnitts 3.4 zur Risikoüberwälzung- und Kompensation.

3.4   Risikoüberwälzung- und Kompensation

Bei der Risikoüberwälzung bleibt die risikoverursachende Vermögensposition (Risikoposition) im Portfolio (bzw. Unternehmen) bestehen und es wird durch Abschluss eines Vertrages lediglich ein potentieller zukünftiger Vermögensverlust überwälzt. Für die Überwälzung muss eine Gegenleistung i. d. R. in Form einer Prämie gezahlt werden. Gegenüber z. B. der Risikoverlagerung besteht somit weiterhin die Möglichkeit, durch die Vermögensposition auch Gewinne zu erzielen. Der Abschluss von **Versicherungen** ist das wichtigste und am häufigsten angewendete **Steuerungsinstrument** zur **Risikoüberwälzung**.

Aber auch das **Factoring**, **Leasing** und **Franchising** lassen bei bestimmten Vertragsvarianten eine **Risikoüberwälzung** zu (wenn z. B. der Leasinggegenstand beim Leasingnehmer bilanziert wird oder ein Factoring-Vertrag mit Delcredere-Funktion abgeschlossen wird). Da beim Factoring, Leasing und Franchising jedoch nicht die Möglichkeiten der Riskosteuerung im Vordergrund stehen sondern die Finanzierungswirkung, werden diese beiden Themen an dieser Stelle nicht weiter behandelt.

Bei der **Risikokompensation** wird gegen die Risiko verursachenden Vermögenspositionen eine zusätzliche Finanzposition (Finanztitel) gestellt (gekauft), die mögliche Verluste der ursprünglichen Vermögensposition durch gleichzeitige Gewinne in einer bestimmten Höhe kompensiert. Bei den Finanztiteln zur Risikokompensation handelt es sich um **Derivate**, d. h.

von ursprünglichen Basistiteln abgeleitete Finanzinstrumente. Zur Risikoüberwälzung durch Versicherungen besteht bei der Risikokompensation durch Derivate ein wesentlicher Unterschied. Während bei Versicherungen die Gewinnmöglichkeiten der ursprünglich abgesicherten Vermögensposition unberührt bleiben, so wird i. d. R. durch den Einsatz von Derivaten nicht nur das Risiko sondern i. d. R. auch das **Gewinnprofil** der abgesicherten Position auf eine bestimmte Art und Weise **beeinflusst**.

Derivate können für **viele Zwecke** eingesetzt werden. In den folgenden Ausführungen in diesem Abschnitt ist der Fokus auf die Risikokompensation im Rahmen der Risikosteuerung gerichtet. Der Handel von Derivaten an den Finanzmärkten erfolgt in unterschiedlichen Kategorien und auf vielfältige Art und Weise. Für einen breiten **Einsatz in der Risikosteuerung**, insbesondere auch von Nichtbanken, muss zunächst eine Eingrenzung vorgenommen werden. So werden so genannte OTC-Derivate (OTC = Over the Counter) von den weiteren Ausführungen ausgeschlossen, da es sich meistens um individuelle von Finanzinstitutionen vereinbarte Verträge handelt, die für einen breiten Einsatz innerhalb des Risikomanagements im Nichtbanken-Sektor ungeeignet sind. Für den Einsatz als Steuerungsinstrument beschränken sich daher die folgenden Ausführungen zur grundsätzlichen Funktionsweise auf börsengehandelte Optionen und standardisierte Swaps. Futures werden in die Ausführungen mit einbezogen, soweit es sich um hochgradig standardisierte Futures handelt oder diese den Charakter von Termingeschäften besitzen. In Abbildung 3.3 sind zusammenfassend alle wesentlichen Steuerungsinstrumente im Rahmen der Risikoüberwälzung und der Risikokompensation im Überblick dargestellt.

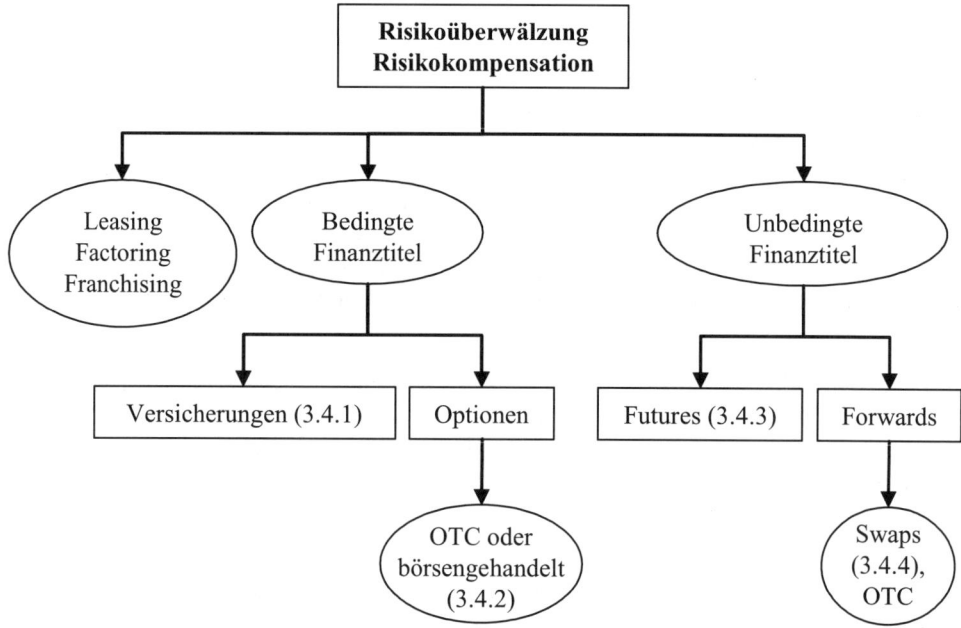

Abb. 3.3   *Übersicht Risikoüberwälzung und Risikokompensation*

3.4.1   Versicherungen

Für den Einsatz von Versicherungen zur Risikoüberwälzung ist es zunächst zweckmäßig, die **Funktionsweise** von **Versicherungsgeschäften** kurz zu veranschaulichen.

> Bei einer **Versicherung** handelt es sich um eine vertragliche Vereinbarung zwischen einem oder mehreren Versicherungsnehmern (Versicherungskollektiv) und einem Versicherungsunternehmen (Versicherungsgeber) gegen Zahlung von Versicherungsprämien durch die Versicherungsnehmer bei Eintritt eines Versicherungsfalls durch den Versicherungsgeber eine vereinbarte Versicherungsleistung zu erbringen (siehe Abbildung 3.4).

Grundsätzliche Funktionsweise und Zusammenhänge des Versicherungsprinzips sind in Abbildung 3.4 grafisch verdeutlicht.

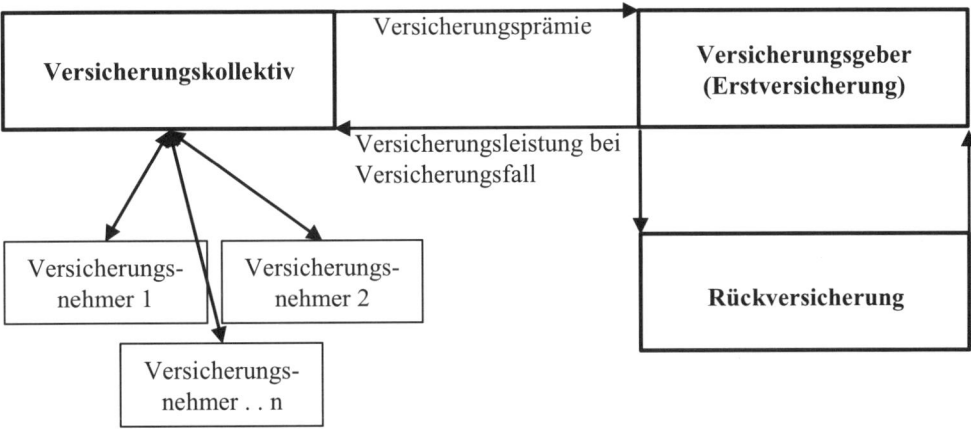

Abb. 3.4   *Grundsätzliche Funktionsweise von Versicherungen*

Die **Versicherungsnehmer** übertragen die Risiken von Vermögensverlusten durch das **Kollektiv** auf die **Versicherung**. Eine Versicherung wird auch als **bedingter Finanztitel** bezeichnet, da nur unter der Bedingung des Eintrittes des Versicherungsfalles die Versicherungsleistung fällig wird. Die Versicherung kann durch die Zusammenfassung einer Vielzahl von Risiken im Kollektiv einen **Risikoausgleich** durchführen. Die Schwankung der tatsächlichen Schäden um den Erwartungswert der gesamten Schäden des Kollektivs ist dabei deutlich geringer als dies bei einzelnen Risiken der Fall ist.

Die **Versicherungsprämie** spielt im Rahmen der **Risikosteuerung** eine wichtige Rolle. Sie mindert den Gewinn und gleichzeitig wird durch Abschluss der Versicherung das zugehörige Risiko verringert bzw. überwälzt. Für die Gewinn-Risiko-Relation spielt also die Höhe der Risikoprämie im Verhältnis zum reduzierten Risiko den ausschlagebenden Faktor, ob eine

Versicherung zur Risikosteuerung abgeschlossen werden sollte oder nicht. Die Versicherungsprämie setzt sich aus folgenden Komponenten zusammen:

- die **Nettorisikoprämie** für die Abdeckung des Erwartungswertes der gesamten Schäden,
- die **Bruttorisikoprämie** bestehend aus Nettorisikoprämie und Sicherheitszuschlag. Der **Sicherheitszuschlag** dient der Abdeckung versicherungstypischer Risiken, die nicht durch die Nettorisikoprämie bereits erfasst sind. Hierzu gehört z. B. das Risiko der Abweichung der tatsächlichen Gesamtschäden vom Erwartungswert.
- Der **Betriebskostenzuschlag** und ein möglicher **Gewinnzuschlag**.

Der sich aus der Summe aller Komponenten ergebende Betrag ist die **Bruttoprämie**, die von den Versicherungsnehmern entsprechend ihrer Anteile am Kollektiv aufgebracht werden muss.

Aus der Kalkulation der Versicherungsprämie können jetzt verschiedene **Anhaltspunkte** für den **Abschluss** von **Versicherungen** aus Sicht der **Risikosteuerung** abgeleitet werden.

Je **größer** das **Kollektiv** ist, desto geringer ist der Unterschied zwischen erwartetem und tatsächlich eingetretenen Gesamtschaden und damit auch die aus Sicht der Versicherung notwendige Bruttorisikoprämie. Hinter diesem Zusammenhang steht das Gesetz der großen Zahlen bzw. die sich daraus ergebende statistische Annäherung zwischen erwartetem und tatsächlichem Gesamtschaden. Eine geringere Bruttorisikoprämie vermindert auch insgesamt die Versicherungsprämie und macht dadurch den Abschluss der Versicherung aus risikotechnischer Sicht lukrativer.

Eine globale Prämienkalkulation ist problematisch, wenn zwischen den Schadenserwartungswerten der individuellen Versicherungsnehmer erhebliche Unterschiede bestehen. In diesen Fällen setzt häufig die so genannte **Prämiendifferenzierung** an, bei der die Prämie enger an dem Risiko des individuellen Versicherungsnehmers angelehnt wird. Dies ist häufig bei Industrieversicherungen der Fall. Durch eine Prämiendifferenzierung tritt der Risikoausgleich durch das Kollektiv in den Hintergrund und damit werden Versicherungen mit einer starken Prämiendifferenzierung aus Sicht der Risikosteuerung durch den Versicherungsnehmer unattraktiver, da er ja zusätzlich mit der Versicherungsprämie immer auch noch den Betriebskostenzuschlag und den Gewinnzuschlag der Versicherung tragen muss.

Der Abschluss einer Versicherung ist umso interessanter, desto **geringer** der **Betriebskostenzuschlag** und der **Gewinnzuschlag** aufgrund z. B. der Größe, Rechtsform oder sonstiger Eigenschaften des Versicherungsunternehmens ist.

Unabhängig von den erläuterten Anhaltspunkten zum Einsatz von Versicherungen zur Verbesserung der Gewinn-Risiko-Relation liegt der **Haupteinsatzbereich** aus unternehmerischer Sicht von Versicherungen im Bereich Schaden- und Unfallversicherungen. Aus Sicht des Unternehmens, welches den Einsatz von Versicherungen im Rahmen der Risikosteuerung in Erwägung zieht, können durch Versicherungen also hauptsächlich nur Vermögensverluste des Sachanlagevermögens und materielle Positionen des Umlaufvermögens auf Versicherungen abgewälzt werden. Vermögensverluste aus Finanzpositionen können durch Versicherungen mit Ausnahme von Kreditrisiken nicht abgedeckt werden. Zur Risikosteuerung von Finanzpositionen kommen Derivate zum Einsatz, deren allgemeine Funktionsweise in den folgenden Abschnitten erläutert wird.

3.4.2   Optionen

Derivate sind wörtlich genommen „abgeleitete" Finanztitel, auch Finanztitel 2. Ordnung genannt, die aus vertraglichen Vereinbarungen über Finanztitel 1. Ordnung (=Basispositionen, Basistitel) bestehen. Unter **Basispositionen** werden Finanzpositionen wie Aktien, Devisen, festverzinsliche Wertpapiere usw. verstanden. Die verschiedenen Ausprägungen von Derivaten können in die beiden Kategorien „bedingte Finanztitel" (denen auch Versicherungen zugeordnet werden können) und „unbedingte Finanztitel" unterteilt werden.

Das Hauptinstrumentarium von **bedingten Finanztiteln** zur Risikosteuerung von Finanzpositionen bilden die **Optionen**. Ausgangsbasis für den weiteren Einsatz als Instrument in der Risikosteuerung ist zunächst folgende allgemeine **Definition** einer **Option**:

> Der Erwerber oder Käufer einer Option (=Long-Position) hat das **Recht**, aber nicht die Pflicht, den **Basistitel** (=Underlying) zu einem vereinbarten **Ausübungspreis** (=strike) innerhalb einer bestimmten **Frist** (=amerikanische Option) oder zu einer bestimmten **Fälligkeit** (=europäische Option) vom Verkäufer (=Short-Position, Stillhalter) der Option zu kaufen (=Call, Kaufoption) oder zu verkaufen (=Put, Verkaufsoption). Für dieses Recht zahlt der Käufer der Option eine **Optionsprämie** an den Verkäufer der Option.

In Klammern sind die jeweiligen **englischsprachigen Begriffe** der Vollständigkeit halber aufgeführt, da diese auch in der deutschsprachigen Fachliteratur häufig verwendet werden. In den weiteren Ausführungen werden jedoch ausschließlich die deutschsprachigen Begriffe benutzt. Die allgemeine Definition verweist auf einige zentrale **Eigenschaften** von Optionen für den Einsatz in der **Risikosteuerung**.

- Optionen sind **Termingeschäfte**, bei denen heute eine Vereinbarung über das Kaufrecht oder Verkaufsrecht eines Basistitels zu einem bestimmten Preis in der Zukunft getroffen wird. Termingeschäfte sind durch ein Auseinanderfallen von Verpflichtungsgeschäft (heute) und Erfüllungsgeschäft (in der Zukunft) gekennzeichnet. Durch die mögliche Erfüllung in der Zukunft können überhaupt erst auch **zukünftige Vermögensverluste** von Basispositionen dadurch ausgeglichen werden.
- Der **Unterschied** zwischen **amerikanischen** und **europäischen** Optionen wirkt sich lediglich bei der Bewertung von Optionen aus. Für die grundsätzliche Funktionsweise von Optionen in der Risikosteuerung ist der Unterschied, ob es sich um eine amerikanische oder europäische Option handelt, zunächst nicht bedeutsam. Aus diesem Grund werden bei den weiteren Ausführungen ausschließlich europäische Optionen betrachtet.
- Die unterschiedliche Rechtsstellung zwischen Käufer und Verkäufer einer Option wirkt sich auch auf eine möglichst breite Anwendung in der Risikosteuerung aus. Während der Kauf (Long-Position) von standardisierten Optionen in der Regel durch jedes Unternehmen möglich ist, ist die Übernahme der **Funktion von Stillhaltern** (Short-Position) nur bestimmten Personen innerhalb bestimmter Organisationen (Börsen) unter teilweise recht

restriktiven Auflagen möglich. Aus diesem Grund wird die Position des Stillhalters bei den weiteren Ausführungen zur Risikosteuerung als Steuerungsinstrument nicht in Betracht gezogen. Lediglich zur Verdeutlichung der Wirkungsweise wird die Position des Stillhalters der Stellung eines Käufers einer Option gegenüber gestellt.

Um die Wirkungsweise von **Optionen** zur **Risikosteuerung** von Finanzpositionen darstellen zu können, wird in Theorie und Praxis häufig ein so genanntes **Gewinn- und Verlustprofil** erstellt. Hierbei handelt es sich um ein **statisches Instrument** zur Beurteilung von Optionen, d. h. die möglichen Veränderungen der Optionsprämie (=Optionswert) im Zeitablauf bleiben unberücksichtigt.

Für die Erstellung eines Gewinn- und Verlustprofils einer **Kaufoption** wird folgendes **Beispiel** zugrunde gelegt:

- Optionsprämie der Kaufoption (=C): 10,- €
- Ausübungspreis (=E): 100,- €
- Fälligkeit: in drei Monaten.

Der Käufer dieser Kaufoption erwirbt also das Recht gegen Zahlung der Optionsprämie von C = 10,- € den Basistitel in drei Monaten zu einem Preis von E = 100,- € zu **kaufen**. Der mögliche Gewinn bzw. Verlust dieser Kaufoption ergibt sich aus dem tatsächlichen Marktpreis des Basistitels bei Fälligkeit in drei Monaten.

Liegt der **Preis** des Basistitels bei Fälligkeit **unter** dem **Ausübungspreis** von E = 100,- €, so wird der Käufer der Kaufoption die Option nicht ausüben, da er ja am Markt den Basistitel günstiger als über die Kaufoption erwerben könnte. Sein Verlust besteht folglich in der vorher gezahlten Optionsprämie von C = 10,- €. Genau umgekehrt hat der Stillhalter durch Nichtausübung der Option einen Gewinn in Höhe der Optionsprämie von 10,- € erzielt.

Steigt der **Preis** des Basistitels bei Fälligkeit **über** den **Ausübungspreis**, so kann der Optionskäufer einen Gewinn erzielen, indem er die Option ausübt, d. h. den Basistitel für 100,- € kauft und gleich wieder zu dem über 100,- € gestiegenen Preis verkauft. Sein Gewinn setzt sich dann aus der Differenz von tatsächlichem Preis und Ausübungspreis abzüglich der gezahlten Optionsprämie zusammen. Für einen Preis des Basistitels von genau 110,- € ist also die Gewinnschwelle aus Sicht des Optionskäufers erreicht, da sich der Gewinn (110,- € - 100,- €) und die Optionsprämie genau ausgleichen. Ab einem Preis von 110,- € wird ein entsprechender Gewinn erzielt (z. B. bei einem tatsächlichen Preis des Basistitels von 120,- €: 120,- € - 100,- € Ausübungspreis -10,- € Optionsprämie = 10,- € Gewinn). Für Preise des Basistitels zwischen 100,- € und 110,- € sollte die Option auch ausgeübt werden, um den Verlust aus der Optionsprämie zumindest teilweise auszugleichen. Für den Stillhalter ergeben sich symmetrisch entgegengesetzt entsprechende Verluste.

In Abbildung 3.5 sind die Beispielrechnungen für eine **Kaufoption** in einem grafischen **Gewinn-** und **Verlustprofil** verdeutlicht.

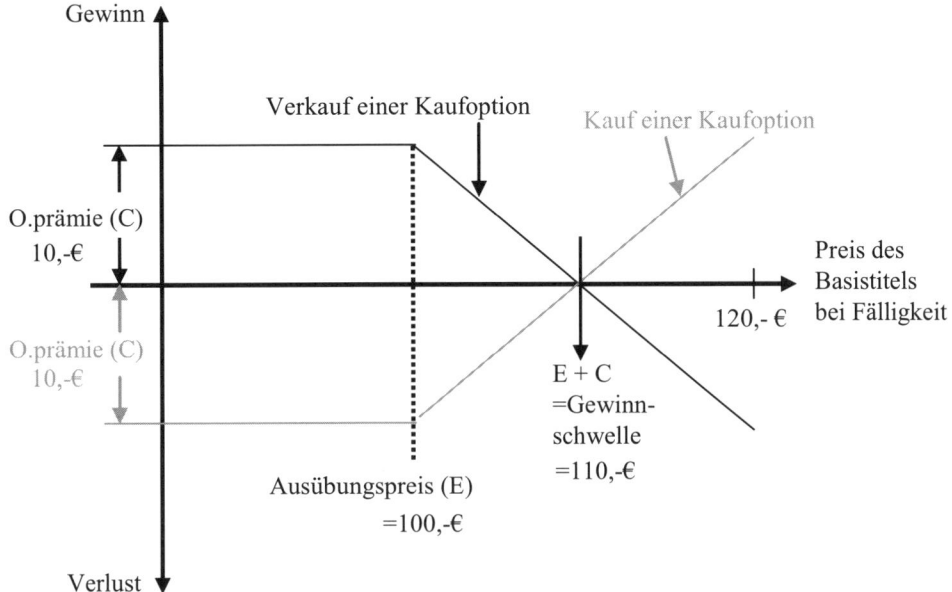

Abb. 3.5 *Gewinn- und Verlustprofil einer Kaufoption*

Aus dem Gewinn- und Verlustprofil können unmittelbar Aussagen für die Risikosteuerung getroffen werden. Mit dem Kauf einer Kaufoption profitiert der Käufer von steigenden Preisen des Basistitels, d. h. wenn mit steigenden Preisen gerechnet wird, eröffnen sich durch den Kauf von Kaufoptionen **zusätzliche Gewinnmöglichkeiten**. Diese Gewinnmöglichkeiten sind auf Grund des so genannten **Hebeleffektes** überproportional größer, als wenn der Basistitel direkt gekauft wird. Die Wirkung des Hebels basiert auf dem geringeren Kapitaleinsatz durch die Optionsprämie gegenüber dem direkten Kauf der Basisposition. Trotz des geringeren Kapitaleinsatzes wird jedoch mit der Option in vollem Umfang an Gewinnen durch Kurssteigerungen der Basisposition partizipiert.

Sinn und Zweck der **Risikosteuerung** ist es jedoch, mögliche Vermögensverluste durch sinkende Preise zu kompensieren. Der Kauf von Kaufoptionen ist also für den direkten Einsatz als Risikosteuerungsinstrument ungeeignet (durch Kombination verschiedener Optionen, so genannter Optionsstrategien, ist dies mit dem Kauf von Kaufoptionen auch indirekt möglich). Aus Sicht des Stillhalters dagegen kann der Verkauf einer Kaufoption als Steuerungsinstrument zur Kompensation von sinkenden Preisen eingesetzt werden. Der Stillhalter erzielt bei unter 100,- € sinkenden Preisen des Basistitels einen Gewinn von konstant 10,- € aus der vereinnahmten Optionsprämie. Dieser Gewinn kann also zumindest zu einem kleinen Teil Verluste von Vermögenspositionen ausgleichen. Da der Verlustausgleich aus Sicht eines **Stillhalters** einer **Kaufoption** nur zu einem Teil in Höhe der Optionsprämie möglich ist, und auf Grund der o. g. Besonderheiten des Stillhalters, wird diese Möglichkeit der Risikosteuerung **nicht** weiter **behandelt**.

Eine wesentliche bessere Möglichkeit der Risikosteuerung stellt der **Kauf** einer **Verkaufsoption** dar, deren Wirkungsweise wieder am folgenden einfachen Beispiel demonstriert wird:

- Optionsprämie der Verkaufsoption (=P): 10,- €
- Ausübungspreis (=E): 100,- €
- Fälligkeit: in drei Monaten.

Der Käufer dieser Verkaufsoption erwirbt also das Recht gegen Zahlung der Optionsprämie von P = 10,- € den Basistitel in drei Monaten zu einem Preis von E = 100,- € zu **verkaufen**. Der mögliche Gewinn bzw. Verlust dieser Verkaufsoption ergibt sich wieder aus dem Marktpreis des Basistitels bei Fälligkeit in drei Monaten.

Liegt der **Preis** des Basistitels bei Fälligkeit **unter** dem **Ausübungspreis** von E = 100,- €, so kann der Optionskäufer einen Gewinn erzielen, indem er die Option ausübt, d. h. den Basistitel für weniger als 100,- € am Markt kauft und gleich wieder mit Hilfe der Verkaufsoption zu E = 100,- € verkauft. Sein Gewinn setzt sich dann aus der Differenz vom Ausübungspreis und dem tatsächlichem Preis abzüglich der gezahlten Optionsprämie zusammen. Für einen Preis des Basistitels von genau 90,- € ist also die Gewinnschwelle aus Sicht des Optionskäufers erreicht, da sich der Gewinn (100,- € - 90,- €) und die Optionsprämie genau ausgleichen. Unterhalb eines Preises von 90,- € wird ein entsprechender Gewinn erzielt (z. B. bei einem tatsächlichen Preis des Basistitels von 80,- €: 100,- € - 80,- € Ausübungspreis -10,- € = Optionsprämie = 10,- € Gewinn). Für Preise des Basistitels zwischen 90,- € und 100,- € sollte die Verkaufsoption auch ausgeübt werden, um den Verlust aus der Optionsprämie zumindest teilweise auszugleichen. Ist der Basistitel bei Fälligkeit nichts mehr wert (Total- oder Maximalverlust), so erzielt der Käufer der Verkaufsoption einen entsprechenden Gewinn von 90,- € (100,- € Ausübungspreis – 0,- € Marktpreis - 10,- € Optionsprämie). Für den Stillhalter ergeben sich symmetrisch entgegengesetzt entsprechende Verluste.

Steigt der **Preis** des Basistitels bei Fälligkeit **über** den **Ausübungspreis** von E = 100,- €, so wird der Käufer der Verkaufsoption die Option nicht ausüben, da er ja am Markt den Basistitel teurer verkaufen könnte als über die Ausübung der Verkaufsoption. Sein Verlust besteht folglich in der vorher gezahlten Optionsprämie von P = 10,- €. Genau umgekehrt hat der Stillhalter durch Nichtausübung der Option einen Gewinn in Höhe der Optionsprämie von 10,- € erzielt.

In Abbildung 3.6 ist das zugehörige **Gewinn-** und **Verlustprofil** für eine **Verkaufsoption** grafisch dargestellt.

Aus den Beschreibungen des Gewinn- und Verlustprofils für Verkaufsoptionen kann als Erkenntnis für die Risikosteuerung abgeleitet werden, dass durch den Kauf von Verkaufsoptionen Verluste von Vermögenspositionen vollständig oder zumindest teilweise kompensiert werden können (diese Funktion einer Verkaufsoption wird **Protective Put** genannt). Je größer der Verlust des Basistitels durch Preissenkungen, desto größer ist der Gewinn aus der Verkaufsoption. Der **Kauf** von **Verkaufsoptionen** ist als **Instrument** im Rahmen der **Risikosteuerung** für die Kompensation von Vermögensverlusten **geeignet**. Aus dem Gewinn- und Verlustprofil in Abbildung 3.6 wird auch unmittelbar ersichtlich, dass die Position des Stillhalters von Verkaufspositionen für die Risikosteuerung ungeeignet ist.

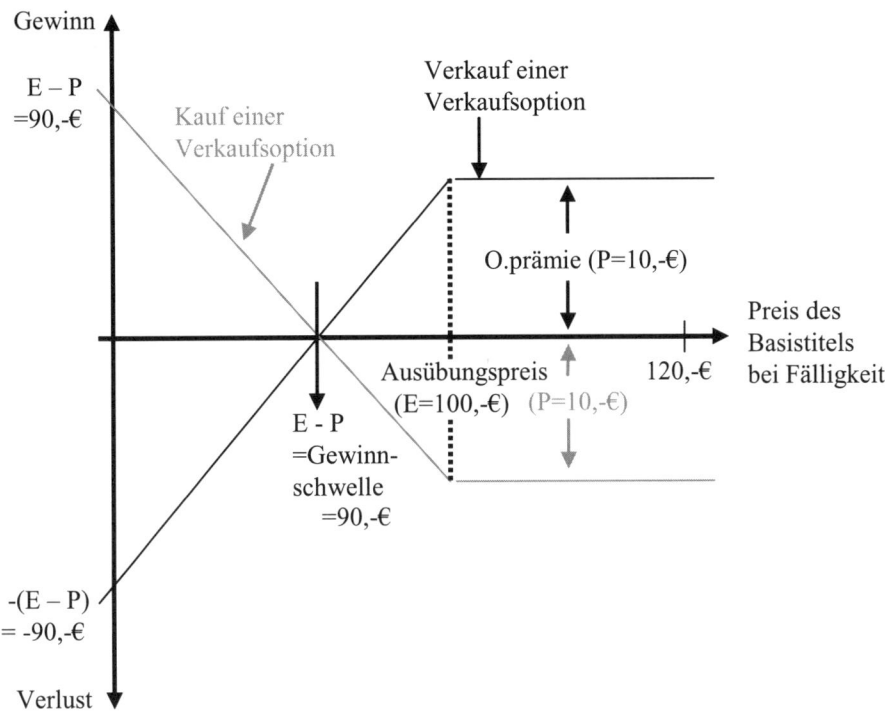

Abb. 3.6   *Gewinn- und Verlustprofil einer Verkaufsoption*

Der Einsatz von Verkaufsoptionen weist offenbar einen mit Blick auf die Gewinn-Risiko-Relation großen Vorteil auf. So werden zwar mögliche Verluste entsprechend ihrer Stärke proportional ausgeglichen, aber gleichzeitig werden potentielle Vermögensgewinne nur durch den Einsatz der Optionsprämie vermindert. Wenn die Verluste stärker reduziert werden als die zugehörigen Gewinne, so liegt die Vermutung nahe, dass sich durch den Einsatz von **Verkaufsoptionen** die **Gewinn-Risiko-Relation** (siehe Risikoanalyse Abschnitt 2.6) der zugrunde gelegten Vermögensposition (Basisposition) **verbessert**. Um die Funktionsweise einer Verkaufsoption in Verbindung mit einer existierenden Vermögensposition zu untersuchen, wird daher das obige Beispiel der Verkaufsoption wie folgt erweitert:

- Optionsprämie der Verkaufsoption (=P): 10,- €,
- Ausübungspreis (=E): 100,- €,
- Fälligkeit: in drei Monaten,
- Aktueller Preis des Basistitels (=B): 110,- € und
- der Basistitel (Vermögensposition) ist zum Zeitpunkt des Kaufs der Verkaufsoption bereits im Portfolio vorhanden.

Wird jetzt das **Gewinn-** und **Verlustprofil** nur des vorhandenen **Basistitels** betrachtet, so verläuft der Gewinn- bzw. Verlust bei Fälligkeit in drei Monaten proportional zum Preis des

Basistitels. Bei einem Preis von 110,- € liegt kein Gewinn- oder Verlust vor, bei Kursen darunter wird ein entsprechender Verlust bzw. oberhalb ein entsprechender Gewinn ausgewiesen. Wird zu dem Basistitel das Profil der Verkaufsoption hinzugefügt, so ergibt sich das **gesamte Gewinn- und Verlustprofil** durch Addition der jeweiligen Gewinne und Verluste von Basistitel und Verkaufsoption. Die entsprechenden Profile sind grafisch in Abbildung 3.7 dargestellt.

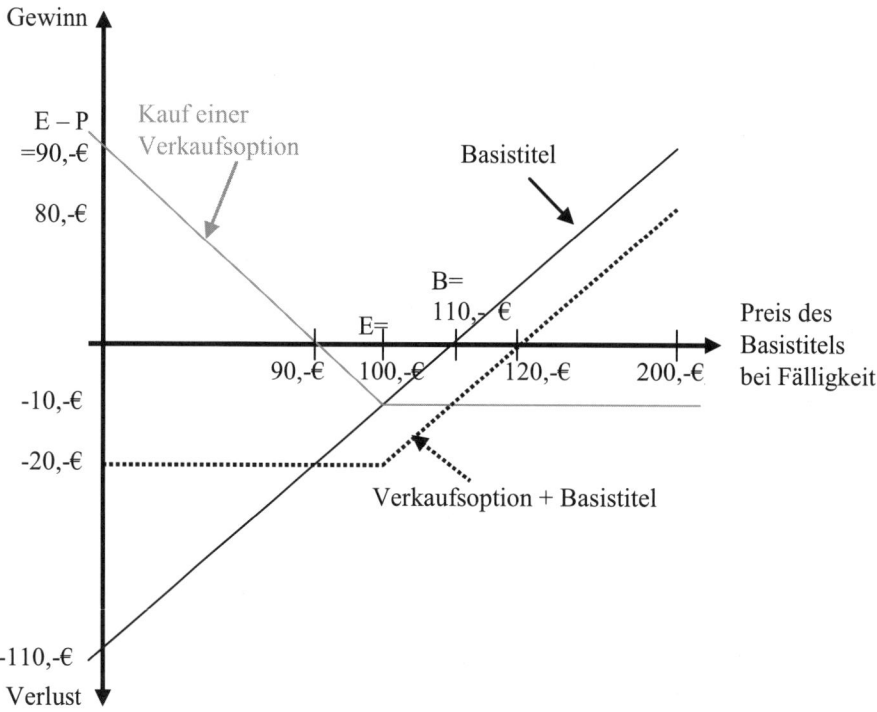

Abb. 3.7   *Gewinn- und Verlustprofil einer Verkaufsoption und des zugehörigen Basistitels*

Bei einem Preis des Basistitels von 110,- € zur Fälligkeit hat der Basistitel bezogen auf den aktuellen Preis keinen Gewinn oder Verlust erzielt. Bei einem Totalverlust, wenn die Basisposition nichts mehr wert ist, beträgt der Verlust 110,- € und bei einem Preis von 200,- € beläuft sich der Gewinn auf 90,- €. An dem Gewinn- und Verlustprofil des Kaufs einer Verkaufsoption hat sich nichts geändert. Sie wird aus Abbildung 3.6 eins zu eins übernommen.

Für das aus **Verkaufsoption** und **Basistitel** zusammengesetzte **Gewinn- und Verlustprofil** in Abbildung 3.7 können folgende **Eigenschaften** und Schlussfolgerungen abgeleitet werden:

- Bei einem Preis des Basistitels unter 100,- € bei Fälligkeit **kompensieren** sich die Gewinne aus der Verkaufsoption mit den Verlusten des Basistitels. Diese Kompensation ist
  jedoch nicht vollständig, sondern es verbleibt ein konstanter Verlust von 20,- €.
- Dieser **konstante Verlust von 20,- €** bei Preisen des Basistitels unter 100,- € setzt sich
  aus **zwei Komponenten** zusammen: 1. Die Optionsprämie für die Verkaufsoption in Höhe von 10,- €. 2. Der Verlust aus der aktuellen Bewertung der Basisposition in Höhe von
  110,- € und dem geringeren Ausübungskurs der Verkaufsoption von nur 100,- €, was als
  Differenz ebenfalls 10,- € ergibt. Beide Komponenten ergeben zusammen den Verlust
  von 20,- €.
- Ab einem Preis des Basistitels von 100,- € bei Fälligkeit steigt das **Ergebnis** der **zusammengesetzten Position** linear an (parallel zum Verlauf der einzelnen Basisposition). Dieses Ergebnis wird jedoch durch die **Optionsprämie** in Höhe von 10,- € **geschmälert**.
- Bei einem Preis von 120,- € und darüber erreicht die zusammengesetzte Position die
  Gewinnzone (120,- € - 10,- € ergibt den aktuellen Bewertungskurs der Basisposition von
  110,- €).

Für den Einsatz von Verkaufsoptionen zur Verbesserung der Gewinn-Risiko-Relation im
Rahmen der Risikosteuerung genügen diese allgemeinen Zusammenhänge jedoch nicht aus.
Es sollten für einen möglichen Einsatz noch folgende **Aspekte** berücksichtigt werden:

- Es wird in den obigen Ausführungen nur der so genannte **innere Wert** betrachtet, der
  sich aus der Differenz von Ausübungspreis und Preis des Basistitels bei Fälligkeit sowie
  der Berücksichtigung der Optionsprämie ergibt. Der Zeitwert einer Option wird vernachlässigt. Der **Zeitwert** einer Option spiegelt im wesentlichen die Erwartungen der Marktteilnehmer wieder, dass sich der Wert einer Option in der Zukunft aufgrund der Veränderungen von verschiedenen Einflussfaktoren, wie z. B. der Laufzeit, dem risikolosen Zinssatz, der Volatilität und dem Basispreis verändern kann. Die Ermittlung des Optionswer-
  tes (der sich aus dem innerem Wert und dem Zeitwert zusammensetzt) findet in Abhängigkeit von diesen Faktoren durch komplexe so genannte **Optionspreisbewertungsmo-
  delle** (z. B. das Modell von Black und Scholes) statt. Die Einflussfaktoren und deren
  Verarbeitung innerhalb von Optionspreismodellen hängen sehr stark von den Besonderheiten des Basistitels ab und werden daher an dieser Stelle nicht weiter vertieft.
- Mit Hilfe von Optionspreisbewertungsmodellen können Maßnahmen abgeleitet werden,
  auch während der Laufzeit der Option Verluste des Basistitels durch gleichzeitige Gewinne der Option zu kompensieren, so z. B. durch den so genannten **Delta-Hedge**.
- Für die Analyse von Gewinn– und Verlustsituationen von Optionen ist es weiterhin von
  Bedeutung, ob der **Basistitel** bei Abschluss der Option sich bereits **im Bestand** befindet
  (die so genannte gedeckte Option) oder ob dieser erst bei einer möglichen Erfüllung der
  Option bei Fälligkeit am Markt gekauft werden muss (ungedeckte Option). Für die Risikosteuerung wird davon ausgegangen, dass Optionen zur Kompensation von Verlusten
  bereits bestehender Vermögenspositionen eingesetzt werden. Es wird im Rahmen der **Risikosteuerung** daher nur der Fall von **gedeckten Optionen** in Betracht gezogen. Für die
  obigen einfachen Überlegungen zu den Gewinn-Verlust-Profilen ist diese Differenzierung noch nicht notwendig.
- Optionen können für **vielfältige Zwecke** eingesetzt werden wie z. B. auch für Arbitrage,
  und Spekulation. In diesen Fällen werden komplexere und weitergehende Modelle zur

Bewertung von Optionen herangezogen. Für die Risikosteuerung sind diese Modelle und Strategien irrelevant und werden daher in diesem Buch nicht vertieft. Für interessierte Leser, die sich intensiver mit Modellen und Einsatzmöglichkeiten von derivativen Instrumenten beschäftigen wollen, sind in Abschnitt 3.5 entsprechende Literaturhinweise aufgeführt.

3.4.3   Futures

Während Optionen den bedingten Finanztiteln zuzuordnen sind, gehören Futures zu den unbedingten Finanztiteln. Die Bedingung bei Optionen besteht darin, dass der Käufer der Option die Option ausübt. Nur unter dieser Bedingung findet die Erfüllung in der Zukunft auch statt. Bei Futures entfällt diese Bedingung, d. h. es findet eine gegenseitige „bedingungslose" Verpflichtung zwischen Käufer und Verkäufer statt. Die Erfüllung in der Zukunft findet immer statt. Ausgangsbasis für den weiteren Einsatz als Instrument in der Risikosteuerung ist zunächst folgende **allgemeine Definition** eines **Futures**:

> Bei einem **Future verpflichtet** sich der Käufer (= Long-Hedge-Position) eine vereinbarte Menge des **Basistitels** (=Underlying) vom Verkäufer (= Short-Hedge-Position) zum **Terminkurs** (Futurepreis) zu kaufen. Der Verkäufer verpflichtet sich gleichzeitig, umgekehrt die vereinbarte Menge des Basistitels zum Terminkurs zu liefern. Die effektive Lieferung des Basistitels wird dabei häufig ausgeschlossen, stattdessen wird eine **Ausgleichszahlung** (=Cash Settlement) vorgesehen.

Diese Definition für einen Future verweist wieder unmittelbar auf einige wichtige Eigenschaften für die Risikosteuerung.

- Durch die gegenseitige Verpflichtung von Käufer und Verkäufer **entfällt** die Zahlung einer **Prämie**, da ja keine Vertragspartei einen Vorteil im Sinne eines Rechtes (einer Option) besitzt.
- Für den Käufer der Basisposition ist das theoretische **Gewinnpotential** unbegrenzt, ebenso wie für den Verkäufer die **Verlustmöglichkeiten unbeschränkt** sind. Der Grund liegt in der fehlenden Möglichkeit bei bestimmten Preisentwicklungen des Basistitels von dem Geschäft zurück treten zu können (wie dies bei der Option durch Nichtausübung der Fall war).
- Die unbegrenzten Verlustpotentiale erfordern restriktivere Auflagen für die Teilnehmer (ähnlich wie für Stillhalter von Optionen) an diesen Geschäften bzw. bestimmte **rechtliche** und **organisatorische Maßnahmen** zur Abwicklung von Futures. Aus diesem Grund sind nur bestimmte auf spezielle Risiken entwickelte Future-Geschäfte für einen breiten Einsatz im Risikomanagement (insbesondere von Nichtbanken) geeignet.
- Während bei Optionen die Höhe des Ausübungspreises und der Optionsprämie die maßgeblichen **Einflussgrößen** für die Anwendung in der Risikosteuerung waren, ist dies bei Futures lediglich die **Höhe** des **Terminkurses**.

Analog zu den Ausführungen für Optionen kann auch für Futures die Funktionsweise in der Risikosteuerung anhand von Gewinn- und Verlustprofilen verdeutlicht werden. Zu diesem Zweck sei ein Terminkurs von 120,- € gewählt, ein beliebiger Basistitel zugrunde gelegt und eine Fälligkeit in drei Monaten vereinbart. In Abbildung 3.8 ist das sich daraus unmittelbar ergebende **Gewinn- und Verlustprofil grafisch** dargestellt.

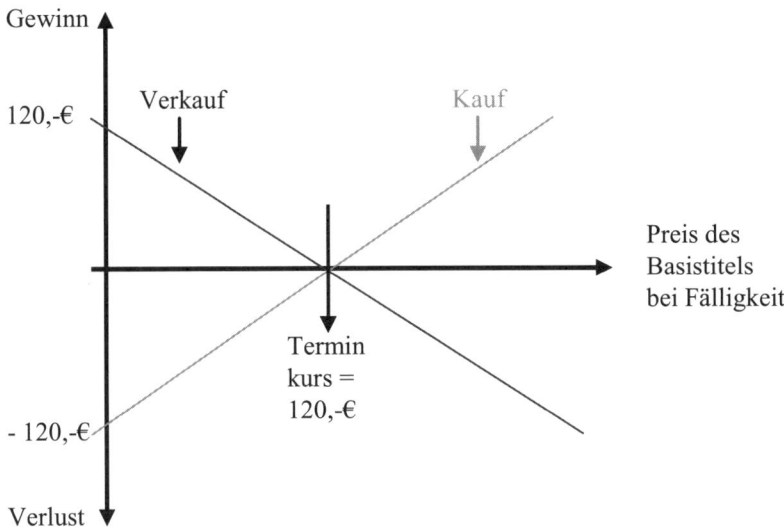

Abb. 3.8 *Gewinn- und Verlust-Profil eines Futures*

Für eine Anwendung in der Risikosteuerung wird sofort deutlich, dass nur der **Verkauf** des Basistitels auf Termin als **geeignetes Steuerungsinstrument** in Frage kommt. Desto weiter der Preis bei Fälligkeit unter dem Terminkurs von 120,- € liegt, je größer ist der Gewinn bzw. die Ausgleichszahlung (z. B. bei einem Preis des Basistitels von 90,- € zur Fälligkeit liefert dies eine Ausgleichszahlung von 30,- €). Mit der Ausgleichszahlung werden die Vermögensverluste der bereits bei Abschluss des Futures vorhandenen Vermögenspositionen kompensiert. Die Wirkungsweise dieser Kompensation kann grafisch verdeutlicht werden, in dem als aktueller Preis für den bei Abschluss des Futures bereits vorhandenen Basistitel wieder 110,- € angenommen wird. In Abbildung 3.9 ist das Ergebnis der Kombination von Verkauf auf Termin (Future) und Basisposition abgebildet.

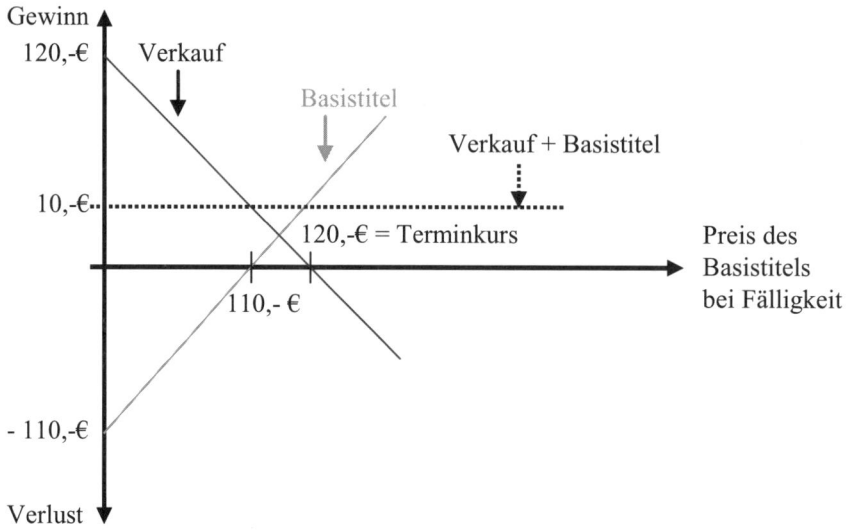

Abb. 3.9   *Gewinn- und Verlust-Profil eines Futures und des zugehörigen Basistitels*

Anhand der grafischen Abbildung 3.9 können für die Risikosteuerung folgende Eigenschaften beschrieben werden:

- **Gewinne** und **Verluste** gleichen sich **immer** zu einem **konstanten Gewinn** in Höhe von 10,- € aus. Dieser Effekt durch den Future wird auch als das „**Glattstellen**" von Positionen bezeichnet. Der konstante Gewinn ergibt sich aus der Differenz vom Terminkurs und dem aktuellen Basispreis (120,- € - 110,- €). Desto näher der Terminkurs am aktuellen Preis des Basistitels liegt, je geringer ist der Gewinn. Sind Terminkurs und aktueller Basispreis identisch, so wird weder ein Gewinn noch ein Verlust realisiert.
- Eine Begrenzung des Verlustes bei gleichzeitiger Wahrung von Gewinnmöglichkeiten wie bei Optionen ist bei Futures nicht möglich, da es **keine Optionsprämie** und kein Verfallsrecht (d. h. die Nichtausübung der Option) gibt.
- Ein **Future** sollte als **Risikosteuerungsinstrument** eingesetzt werden, wenn der konstante Gewinn hoch ist und eine ähnlich lukrative Konstruktion mit einer Verkaufsoption am Markt nicht zur Verfügung steht. Ein Future eignet sich demnach besonders gut, wenn mit der Basisposition keine Gewinnerzielungsabsicht verbunden ist. Dies ist z. B. bei strategischen Aktienbeteiligungen denkbar, bei denen die Wahrnehmung der Stimmrechte im Vordergrund steht.
- Der Terminkurs als entscheidende Einflussgröße von Futures bildet sich an den Finanzmärkten durch die so genannten **Bestandshaltekosten** (Cost of Carry). Die Bestandshaltekosten werden zu dem aktuellen Basispreis aufaddiert und ergeben so den Terminkurs. Der oben berechnete Gewinn stellt also keinen Reingewinn (Überschuss) dar, sondern stellt den Ausgleich für die Bestandshaltekosten dar. Die Bestandshaltekosten können sich in Abhängigkeit vom Basistitel aus verschiedenen Komponenten zusammensetzen,

wie z. B. Lagerkosten, Zinsen für die Finanzierung der Basisposition abzüglich Einkommen aus der Basisposition (z. B. Dividende).

- Je höher die **tatsächlichen Bestandshaltekosten** für die Basisposition sind und je geringer gleichzeitig die Gewinnerzielungsabsicht ist, desto eher lohnt sich der Einsatz von Futures zur Risikosteuerung als die Verwendung von Verkaufsoptionen.

Die meisten Future-Verträge werden i. d. R. an den Terminbörsen zwischen Bankenvertretern bzw. Finanzmaklern abgeschlossen und sind damit wie oben bereits angedeutet für viele Nichtbanken nur durch Zwischenschaltung von Banken möglich. Für bestimmte Risiken sind für eine breite Anwendung in der Praxis jedoch Futures konstruiert worden, die einfach und direkt von jedem Unternehmen eingesetzt werden können. Hierzu gehören zum einen die **Devisentermingeschäfte** zur Steuerung des Wechselkursrisikos (siehe Abschnitt 4.1.2) und zum anderen der so genannte **Bund Future** für den Einsatz im Bereich des Zinsänderungsrisikos (siehe Abschnitt 4.1.1). Die Besonderheiten dieser Risiken und die daraus resultierenden, nicht verallgemeinerbaren Eigenschaften dieser speziellen Futures werden daher erst im vierten Kapitel ausführlich behandelt.

3.4.4   Swaps

Swaps gehören wie Futures zu den unbedingten Finanztiteln. Zunächst wird das ganz allgemeine Grundprinzip von Swaps unabhängig von besonderen Anwendungsbereichen dargestellt. Die konkrete Ausgestaltung von Swaps an Beispielen erfolgt später in den entsprechenden Abschnitten 4.1.1. und 4.1.2. Allgemein kann das Grundprinzip von Swaps wie folgt beschrieben werden:

> Swaps sind Vereinbarungen über **Tauschgeschäfte** in der Zukunft zur Ausnutzung **komparativer Vorteile** auf den Finanz- oder Gütermärkten.

Während bei **Forwards** nur zu **einem Zeitpunkt** in der Zukunft ein Austausch vereinbart wird, werden bei **Swaps** zu **mehreren zukünftigen Zeitpunkten** Tauschgeschäfte vereinbart.

Die allgemeine Funktionsweise von Swaps zur Ausnutzung komparativer Vorteile kann anhand von Abbildung 3.10 verdeutlicht werden. Es werden zwei Vertragsparteien (Unternehmen) A und B betrachtet, die einen Swap abschließen. Beide Unternehmen können auf verschiedenen oder gleichen Märkten, bei ihren Kunden oder bei sonstigen Institutionen zu **bestimmten Bedingungen** Verträge abschließen. Diese Verträge können unterschiedliche Gegenstände (X und Y) zum Inhalt haben, wie z. B. **Güter, Finanztitel** und **Zahlungsströme**.

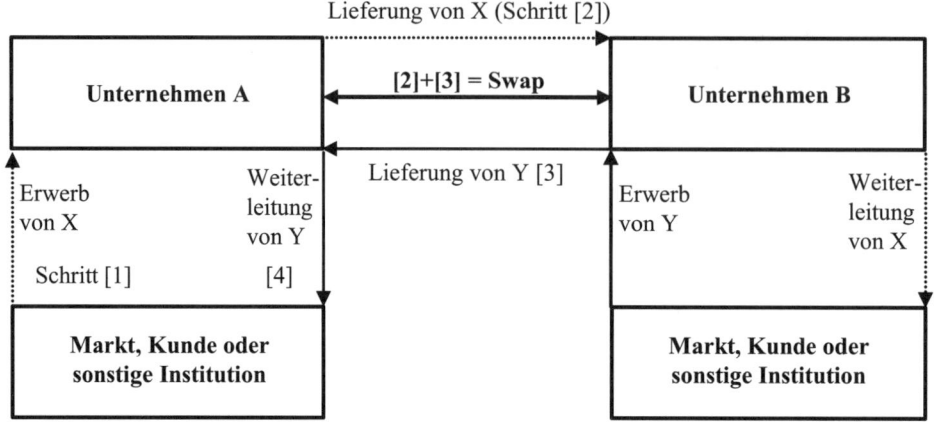

Abb. 3.10 *Allgemeine Funktionsweise von Swaps*

Der **komparative Vorteil** für beide Unternehmen kann durch Beschreibung des Mechanismus des Swaps gemäß Abbildung 3.10 anhand folgender Merkmale erläutert werden:

- Unternehmen A bezieht in der Zukunft durch seine unternehmerische Tätigkeit eine bestimmte Menge des Gegenstandes X (Schritt [1]). Dieser **Gegenstand X** sei **risikobehaftet**, d. h. er kann verglichen mit seinem aktuellen Preis in der Zukunft an Wert verlieren (**Vermögensverlust**). A vereinbart mit B diesen Gegenstand X in einem bestimmten Zustand und einer festgelegten Menge zu mehreren Zeitpunkten in der Zukunft an B zu liefern (Schritt [2]).
- Als **Gegenleistung** für die Lieferung von X erhält Unternehmen A von B den Gegenstand Y zu den gleichen Zeitpunkten in der Zukunft, in einem bestimmten Zustand und einer festgelegten Menge [3]. Diese Gegenleistung ist aus Sicht von A für seine heutige unternehmerische Kalkulation bzw. Planung in der Zukunft gleichwertig oder vorteilhafter als die Lieferung von X. Die mögliche **Vorteilhaftigkeit** beruht auf den Möglichkeiten von Unternehmen A, den Gegenstand Y in der Zukunft zu bestimmten Bedingungen verwerten zu können [4].
- Unternehmen A hat durch den Swap ([2] + [3]) die Gefahr eines **Vermögensverlustes** von Gegenstand X in der Zukunft **vermieden**, indem gleichzeitig ein möglicher Vorteil durch die Verwertung von Y erreicht wird.
- Für **Unternehmen B** beruht die **Vorteilhaftigkeit** analog umgekehrt auf dem Erhalt von Gegenstand X und dessen gewinnträchtiger Weiterleitung auf bestimmten Märkten oder an Kunden. Für den Erhalt von X liefert B den Gegenstand Y, der ebenfalls in der Zukunft durch die unternehmerische Tätigkeit erworben wird und ohne Swap einem Risiko ausgesetzt wäre.

Die entscheidende **Grundidee** bei Swaps besteht also in dem Ausnutzen von gegenseitigen Vorteilen. Daraus resultiert der häufig benutzte Begriff des komparativen Vorteils, d. h. es werden die **Vorteile** von beiden Vertragspartnern des Swaps (hier A und B) miteinander **verglichen**.

Daraus resultiert auch ein besonderer Vorteil für den Einsatz von **Swaps** als Instrument im Rahmen der **Risikosteuerung**. So können Risiken vermieden werden, ohne dass für die Vermeidung Kosten entstehen (wie dies z. B. bei Optionen in Form der Optionsprämie der Fall ist). Im Gegenteil können sich gegebenenfalls zusätzlich zur Risikovermeidung auch noch geldwerte Vorteile ergeben (in Abhängigkeit von den Verwertungsmöglichkeiten des Swap-Gegenstandes). Insofern stellen Swaps eine sehr gute Möglichkeit dar, die **Gewinn-Risiko-Relation** erheblich zu **verbessern**, wenn entsprechende Vorteile bei beiden Swap-Partnern vorliegen.

Entscheidend für den **erfolgreichen Abschluss** von **Swaps** ist das **Erkennen** von **Vorteilen** zwischen möglichen Swap-Partnern. Mögliche Vorteile werden auf den Märkten um so eher und häufiger erkannt, wenn über die potenziellen Vorteile von Unternehmen den Marktteilnehmern viele Informationen vorliegen. Die schnelle Verbreitung von Informationen nimmt an den Märkten aufgrund der **technologischen Fortschritte**, insbesondere in der EDV, enorm zu und fördert dadurch massiv den Informationsaustausch. Dies ist auch ein Grund, warum sich Swaps in der betriebswirtschaftlichen Praxis einer **stark zunehmenden Verbreitung** erfreuen.

3.5   Literaturhinweise

Zum Thema **Outsourcing** sei auf folgende Werke verwiesen:

Ebert, Christof: „Outsourcing kompakt", Elsevier-Spektrum Akademischer Verlag 2005.

Fink, Dietmar / Köhler, Thomas / Scholtissek, Stephan: „Die dritte Revolution der Wertschöpfung", Econ 2004.

Hermes, Heinz-Josef / Schwarz, Gerd: „Outsourcing-Chancen und Risiken, Erfolgsfaktoren, rechtssichere Umsetzung", Haufe Verlag 2005.

Scholtissek, Stephan: „New Outsourcing", Econ 2004.

Für eine **Vertiefung** über **Funktionsweise** von **Versicherungen** und die darauf aufbauende Risikoüberwälzung eigenen sich die Standardwerke von

Farny, Dieter: „Versicherungsbetriebslehre", Verlag Versicherungswirtschaft, 4. Auflage, 2006 und

Rosenbaum, Markus / Wagner, Fred: „Versicherungsbetriebslehre", Verlag Versicherungswirtschaft, 3. Auflage, 2006.

Das weltweite Standardwerk zum Thema **Derivate** ist

Hull, John C.: „Optionen, Futures und andere Derivate", Pearson Studium, 6. Aufl., 2005, bzw. das englischsprachige Originalwerk aus dem Prentice Hall-Verlag von 2005.

Eine weitere Möglichkeit, sich mit Derivaten intensiver zu beschäftigen, bietet auch

Eller, Roland u. a.: „Handbuch derivativer Instrumente", Schäffer Poeschel, 3. Aufl., 2005.

4 Finanzwirtschaftliche Risiken

Nach der allgemeinen Darstellung der Risikomessverfahren, der Risikoanalyse und den Instrumenten der Risikosteuerung erfolgt jetzt eine Anwendung auf die verschiedenen Risikoarten. Dabei steht die Anwendung der Methoden und Instrumente auf die **Besonderheiten** der einzelnen Risikoarten (siehe Abbildung 1.3) im Vordergrund.

Jede unternehmerische Tätigkeit, die mit einem Risiko verbunden ist lässt sich im Allgemeinen entweder den finanzwirtschaftlichen oder leistungswirtschaftlichen Risiken zuordnen. Grundsätzlich können beide Hauptkategorien durch folgende Definitionen voneinander abgegrenzt werden, obwohl es Schnittstellen gibt, die sich nicht eindeutig zuordnen lassen. Zu den **finanzwirtschaftlichen Risiken** gehören

- Vermögensverluste, die durch die Unsicherheit zukünftiger Zahlungsströme eintreten können (so genannte **Zahlungsstromrisiken**),
- Vermögensverluste, die durch eine negative Wertentwicklung von Finanztiteln (Aktien, festverzinsliche Wertpapiere, Devisenpositionen) entstehen können (**Finanzwertrisiken**).

Leistungswirtschaftliche Risiken sind mögliche Verluste, die durch die unternehmerische Tätigkeit in den Bereichen

- Beschaffung,
- Produktion und
- Absatz

entstehen können.

Die **Schwierigkeit** der **Abgrenzung** beider **Kategorien** kann gut an dem Beispiel „sinkende Absätze" verdeutlicht werden. Wenn ein Unternehmen nicht die geplanten Absatzmengen erreicht, entsteht dadurch ein Verlust, der dem leistungswirtschaftlichen Risiko zugeordnet wird. Gleichzeitig führt ein Absatzrückgang zu einer Verminderung der zukünftigen Zahlungsströme (Zahlungsstromrisiko) und stellt somit auch ein finanzwirtschaftliches Risiko dar. Um dieses Zuordnungsproblem zu lösen, wird im vierten und fünften Kapitel die Abgrenzung an dem jeweiligen **erforderlichen Instrumentarium** des **Risikomanagements** vorgenommen. So wird das Risiko „sinkende Absätze" originär den leistungswirtschaftlichen Risiken zugeordnet, da eine Steuerung des Absatzrisikos mit Instrumenten und Methoden des Marketings erfolgt. Die Bewältigung des aus den sinkenden Absätzen resultierenden Zahlungsstromrisikos führt zu einem Liquiditätsrisiko und wird mit entsprechenden Instrumenten der Finanzplanung gesteuert und ist folglich den finanzwirtschaftlichen Risiken zuzuordnen.

Die finanzwirtschaftlichen Risiken werden weiterhin in die drei Kategorien

- Marktpreisrisiken,
- Kreditrisiken und
- Liquiditätsrisiken

unterteilt.

Bei den **Marktpreisrisiken** handelt es sich hauptsächlich um Finanzwertrisiken, allerdings können aus Finanztiteln auch Zahlungsstromrisiken resultieren (z. B. bei zinsvariablen Zahlungsansprüchen aus Zinstiteln). Bei den **Liquiditätsrisiken** werden in erster Linie Instrumente zur Messung und Steuerung von Zahlungsstromrisiken behandelt. Bei **Kreditrisiken** kommen schließlich Finanzwert- und Zahlungsstromrisiken zum Tragen. Einerseits haben auch Kredite einen „Finanzwert", der z. B. durch eine Bonitätsverschlechterung sinken kann, andererseits führen Tilgungs- und Zinsausfälle von gewährten Krediten unmittelbar zu gesunkenen Zahlungsrückflüssen in der Zukunft (Zahlungsstromrisiko). Entscheidend für die **Abgrenzung** zwischen **Marktpreisrisiken** und **Kreditrisiken** ist wieder das originär angewendete Instrumentarium. Bei Kreditrisiken steht die Bonitätsbeurteilung durch Rating-Verfahren im Mittelpunkt, während bei Markpreisrisiken die Messung von Wertänderungen von Vermögenspositionen durch die Barwertmethode oder vergleichbare Ansätze im Fokus stehen.

4.1   Marktpreisrisiken

Die **Entwicklungen** im Risikomanagement sind bezüglich der wichtigsten Bereiche der **Marktpreisrisiken** am **weitesten fortgeschritten**. Die Ursache liegt in der geschichtlichen Entwicklung Anfang der 90er Jahre, als Marktpreisrisiken im Investmentbanking besonders tragend wurden und viele Banken in Schwierigkeiten brachte. Die daraus resultierenden Anstrengungen zur Entwicklung entsprechender Messmethoden und Steuerungsinstrumente führten zu dem aktuellen Stand der Dinge im Bereich Marktpreisrisiko.

Die **Bedeutung** von **Marktpreisrisiken** hängt in erster Linie von der jeweiligen Branche ab. Für Banken stellen die Marktpreisrisiken (insbesondere das Zinsänderungsrisiko) und das Kreditrisiko die Kernrisiken dar. Bei Nichtbanken hängt die Bedeutung vom Umfang des vorhandenen Finanzanlagevermögens und von der Höhe des Zinsaufwandes für die Bedienung des Fremdkapitals ab.

Die Marktpreisrisiken werden unterteilt in

- das Zinsänderungsrisiko,
- das Wechselkursrisiko,
- das Aktienkursrisiko und
- das Immobilienpreisrisiko.

Das **Zinsänderungsrisiko** stellt im Allgemeinen das bedeutendste Risiko dar. Es wirkt sich auf verschiedene Bilanz- und GuV-Positionen aus. Festverzinsliche Wertpapiere im Finanzanlagevermögen können durch Marktzinsänderungen an Wert verlieren. Auch Forderungen des Umlaufvermögens (Forderungen aus Lieferungen und Leistungen) können Zinsänderungsrisiken auslösen. Gestiegene Fremdkapitalzinsen führen zu einem höheren Zinsaufwand, der indirekt somit auch einen Vermögensverlust darstellt. Ferner können variable Zinszahlungen zu einem Zahlungsstromrisiko führen. Neben diesen direkten Auswirkungen der Marktzinsen wirkt sich das Zinsänderungsrisiko auch indirekt aus. So werden für viele Bewertungszwecke ebenfalls Marktzinsen herangezogen. Eine fundamentale Anwendung ist die Unternehmensbewertung. So können neben anderen Einflussgrößen gestiegene Marktzinsen im Rahmen der Unternehmensbewertung (durch die stärkere Diskontierung der Cash Flows) zu einem gesunkenen Unternehmenswert und somit auch zu einem Vermögensverlust des ganzen Unternehmens führen.

Das Zinsänderungsrisiko wirkt somit in **unterschiedlichem Masse** und insbesondere beeinflusst es Zinspositionen gleichzeitig in **unterschiedlichen Richtungen**. Da aber auch ein entsprechendes Instrumentarium für das Zinsänderungsrisiko zur Verfügung steht, nehmen die Ausführungen zum Zinsänderungsrisiko innerhalb der Marktpreisrisiken den größten Raum ein.

Das **Wechselkursrisiko** spielt in Deutschland bei den exportorientierten Unternehmen eine bedeutende Rolle. Die Messung und Steuerung des Wechselkursrisikos konzentriert sich dabei hauptsächlich auf die Frage, wie stark Devisenpositionen aus Exportgeschäften durch zukünftige Wechselkursänderungen an Wert verlieren können. Die Steuerung des Finanzwertrisikos von Devisenpositionen steht also im Vordergrund.

Das **Aktienkursrisiko** äußert sich bei Nichtbanken in erster Linie in Form von Beteiligungen, die ebenfalls im Finanzanlagevermögen ausgewiesen werden. Dabei steht die Steuerung des Finanzwertrisikos im Vordergrund. Die Risikosteuerung auf Basis der Portfoliotheorie bildet dabei die Basis für die verschiedenen Steuerungsansätze.

Die letzte Kategorie innerhalb der Marktpreisrisiken bildet das **Immobilienpreisrisiko**. Auf den ersten Blick erscheint dies irreführend, da unter Immobilien ja unbewegliche Sachen verstanden werden. Folglich müsste das Immobilienrisiko unter den leistungswirtschaftlichen Risiken bei den Betriebsrisiken (z. B. Gebäudebrand) behandelt werden. Für eine sinnvolle Abgrenzung ist die Anwendung der unterschiedlichen Instrumentarien zweckmäßig. Für die Behandlung der Risiken von **selbstgenutzten Immobilien** ist die Anwendung des Instrumentariums Gebäudeversicherung sinnvoll und sollte dann dem Betriebsrisiko zugeordnet werden. Bei der Behandlung des Immobilienpreisrisikos innerhalb von Marktrisiken werden die Anschaffungen von **Immobilien** als **Kapitalanlage** (wie Aktien und festverzinsliche Wertpapiere auch) betrachtet. Für die Steuerung von Immobilien als Kapitalanlage ist das Finanzwertrisiko entscheidend und es kommen deshalb ähnliche Steuerungsinstrumente zum Einsatz wie z. B. beim Aktienkursrisiko.

4.1.1   Zinsänderungsrisiko

Grundlagen des Zinsänderungsrisikos

Eine allgemeine Definition für das Zinsänderungsrisiko lautet:

> Unter dem **Zinsänderungsrisiko** werden marktzinsbedingte Vermögensrisiken verstanden, die entweder in Form von **Zinsüberschuss-** und/oder **Barwertrisiken** auftreten.

Für die Messung des Zinsänderungsrisikos wird dabei in Zinsposition (Zins-Exposure) und in Marktzinsvolatilitäten unterschieden.

Unter der **Zinsposition** wird das Volumen verstanden, auf das sich die Verzinsung bezieht (die zinstragende Position). Die Zinsposition wird vom Unternehmen bestimmt, d. h. in welchem Volumen z. B. Bundesanleihen für das Finanzanlagevermögen gekauft werden.

Die **Marktzinsvolatilitäten** beeinflussen den Wert einer Zinsposition und bilden sich an den Finanzmärkten. Die Zinsvolatilitäten können daher von den Unternehmen nicht gesteuert werden, sondern sind aus Unternehmenssicht exogene Größen. Die Marktzinsvolatilitäten können sich auf unterschiedliche Art und Weise ändern.

- Die Volatilitäten einzelner Marktzinssätze können schwanken.
- Die Korrelationen zwischen den Zinssätzen für verschiedene Laufzeiten können sich ändern.
- Die Zinssätze für verschiedene Laufzeiten variieren in ihrer Höhe (Veränderung der Zinsstruktur).

Die **Risikoanalyse** des **Zinsüberschusses** in Form z. B. gestiegener Zinsaufwendungen oder gesunkener Zinserträge stand in der Vergangenheit lange Zeit im Fokus der Untersuchungen zum Zinsänderungsrisiko. Heute hat sich die Analyse des Barwertrisikos flächendeckend durchgesetzt. Der Zinsüberschuss (GuV-Orientierung) und die Barwertänderung von Zinspositionen sind in der Totalperiode (= die längste Laufzeit aller betrachteten Zinspositionen) identisch. Es hat sich aber die Erkenntnis durchgesetzt, dass der **Barwert** für die Steuerung des Zinsänderungsrisikos genauer und **aussagekräftiger** ist. Zur Messung des Zinsänderungsrisikos werden daher heute nur noch die aufeinander aufbauenden Methoden Barwert, Duration und Value at Risk angewendet.

Wie in der Einführung zu den Marktpreisrisiken bereits erläutert und aus der Beschreibung der Marktzinsvolatilitäten erkennbar, wirkt das Zinsänderungsrisiko auf unterschiedliche Art und Weise. Aus diesem Grund ist zunächst eine **Systematisierung** der verschiedenen **Grundprinzipien** des **Zinsänderungsrisikos** zweckmäßig. In Tabelle 4.1 sind die wichtigsten **Zinspapiere** und die damit korrespondierenden **Zinstypen** aufgeführt.

Tab. 4.1 *Zinspapiere und Zinstypen*

Zinspapiere:	Zinstyp:	Merkmal:
Bundesanleihen	Kuponzinsen	Risikolos, langfristig
Corporate Bonds, Darlehen	Kuponzinsen, Kreditzinsen	Risikobehaftet, langfristig
Geldmarktpapiere	Variable Zinsen (EURIBOR)	Risikolos, kurzfristig
Zerobonds	Nullkuponzinsen (spot rates, Zerobondzinsen)	Risikolos / Risikobehaftet (Abzinsungsfaktor)

Über die in Tabelle 4.1 genannten Zinspapiere und Zinstypen hinaus gibt es noch sehr viel mehr Arten von Zinspapieren, die aber für die weiteren Ausführungen in diesem Buch zur Steuerung des Zinsänderungsrisikos nicht relevant sind und daher nicht weiter vertieft werden.

Bei den **Bundesanleihen** handelt es sich um festverzinsliche Wertpapiere des Bundes, die zur Finanzierung des Staatshaushaltes ausgegeben werden. Da der Bund Schuldner ist, werden diese Papiere als **risikolos** im Sinne des Ausfallrisikos eingestuft, d. h. es wird immer davon ausgegangen, dass Zinsen und Tilgung fristgerecht zurückgezahlt werden. Da die Bundesanleihen kein Kreditrisiko beinhalten, sind die Kuponzinsen auch niedriger als gegenüber riskanten Anleihen, wie z. B. **Corporate Bonds** (Unternehmensanleihen). Für die Unternehmenssichtweise bedeutet dies, dass die Zinserträge aus Kapitalanlagen (Kauf von Bundesanleihen) geringer ist als die Zinsaufwendungen für aufgenommenes Fremdkapital durch Emission von Corporate Bonds oder Aufnahme von Darlehen.

Bei **Geldmarktpapieren** und **variablen Zinsen** handelt es sich um Zinspositionen mit einer sehr kurzen Laufzeit (bis maximal ein Jahr, häufig 1 Tag, 1 Monat, 3 Monate, oder 6 Monate Laufzeit). Aufgrund dieser Kurzfristigkeit liegt kein bzw. in Abhängigkeit von der Laufzeit nur ein sehr geringes Zinsänderungsrisiko vor. Der **EURIBOR** wird häufig als so genannter **Referenzzins** in vielen Steuerungsinstrumenten des Zinsänderungsrisikos verwendet.

Das Merkmal von **Kuponzinsen** besteht in der regelmäßigen (jährlichen) Auszahlung eines festen Zinssatzes bezogen auf den Nennwert (Nominalvolumen) der Anleihe. Bei **Zerobonds** und **Nullkuponzinsen** werden keine Zinsen (null Zinsen) jährlich ausgezahlt, sondern die Verzinsung besteht in der Differenz zwischen Rückzahlung und Auszahlung. Der Nullkuponzins ergibt sich aus der finanzmathematischen (siehe technischer Anhang Abschnitt 4.5) Verteilung der Differenz von Rückzahlung und Auszahlung auf die jeweilige Laufzeit. Dieser Nullkuponzinssatz weist gegenüber den Kuponzinsen einen **entscheidenden Vorteil** auf:

Der Nullkuponzins ist die Verzinsung für einen Geldbetrag über eine bestimmte Laufzeit, bei dem am Ende der Laufzeit alle Zinsen und das Kapital auf einmal zurückgezahlt werden. Es gibt also keine Zwischenzahlungen innerhalb der Laufzeit, die das Ergebnis am Ende der Laufzeit verzerren könnten, was genau aber bei Kuponzinsen der Fall ist. Aus diesem Grund **müssen Nullkuponzinsen** (spot rates) auch verwendet werden, um umgekehrt **zukünftige Zahlungen** wieder auf den heutigen Zeitpunkt herunterzurechnen (**abzuzinsen**)! Daher werden die Nullkuponzinsen für die Berechnung der **Abzinsungsfaktoren** benutzt. In den folgenden Ausführungen werden daher für die Abzinsung immer Nullkuponzinsen benutzt, ohne dies jeweils explizit zu erwähnen.

Die Nullkuponzinsen können einerseits am Kapitalmarkt anhand der Preise von Zerobonds finanzmathematisch berechnet werden. Häufig werden an den Kapitalmärkten nicht genügend Zerobonds gehandelt bzw. ausgegeben, um für alle Laufzeiten daraus konsistente Zinssätze zu ermitteln. Aus diesem Grund werden andererseits die Nullkuponzinsen aus den zahlreich vorhandenen Kuponanleihen berechnet, indem der so genannte **Kuponeffekt** (der die oben beschriebene Verzerrung bewirkt) rausgerechnet wird. Auf die Darstellung dieser Berechnung wird an dieser Stelle verzichtet, da sich dadurch kein zusätzlicher betriebswirtschaftlicher Erkenntnisgewinn einstellt. Für interessierte Leser sei auf die einschlägige Literatur verwiesen (siehe Abschnitt 4.4).

 Mit Hilfe der Berechnung von Nullkuponzinsen kann die für das Zinsänderungsrisiko fundamentale Definition des Barwertes vorgenommen werden.

> Der **Barwert** einer Zinsposition ist die Summe der mit den laufzeitabhängigen **Kapital-marktzinsen diskontierten** vertraglich vereinbarten **Cash Flows** (Zahlungsreihe) der Zinsposition auf den Zeitpunkt **heute**. Für die laufzeitabhängigen Kapitalmarktzinsen werden dabei die jeweiligen am Kapitalmarkt ermittelten laufzeitabhängigen Nullkupon-zinsen verwendet.

Die so berechneten Barwerte von Zinspositionen können jedoch von den Marktwerten abweichen. Der **Marktwert** ist der am Geld- und Kapitalmarkt zwischen den Marktteilnehmern tatsächlich vereinbarte Kurs (Preis) der Zinsposition. Für die Entwicklung der Methoden zum Zinsänderungsrisiko ist diese mögliche Differenz irrelevant und wird im Folgenden vernachlässigt (die Problematik, wie die „richtigen" Kapitalmarktzinsen ermittelt werden, für die sich möglichst geringe Differenzen zwischen Barwert und Marktwert ergeben, ist in zahlreichen wissenschaftlichen Arbeiten mit unterschiedlichen Ansätzen behandelt worden. Eine eindeutig richtige Methode hat sich dabei bis heute nicht etabliert, weshalb auf eine Darstellung und Vertiefung dieser Problematik verzichtet wird).

Unter der **Zinsstruktur** bzw. der **Zinsstrukturkurve** wird der Zusammenhang bzw. die grafische Darstellung von Marktzinsen in Abhängigkeit von der Laufzeit verstanden. Für Zinspositionen mit unterschiedlicher Laufzeit werden am Kapitalmarkt auch unterschiedliche Preise und somit auch unterschiedliche Zinsen gezahlt. Für die Behandlung des Zinsänderungsrisikos sind drei Grundformen der Zinsstruktur an den Kapitalmärkten bedeutend:

- die normale Zinsstruktur,
- die flache Zinsstruktur und
- die inverse Zinsstruktur.

In Abbildung 4.1 sind exemplarisch drei Zinsstrukturkurven dargestellt.

Von einer **normalen Zinsstruktur** wird gesprochen, wenn für längere Laufzeiten höhere Zinsen und für kurze Laufzeiten niedrigere Zinsen bezahlt werden. Bei einer **flachen Zins-struktur** werden für alle Laufzeiten gleich hohe Zinssätze beobachtet. Wenn für kürzere Laufzeiten höhere Zinsen gezahlt werden als für lange Laufzeiten, so liegt eine **inverse Zinsstruktur** vor, die jedoch in der Kapitalmarktpraxis relativ selten vorkommt.

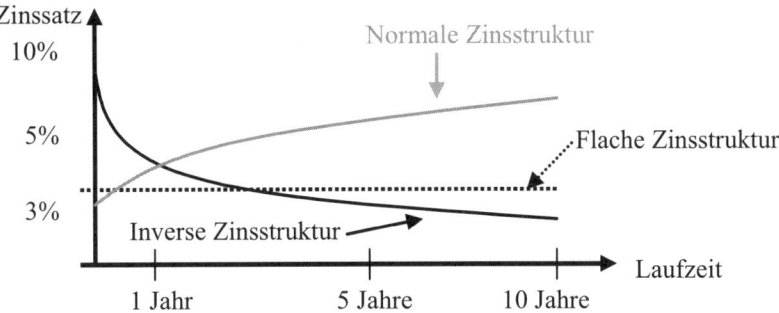

Abb. 4.1 *Beispiele für Zinsstrukturkurven*

Die **Veränderungen** der **Zinsstrukturen** an den Kapitalmärkten stellen insbesondere für Banken ein zentrales Problem bei der Behandlung des Zinsänderungsrisikos dar. Die Berücksichtigung nicht flacher Zinsstrukturen (die in der Praxis am häufigsten vorkommen) ist bei einigen Fragestellungen so umfangreich und komplex, das im Rahmen dieses Buches auf eine entsprechende Darstellung verzichtet werden muss (siehe Literaturhinweise Abschnitt 4.4). Die weiteren Ausführungen beziehen sich daher auf eine nicht flache Zinsstruktur, solange dies noch gut darstellbar ist. Für einige weiterführende Fragestellungen wird dann eine flache Zinsstruktur angenommen.

Die bisherigen formalen und teilweise abstrakten Definitionen werden an einem konkreten **Zahlenbeispiel** verdeutlicht.

Ein Unternehmen plant den Kauf einer Kuponanleihe A des Bundes für das Finanzanlagevermögen aus thesaurierten Gewinnen. Für die Bundesanleihe A liegen folgende Merkmale vor:

- Nennwert: 100,- € pro Stück,
- Nominalvolumen: 10 Stück je 100,- €; 1.000,- € insgesamt,
- Laufzeit: 3 Jahre,
- Kuponzins: 4% p. a. jährliche Ausschüttung,
- Tilgung: Endfällig am Ende der Laufzeit zum Nennwert,
- Kapitalmarktzinsen: 1 Jahr: 3%; 2 Jahre: 4%; 3 Jahre: 5%.

Auf Basis dieser Angaben kann der Barwert der Anleihe A berechnet werden. Für diese und alle weiteren Berechnungen wird stets angenommen, dass

- die Tilgung immer endfällig zum Nennwert am Ende der Laufzeit erfolgt,
- nur ganzjährige Zahlungen erfolgen und keine unterjährigen Zahlungen (insbesondere Zinszahlungen),
- die Zahlungen immer zu den gleichen Zeitpunkten im Jahr stattfinden (z. B. zum 1.1.) und somit Interpolationen innerhalb eines Jahres nicht notwendig sind (z. B. kein Zinssatz und keine Abzinsung für 2,5 Jahre, d. h. nur ganze Jahre und keine so genannten gebrochenen Laufzeiten).

Diese Annahmen sind zwar stark vereinfachend, können aber finanzmathematisch berück-sichtigt werden, ohne dass sich an den folgenden Herleitungen vom betriebswirtschaftlichen Aussagegehalt etwas ändern würde. Aus Gründen der Übersichtlichkeit sei für die Berück-sichtigung dieser Annahmen daher auf die Literatur verwiesen (siehe Abschnitt 4.4).

Aus den Angaben für die Anleihe A wird in einem ersten Schritt der zugehörige Zahlungs-strom berechnet. Als nächstes werden die zukünftigen Zahlungen mit den entsprechenden Kapitalmarktzinsen diskontiert. Die Summe der diskontierten zukünftigen Zahlungen ist dann der Barwert der Anleihe. Die Vorgehensweise ist in Abbildung 4.2 grafisch dargestellt (für die finanzmathematische Darstellung siehe Abschnitt 4.5).

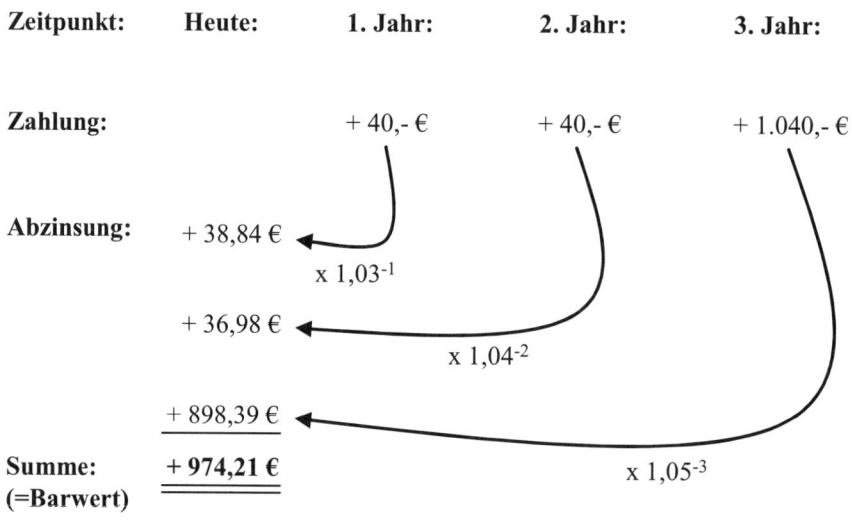

Abb. 4.2   *Beispiel für die Barwertberechnung einer Anleihe*

Der Zahlungsstrom wird berechnet, indem für das 1. – 3. Jahr 4% Zinsen auf das Nominalvo-lumen von 1000,- € ausgezahlt werden und zusätzlich im dritten Jahr die Tilgung in Höhe des Nominalvolumens erfolgt. Die Abzinsung der Zahlungen liefert den Barwert der Anleihe A in Höhe von **974,21 €**. Bezogen auf das Nominalvolumen von 1.000,- € entspricht dies 97,42%.

Dies ist der Vermögenswert der Anleihe A, wenn das Unternehmen die Bundesanleihe zu den heutigen Kapitalmarktzinsen kauft.

Der **Barwert** stellt ein Äquivalent der zukünftigen vertraglich versprochenen Zahlungen dar.

Mit anderen Worten: Würde das Unternehmen heute am Kapitalmarkt 38,84 € für ein Jahr zu 3%, 36,98 € für zwei Jahre zu 4% und schließlich 898,39 für drei Jahre anlegen so würde es in der Zukunft genau die Zahlungen erhalten, welche auch die Bundesanleihe verspricht! Der Anleger müsste also theoretisch den Barwert heute anlegen, um die Zahlungsreihe in der Zukunft zu erzeugen (zu duplizieren).

Anhand dieses einfachen Beispieles kann jetzt das **Zinsänderungsrisiko** des Kaufs **einer Anleihe** abgeleitet werden. Steigen die Kapitalmarktzinsen an, so werden die zukünftigen Zahlungen stärker abgezinst und der Barwert sinkt! Oder anders ausgedrückt: Bei gestiegenen Zinsen müsste heute weniger am Kapitalmarkt angelegt werden um die Zahlungen der Anleihe zu duplizieren. Diese **Barwertsenkung** ist gleichbedeutend mit einem **Vermögensverlust**.

Um das **Zinsänderungsrisiko** zu **messen** schließt sich unmittelbar die Frage an, wie stark der Barwert sinkt, wenn die Zinsen sich um einen bestimmten Satz erhöhen. Zu diesem Zweck sei eine Erhöhung der Kapitalmarktzinsen für jede Laufzeit um einen Prozentpunkt angenommen. Eine derartige Erhöhung der Kapitalmarktzinsen wird als eine **Parallelverschiebung** der **Zinsstrukturkurve** bezeichnet. In der Kapitalmarktpraxis wird für Prozentpunkte der Begriff **Basispunkte** benutzt. Eine Erhöhung um einen Prozentpunkt entspricht 100 Basispunkten (Basispunkt = Bp). Die Erhöhung soll zeitlich sofort wirksam werden (eine Annahme, damit die Laufzeit der zukünftigen Zahlungen nicht der späteren Zinsänderung angepasst werden muss). Die Berechnung des Barwertes für die um 100 Basispunkte erhöhten Zinsen (also 4%, 5% und 6%) ergibt:

$$\textit{Barwert } \textbf{\textit{nach Zinserhöhung}} = 40,- € \times 1,04^{-1} + 40,- € \times 1,05^{-2} + 1.040,- € \times 1,06^{-3}$$

$$= 38,46 € \quad + \quad 36,28 € \quad + 873,20 € = \underline{\textbf{947,94 €}}$$

Der Barwert ist also von 974,21 € auf 947,94 € gesunken, was einem **Vermögensverlust** von **-26,27 €** (oder -2,697% bezogen auf den ursprünglichen Barwert) entspricht. Diese Vorgehensweise zur Messung des Zinsänderungsrisikos weist einen gravierenden Nachteil auf. Es muss eine spezifische Zinsänderung unterstellt werden, für die dann die dazugehörige spezifische Barwertsenkung berechnet wird. Dies ist zum einen sehr rechenaufwendig und zum anderen ist so ein Vergleich mit anderen Zinspositionen nicht sinnvoll.

Duration

Für die Messung des Zinsänderungsrisikos und darauf aufbauende Vergleiche stellt sich zunächst die Frage, wie der **Barwert** auf **Zinsänderungen** reagiert. Die Frage wird durch die **Sensitivität** der Zinsposition beantwortet. Der Begriff Sensitivität basiert auf der ersten Ableitung der zugrunde gelegten Funktion für den Zusammenhang zwischen Vermögensgröße und den Einflussgrößen der Vermögensänderung. Die Sensitivität ergibt sich also durch die erste Ableitung der Barwertfunktion nach den Zinsen (siehe auch Abschnitt 2.2.2). Die Berechnung der **ersten Ableitung** der **Barwertfunktion** für die aktuellen Kapitalmarktzinsen ergibt eine Sensitivität, die von der Höhe des absoluten Barwertes abhängig ist. Damit wären die Vergleichsmöglichkeiten wieder sehr stark begrenzt (etwa nur für den Vergleich von

Zinspositionen mit den gleichen Volumina). Dieser Nachteil kann behoben werden, wenn die Sensitivität in Form der ersten Ableitung durch den Barwert dividiert wird. Dadurch findet eine Normierung statt, die dann beliebige Vergleiche von unterschiedlichsten Zinspositionen ermöglicht. Das Ergebnis ist die so genannte modifizierte Duration.

> Die **modifizierte Duration** einer Zinsposition ist die erste Ableitung der Barwertfunktion nach den aktuellen Kapitalmarktzinsen (=Summe der partiellen Ableitungen) dividiert durch den aktuellen Barwert dieser Zinsposition.

Auf die mathematische Darstellung der modifizierten Duration wird an dieser Stelle verzichtet (siehe dafür Abschnitt 4.5). Aus der mathematischen Definition der modifizierten Duration kann eine vereinfachte Darstellung der modifizierten Duration abgeleitet werden.

Die Berechnung der modifizierten Duration (=D^{mod}) erfolgt durch Multiplikation der abgezinsten Zahlungen mit der **Anzahl von Jahren**, zu der die Zahlung jeweils stattfindet. Die Abzinsung erfolgt für die Anzahl der Jahre **plus eins**. Die Summe dieser Faktoren wird dann durch den aktuellen Barwert dividiert und ergibt für das obige Beispiel:

$$D^{mod} = [\ 1 \times 40,- € \times 1{,}03^{-(1+1)} + 2 \times 40,- € \times 1{,}04^{-(2+1)} + 3 \times 1.040,- € \times 1{,}05^{-(3+1)}\ ]\ /\ 974{,}21\ €$$

$$= [\ 37{,}70\ € + 71{,}12\ € + 2.566{,}83\ €\ ]\ /\ 974{,}21 = 2.675{,}65\ €\ /\ 974{,}21\ € = \underline{\mathbf{2{,}747}}$$

Die modifizierte Duration ist ein von der absoluten Höhe des Barwertes unabhängiges Maß für das Zinsänderungsrisiko. Die Aussagekraft der modifizierten Duration wird besonders gut deutlich, wenn durch einige mathematische Umformungen (siehe Abschnitt 4.5) eine **Abschätzung** der **Barwertänderung** mit Hilfe der modifizierten Duration wie folgt vorgenommen wird:

> Barwertänderung ≈ -1 x mod. Duration x aktueller Barwert x Zinsänderung

Durch die Multiplikation mit dem Faktor -1 wird der ökonomische Sachverhalt abgebildet, dass Zinssenkungen zu einer Barwerterhöhung führen und umgekehrt.

Die Abschätzung der Barwertänderung mit Hilfe der modifizierten Duration liefert für eine Zinserhöhung von 100 Basispunkten:

Barwertänderung ≈ -1 x 2,747 x 974,21€ x 0,01 = $\underline{\mathbf{-26{,}76\ €}}$

Wird die absolute Barwertänderung durch den aktuellen Barwert dividiert ergibt dies für die **relative Barwertänderung**:

Relative Barwertänderung ≈ -1 x 2,747 x 0,01 = $\underline{\mathbf{-2{,}747\%}}$

Bereits oben wurde die **exakte Barwertänderung** für eine Zinserhöhung von 100 Basispunkten in Höhe von -26,27 € (-2,697%) berechnet. Es liegt also ein **Schätzfehler** in Höhe von 0,49 € vor. Die Abschätzung mit Hilfe der modifizierten Duration besitzt jedoch den Vorteil, dass einige wichtige Aussagen über das Zinsänderungsrisiko abgeleitet werden können, die aus der obigen Berechnung der exakten Barwertänderung nicht ersichtlich sind. Aus der Berechnung der modifizierten Duration und der Abschätzung der Barwertänderung mit Hilfe derselbigen können unter den **Voraussetzungen**:

- **Zinsänderungen** werden betrachtet, als würden sie zeitlich unmittelbar nach der aktuellen Bewertung der Anleihe wirksam und
- für Zinsänderungen wird eine **Parallelverschiebung** der Zinsstrukturkurve unterstellt, d. h. für alle Laufzeiten ändern sich die jeweiligen Zinssätze um den gleichen Wert,

folgende wesentlichen **Eigenschaften** für die modifizierte Duration abgeleitet werden:

- Die Höhe der modifizierten Duration hängt u. a. von der Zahlungsstruktur der Zinsposition ab. Langfristige Zahlungen werden stärker gewichtet als kurzfristige. Hohe **langfristige Zahlungen** führen also zu einer starken **Erhöhung** der modifizierten **Duration.** Dies entspricht der Wirkung des **Zinseszinseffektes**, bei dem die Abzinsung langfristiger Zahlungen zu einer überproportional stärkeren Verminderung des Barwertes führt als dies bei einer kurzfristigeren Abzinsung der gleichen Beträge der Fall wäre.
- Je früher und je höher die **Zinszahlungen** der Anleihe sind, desto kleiner wird die modifizierte Duration.
- Eine **Erhöhung** der **Kapitalmarktzinsen** führt zu einer **Verminderung** der modifizierten **Duration.** Mit anderen Worten: Wenn eine Zinserhöhung zu einer Senkung des Barwertes führt, so sinkt gleichzeitig die modifizierte Duration auf Basis der erhöhten Zinsen. Je höher die Zinsen, desto geringer wird das Zinsänderungsrisiko durch abermalige Zinsänderungen.

Aus der obigen **Anwendung** der **Abschätzung** der Barwertänderung mit Hilfe der modifizierten Duration können weiterhin folgende Aussagen zum Zinsänderungsrisiko abgeleitet werden:

- Je höher die modifizierte Duration, desto höher ist die Veränderung des Barwertes. So kann mit Hilfe der modifizierten Duration der **Risikogehalt** verschiedener **Zinspositionen** unabhängig von der absoluten Höhe des jeweiligen Barwertes **verglichen** werden.
- Bei einer Zinsänderung von 100 Basispunkten entspricht die **relative Barwertänderung** genau der **modifizierten Duration.**
- Die **Höhe** der **Zinsänderung** wirkt sich unmittelbar auf die Höhe der Barwertänderung aus.
- Der Zusammenhang zwischen Barwertänderung und Zinsänderung ist genau **umgekehrt** proportional (daher Multiplikation mit minus eins). Zinserhöhungen führen zu einer Barwertsenkung und umgekehrt.
- Die Abschätzung der Barwertänderung überschätzt Barwertsenkungen durch Zinserhöhungen und unterschätzt Barwerterhöhungen aufgrund von Zinssenkungen. Die Abschätzung entspricht also dem Vorsichtsprinzip. Die **modifizierte Duration** wird daher als **konservativer** (vorsichtiger) **Schätzer** für Barwertänderungen bezeichnet.

Der **Schätzfehler**, der bei Anwendung der modifizierten Duration auf Barwertänderungen stets auftritt, basiert auf einer Linearisierung der Barwertfunktion. Die modifizierte Duration rechnet die Zinsänderung linear auf die zugehörige Barwertänderung um. Die tatsächliche Barwertfunktion hat aber aufgrund des Zinseszinseffektes einen gekrümmten Verlauf. Der Schätzfehler ist umso größer, je größer die Zinsänderung und je stärker die Krümmung der Barwertfunktion sind.

Convexity

Die Krümmung der Barwertfunktion wird auch als Konvexität bezeichnet. Die Stärke der Krümmung kann durch die Kennzahl **Convexity** gemessen werden. Auf den ersten Blick erscheint die Berücksichtigung der Konvexität lediglich eine rechentechnische Verfeinerung der Abschätzung darzustellen. Mit Hilfe der Kennzahl Convexity können aber auch weitere Aussagen über das Zinsänderungsrisiko abgeleitet werden. Aus diesem Grund wird die Convexity im Folgenden kurz dargestellt.

> Die **Convexity** einer Zinsposition ist die zweite Ableitung der Barwertfunktion nach den Zinsen an der Stelle der aktuellen Kapitalmarktzinsen dividiert durch den aktuellen Barwert dieser Zinsposition.

Der Zusammenhang zwischen Barwertabschätzung, exakter Barwertänderung, modifizierter Duration und Convexity ist grafisch in Abbildung 4.3 verdeutlicht.

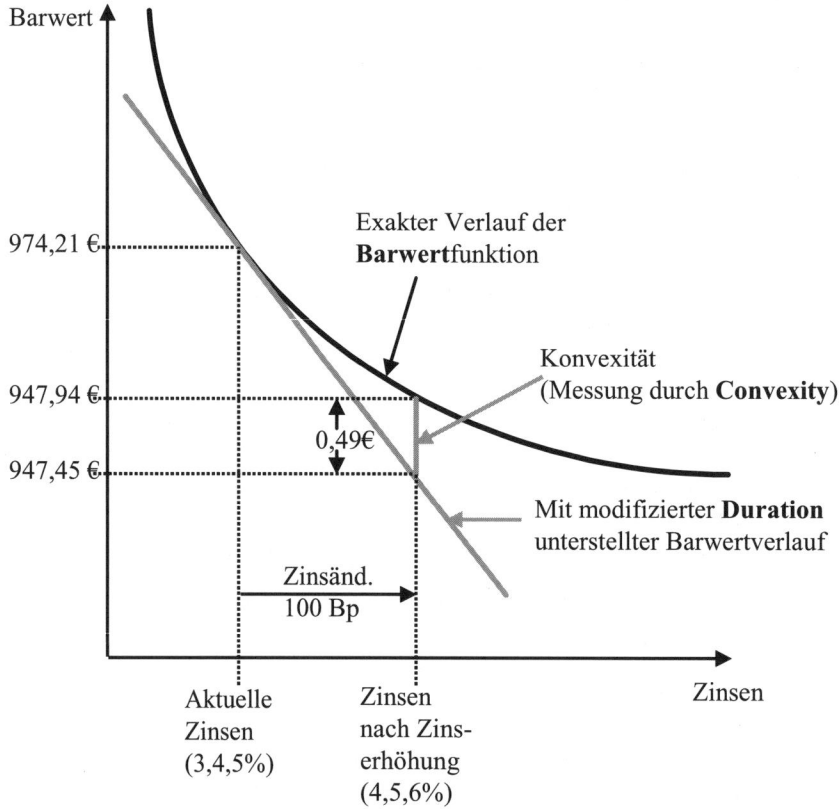

Abb. 4.3   *Barwert, modifizierte Duration und Convexity bei einer Barwertabschätzung*

Die exakte Barwertsenkung von 974,21 € auf 947,94 € ergibt sich durch den gekrümmten Verlauf der Barwertfunktion. Die über die modifizierte Duration geschätzten Barwerte stellen eine Gerade (Tangente) an der tatsächlichen Barwertfunktion dar, durch die sich die geschätzte Änderung auf 947,45 € ergibt. Die **Barwertminderung** wird also durch die modifizierte Duration um **0,49 € überschätzt**. Diese Überschätzung (bzw. umgekehrt auch Unterschätzung bei Zinssenkungen) ist umso größer, je stärker die tatsächliche Barwertfunktion gekrümmt ist.

Während die modifizierte Duration näherungsweise die Reaktion des Barwertes auf die Zinsänderungen beschreibt, informiert die Convexity (C) darüber, wie der damit verbundene Schätzfehler auf Zinsänderungen reagiert, d. h. wie stark die Krümmung der Barwertfunktion ist. Für die rechentechnische Herleitung und mathematische Beschreibung der Convexity sei wieder auf den technischen Anhang verwiesen (Abschnitt 4.5). Für das obige Beispiel wird die **Convexity** (=C) wie folgt **berechnet**:

$$C = [1x2\ x40,\text{-}\ €x1,03^{-(1+2)} + 2x3\ x40,\text{-}\ €x1,04^{-(2+2)} + 3x4\ x1.040,\text{-}\ €\ x\ 1,05^{-(3+2)}\ ]\ /\ 974,21\ €$$

$$= [\ 73,21\ € + 205,15\ € + 9.778,41\ €\ ] = 10.056,77\ €\ /\ 974,21\ € = \underline{\textbf{10,323}}$$

Die Convexity ist auch ein dimensionsloses Maß, mit dem die Krümmung der Barwertfunktion verschiedener Zinspositionen verglichen werden können. Mit Hilfe der **Convexity** lässt sich die **Barwertänderung genauer abschätzen**. Mit Hilfe einiger mathematischer Umformungen ergibt sich folgende verbesserte Abschätzung der Barwertänderung in allgemeiner Form:

Barwertänderung ≈ -1 x mod. Duration x aktueller Barwert x Zinsänderung

+ 0,5 x Convexity x aktueller Barwert x Zinsänderung^2

Die Berechnung für das Beispiel liefert als Ergebnis:

$$Barwertänderung \approx \text{-}1\ x\ 2,747\ x\ 974,21€\ x\ 0,01$$

$$+ 0,5\ x\ 10,323\ x\ 974,21€\ x\ 0,01^2 = \text{-}26,76€ + 0,50€ = \underline{\textbf{-26,26 €}}$$

und die relative Barwertänderung beträgt:

$$Relative\ Barwertänderung \approx \text{-}1\ x\ 2,747\ x\ 0,01 + 0,5\ x\ 10,323\ x\ 0,01^2 = \underline{\textbf{-2,696\%}}$$

Die Abschätzung mit der Convexity ist also wesentlich genauer, d. h. statt einer Abweichung in Höhe von 0,49 € zum exakten Barwert beträgt diese jetzt nur noch 0,01 € (bzw. statt einer relativen Abweichung von 0,05% nur noch 0,001%). Für einen Überblick sind die Ergebnisse der Beispielrechnungen in Tabelle 4.1 zusammengefasst.

Tab. 4.2 *Ergebnisse einer Barwertabschätzung mit modifizierter Duration und Convexity*

	Exakte Berechnung:	Abschätzung mit mod. Duration und Convexity (C = 10,323):	Abschätzung nur mit Duration (D^{mod} = 2,747):
Barwert vor Zinsänderung:	974,21 €	974,21 €	974,21 €
Barwert nach Zinsänderung:	947,94 €	947,95 €	947,45 €
Absolute Barwertänderung:	- 26,27 €	- 26,26 €	- 26,76 €
Relative Barwertänderung:	- 2,697 %	- 2,696 %	- 2,747 %

Für die Kennzahl **Convexity** können folgende **Eigenschaften** festgestellt werden:

- Je höher die Convexity, desto **stärker** ist die **Krümmung** der Barwertfunktion.
- Mit Hilfe der Convexity ist eine wesentlich **genauere Abschätzung** der Barwertänderung möglich, als nur mit der modifizierten Duration alleine.
- Anleihen mit einer **höheren** (positiven) **Convexity** sind im Fall von Zinsänderungen **vorteilhafter** als Anleihen mit einer kleineren Convexity. Zinssenkungen bewirken einen höheren Barwert und Zinssteigerungen einen geringeren Barwertverlust.
- Für erfolgreiche Strategien zur Zusammensetzung von **Portfolios** aus Zinspositionen ist stets eine **positive Convexity** notwendig.

VaR-Berechnung von Zinspositionen

Die modifizierte **Duration** ist nicht nur für Barwertabschätzungen und den Vergleich von Zinspositionen zweckmäßig, sondern sie ist auch für die Berechnung des **Value at Risk** nützlich. Im 2. Kapitel wird die Berechnung des VaR am Beispiel von Aktien (BMW, MAN) durchgeführt. Bei Aktien führt eine Änderung des Risikofaktors (Aktienkurs) um z. B. 1% auch direkt zu einer Änderung des Aktienvermögens von 1%. Bei Zinspositionen ist dies nicht der Fall, da eine Änderung des Risikofaktors (Zinssatz) um z. B. +100 Bp (ein Prozentpunkt) nicht zu einer Erhöhung der Vermögensposition um einen Prozentpunkt führt. Die Änderung des Vermögens, insbesondere der Zinsposition aufgrund einer Zinsänderung, muss also von der **Änderung** des **Zinssatzes** in eine **Änderung** des **Vermögens** (Barwertes) umgerechnet werden. Genau dies erfolgt mit Hilfe der modifizierten Duration.

Für die **Berechnung** des **Value at Risk,** z. B. für die obige **Bundesanleihe** muss im ersten Schritt die Volatilität des entsprechenden Zinssatzes berechnet werden. Die Risikofaktoren der Bundesanleihe sind die Nullkuponzinsen für ein Jahr, zwei Jahre und drei Jahre Laufzeit.

Die sich durch mehrere Risikofaktoren ergebende Problematik wird an dieser Stelle noch nicht behandelt (die Behandlung erfolgt nach den Herleitungen zu den Anleiheportfolios), sondern stattdessen eine **flache Zinsstrukturkurve** angenommen werden. Dann kann die Anzahl der Risikofaktoren auf einen reduziert werden, wenn für alle Laufzeiten nicht nur die gleiche Höhe sondern auch die **gleiche Volatilität** angenommen wird. Mögliche **Korrelationen** zwischen den Zinssätzen für die verschiedenen Laufzeiten werden **vernachlässigt**. Für das Beispiel sei der einzige Risikofaktor der Nullkuponzins für drei Jahre Laufzeit.

Für eine empirische Überprüfung wird der Euro-Zinsswap-Satz für drei Jahre Laufzeit zugrunde gelegt. Als Zeitraum zur Berechnung der Volatilität (Standardabweichung) wird wieder das Jahr 2005 benutzt. Im ersten Schritt werden die Differenzen der täglichen Zinsänderungen berechnet und für diese Zinsänderungen wird die Volatilität ermittelt. Die Vorgehensweise ist mit der im Abschnitt 2.2.1 beschriebenen Methode zur Berechnung der Volatilität von Aktienrenditen identisch. Die **Volatilität** für die **täglichen Zinsänderungen** des **Zinssatzes** für **drei Jahre Laufzeit** beträgt auf Basis der Zinsänderungen des Jahres 2005 **0,032%**.

Mit Hilfe der modifizierten Duration kann die Volatilität der täglichen Zinsänderungen in die zugehörige Barwertänderung umgerechnet werden. Für eine Liquidationsperiode von 10 Tagen und einer Sicherheitswahrscheinlichkeit von 99% lautet die Berechnung des VaR für die Anleihe:

Barwert: x   mod. Duration x   Vola.:   x Liq.periode: x Sicherheitswkt.: = **VaR**:

$974{,}21\ € \ x \quad 2{,}747 \qquad x \quad 0{,}032\% \ x \quad \sqrt{10} \qquad x \qquad 2{,}33 \qquad = \textbf{\textit{6,31 €}}$

Der im Vergleich zu den Aktien sehr niedrige Wert beruht auf den deutlich geringeren Preisschwankungen festverzinslicher Wertpapiere, die auf der Sicherheit der zukünftigen Zahlungsströme beruhen. Dafür sind bei Anleihen gegenüber Aktien auch die Gewinnmöglichkeiten geringer. Entscheidend für einen Vorteilsvergleich ist wieder der RoRaC (siehe Abschnitt 2.6). Für eine Anwendung des RoRaC-Konzeptes sind zunächst noch Überlegungen zu Anleiheportfolios notwendig. Auch muss die Berücksichtigung von Korrelationen zwischen den Zinssätzen für verschiedene Laufzeiten und eine nicht flache Zinsstrukturkurve noch erörtert werden.

Der **Schätzfehler** der modifizierten **Duration** wirkt sich auch auf die **Berechnung** des VaR aus. Er kann wieder mit Hilfe der Convexity verringert werden. Da aber die Auswirkungen gering sind und die Berechnung der Volatilität auch nur eine Schätzung aus historischen Daten darstellt, wird darauf verzichtet.

In der Praxis wird ein Unternehmen häufig nicht nur eine Bundesanleihe kaufen, sondern in der Regel mehrere Anleihen. In einem **Anleiheportfolio** ist eine **feste Anzahl** von **festverzinslichen Wertpapieren** (Anleihen) zusammengefasst. Die Berücksichtigung der Auswirkungen von Anleiheportfolios auf Barwert, modifizierte Duration und VaR wird für obiges Beispiel fortgeführt, indem zur **Bundesanleihe A** noch eine weitere **Nullkupon-Anleihe B** mit folgenden Merkmalen hinzukommt:

- Nennwert: 1000,- € pro Stück,
- Nominalvolumen: 1Stück für 1.000,- €,
- Laufzeit: 6 Jahre,
- Kuponzins: 0%! (**Nullkupon**),
- Tilgung: Endfällig am Ende der Laufzeit zum Nennwert,
- Kapitalmarktzinsen: 1 Jahr: 3%; 2 Jahre: 4%; 3 Jahre: 5%, 6 Jahre: 8%.

In einem ersten Schritt werden anlog zu obigen Berechnungen Barwert, modifizierte Duration und Convexity für **Anleihe B** berechnet:

Barwert $= 1.000,- € \times 1,08^{-6} = \underline{\mathbf{630,17\ €}}$

Duration $(D^{mod}) = [6 \times 1.000,- € \times 1,08^{-(6+1)}] / 630,17\ € = \underline{\mathbf{5,556}}$

Convexity $(C) = [\mathbf{6x7}\ x1.000,- € \times 1,08^{-(6+2)}] / 630,17\ € = \underline{\mathbf{36,008}}$

Der sehr viel geringere Barwert von nur 63,02% bezogen auf das Nominalvolumen gegenüber 97,42% bei Anleihe A beruht auf zwei wichtigen Merkmalen des Zinsänderungsrisikos. Zum einen ist der Abzinsungs- bzw. Zinseszinseffekt durch die **längere Laufzeit** und den **höheren Zinssatz** für 6 Jahre bei B größer als bei A. Andererseits werden bei B keine Zinsen ausgeschüttet sondern die **Verzinsung** ist in **Differenz** von **Nominalvolumen** und **Barwert** enthalten. Daher muss diese Differenz bei Nullkuponanleihen größer sein als bei vergleichbaren Kuponanleihen. Bei einem feststehenden Nominalvolumen geht dies nur über einen niedrigeren Barwert. Anhand der modifizierten **Duration** ist ersichtlich, dass bei der Nullkuponanleihe das **Zinsänderungsrisiko doppelt** so **groß** ist wie bei Anleihe A. Anhand der Convexity ist ersichtlich, dass auch die Krümmung der Barwertfunktion von Anleihe B sehr viel größer ist als bei A.

Als nächstes schließt sich die zentrale Frage an, wie nun **Barwert, modifizierte Duration** und **Convexity** für das **Anleiheportfolio** bestehend aus Anleihe A und B berechnet werden können. Hierfür gibt es **zwei** grundsätzliche **Möglichkeiten**:

- Sämtliche zukünftigen vertraglich vereinbarten Zahlungen (Cash Flows) werden additiv zu einem Gesamt-Zahlungsstrom zusammengefasst (das so genannte **cash flow mapping**). Dieser Zahlungsstrom wird dann quasi wie eine „Anleihe" mit einer bestimmten Zahlungsstruktur behandelt und für diesen Zahlungsstrom werden dann Barwert, modifizierte Duration und Convexity berechnet.
- Es werden anhand des Barwertes die **Portfoliogewichte** analog zur Vorgehensweise bei Aktienportfolios (siehe Abschnitt 2.3.3) bestimmt und mit Hilfe dieser Gewichte können dann modifizierte Duration und Convexity für das gesamte Portfolio berechnet werden (siehe technischer Anhang Abschnitt 4.5).

Beide Möglichkeiten haben jeweils einen entscheidenden **Vor-** bzw. **Nachteil**. Das cash flow mapping hat den großen Vorteil einer rechentechnisch wesentlich einfacheren Handhabung. Der große Nachteil besteht darin, dass anhand des aggregierten Zahlungsstromes keine Rückschlüsse der Auswirkungen einzelner Anleihen auf das gesamte Portfolio unmittelbar möglich sind. Bei der Berechnung mit Hilfe von Portfoliogewichten ist es genau umgekehrt. Dem Vorteil einer Analysemöglichkeit einzelner Anleihen des Portfolios steht ein vermehrter Rechenaufwand gegenüber.

Für das Beispiel ergibt sich folgendes cash flow mapping):

1. Jahr:	2. Jahr:	3. Jahr:	4. Jahr:	5. Jahr:	6. Jahr:
+40,- €	+40,- €	+1.040,- €	0,- €	0,- €	+1.000,- €

Für diesen Zahlungsstrom kann jetzt einfach Barwert, modifizierte Duration und Convexity analog zur obigen Berechnungsweise ermittelt werden und dies liefert folgende Ergebnisse:

$Portfolio\text{-}Barwert = 40,\text{-} \text{€} \, x \, 1,03^{-1} + 40,\text{-} \text{€} \, x \, 1,04^{-2} + 1.040,\text{-} \text{€} \, x \, 1,05^{-3} + 1000 \, x \, 1,08^{-6}$

$$= 974,21 \, \text{€} + 630,17 \, \text{€} = \underline{\boldsymbol{1.604,38 \, \text{€}}}$$

$Portfolio\text{-}Duration = [1 \, x 40,\text{-} \text{€} \, x \, 1,03^{-(1+1)} + 2 \, x \, 40,\text{-} \text{€} \, x \, 1,04^{-(2+1)} + 3 \, x \, 1.040,\text{-} \text{€} \, x \, 1,05^{-(3+1)}$

$$+ \, \boldsymbol{6} \, x \, 1.000,\text{-} \text{€} \, x \, 1,08^{-(6+1)}] \, /1.604,38 \, \text{€} = \underline{\boldsymbol{3,850}}$$

$Portfolio\text{-}Convexity = [\boldsymbol{1x2} \, x 40,\text{-} \text{€} x 1,03^{-(1+2)} + \boldsymbol{2x3} \, x 40,\text{-} \text{€} x 1,04^{-(2+2)}$

$$+ \, \boldsymbol{3x4} \, x 1.040,\text{-} \text{€} \, x \, 1,05^{-(3+2)} + \boldsymbol{6x7} \, x 1.000,\text{-} \text{€} \, x \, 1,08^{-(6+2)} \,] \, / \, 1.604,38 \, \text{€}$$

$$= \underline{\boldsymbol{20,412}}$$

Werden die Barwerte der einzelnen Anleihen A und B durch den gesamten Barwert des Portfolios dividiert, so ergibt dies folgende Portfoliogewichte (w_A und w_B):

$Portfoliogewicht \, Anleihe \, A \, (w_A) = 974,21 \, \text{€} \, / \, 1604,38 \, \text{€} = \underline{\boldsymbol{60,72\%}}$

$Portfoliogewicht \, Anleihe \, B \, (w_B) = 630,17 \, \text{€} \, / \, 1604,38 \, \text{€} = \underline{\boldsymbol{39,28\%}}$

Mit Hilfe der Portfoliogewichte können modifizierte Duration und Convexity für das Portfolio berechnet werden, indem die modifizierte Duration und Convexity der Anleihen A und B mit ihren zugehörigen Portfoliogewichten multipliziert und dann aufaddiert werden:

$Portfolio\text{-}Duration = 60,72\% \, x \, 2,747 + 39,28\% \, x \, 5,556 = \underline{\boldsymbol{3,850}}$

$Portfolio\text{-}Convexity = 60,72\% \, x \, 10,323 + 39,28\% \, x \, 36,008 = \underline{\boldsymbol{20,412}}$

Die Werte stimmen mit den Ergebnissen des cash flow mapping überein. Allerdings wird an der Darstellung für die Portfolio-Duration jetzt sofort deutlich, dass die Hauptursache für das Zinsänderungsrisiko bei Anleihe B liegt, was beim cash flow mapping so nicht erkennbar ist. In Tabelle 4.3 sind die Ergebnisse für Barwert, modifizierte Duration und Convexity der einzelnen Anleihen und des gesamten Portfolios zusammenfassend gegenübergestellt.

Tab. 4.3 *Barwert, modifizierte Duration und Convexity eines Anleiheportfolios*

	Anleihe A:	**Anleihe B**	**Anleiheportfolio:**
Barwert:	974,21 €	630,17 €	1.604,38 €
Duration:	2,747	5,556	3,850
Convexity:	10,323	36,008	20,412

Mit Hilfe der Portfolio-Duration und -Convexity kann nun auch recht einfach eine **Barwertänderung** des **Portfolios** für eine Parallelverschiebung der Zinsstrukturkurve um 100 Basispunkte (für die Anwendung von Duration und Convexity bei **nicht parallelen Verschiebungen** der Zinsstruktur siehe die Literaturhinweise in Abschnitt 4.4) wie folgt **abgeschätzt** werden:

$Barwertänderung \, Portfolio \approx -1 \, x \, 3,850 \, x \, 1.604,38\text{€} \, x \, 0,01$

$$+ \, 0,5 \, x \, 20,412 \, x \, 1.604,38\text{€} \, x \, 0,01^{2} = -61,77\text{€} + 1,64\text{€} = \underline{\boldsymbol{-60,13 \, \text{€}}}$$

Neben der Barwertabschätzung für das Portfolio stellt sich nun die Frage, wie der **VaR** des **Anleiheportfolios** in Abhängigkeit von mehreren Einflussfaktoren berechnet werden kann. Die Einflussfaktoren sind die **laufzeitabhängigen Zinssätze**, die in der Regel mehr oder weniger stark miteinander **korrelieren**.

Ein einfacher Ansatz ist es, zwischen den Laufzeiten eine **vollständig positive Korrelation** zu unterstellen (also ein völlig undiversifiziertes Portfolio) und die Volatilitäten für die einzelnen Laufzeiten zu berücksichtigen. Neben der oben bereits angegebenen Volatilität von 0,032% für drei Jahre Laufzeit, betragen die insgesamt benötigten Volatilitäten der täglichen Zinsänderungen für die verschiedenen Laufzeiten:

1 Jahr: **0,019%**;   2 Jahre: **0,029%**;   3 Jahre: **0,032%**;   6 Jahre: **0,035%**.

Dann kann aus den Barwerten für die einzelnen Laufzeiten der VaR für jede Laufzeit, wie oben bereits für Anleihe A vereinfacht durchgeführt, gemäß:

VaR = Barwert x mod. Duration x Volatilität x Liquidationsperiode x Sicherheitswkt.

berechnet werden. Da die Berechnung isoliert für jede Laufzeit getrennt durchgeführt wird, kann der Ausdruck „Barwert x mod. Duration" noch vereinfacht werden zu:

(Barwert x Anzahl Jahre (der jeweiligen Laufzeit)) / (1 + Zinssatz der Laufzeit).

Die Berechnung der VaR für die einzelnen Jahre ist in Tabelle 4.4 angegeben.

Tab. 4.4   *Berechnung der einzelnen VaR eines Anleiheportfolios*

Laufzeit (Anzahl Jahre):	Barwert x Anzahl Jahre:	x $(1+\text{Zins})^{-1}$:	x Sicherheitswkt. x Liq.periode:	x Volatilität:	= Value at Risk:
1	38,84 € x 1	x $1{,}03^{-1}$	x 2,33 x $\sqrt{10}$	x 0,019%	= **0,05 €**
2	36,98 € x 2	x $1{,}04^{-1}$	x 2,33 x $\sqrt{10}$	x 0,029%	= **0,15 €**
3	898,39 € x 3	x $1{,}05^{-1}$	x 2,33 x $\sqrt{10}$	x 0,032%	= **6,05 €**
6	630,17 € x 6	x $1{,}08^{-1}$	x 2,33 x $\sqrt{10}$	x 0,035%	= **9,03 €**

Die Summe der einzelnen VaR ergibt einen Betrag von **15,28 €** für das **gesamte VaR** des **Portfolios** unter Berücksichtigung unterschiedlicher Volatilitäten für Zinssätze unterschiedlicher Laufzeiten. Allerdings wird die Annahme einer **vollständig positiven Korrelation** der Zinssätze zwischen den Laufzeiten getroffen. Mögliche **Diversifikationseffekte** werden dadurch **vernachlässigt**.

Um mögliche Korrelationen zwischen den Änderungen der unterschiedlichen Zinssätze zu berücksichtigen, erfolgt die Vorgehensweise analog zur Darstellung des VaR für Portfolios in Abschnitt 2.3.3. Dort wird der VaR anhand eines Aktienportfolios, bestehend aus den zwei Aktien BMW und MAN, berechnet bzw. die Vorgehensweise verdeutlicht. Im obigen Anleiheportfolio liegen jedoch nicht zwei sondern vier Risikofaktoren (Zinssätze vor). Für vier Risikofaktoren ist eine überschaubare Darstellung der Rechenwege nicht mehr möglich. Für eine technische Darstellung der Berechnung des VaR für mehr als zwei Risikofaktoren sei auf den technischen Anhang vom sechsten Kapitel (6.6) verwiesen. Aus diesem Grund wird ein **einfacheres Portfolio** für die Beispielrechnung zur Verdeutlichung der **Berücksichtigung** von **Korrelationen** zwischen Zinssätzen ausgewählt. Dieses Portfolio soll folgende Merkmale besitzen:

- Das Portfolio besteht nur aus zwei Anleihen bzw. Zahlungen 1 und 2. Es fließen nach einem Jahr 100,- € und nach zwei Jahren auch 100,- € zurück (also zwei Nullkupon-Anleihen mit 1 Jahr und 2 Jahren Laufzeit und einer Rückzahlung in Höhe von jeweils 100,- €).
- Die aktuellen Zinssätze zur Barwertberechnung betragen wie oben für ein Jahr 3% und für zwei Jahre 4%.
- Die Volatilitäten der täglichen Zinsänderungen belaufen sich für ein Jahr Laufzeit auf 0,019% und für zwei Jahre auf 0,029%.
- Die Korrelation zwischen den Zinsänderungen von einem Jahr und zwei Jahren Laufzeit beträgt +0,7.

Es ergeben sich dann analog zur obigen Vorgehensweise folgende Resultate:

*Barwert des Portfolios (BW$_P$) = 100 x 1,03^{-1} + 100 x 1,04^{-2} = 97,09 € + 92,45 € = **189,54 €***

Portfoliogewichte (w$_1$, w$_2$): w_1 = 97,09 / 189,54 = **51,22%**; w_2 = **48,78%**

Mod. Duration (D$^{mod}_1$, D$^{mod}_2$, D$^{mod}_P$): D^{mod}_1 = 1 / 1,03 = **0,971**; D^{mod}_2 = 2 / 1,04 = **1,923**;

D^{mod}_P = 51,22% x 0,9709 + 48,78% x 1,923 = **1,435**

Für eine Sicherheitswahrscheinlichkeit von 99% und einer Liquidationsperiode von 10 Tagen ergeben sich analog zur obigen Vorgehensweise ohne Berücksichtigung der Korrelation folgende Werte für die einzelnen VaR:

*VaR$_1$ = 97,09 € x 0,971 x 2,33 x $\sqrt{10}$ x 0,019% = **0,13 €***

*VaR$_2$ = 92,45 € x 1,923 x 2,33 x $\sqrt{10}$ x 0,029% = **0,38 €***

Für die einfache Summe ergibt sich für das Portfolio ein VaR von **0,51 €**. Die Berücksichtigung der Korrelation zwischen den Zinsänderungen erfolgt bei nur zwei Zinssätzen anhand der Portfoliovolatilität s$_p$ für das Portfolio bestehend aus den beiden Anleihen (Zahlungen 1 und 2):

$$s_p = \sqrt{w_1^2 \cdot s_1^2 + w_2^2 \cdot s_2^2 + 2 \cdot w_1 \cdot w_2 \cdot k_{1,2} \cdot s_1 \cdot s_2}$$

$$= \sqrt{0,5122^2 \cdot 0,00019^2 + 0,4878^2 \cdot 0,00029^2 + 2 \cdot 0,5122 \cdot 0,4878 \cdot 0,7 \cdot 0,00019 \cdot 0,00029}$$

$$= \underline{\textbf{0,022\%.}}$$

Mit Hilfe der Portfoliovolatilität, der Portfolio-Duration und des Portfoliobarwertes kann nun mit Berücksichtigung der Korrelation der VaR_p des Portfolios berechnet werden:

$$VaR_p = 189,54\ € \times 1,435 \times 2,33 \times \sqrt{10} \times 0,022\% = \underline{\mathbf{0,44\ €}}$$

Der **Diversifikationseffekt** beläuft sich also auf 0,51 € - 0,44 € = **0,07 €**. Der Unterschied zu Aktienportfolios besteht bei **Anleiheportfolios** stets in der Umrechnung von Zinsänderungen in die zugehörige Barwertänderung mit Hilfe der modifizierten **Duration**. Dabei wird der Schätzfehler durch die modifizierte Duration in Kauf genommen.

Immunisierung von Anleiheportfolios

Die **Risikosteuerung** eines **Anleiheportfolios** kann auf unterschiedliche Art und Weise erfolgen. Einerseits können Gegenpositionen in Form von Zinsswaps, Zinsoptionen oder Zinsfutures zur **Risikokompensation** abgeschlossen werden (zur allgemeinen Funktionsweise siehe Abschnitt 3.4). Andererseits kann das **Risiko verteilt** werden.

Bei der Risikoverteilung (siehe 3.3) werden bei Anleiheportfolios hauptsächlich so genannte Immunisierungsstrategien angewendet. Immunisierung bedeutet, dass der Barwert bei Zinsänderungen gegen Verluste immun, also geschützt ist. Bei den Immunisierungsstrategien gibt es zwei grundlegend unterschiedliche Ansätze:

- die Immunisierung des Barwertes,
- die Immunisierung des Endwertes,

Die Idee der **Immunisierung** des **Barwertes** basiert auf der oben hergeleiteten Abschätzung einer Barwertänderung durch Zinsänderungen mit Hilfe der Duration und der Convexity:

Barwertänderung $\approx$ -1 x mod. Duration x aktueller Barwert x Zinsänderung

$$+\ 0,5 \times Convexity \times aktueller\ Barwert \times Zinsänderung^2$$

Immunisierung bedeutet, dass durch eine Zinsänderung keine Barwertverminderung stattfindet. Anhand der Abschätzung kann unmittelbar abgeleitet werden, dass dies nur der Fall sein kann, wenn die modifizierte **Duration null** ist. Da die modifizierte Duration ein Maß für die Höhe des Zinsänderungsrisikos ist, leuchtet diese Schlussfolgerung unmittelbar ein. Eine modifizierte Duration von null lässt sich auf zwei Möglichkeiten realisieren:

- Es werden nur Zinspositionen mit einer **Laufzeit** von **null** oder nahe bei null in das Portfolio aufgenommen. Dies ist durch kurzfristige Geldmarktpapiere möglich (z. B. mit einer Verzinsung in Höhe des 3-Monats-EURIBOR). Durch die kurzfristige Anpassung der Verzinsung liegt zwar (fast kein) Zinsänderungsrisiko vor, aber es wird auch nur eine entsprechend geringere Verzinsung (Gewinn) gewährt. Wenn bestimmte Ziele mit einem Anleiheportfolio verfolgt werden, wie z. B. langfristige höhere jährliche Zinsausschüttungen, ist diese Strategie nicht geeignet.
- Bei langfristigen Zahlungen durch den Kauf von Anleihen können diese durch die Emission von Anleihen (**Verkauf von Anleihen**) kompensiert werden und so kann trotz hoher Zinszahlungen ein **Portfolio konstruiert** werden, welches eine modifizierte Duration von

null besitzt. Diese Herangehensweise ist eine häufig von Banken in Betracht gezogene Strategie. Da die Konstruktion derartiger Portfolios sehr vielen Restriktionen unterliegt (insbesondere aufgrund der Transaktionskosten durch notwendiges umschichten des Portfolios) und häufig nur von Banken realisiert werden kann, wird diese Strategie, insbesondere die Konstruktion solcher Portfolios, nicht weiter vertieft (siehe dafür Literaturhinweise im Abschnitt 4.4).

Die Anwendung der Immunisierung des Barwertes setzt noch eine weitere Bedingung voraus. Anhand der Abschätzung der Barwertänderung wird auch ersichtlich, dass bei einer modifizierten Duration von null und einem (normalerweise) positiven Barwert die Convexity positiv sein muss, da sonst durch eine negative Convexity eine Barwertsenkung eintreten könnte. Diese Bedingung wurde bereits oben bei den Eigenschaften der Convexity genannt und wird im Zusammenhang mit der Immunisierung des Barwertes noch grafisch in Abbildung 4.4 verdeutlicht.

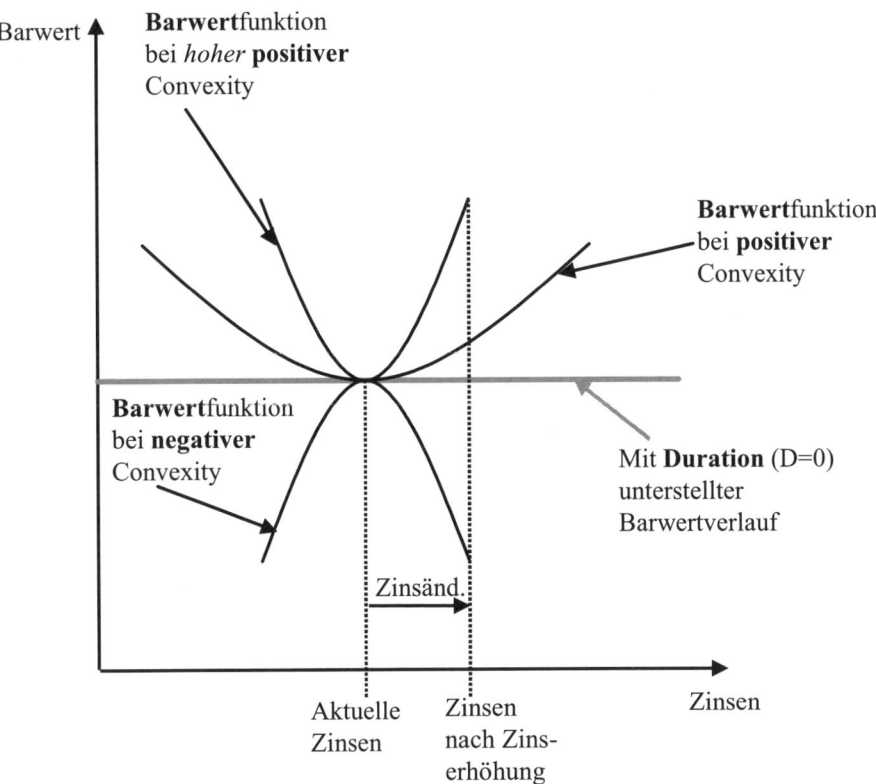

Abb. 4.4 *Convexity bei Immunisierung des Barwertes*

Die modifizierte Duration von null bewirkt den waagerechten Verlauf des mit der modifizierten Duration unterstellten Barwertverlaufs (Steigung von null). Eine Zinsänderung hätte auf den ersten Blick keine Auswirkung auf den Barwert. Bei einer negativen Convexity würde der Barwert jedoch bei jeder Zinsänderung sinken. Dagegen würde eine positive Convexity in jedem Fall eine Barwerterhöhung verursachen. Je höher die positive Convexity, desto höher ist die Barwertsteigerung. Für eine **erfolgreiche Immunisierung** ist neben einer modifizierten Duration von null also auch eine **positive Convexity** erforderlich.

Die **Immunisierung** des **Endwertes** basiert auf den Eigenschaften der Macaulay-Duration.

Die **Macaulay-Duration** ist die gewichtete durchschnittliche Kapitalbindung einer Zinsposition oder eines Anleiheportfolios in Jahren.

Die Berechnung der Macaulay-Duration ($=D^{Mac}$) erfolgt durch Multiplikation der abgezinsten Zahlungen mit der **Anzahl von Jahren**, zu der die Zahlung jeweils stattfindet. Die Summe dieser Produkte wird dann durch den aktuellen Barwert dividiert. Weil die Abzinsung nicht durch die Anzahl der Jahre plus eins erfolgt, findet eine Gewichtung der abgezinsten Zahlungen durch die Anzahl der Jahre statt. Dadurch kann die Einheit der Macaulay-Duration auch in Jahren angegeben werden. Die Macaulay-Duration beträgt für die obigen Anleihen A und B (D^{Mac}_A, D^{Mac}_B) :

$$D^{Mac}_A = [\,1 \times 40,\text{-} \, \text{€} \times 1,03^{-1} + 2 \times 40,\text{-} \, \text{€} \times 1,04^{-2} + 3 \times 1.040,\text{-} \, \text{€} \times 1,05^{-3}\,]\,/\,974,21 \, \text{€}$$

$$= [\,38,84 \, \text{€} + 73,96 \, \text{€} + 2.695,17 \, \text{€}\,]\,/\,974,21 \, \text{€} = 2.807,97 \, \text{€}\,/\,974,21 \, \text{€}$$

$$= \underline{\textbf{\textit{2,882 (Jahre)}}}$$

$$D^{Mac}_B = [\,6 \times 1.000,\text{-} \, \text{€} \times 1,08^{-6}\,]\,/\,630,17 \, \text{€} = \underline{\textbf{\textit{6,000 (Jahre)}}}$$

Die Macaulay-Duration der Nullkuponanleihe B entspricht exakt der Laufzeit der Nullkupon-Anleihe, weil vor Ende der Laufzeit keine Zahlungen stattfinden. Die Macaulay-Duration wird auch als **durchschnittliche Kapitalbindungsdauer** interpretiert.

Die Macaulay-Duration ermöglicht die Immunisierung des Endwertes eines Finanztitels gegen Zinsänderungen.

Der **Endwert** eines Finanztitels (oder eines Portfolios) ist gegen **Zinsänderungen immun**, wenn der Planungshorizont des Investors genau der Macaulay-Duration des Finanztitels entspricht.

Die Hauptanwendung der Immunisierung des Endwertes liegt also in Unternehmen und/oder Projekten, die **zeitlich befristet** sind.

Die **Grundidee** basiert auf den Folgen einer Zinsänderung: Steigende Zinsen bewirken einen niedrigeren Barwert des Finanztitels, gleichzeitig können ausgeschüttete Zinsen zu einem höheren Zins wieder angelegt werden. Bei einer Immunisierung des Endwertes überkompensieren sich beide Wirkungen einer Zinsänderung, so dass der geplante Endwert eine Untergrenze bildet! Für den finanzmathematischen Beweis der Immunisierung sei auf die entsprechenden Literatur (siehe Abschnitt 4.4) verwiesen. Durch Wahl geeigneter Finanztitel bezüglich Laufzeit und Portfolioanteil (gemessen am Anteil des einzelnen Barwertes am Portfolio-Barwert) kann der Investor bzw. das Unternehmen jedes beliebige Portfolio für einen bestimmten Planungshorizont immunisieren.

Angenommen für das Beispiel des Portfolios der beiden Anleihen A und B wird eine Immunisierung für einen **Planungshorizont** von **5 Jahren** angestrebt, so werden die Gewichte w_A und w_B der Anteile der Anleihen A und B am Portfolio gesucht für die gilt:

$$w_A \times D^{Mac}_A + w_B \times D^{Mac}_B = \text{Planungshorizont} = 5.$$

Die mit den einzelnen Portfolioanteilen gewichtete Macaulay-Duration des Portfolios muss bei einer Immunisierung dem Planungshorizont entsprechen. Da die Summe der Portfolio-gewichte eins ergeben muss, kann die **Berechnung** der **Gewichte** auch in die Form

$$w_A = (5 - D^{Mac}_B) / (D^{Mac}_A - D^{Mac}_B) \text{ und } w_B = 1 - w_A$$

gebracht werden (zur Herleitung siehe Abschnitt 4.5). Werden die obigen Werte für die Macaulay-Duration in diese Gleichung eingesetzt, so liefert dies

$$w_A = (5 - 6) / (2{,}882 - 6) = \underline{\mathbf{32{,}07\%}} \text{ und } w_B = 1 - w_A = \underline{\mathbf{67{,}93\%}}.$$

Diese Gewichte beziehen sich, wie oben erläutert, auf die Barwerte der Zinspositionen und nicht auf die Nominalvolumina. Die neuen barwertigen Anteile können jetzt auf die zugehörigen **Nominalvolumina umgerechnet** werden, indem der alte Portfoliobarwert mit dem neuen Gewicht multipliziert wird, also:

Anleihe A: 1.604,38€ x 32,07% = **514,52€**

Anleihe B: 1.604,38€ x 67,93% = **1.089,86€**.

Diese neuen Barwerte können dann in die zugehörigen Nominalvolumina umgerechnet werden, in dem sie durch ihre jeweiligen aktuellen (Barwert-) Kurse dividiert werden:

Anleihe A: 514,52€ / Barwert: 97,42% = **528,15€**

Anleihe B: 1.089,86€ / Barwert: 63,02% = **1.729,38€**.

Wird das Portfolio entsprechend der ermittelten neuen Gewichte umgeschichtet, so liefert dies einen neuen aggregierten Zahlungsstrom für das gesamte Portfolio gegenüber des ursprünglichen Portfolios von

	1. Jahr:	2. Jahr:	3. Jahr:	6. Jahr:
Altes Portfolio:	+40,- €	+40,- €	+1.040,- €	+1.000,- €
Neues Portfolio:	+21,13 €	+21,13 €	+ 549,28 €	+1.729,38 €
	(=4% von 528,15)			

Zur **Berechnung** des **Endwertes** des Portfolios in fünf Jahren werden die Zahlungen des ersten bis dritten Jahres mit Hilfe der zugehörigen **Forward-Zinssätze** auf das Jahr fünf aufgezinst und die Zahlung des sechsten Jahres auf das Jahr fünf abgezinst. Auf die Darstellung der Berechnung der Forward-Zinssätze wird verzichtet, da daraus für die weiteren Ausführungen kein nützlicher Erkenntnisgewinn resultiert und die Berechnungen recht umfangreich bzw. komplex sind. Die Ermittlung der Forward-Zinssätze ergibt sich automatisch bei der Berechnung der Nullkuponzinsen aus den am Kapitalmarkt vorhandenen Kuponzinsen. Wie oben bereits dargelegt sei zweckmäßigerweise auf die entsprechende Literatur, insbesondere zur so genannten **Bootstrap-Methode** verwiesen (siehe Abschnitt 4.4).

Bei einer **Zinserhöhung** der laufzeitabhängigen Zinsen um z. B. jeweils 100 Basispunkte wird bei dem immunisierten Portfolio die Summe der mit dem höheren Zinssatz aufgezinsten Zahlungen der ersten drei Jahre größer sein als der Verlust durch die Abzinsung mit dem höheren Zins der Zahlung aus dem sechsten Jahr. Es ergibt sich daraus ein neuer Endwert, der mindestens genauso groß ist wie der alte.

Sowohl die **Immunisierung** des Barwertes als auch die Immunisierung des Endwertes weisen erhebliche **Nachteile** als **Instrument** zur Steuerung des **Zinsänderungsrisikos** auf.

- Beide Immunisierungsstrategien setzen eine einmalige Zinsänderung unmittelbar nach der Bewertung voraus. In der Praxis finden jedoch ständig Zinsänderungen statt, was ein permanentes Umschichten des Portfolios zur Folge hätte.
- Für die Immunisierung des Barwertes besteht darüber hinaus der Nachteil, dass die Zusammenstellung entsprechender immunisierter Portfolios recht schwierig ist und insbesondere für viele Nichtbanken auch praktisch nur schwer durchführbar ist.
- Die Immunisierung des Endwertes ist dagegen nur für befristete Projekte bzw. Unternehmen mit befristeter Lebensdauer zweckmäßig. Die meisten Unternehmen in der betriebswirtschaftlichen Praxis sind jedoch von unbefristeter Lebensdauer.

Wegen dieser Nachteile der Immunisierungsstrategien und der Bedeutung des Zinsänderungsrisikos wird im Folgenden noch die Funktionsweise der Risikokompensation des Zinsänderungsrisikos durch **Zinsswaps**, **Zinsoptionen** und **Zinsfutures** dargestellt.

Zinsswaps

> Ein **Zinsswap** stellt einen vertraglich vereinbarten Austausch von mehreren zukünftigen unterschiedlichen Zinszahlungsströmen zwischen zwei Vertragspartnern dar. Die Swapvereinbarung bezieht sich dabei nur auf die Zinszahlungen, die zugehörigen Nominalvolumina werden nicht ausgetauscht.

Bei einem Zinsswap will der eine Vertragspartner (z. B. Unternehmen A) **feste Zinszahlungen** mit einem anderem Partner (Unternehmen B) gegen **variable Zinszahlungen** austauschen. Die festen Zinszahlungen basieren dabei auf Anleihen mit einer langen Laufzeit und die variablen Zinsen beziehen sich auf kurzfristige Geldmarktpapiere (z. B. 3 Monate) mit einer Verzinsung, die sich am EURIBOR orientiert. Das **Ausfallrisiko** eines **Swappartners**, d. h. wenn aufgrund der Insolvenz eines Vertragspartners die Zinszahlungen nicht mehr erfolgen, bleibt bei den folgenden Ausführungen unberücksichtigt.

Die Funktionsweise des **komparativen Vorteils** bei einem Zinsswap sei am folgenden Beispiel für die zwei Unternehmen A und B verdeutlicht. A und B können am Kapitalmarkt Finanzmittel zu jeweils folgenden Zinssätzen aufnehmen:

	Festzins:	**Variabler Zins** (3 Monate):
A:	6,5% p. a	EURIBOR+0,5%
B:	5,0% p. a	EURIBOR

Auf den ersten Blick erscheint ein lohnender Vertrag zwischen A und B nicht möglich, da A sowohl beim Festzins als auch beim variablen Zins höhere Zinsen zahlen muss. Der komparative Vorteil besteht darin, dass die **Differenz der Zinssätze** für die verschiedenen Finanzierungsarten jeweils **unterschiedlich** hoch sind. Dies ist hier der Fall. Während die Differenz beim Festzins **150 Basispunkte** beträgt, beläuft sich die Differenz beim variablen Zins nur auf **50 Basispunkte**. **Unternehmen A** hat gegenüber B einen **komparativen Vorteil** bei den variablen Zinsen, da A bei den festen Zinsen 150 Basispunkte mehr als B bezahlen muss, dagegen bei den variablen Zinsen aber nur 50 Basispunkte mehr bezahlt. Genau umgekehrt hat B hat einen komparativen Kostenvorteil gegenüber A bei den festen Zinsen, weil B dort 150 Basispunkte weniger zahlt, während B bei den variablen Zinsen nur um 50 Basispunkte günstiger ist. Beide Seiten können diese Vorteile nutzen indem beispielsweise folgender Zinsswap vereinbart wird:

- Als **Nominalvolumen** wird für A und B jeweils **1 Mio. €** festgelegt. Dieser Betrag wird nicht ausgetauscht, sondern dient lediglich als Berechnungsgrundlage.
- Die **Laufzeit** des Swaps beträgt **10 Jahre**.
- **A zahlt** jährlich zum 2.1. einen **Festzins** von 5,5% auf das Nominalvolumen (also 55.000,- €) an B.
- **B zahlt** ebenfalls jährlich den am 2.1. festgestellten variablen Zins **EURIBOR** bezogen auf das Nominalvolumen an A. Beträgt der EURIBOR am 2.1. z. B. 3%, so zahlt B an A 30.000,- €.

Die komparativen Vorteile können jetzt genutzt werden, wenn A am Kapitalmarkt Finanzmittel zu EURIBOR plus 0,5% (50 BP) aufnimmt und B in gleicher Höhe sich Finanzmittel zu einem Festzins von 5% p. a. am Kapitalmarkt beschafft. Die daraus resultierenden Zahlungsströme sind analog zur allgemeinen Darstellung eines Swaps in Abschnitt 3.4.4 (siehe Abbildung 3.10) grafisch in Abbildung 4.5 dargestellt.

Unternehmen A zahlt für die aufgenommen Mittel [1] den EURIBOR plus 50 Basispunkte [4]. Gleichzeitig zahlt A an B den Festzins in Höhe von 5,5% p. a. [2] und bekommt dafür von B den EURIBOR [3]. Insgesamt zahlt A also 6% p. a. fest (EURIBOR + 50 Bp + 5,5% - EURIBOR). Als Festzins müsste A normalerweise 6,5% bezahlen, d. h. A hat durch den Zinsswap einen **Vorteil** von **0,5%** erreicht.

Unternehmen B zahlt für die aufgenommenen Mittel den Festzins von 5% und gleichzeitig den variablen Zins EURIBOR an A [3]. Insgesamt zahlt B also EURIBOR minus 50 Basispunkte (EURIBOR + 5% – 5,5%) für die aufgenommenen Mittel. Normalerweise müsste B für die aufgenommenen Mittel EURIBOR bezahlen. B erzielt durch den Zinsswap also einen **Vorteil** von ebenfalls **0,5%**.

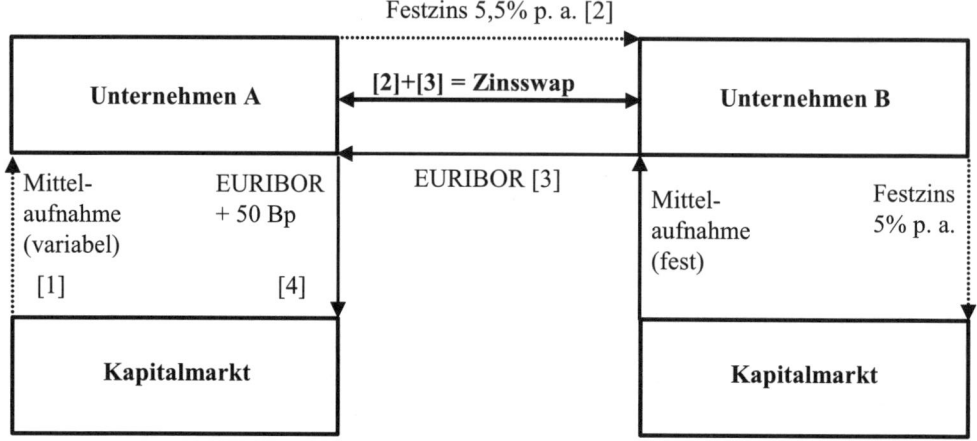

Abb. 4.5   *Beispiel für die Funktionsweise eines Zinsswaps*

Der durch die unterschiedlichen Finanzierungsmöglichkeiten **insgesamt** zu verteilende **Vorteil** beträgt also in diesem Fall 1% bzw. 100 Basispunkte, der jeweils **zur Hälfte** aufgeteilt wird. Der gesamte Vorteil ergibt sich aus dem Unterschied zwischen den Differenzen bei den Konditionen für den Festzins und den variablen Zinsen (6,5% - 5% = 1,5% und EURIBOR + 0,5% – EURIBOR = 0,5%; Der Unterschied von 1,5% zu 0,5% ergibt den Gesamtvorteil).

Wie dieser Vorteil zwischen den Vertragspartnern aufgeteilt wird, hängt von der jeweiligen **Verhandlungsposition** ab. Wäre z. B. Unternehmen A gegenüber B in einer besseren Verhandlungsposition, so könnte sich dies z. B. darin niederschlagen, dass A nur einen Festzins in Höhe von 5,3% p. a. an B zahlt. Der Vorteil für B würde sich dann nur noch auf 0,3% belaufen und für A dagegen 0,7% betragen. Insgesamt ergibt sich jedoch stets 1% (100 Bp).

Neben der Verhandlungsposition spielt für die Gestaltung von Zinsswaps noch die **Erwartungen** der Vertragspartner bezüglich der **zukünftigen Zinsentwicklungen** eine Rolle. So wird im obigen Beispiel Unternehmen A in der Zukunft steigende Zinsen erwarten (da A dann einen höheren EURIBOR-Satz erhält und weiterhin nur 5,5% zahlt) und B dagegen mit fallenden Zinssätzen rechnen (da B weiterhin 5,5% bekommt aber einen geringeren EURIBOR-Satz nur noch zahlen muss). Diese Motivation bestimmte Swaps abzuschließen hat eher **spekulativen Charakter** und wird nicht weiter behandelt.

Für die **Steuerung** im **Risikomanagement** besitzen Swaps eine größere Bedeutung, wenn z. B. die Zahlungsströme aus einem Swap zur Vermeidung eines Zinsänderungsrisikos eingesetzt werden, welches aus originären Kundengeschäften resultiert. Für eine Verdeutlichung dieser Einsatzmöglichkeit von Swaps sei folgendes **Beispiel** angenommen:

Unternehmen A sei die Finanzierungsgesellschaft eines Kfz-Herstellers. Seinen Kunden hat A **Darlehen** mit einem **Festzins** in Höhe von **7%** und mit einer Laufzeit von 10 Jahren zur Finanzierung von Autokäufen gewährt. Diese Darlehen refinanziert A durch die oben genannten am Kapitalmarkt aufgenommenen Mittel zu EURIBOR plus 0,5%. Ohne Abschluss des oben beschriebenen Zinsswaps hätte A ein **Zinsänderungsrisiko**, wenn der EURIBOR-Satz steigen würde, da dann die Differenz zum Festzins der Darlehen von 7% sinken würde. Durch Abschluss des Zinsswaps hat Unternehmen A immer einen konstanten Gewinn von 1% ohne jegliches Zinsänderungsrisiko. Diese Gewinnmarge ergibt sich durch die Differenz des Festzinses von den Kunden in Höhe von 7% abzüglich der Festzinszahlung aus dem Swap von 5,5% und abzüglich des Aufschlages für die variable Refinanzierung am Kapitalmarkt in Höhe von 0,5%. Aufgrund dieser Anwendungsmöglichkeit erfreuen sich Zinsswaps in der betriebswirtschaftlichen Praxis eines großen und immer noch wachsenden Zuspruches. Der Zusammenhang ist in Abbildung 4.6 grafisch veranschaulicht.

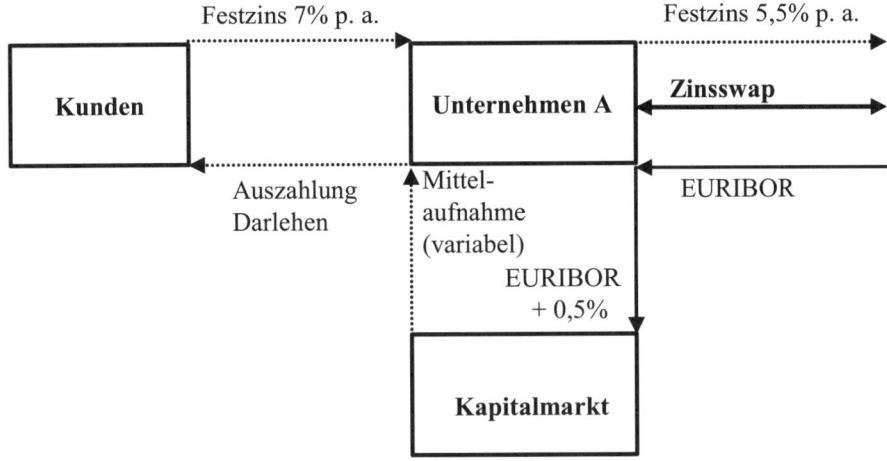

Abb. 4.6   *Einsatz eines Zinsswaps als Steuerungsinstrument im Risikomanagement*

Neben Zinsswaps kann das Zinsänderungsrisiko auch durch den Einsatz von Zinsoptionen kompensiert werden.

Zinsoptionen

Für die **Funktionsweise** von **Zinsoptionen** gilt das gleiche Grundprinzip wie es in Abschnitt 3.4.2 ausführlich dargestellt wird. Bezüglich der **Basisposition** von Zinsoptionen gibt es unterschiedliche Gestaltungsmöglichkeiten von Zinsoptionen, von denen die folgenden vier Arten die größte Bedeutung besitzen:

1. Optionen auf den Kauf oder Verkauf von Zinspositionen (z. B. Bundesanleihen),
2. Optionen auf den späteren Abschluss zinsabhängiger Derivate, wie z. B. Zinsswaps (so genannte Swaptions oder Swapoptionen) oder Zins-Futures (Bund-Future).
3. Optionen auf eine Zinsobergrenze für variabel verzinste Positionen (so genannte Caps) und
4. Optionen auf eine Zinsuntergrenze für variabel verzinste Positionen (so genannte Floors).

Für die Anwendung im Risikomanagement zur Steuerung von Zinsänderungsrisiken, die durch den Kauf von z. B. Bundesanleihen, wie oben beschrieben, entstehen, spielt die Zinsoption der 1. Art die wichtigste Rolle. Die unmittelbare **Wirkungsweise** einer Zinsoption wird beispielhaft für den Kauf einer Verkaufsoption (Long-Put) mit dem Basistitel einer Bundesanleihe verdeutlicht. Als Basistitel wird wieder die obige Bundesanleihe A mit den Merkmalen

- Nennwert: 100,- € pro Stück,
- Laufzeit: 3 Jahre,
- Kuponzins: 4% p. a. jährliche Ausschüttung,

herangezogen. Bei den aktuellen Kapitalmarktzinsen (1 Jahr: 3%; 2 Jahre: 4%; 3 Jahre: 5%) hat die Anleihe einen Barwert von B = 97,42 €. Mit der Verkaufsoption wird das Recht erworben, diese Anleihe in drei Monaten zu einem Ausübungspreis von E = 97,- € zu verkaufen. Die Optionsprämie beträgt P = 0,50 €. Mit Hilfe der Verkaufsoption sichert sich der Käufer gegen fallende Kurse aufgrund **steigender Kapitalmarktzinsen** ab. Mögliche Gewinnchancen durch sinkende Zinsen bleiben gleichzeitig erhalten. Das zugehörige Gewinn- und Verlust-Profil für die Bundesanleihe zuzüglich der Verkaufsoption ist in Abbildung 4.7 dargestellt.

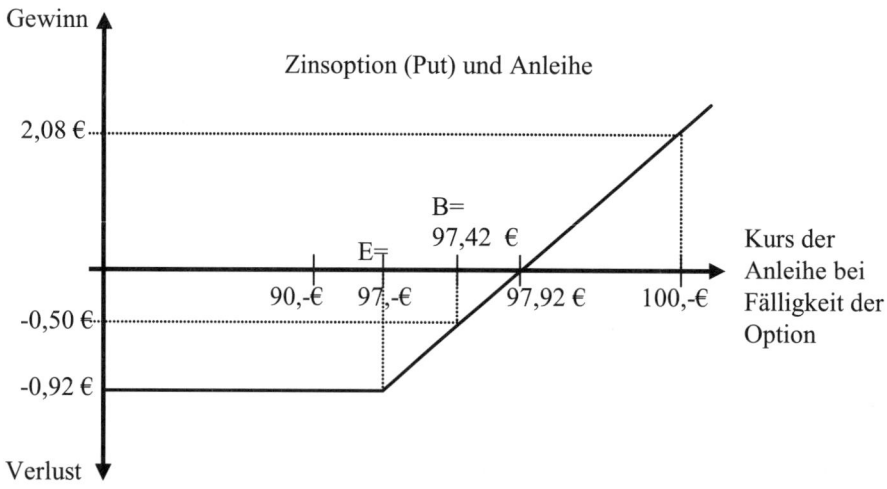

Abb. 4.7   *Gewinn- und Verlust-Profil einer Zinsoption (Put) und der zugehörigen Anleihe*

Bei **sinkenden Zinsen** und steigenden Kursen wird ab einem Marktwert der Anleihe (Kurs) von 97,92 € ein **Gewinn** erzielt. Bei **steigenden Zinsen** und einem Kurs unter 97,- € wird der **Verlust** insgesamt auf 0,92 € **begrenzt** (0,50 € Optionsprämie und Kursverlust aus aktuellem Kurs und Ausübungspreis von 97,42 € – 97,- € = 0,42 €).

In Abbildung 4.7 wird von einer konstanten Optionsprämie über die Zeit ausgegangen, d. h. es wird nur der **innere Wert** der Option betrachtet, der sich aus der Differenz vom Preis der Basisposition und dem Ausübungspreis ergibt. Der **Zeitwert** der Zinsoption wird **vernachlässigt**.

Aus der Definition und Funktionsweise von Zinsoptionen leiten sich folgende **besondere Eigenschaften** von **Zinsoptionen** gegenüber den allgemeinen Eigenschaften von Optionen (siehe Abschnitt 3.4.2) ab:

- Für eine mögliche **Bestimmung** des **Zeitwertes** einer Zinsoption ergeben sich besondere Schwierigkeiten bei der Bestimmung der Änderung der einzelnen Zinssätze und der Zinsstruktur und der Korrelation der Zinssätze untereinander sowie deren Auswirkungen auf den Zeitwert.
- Bei der **Analyse** von **Aktienoptionen** (oder auch Devisenpositionen) stehen die Schwankungen des Aktienkurses im Vordergrund. Für andere Einflussgrößen, wie z. B. der risikolose Zins, konnte daher vereinfachend eine zeitliche Konstanz angenommen werden. Bei der Analyse von Zinsoptionen ist dies wegen der Zinsempfindlichkeit nicht mehr möglich, d. h. es müssen besondere Überlegungen zur **Berücksichtigung schwankender Volatilitäten** von Zinssätzen angestellt werden. Dies erschwert die Analyse von Zinsoptionen.
- Im Zeitablauf nimmt die **Restlaufzeit** von Anleihen automatisch ab. Das wichtige Merkmal Laufzeit zur Bewertung des Basistitels (Anleihe) unterscheidet sich damit automatisch zwischen dem Zeitpunkt des Kaufes der Option und dem Zeitpunkt der Ausübung bzw. Fälligkeit der Option.
- In der zeitlichen Befristung von Zinspositionen (Fälligkeit, Restlaufzeit) liegt eine weitere Besonderheit von Zinsoptionen. Wenn die Tilgung einer Anleihe 100 beträgt, so leuchtet unmittelbar ein, dass mit abnehmender Restlaufzeit die **Schwankung** des **Anleihepreises** immer mehr **fällt**, da ja die sichere Tilgung zu 100 immer wahrscheinlicher wird. Am Tag der Fälligkeit muss die Volatilität schließlich null betragen.

Die Problematik der zeitlichen Befristung von Anleihen bzw. der im Zeitablauf automatisch abnehmenden Restlaufzeit wird bei standardisierten **Zinsfutures** behoben, indem als Basistitel eine **theoretische Anleihe** konstruiert wird, deren **Laufzeit** immer **gleich** ist.

Zins-Futures

Zins-Futures werden in verschiedenen Varianten durchgeführt. Zum einen werden so genannte **OTC** (Over The Counter)-Verträge abgeschlossen, bei denen individuelle Vereinbarungen getroffen werden, um die unterschiedlichen Bedürfnisse der Vertragspartner zu berücksichtigen. Auf diese frei ausgehandelten Verträge wird nicht weiter eingegangen, da sie hauptsächlich zwischen Banken oder Finanzintermediären vereinbart werden, und somit für eine breite Anwendung im Risikomanagement von Nichtbanken ungeeignet sind. Für einen breiten Einsatzbereich im Risikomanagement ist dagegen besonders der Bund-Future geeignet.

> Der **Bund-Future** ist ein börsengehandeltes, standardisiertes Termingeschäft, mit der Verpflichtung ein bestimmtes Nominalvolumen einer synthetischen deutschen Bundesanleihe zu einem bestimmten Zeitpunkt zu kaufen (Long-Position) oder zu verkaufen (Short-Position).

Der standardisierte Bund-Future per se ist im Einzelnen durch folgende **Merkmale** gekennzeichnet:

- Als synthetische Anleihe dient eine Bundesanleihe mit einem **Zinskupon** von **6%** und einer **Laufzeit** von genau **10 Jahren**.
- Die standardisierten **Erfüllungstermine** sind jeweils der 10. März, 10. Juni, 10. September und der 10. Dezember, wobei immer die nächsten drei Liefertermine zur Verfügung stehen (also drei, sechs und neun Monate Laufzeit).
- Der Future-Preis für die synthetische Anleihe wird permanent an der Börse gehandelt. Aufgrund der Standardisierung besitzt der Bund-Future an den Börsen eine **hohe Liquidität**.
- Die Abwicklung zwischen den Vertragsparteien erfolgt durch eine **Clearingstelle**, wodurch die Abwicklung und Erfüllung gewährleistet wird.
- Die Future-Kontrakte werden **täglich bewertet** und eventuelle Gewinne oder Verluste müssen sofort über die Clearingstelle verrechnet werden.
- Die synthetische Anleihe wird stellvertretend für die tatsächlich lieferbaren Anleihen mit einer Restlaufzeit zwischen 8,5 und 10,5 Jahren gehandelt. Als Verbindung zwischen der synthetischen Anleihe und den tatsächlich lieferbaren Anleihen dienen so genannte **Konversionsfaktoren** (auch Preisfaktoren genannt).
- Ein Future-Kontrakt bezieht sich immer auf ein **Nominalvolumen** von **1 Mio. €**.
- Ein Future-Kontrakt kann täglich durch Abschluss einer **Gegenposition glattgestellt** (neutralisiert) werden.

Die **Wirkungsweise** und Einsatzmöglichkeit eines Bund-Future im Risikomanagement wird an folgendem **Beispiel** verdeutlicht:

Ein Unternehmen hat Investitionsgüter im Umfang von 1 Mio. € gekauft. Da der Kaufpreis erst in 6 Wochen zu leisten ist, werden diese Mittel in eine Bundesanleihe mit einer Restlaufzeit von 10 Jahren investiert. Der Kaufkurs der Anleihe beträgt 98%. Zur Absicherung des Zinsänderungsrisikos dieser Anleihe wird **ein Future-Kontrakt** (1 Mio. €) zum Futurepreis von **97,90% verkauft**. Nach 6 Wochen sind die **Zinsen** um 50 Basispunkte **gestiegen**, wodurch der Futurekurs auf 97,45% gesunken ist und die Anleihe zu 97,50% notiert.

Das Unternehmen erhält durch die Glattstellung des Future-Kontraktes 4.500,- € als **Gewinn ausbezahlt** (97,90% – 97,45% bezogen auf 1 Mio. € Nominalvolumen). Gleichzeitig wird durch den Verkauf der **Anleihe** ein **Verlust** gegenüber dem Kaufkurs von 5.000,- € (98,00% – 97,50% bezogen auf das Nominalvolumen von 1 Mio. €) realisiert. Der Verlust aus dem Verkauf der Anleihe wird also zu einem großen Teil durch den Bund-Future kompensiert, wodurch lediglich ein Gesamtverlust von 500,- € realisiert wird (die Differenz von 500,- € basiert auf den **unterschiedlichen Zinssensitivitäten** zwischen tatsächlicher Anleihe und der synthetischen Anleihe des Bund-Futures).

Analog umgekehrt würde bei sinkenden Zinsen das Unternehmen aus dem Bund Future einen Verlust ausgleichen müssen, der den gleichzeitigen Gewinn aus dem Verkauf der Anleihe kompensieren würde. Im **Ergebnis** können aus Sicht der Steuerung im Risikomanagement folgende **Eigenschaften** festgehalten werden:

- Bund-Future Kontrakte eignen sich zur **Absicherung** von **Kursverlusten** von vorhandenen Anleihen. Dabei wird auch gleichzeitig auf mögliche **Kursgewinne verzichtet**, da diese durch entsprechende Verluste des Future-Kontraktes ebenfalls ausgeglichen würden.
- Bund-Futures sind aufgrund der hohen Liquidität und ihrer Flexibilität (Möglichkeit der täglichen Abrechnung bzw. Glattstellung) ein geeignetes Instrument zur **Absicherung bestehender Anleiheportfolios**.
- Durch den Einsatz von Bund-Futures können vorhandene liquide Mittel auch für **kurzfristige Zeiträume** höherverzinslich (als dies durch kurzfristige Geldmarktpapiere möglich wäre) durch **Kuponerträge** aus langfristigen Anleihen angelegt werden.

Damit sind die wichtigsten Aspekte des Zinsänderungsrisikos dargestellt. Im folgenden Abschnitt wird mit dem Wechselkursrisiko ein ebenfalls sehr bedeutsames Marktpreisrisiko behandelt.

4.1.2   Wechselkursrisiko

Nach dem Zinsänderungsrisiko spielt das Wechselkursrisiko insbesondere bei **export**- oder **importorientierten Volkswirtschaften** eine wichtige Rolle. Besonders deutsche Unternehmen mit einem hohen Exportanteil sind vom Wechselkursrisiko stark betroffen.

> Unter dem **Wechselkursrisiko** wird die negative Abweichung von einer geplanten Zielgröße (Vermögen, Gewinn) aufgrund unsicherer zukünftiger Entwicklungen der Wechselkurse verstanden.

Grundlagen des Wechselkursrisikos

Für den Einsatz von Steuerungsinstrumenten im Rahmen des Risikomanagements von Wechselkursrisiken müssen verschiedene **Arten** von **Wechselkursrisiken** unterschieden werden, denen dann auch unterschiedliche Instrumente zugeordnet werden. Zu den unterschiedlichen Ausprägungen des Wechselkursrisikos gehören folgenden Formen:

- Das **strategische Wechselkursrisiko** entsteht aufgrund fundamentaler Wechselkursveränderungen, welche die zukünftige Wettbewerbsfähigkeit exportorientierter inländischer Unternehmen dauerhaft gefährden können. Bei dem strategischen Wechselkursrisiko stehen die Langfristigkeit und die Dauerhaftigkeit eines bestimmten Wechselkursniveaus im Vordergrund.

- **Translationsrisiken** sind Risiken, die aus der Währungsumrechnung internationaler Konzerne resultieren. Es handelt sich dabei lediglich um buchwertbezogene Umrechnungsrisiken, die z. B. bei der Erstellung einer konsolidierten (Welt-)Bilanz sichtbar werden. Es handelt sich jedoch dabei um kein Wechselkursrisiko im klassischen Sinne der obigen Definition. Der Konzern als Ganzes erleidet **keinen Schaden** durch Wechselkursänderungen, sondern lediglich innerhalb des Konzerns verschieben sich bestimmte Positionen durch die Bewertung veränderter Wechselkurse.
- Unter den **Transaktionsrisiken** werden offene Devisenpositionen verstanden, die durch Wechselkursänderungen an Wert verlieren können. Zum Transaktionsrisiko gehören auch die Terminrisiken (beim Wechselkursrisiko auch Swapsatzrisiken genannt), die durch das zeitliche Auseinanderfallen verschiedener Devisenpositionen entstehen können. Bei den Transaktionsrisiken stehen die Kurzfristigkeit und die Volatilität der Wechselkurse im Vordergrund.

Für die Analyse und Steuerung des Wechselkursrisikos müssen folgende **Eigenschaften** berücksichtigt bzw. Prämissen festgelegt werden:

- Mit der Einführung des Euro zum 1.1.1999 (Bargeldeinführung 1.1.2002) fand ein Wechsel von der **Preis-** zur **Mengennotierung** statt. Vor der Euro-Einführung wurde z. B. die DM gegenüber dem US-Dollar in der Form 2,40 DM / 1 US-Dollar als Wechselkurs notiert. Der Preis für einen US-Dollar betrug 2,40 DM, daher **Preisnotierung**. Seit der Einführung des Euro wird der US-Dollar gegenüber dem Euro in der Form 1,20 US-Dollar / 1 € notiert. Für einen Euro (inländische Währungseinheit) ergibt sich 1,20 US-Dollar Mengen an ausländischer Währung, daher Mengennotierung. Für alle weiteren Ausführungen in diesem Buch wird die **Mengennotierung** verwendet und als **inländische Währung** der **Euro** zugrunde gelegt.
- Für die **Messung** des **Wechselkursrisikos** wird in die Währungsposition (Währungs-Exposure) und in Wechselkursvolatilitäten unterschieden.
- Unter der **Währungsposition** wird die Höhe der zeitlich und/oder betraglich offenen Devisenpositionen in ausländischer Währungseinheit verstanden.
- Die Schwankung der Wechselkurse (**Wechselkursvolatilitäten**) beeinflusst den Wert einer Währungsposition. Die Wechselkurse bilden sich an den Finanzmärkten unter anderem aufgrund volkswirtschaftlicher Einflussgrößen und können daher von den Unternehmen nicht gesteuert werden, sondern sind aus Unternehmenssicht exogene Größen.
- Die **Volatilitäten** einzelner Wechselkurse können schwanken.
- Die **Korrelationen** zwischen den Wechselkursen verschiedener Währungen können sich ändern.

Die verschiedenen Arten des Wechselkursrisikos und die zugehörigen Steuerungsinstrumente des Risikomanagements sind in Abbildung 4.8 im Überblick dargestellt.

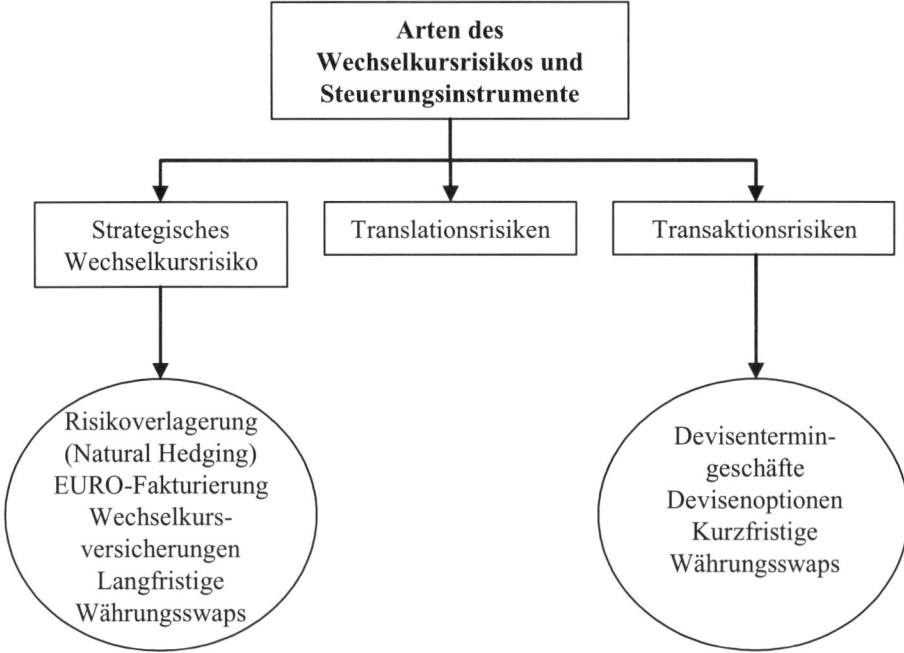

Abb. 4.8 *Arten des Wechselkursrisikos und zugehörige Steuerungsinstrumente*

Die Analyse und Steuerung des **strategischen Wechselkursrisikos** wird an folgendem **Beispiel** verdeutlicht:

Die Auto AG baut in Deutschland Autos und verkauft diese zu einem großen Teil in die USA (Export) zu folgenden Konditionen:

- Der **Verkaufspreis** beträgt in Europa pro Auto 20.000 €. In den USA entspricht dies bei einem aktuellen Wechselkurs von 1,15 US-$/€ einem geplanten Verkaufspreis von 23.000 US-$ (20.000 x 1,15).
- Bei einem Verkaufspreis von 20.000 € beträgt die **Gewinnmarge** in Deutschland 3.000 €.

Eine strategische Aufwertung des EURO würde einen **langfristigen, nachhaltigen Anstieg** des Wechselkurses auf z. B. 1,30 US-$/€ bedeuten und hätte folgende Auswirkungen zur Konsequenz:

- Würde sich aufgrund der Marktlage in den USA weiterhin dort nur ein Verkaufspreis von 23.000 US-$ pro Auto erzielen lassen, so würde dieser Wert in Deutschland dann durch die **Aufwertung** nur noch einem Betrag von 17.692,31 € (23.000,- US-$ / 1,30) entsprechen.
- Der **Schaden** bestünde für die Auto AG in der Verminderung der Gewinnmarge von 3.000 € auf nur noch 692,31 € (17.692,31 € - 17.000,- €)!

- Alternativ könnte die Auto AG versuchen das Auto in den USA zu einem **höheren Verkaufspreis** von 26.000 US-$ zu verkaufen (um wieder als Gegenwert 26.000 US-$ / 1,30 = 20.000 € zu erhalten), sofern dies markt- und konkurrenztechnisch möglich wäre bzw. strategisch überhaupt gewünscht wäre.

Eine Möglichkeit der Steuerung des strategischen Wechselkursrisikos ist die **Risikoverlagerung** ganzer Wertschöpfungsketten vom Einkauf bis zum Vertrieb in die jeweilige Fremdwährungszone (in der Regel US-$ Währungsraum). Dabei werden die in US-$ erzielten Umsatzerlöse verwendet, um die Güterherstellung (Löhne, Betriebsstoffe, Material usw.) in dem Fremdwährungsland in der gleichen Währung (US-$) zu finanzieren. So wird auf natürliche Weise das Wechselkursrisiko zwischen US-Dollar und EURO eliminiert. Daher wird diese Form der Wechselkursrisikoverlagerung auch **Natural Hedging** genannt. Der Begriff begründet sich auch in der Möglichkeit, bei einer Aufwertung des EURO, Rohstoffe, die auf US-$ Basis abgerechnet werden, jetzt günstiger einkaufen zu können.

Diese Form der Risikosteuerung besitzt jedoch auch einen entscheidenden **Nachteil**. So stellt sich die Frage der Gewinnverwendung. Werden die in US-$ erzielten Gewinne in der ausgelagerten Unternehmensorganisation einbehalten, so entsteht lediglich ein **Translationsrisiko** bezüglich der Erstellung der konsolidierten Bilanz. Werden die Gewinne jedoch in EURO umgetauscht, so entsteht wieder ein **Wechselkursrisiko** und das ursprüngliche Wechselkursrisiko ist nicht vollständig eliminiert worden, sondern es ist lediglich auf die Höhe der Gewinnabführung begrenzt worden. Aber auch bei einer Einbehaltung der US-$-Gewinne ist das Wechselkursrisiko nicht vollständig eliminiert, sondern wird nur zeitlich hinausgeschoben, bis der Tausch wieder zurück in EURO erfolgt. Der Vorteil bei dieser Strategie besteht darin, einen günstigen **Zeitpunkt** für einen **vorteilhaften Wechselkurs** abzuwarten.

Um das strategische **Wechselkursrisiko** vollständig zu **überwälzen** gibt es zwei Möglichkeiten:

- Die Ex- und/oder Importe werden in **EURO fakturiert** (abgerechnet). Damit wird das Wechselkursrisiko vollständig auf den Geschäftspartner überwälzt.
- Es werden **Wechselkursversicherungen** mit z. B. Euler Hermes oder der AGA der Bundesrepublik Deutschland (Auslandsgeschäftsabsicherung) abgeschlossen. Dadurch sollen bestimmte wirtschaftliche Entwicklungen öffentlich gefördert werden.

Der Abschluss von Kaufverträgen in EURO ist in erster Linie eine Frage der jeweiligen **Verhandlungsposition** und damit nur eine sehr **spezifische Steuerungsmöglichkeit**. Auch besteht die Möglichkeit, dass der ausländische Käufer das Währungsrisiko für einen entsprechenden Preisnachlass übernimmt. Inwieweit diese Möglichkeit der Risikoüberwälzung überhaupt angewendet werden kann, hängt sehr stark von den Produkten und der Branche ab.

Der Abschluss von Wechselkursversicherungen in Form von **Garantien** und **Bürgschaften** dient der längerfristigen Absicherung bzw. Überwälzung von Wechselkursrisiken. Der Abschluss von Wechselkursversicherungen ist an **bestimmte Voraussetzungen** gebunden, wie z. B. die Förderungswürdigkeit und eine fehlende anderweitige Absicherungsmöglichkeit. Damit steht dieses Steuerungsinstrument auch nur in spezifischen Situationen und für bestimmte Unternehmen zur Verfügung.

Währungs-Swaps

Der Abschluss von **langfristigen Währungs-Swaps** bietet die Möglichkeit, das strategische Wechselkursrisiko zu kompensieren. Bei einem Währungs-Swap vereinbaren die Vertragspartner

- zu Beginn den **Austausch** von Finanzmitteln in **unterschiedlichen Währungen** zu einem bestimmten Wechselkurs (z. B. zahlt das deutsche Unternehmen A 1 Mio. € an das US-Unternehmen B und B zahlt (bei einem Wechselkurs von 1,15 US-$/€) an A 1.150.000 US-$,
- den jährlichen Austausch von **Zinszahlungen** auf das ursprünglich ausgetauschte Kapital zu den vereinbarten Zinssätzen in der jeweils lokalen Währung (A zahlt 3% = 34.500,- US-$ Zinsen an B und B zahlt 4% = 40.000,- € Zinsen an A) und
- den **Rücktausch** des ursprünglichen Kapitals zu einem bestimmten Wechselkurs (z. B. zum ursprüngliche Kurs von 1,15 US-$/€ oder auch zum Terminkurs) nach einer langfristigen **Laufzeit** (z. B. 10 Jahre).

Die Funktionsweise des Währungs-Swaps ist in Abbildung 4.9 verdeutlicht.

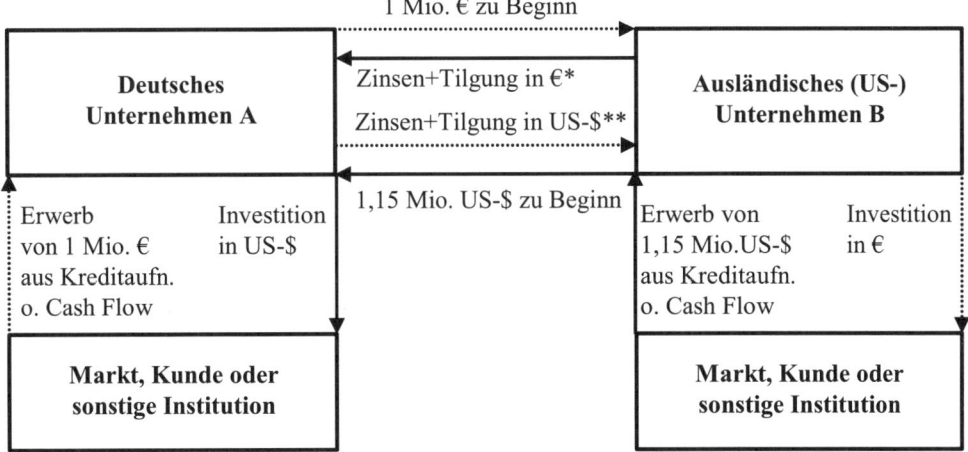

*: jährliche Zinszahlungen von 40.000 € + 1 Mio. € Tilgung nach 10 Jahren
**: jährliche Zinszahlungen von 34.500 US-$ + 1,15 Mio. US-$ Tilgung nach 10 Jahren

Abb. 4.9   *Funktionsweise eines Währungs-Swaps*

Das deutsche Unternehmen zahlt also zu Beginn 1 Mio. € an den Swappartner B. Diese Mittel bezieht das deutsche Unternehmen durch eine Kreditaufnahme oder aus erwirtschafteten Cash Flows. Unternehmen B zahlt gleichzeitig 1,15 Mio. US-$ an A. Der Vorteil besteht für beide Unternehmen an einer möglichen **vorteilhaften Mittelbeschaffung** in den jeweiligen Heimatländern gegenüber einer Beschaffung im Fremdwährungsraum.

Das deutsche Unternehmen A investiert die von B erhaltenen 1,15 Mio. US-$ und erzielt daraus **langfristig Rückzahlungen** in US-$ (z. B. aus dem Export von Autos in die USA). Die Rückzahlungen werden für die Zinsen und Tilgung an B verwendet und sind damit langfristig **keinem Wechselkursrisiko** ausgesetzt. Analog umgekehrt handelt das Unternehmen B auf Euro-Basis.

Die Absicherung des strategischen Wechselkursrisikos durch Währungs-Swaps besitzt zwei **Nachteile**:

- Die Unternehmen gewähren dem Swappartner einen Kredit in der heimischen Währung. Es besteht somit ein Kreditausfallrisiko. Wird einer der Swappartner zahlungsunfähig, so kann der geschädigte Partner auf den Kredit des insolventen Partners zurückgreifen und diesen nicht bedienen (d. h. die Zins- und Tilgungszahlungen ebenfalls einstellen). Damit ist das **Kreditrisiko** eines Währungs-Swaps stark **begrenzt**. Es verbleibt insbesondere aufgrund der Langfristigkeit zu dem Zeitpunkt des Ausfalls eines Partners jedoch ein mögliches, nicht unerhebliches **Wechselkursrisiko**.
- Die Nutzung der komparativen Vorteile durch einen langfristigen Währungs-Swap setzt die **Existenz** von **Unternehmen** mit **entsprechenden Interessen** (bezügliche der Höhe der Zahlungen, der Währungen und der Fristigkeiten) voraus und insbesondere auch die gegenseitige Kenntnis derselbigen. Damit stehen Währungs-Swaps nicht für jedes Unternehmen mit Wechselkursrisiken allgemein und leicht zugänglich in jeder gewünschten Form zur Verfügung, da es nicht für jede Form des Währungs-Swaps ein Partner-Unternehmen geben muss.

Für die Steuerung des **Transaktionsrisikos** von Währungspositionen können auch **Währungs-Swaps** mit **kurzer Laufzeit** (drei Monate bis zwei Jahre) angewendet werden. Die Funktionsweise ist mit den obigen Ausführungen zu einem langfristigen Währungs-Swap identisch. Lediglich die Auswirkungen des Wechselkursrisikos bei einem Ausfall eines Swappartners sind bei einer kürzeren Laufzeit wahrscheinlich geringer.

Im Rahmen der Steuerung und Analyse des Wechselkursrisikos durch Transaktionen spielen die Devisentermingeschäfte eine wichtige Rolle.

Devisentermingeschäfte

Bei Devisentermingeschäften handelt es sich von der Funktionsweise um **Futures** (siehe Abschnitt 3.4.3).

> Ein **Devisentermingeschäft** ist die Verpflichtung, Devisenpositionen zu einem bestimmten Zeitpunkt in der Zukunft zu einem vorher festgelegten Wechselkurs zu kaufen oder zu verkaufen.

Für die Anwendung von Devisentermingeschäften im Rahmen der Risikokompensation unterscheidet sich das Wechselkursrisiko in einer **wesentlichen Eigenschaft** von anderen Marktpreisrisiken. Bei Aktien liegt das Risiko in zukünftigen Vermögensänderungen, da die Aktienposition bereits vorhanden ist. Bei Währungen liegt das Risiko darin begründet, dass in der Zukunft dem Unternehmen Vermögenspositionen (Devisenpositionen) zufließen, deren zukünftiger Wert in der Heimatwährung heute nicht bekannt und damit risikobehaftet ist.

Aus diesem Grund spielen Devisentermingeschäfte eine besondere Rolle, da somit auf heutiger Kalkulationsgrundlage zukünftige Devisenpositionen zu einem bestimmten Terminkurs abgesichert werden können. Wird auf das Ausgangsbeispiel des strategischen Wechselkursrisikos zurückgegriffen, so kann die Gewinnmarge durch den zukünftigen Verkauf von Autos abgesichert werden. Für die **Anwendung** und Verdeutlichung der **Funktionsweise** wird dieses **Beispiel** noch um folgende notwendige Angaben des Devisenmarktes ergänzt:

- Die Geldanlage und Kreditaufnahme in US-$ kann zu einem Zinssatz von 3% p. a. erfolgen.
- Die Geldanlage und Kreditaufnahme in Euro kann zu einem Zinssatz von 4% p. a. erfolgen.
- Der aktuelle Wechselkurs (Devisenkassakurs) beträgt 1,15 US-$/€.

Die Auto AG plane jetzt den Verkauf in den USA von 50 Autos zu je 23.000,- US-$ (= 20.000,- €) auf Basis der heutigen Kalkulationsgrundlage (d. h. insbesondere eine Gewinnmarge von 3.000,- €). Aus dem Autoverkauf fließen der Auto AG genau nach einem Jahr 1,15 Mio. US-$ zu.

Durch Abschluss eines Termingeschäftes könnte die Auto AG jetzt die zukünftige Devisenposition von 1,15 Mio. US-$ absichern. Zu diesem Zweck stellt sich die Frage, zu welchem Terminkurs dies an den Devisenmärkten möglich wäre. Die Berechnung des Terminkurses erfolgt durch die Konstruktion eines so genannten **Finanz-Hedges**.

Die Durchführung des Finanz-Hedges besteht aus den folgenden zwei Finanztransaktionen, die beide gleichwertig sein müssen und aus denen sich dann der Terminkurs ergibt:

1. Die Auto AG nimmt heute einen Kredit über 1.116.505 US-$ für ein Jahr auf. Nach einem Jahr müssen einschließlich 3% Zinsen dafür 1.150.000 US-$ (1.116.505 US-$ x 1,03) zurückgezahlt werden, wofür der Verkaufserlös verwendet wird.
2. Die Auto AG nimmt wieder einen Kredit zu 1.116.505 US-$ auf und tauscht diesen Betrag zum aktuellen Wechselkurs von 1,15 US-$/€ in 970.874 € um (1.116.505 US-$ / 1,15). Dieser Euro-Betrag wird für ein Jahr zu 4% angelegt und ergibt einschließlich Zinsen und Rückzahlung nach einem Jahr 1.009.709 € (970.874 € x 1,04).

Da beide Finanztransaktionen gleichwertig sind, folgt, dass nach einem Jahr auch die sich daraus jeweils ergebenden Kapitalbeträge (1.150.000 US-$ und 1.009.709 €) gleichwertig sind. Diese **Gleichwertigkeit in einem Jahr** ist aber nur bei einem bestimmten Wechselkurs in einem Jahr gegeben. Dieser gesuchte Wechselkurs ist der Devisenterminkurs und ergibt sich aus

1.150.000 US-$ / 1.009.709 € = **1,1389 US-$/€**.

Dieser Terminkurs wird aus den aktuellen Informationen des Kapitalmarktes (aktueller Wechselkurs, Zinssätze in beiden Währungen) berechnet. Da an den Devisenmärkten nicht immer genau der berechnete Terminkurs auch zustande kommt, wird daher der berechnete

Terminkurs genauer **impliziter Devisenterminkurs** genannt. In den weiteren Ausführungen wird vereinfachend der implizite mit dem tatsächlichen Devisenterminkurs gleichgesetzt.

In Abbildung 4.10 ist zur Verdeutlichung die Berechnung des impliziten Devisenterminkurses anhand eines entsprechenden Finanz-Hedges grafisch dargestellt.

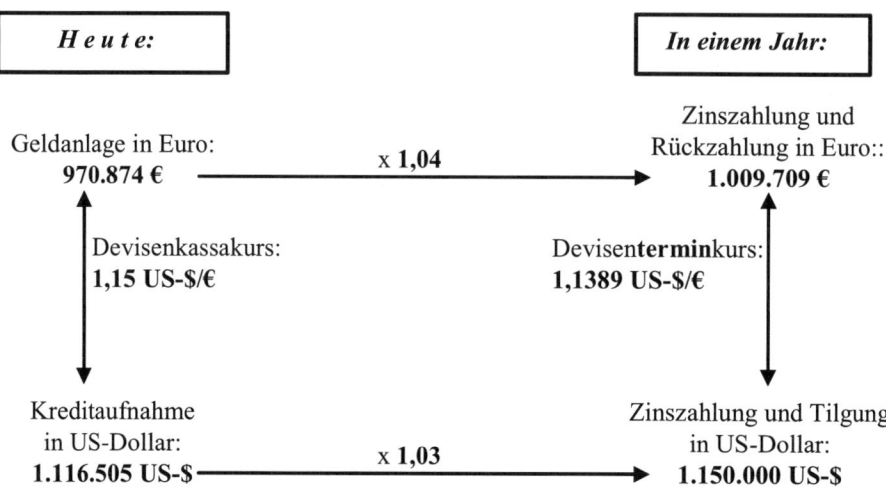

Abb. 4.10   *Berechnung des impliziten Devisenterminkurses anhand eines Finanz-Hedges*

Die Differenz zwischen dem Devisenterminkurs und aktuellem Devisenkassakurs wird **Devisen-Swapsatz** genannt und beträgt **-0,0111 US-$** (1,1389 US-$ - 1,1500 US-$). Ein negativer Devisen-Swapsatz wird **Deport** genannt und ein positiver Satz als **Report** bezeichnet. Der Devisenswapsatz kann auch direkt ohne die Abbildung über den Finanz-Hedge gemäß

$$Swapsatz = \frac{Kassakurs \cdot (Zins_{Ausland} - Zins_{Inland}) \cdot Tage}{36000 + Zins_{Inland} \cdot Tage}$$

$$= \frac{1,15 \cdot (3-4) \cdot 360}{36000 + 4 \cdot 360} = -0,0111$$

berechnet werden. Ist die Verzinsung im Inland höher als in der Fremdwährung so führt dies beim Devisenterminkurs zu einem Deport (Abschlag) auf den aktuellen Wechselkurs, weil die Anlage in Euro lukrativer ist und umgekehrt für einen Report.

Die Auswirkungen des Abschlusses eines Devisentermingeschäftes aus Sicht der Auto AG können für verschiedene Szenarien des **tatsächlichen Wechselkurses** in **einem Jahr** (der in der Realität nie mit dem impliziten Devisenterminkurs übereinstimmt) analysiert werden. Als **Szenarien** werden

1. 1,3000 US-$/€
2. 1,1389 US-$/€
3. 1,1000 US-$/€

ausgewählt. Innerhalb der Szenarien wird unterschieden, ob die Auto AG die Devisenposition in Höhe von 1,15 Mio. US-$ in einem Jahr per Termin zu 1,1389 US-$/€ verkauft hat oder nicht. Die Auswirkungen werden dabei direkt auf die ursprünglich kalkulierte Gewinnmarge von 3.000 € pro Auto, also insgesamt auf einen geplanten Gesamtgewinn von 150.000 €, bezogen.

In Szenario 1. würde die Auto AG ohne Abschluss des Devisentermingeschäftes eine Minderung des Gesamtgewinnes um 115.385 € auf 34.615 € hinnehmen müssen (1,15 Mio. US-$ / 1,30 – 50x17.000 € = 34.615 €). Mit Abschluss des Devisentermingeschäftes hätte die Gewinnmarge sogar auf 159.746 € erhöht werden können. Der Abschluss des **Devisentermingeschäftes** wäre also sehr **vorteilhaft** gewesen.

Bei einem zukünftigen Wechselkurs von 1,1389 in **Szenario 2.**, der dem Terminkurs entspricht, führen Devisentermingeschäft und keine Absicherung beide zu einer Erhöhung der Gewinnmarge auf 159.746 €. Es wäre **keine Vorteilhaftigkeit** realisiert worden.

Bei **Szenario 3.** hätte keine Absicherung eine Erhöhung des Gesamtgewinnes auf 195.455 € ergeben (1,15 Mio. US-$ / 1,10 – 50x17.000 € = 195.455 €). Die Absicherung zum Devisenterminkurs mit einer Gewinnmarge von nur 159.746 € wäre dann also **nachteilig**. Dieses Szenario wird daher auch als so genanntes **Swapsatzrisiko** bezeichnet. Das Swapsatzrisiko wird tragend, wenn ein für das Unternehmen „besserer" Devisenswapsatz tatsächlich eintritt (hier -0,0500 US-$ statt -0,0111), als mit dem Devisentermingeschäft realisiert worden ist.

Die **Steuerungsmöglichkeiten** im Rahmen der Risikosteuerung durch ein Devisentermingeschäft können anhand der Szenarien wie folgt zusammengefasst werden:

Durch Abschluss eines Devisentermingeschäftes kann die geplante und heute kalkulierte Gewinnmarge aus zukünftigen Fremdwährungspositionen zu einem bestimmten Terminkurs abgesichert werden. Werden **steigende Wechselkurse** erwartet oder steht die **Sicherheit** der **Gewinnkalkulation** im Vordergrund, so ist der Abschluss eines Devisentermingeschäftes hierfür geeignet. Wird jedoch auch mit sinkenden Wechselkursen gerechnet und soll nicht auf zusätzliche Gewinne verzichtet werden, so ist ein Devisentermingeschäft aufgrund des Swapsatzrisikos nicht zielgerichtet. In diesem Fall ist der Einsatz von Devisenoptionen zweckmäßiger.

Devisenoptionen

Devisenoptionen verbriefen das Recht, gegen Zahlung eines Entgeltes (=Optionsprämie) Devisenpositionen zu einem bestimmten Zeitpunkt in der Zukunft zu einem vorher festgelegten Wechselkurs verkaufen oder kaufen zu können.

Die Wirkungsweise kann an folgendem **Beispiel** für den Kauf einer Devisenoption (Put) verdeutlicht werden:

Eine Devisenoption berechtigt gegen Zahlung einer Optionsprämie von 0,01 € in einem Jahr zu einem Ausübungskurs von **1,18 US-$/€** einen US-Dollar zu verkaufen (Put). Für einen US-Dollar zahlt der Stillhalter der Option also in einem Jahr 0,8475 €. Der aktuelle Devisenkassakurs beträgt wiederum 1,15 US-$/€.

Wenn die Auto AG die zukünftige Devisenposition von 1,15 Mio. US-$ mit der Devisenoption absichern will, so müssen 1,15 Mio. Stück Verkaufsoptionen für 11.500,- € gekauft werden. Aus Sicht der Auto AG ergibt sich dann das in Abbildung 4.11 dargestellte Gewinn- und Verlust-Profil für die Verkaufsoption zuzüglich der Fremdwährungsposition.

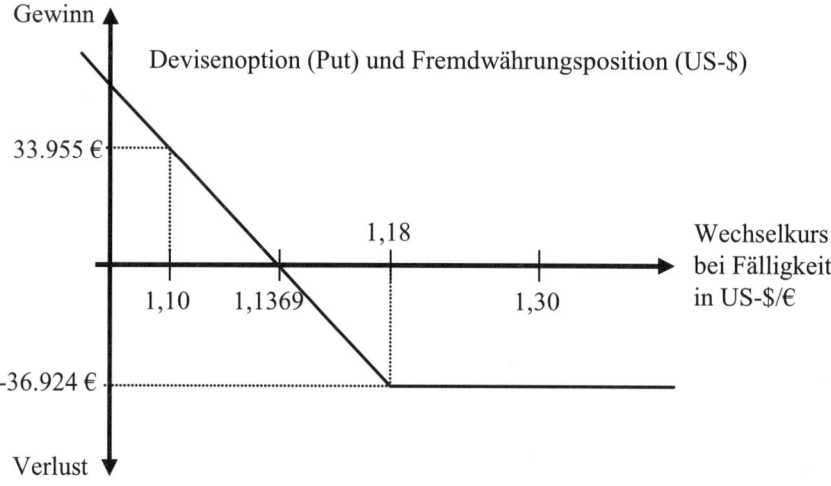

Abb. 4.11 *Gewinn- und Verlustprofil einer Devisenoption (Put) und der zugehörigen Fremdwährungsposition*

Der Verlauf der Kurve in Abbildung 4.11 verläuft genau entgegengesetzt wie die entsprechenden allgemeinen Darstellungen in Abschnitt 3.4.2 von Verkaufsoptionen und zugehöriger Basisposition (siehe Abbildung 3.7). Dies liegt an der Besonderheit der Betrachtung von Wechselkursen, wo durch sinkende Wechselkurse ein Vermögensgewinn entsteht und umgekehrt bei steigenden Kursen ein Verlust (also genau umgekehrt wie z. B. bei Aktien). Dies wird auch an den folgenden Ausführungen zu der obigen Grafik deutlich:

- Ist der Wechselkurs bei Fälligkeit auf **1,10 US-$/€** gesunken so ist die Devisenposition (Fremdwährungsposition) gegenüber dem Devisenkassakurs von 1,15 US-$/€ um 45.455 € (1,15 Mio. US-$ / 1,10 – 1,15 Mio. US-$ / 1,15) gestiegen. Diesem Vermögensgewinn steht ein Verlust von 11.500 € aus der Zahlung der Optionsprämie gegenüber, so dass sich ein Gesamtgewinn von **33.955 €** ergibt. Eine Ausübung der Verkaufsoption lohnt sich nicht, da der Wechselkurs bei Fälligkeit unter dem Ausübungskurs von 1,18 US-$/€ liegt.

- Der Gewinn aus der Devisenposition für einen Wechselkurs bei Fälligkeit von **1,1369 US-\$/€** von 11.500 € (1,15 Mio. US-\$ / 1,1369 – 1,15 Mio. US-\$ / 1,15) gleicht sich mit dem Verlust aus der Optionsprämie zu einem Gesamtgewinn-/verlust von **0 €** aus.
- Bis zu einem Wechselkurs von **1,18 US-\$/€** bei Fälligkeit wird die Option nicht ausgeübt. Für 1,18 US-\$/€ ergibt sich ein Gesamtverlust von **-36.924 €** (-25.424 € aus der Devisenposition und -11.500 aus der Optionsprämie).
- Für Wechselkurse von über 1,18 US-\$/€ kann aus der Ausübung der Option ein Gewinn erzielt werden, der für einen teilweisen Verlustausgleich der Devisenposition herangezogen wird. So liefert ein Wechselkurs von z. B. **1,30 US-\$/€** einen Verlust aus der Devisenposition von -115.385 €. Wird die Verkaufsoption ausgeübt, so können für 1,30 US-\$/€ 1,15 Mio. US-Dollar gekauft werden und sofort zum Ausübungskurs von 1,18 wieder verkauft werden. Daraus resultiert ein Gewinn von 89.961 € (1,15 Mio. US-\$ / 1,18 – 1,15 Mio. US-\$ / 1,30). Wird noch der Einsatz der Optionsprämie abgezogen, so ergibt sich ein Gesamtverlust von **-36.924 €**.

Steigt also der zukünftige Wechselkurs auf über 1,18 US-\$/€ an, so ist durch die Verkaufsoption (Put) der Gesamtverlust stets auf -36.924 € begrenzt. Bei höheren Wechselkursen gleichen sich die gestiegenen Verluste der Devisenposition immer durch die gleichzeitig gestiegenen Gewinne aus der Option genau aus. Mit Hilfe des Kaufs von Devisenoptionen (Puts) können also die **Verluste** durch steigende Wechselkurse (Euro-Aufwertung) bei Fremdwährungspositionen **begrenzt** werden, **ohne** auf **Gewinne** bei sinkenden Wechselkursen (Euro-Abwertung) ganz (wie bei Devisentermingeschäften) **verzichten** zu müssen. Allerdings wird bei sinkenden Wechselkursen der Gewinn durch die Optionsprämie geschmälert.

Somit eignen sich Devisenoptionen besser als Termingeschäfte, wenn auch mit sinkenden Wechselkursen gerechnet wird, um an möglichen Gewinnen zu partizipieren und die Absicherung der Gewinnkalkulation nicht allein im Vordergrund steht. Dabei ist zu berücksichtigen, dass die Zahlung der **Optionsprämie** in jedem Fall das **Gesamtergebnis verschlechtert** (im Gegensatz zum Termingeschäft).

Zusammenfassend kann festgehalten werden, dass Devisenoptionen für risikofreudigere Unternehmen geeignet sind, die mit stärkeren Wechselkursschwankungen rechnen. Devisentermingeschäfte sind dagegen für konservative Unternehmensplanungen zweckmäßiger. Mit Hilfe der Grundlagen des Wechselkursrisikos und der Funktionsweise von Devisengeschäften ist es im nächsten Schritt zweckmäßig, die Berechnung des VaR von Devisenpositionen zu beschreiben.

VaR-Berechnung von Devisenpositionen

Bei der Berechnung des **Value at Risk** von **Devisenpositionen** müssen zwei Besonderheiten berücksichtigt werden. Zum einen die Umrechnung einer Fremdwährungsposition in die Heimatwährung und die Berechnung der Volatilität von Wechselkursen. Beides wird am obigen Beispiel verdeutlicht.

Die Devisenposition aus obigem Beispiel in Höhe von 1.150.000 US-\$ ist die Risikoposition, für die der zugehörige Value at Risk berechnet werden soll. Dabei wird angenommen, dass diese Devisenposition bereits heute und nicht erst in einem Jahr zur Verfügung steht bzw. zufließt. Diese Annahme ist unproblematisch, da mit Hilfe des **Devisenterminkurses** Devisenpositionen, die zu unterschiedlichen Zeitpunkten zu- bzw. abfließen, zeitlich vergleichbar gemacht werden können.

Ein Hauptziel des Value at Risk-Konzeptes ist die Vergleichbarkeit von Risiken unterschiedlicher Vermögenspositionen. Für die Gewährleistung der Vergleichbarkeit müssen daher alle Positionen in derselben Währung, nämlich in der Heimatwährung Euro ermittelt werden. Die **Devisenposition** muss also im ersten Schritt mit dem aktuellen Wechselkurs (mark to market) in den entsprechenden **Euro-Betrag umgerechnet** werden. Für den oben angenommenen Devisenkassakurs von 1,15 US-$/€ ergibt sich also eine Risikoposition von **1 Mio. €**.

Für die Berechnung der Volatilität wird als Beobachtungszeitraum das Jahr 2005 gewählt. Für die ersten Tage des Jahres 2005 wurden folgende Devisenkassakurse festgestellt:

-   3.1.2005: 1,3507 US-$/€
-   4.1.2005: 1,3365 US-$/€
-   5.1.2005: 1,3224 US-$/€
-   6.1.2005: 1,3183 US-$/€.

Die **relativen Wechselkursänderungen** können benutzt werden, die zugehörige Vermögensänderung in Euro zu berechnen. Die relative Wechselkursänderung vom 3.1 zum 4.1.2005 beträgt +1,051% (-1 x [1,3365 – 1,3507] / 1,3507). Die Multiplikation mit minus eins ist erforderlich, da sinkende Wechselkurse eine Erhöhung des Vermögens bewirken und umgekehrt. Diese relative Wechselkursänderung kann benutzt werden, um die zugehörige Vermögensänderung in Euro zu bestimmen. Das Vermögen beträgt am 3.1.2005 851.410 € (1,15 Mio. US-$ / 1,3507). Daraus ergibt sich eine Vermögensänderung von **+8.948 €** (1,051% x 851.410 €). Die Berechnung der Vermögensänderung auf Dollarbasis liefert das identische Ergebnis, nämlich

1,15 Mio. US-$ x 1,051% = +12.087 US-$ = **+8.948 €** (12.087 US-$ / 1,3507)

Die relativen Wechselkursänderungen sind also für die Berechnung der Vermögensänderungen in Euro unabhängig von der Form der Wechselkursnotierung (Preis- oder Mengennotierung) und der Währungsbasis (US-Dollar oder Euro) möglich. Die **Volatilität** der **relativen Wechselkursänderungen** für das Jahr 2005 beträgt **0,543%**. Damit ist jetzt die Berechnung des Value at Risk für die Devisenposition von 1,15 Mio. US-$ für einen aktuellen Wechselkurs von 1,15 US-$/€ für eine Liquidationsperiode von 10 Tagen und einer Sicherheitswahrscheinlichkeit von 99% wie folgt möglich:

Risikoposition: x Vola.: x Liquidationsperiode: x Sicherheitswkt.: = **VaR**:

1 Mio. €   x   *0,543%* x $\sqrt{10}$ x   *2,33*   = **40.009 €**

Die Berechnung des **Value at Risk** für mehrere Devisenpositionen unterschiedlicher Währungen, so genannte **Devisen-Portfolios**, erfolgt wieder analog zur in Abschnitt 2.3.3 beschriebenen Vorgehensweise. Die Berechnung der **Portfoliogewichte** erfolgt anhand der Anteile der verschiedenen Devisenpositionen am gesamten Portfolio auf einheitlicher Euro-

Basis. Die Umrechnung auf Euro erfolgt anhand des aktuellen Wechselkurses. Mit Hilfe der Berechnung der Korrelationen zwischen den relativen Wechselkursänderungen der verschiedenen Währungen wird die **Portfoliovolatilität** des Devisenportfolios berechnet. Aus diesen Werten wird dann nach der allgemeinen Berechnungsmethode der Value at Risk für das Devisen-Portfolio ermittelt.

4.1.3 Aktienkursrisiko

Die Messung und Steuerung des Aktienkursrisikos hat nicht die gleiche Bedeutung wie das Zinsänderungsrisiko (aufgrund seiner zahlreichen Anwendungsmöglichkeiten) und das Wechselkursrisiko (aufgrund seiner Bedeutung für exportorientierte Unternehmen). Ein allgemeiner Anwendungsbereich des Aktienkursrisikos, insbesondere auch für Nichtbanken, stellt die Messung, Steuerung und Analyse des Aktienkursrisikos für Beteiligungsportfolios im Finanzanlagevermögen dar. Hierbei werden größere Aktienpakete mit dem Ziel des Aufbaus einer **strategischen Beteiligung** gekauft. Dabei steht i. d. R. nicht die Erzielung von Aktienkursgewinnen im Vordergrund, sondern die Mitspracherechte am Unternehmen und eventuell eine kontinuierliche Dividendenausschüttung. Hierbei spielt die Minimierung des Aktienkursrisikos eine größere Rolle als die Erzielung von Kursgewinnen.

> Unter dem **Aktienkursrisiko** wird die negative Abweichung von einer geplanten Zielgröße (Vermögen, Gewinn) aufgrund unsicherer zukünftiger Entwicklungen der Aktienkurse verstanden.

Im Unterschied zum Zinsänderungsrisiko können die relativen **Aktienkursänderungen** (Aktienrenditen) **direkt** in die entsprechende **Vermögensänderung** umgerechnet werden. Aus diesem Grund werden im 2. Kapitel die Beispielrechnungen für zwei Aktien (BMW und MAN) durchgeführt. Auf die dort dargestellten Methoden und Ergebnisse wird für weitere Möglichkeiten zur Steuerung des Aktienkursrisikos im Folgenden zurückgegriffen. Hierzu gehört insbesondere die Unterscheidung in Risiken von **einzelnen Aktienpositionen** (Volatilität) und in Risiken von **Aktienportfolios** (Berücksichtigung der Korrelationen zwischen den einzelnen Aktienrenditen durch Messung der Kovarianz).

Für die weiteren Ausführungen ist noch eine **Abgrenzung** des **Aktienkursrisikos** zum **Kreditrisiko** notwendig. Unter dem Aktienkursrisiko werden nur die marktüblichen Aktienkursschwankungen verstanden. Hohe und nachhaltige Kursabschläge bis zur Wertlosigkeit einer Aktie aufgrund drohender oder eingetretener Insolvenz werden dem Kreditrisiko zugeordnet. Für die Messung und Steuerung eines möglichen Totalverlustes einer Aktienbeteiligung durch Insolvenz wird das Instrumentarium des Ausfallrisikos benötigt (z. B. Rating-Klassen, siehe Abschnitt 4.2), welches sich grundlegend von den Ansätzen des Aktienkursrisikos unterscheidet. Für das Aktienkursrisiko werden dagegen Instrumente benötigt, die sich stärker an der Abhängigkeit der Aktienkurse von konjunkturellen Entwicklungen orientieren (das so genannte systematische Risiko) und nicht an unternehmensspezifischen Gegebenheiten, wie dies beim Ausfallrisiko notwendig ist.

Die **Steuerung** des **Aktienkursrisikos** wird im Folgenden gegenüber den Ausführungen im zweiten Kapitel auf zwei unterschiedliche Arten erweitert:

- Die Risikominimierung auf der Grundlage der **Portfoliotheorie** durch bestimmte Zusammensetzungen des Portfolios.
- Die Risikosteuerung unter Einbezug des konjunkturellen gesamtwirtschaftlichen Risikos auf der Basis des so genannten **CAPM**.

Portfoliotheorie

Die Berechnung des VaR von Portfolios erfolgt auf der **Grundlage** der **Portfoliotheorie** (siehe Abschnitt 2.3.3) . Die Höhe des so genannten Diversifikationseffektes hängt von der Stärke des Zusammenhangs der Aktienrenditen, gemessen durch die Korrelation bzw. die Kovarianz ab. Für eine Korrelation von -1 ist der VaR am geringsten und für +1 am höchsten. Die Korrelation kann jedoch nicht beeinflusst werden, sondern wird an den entsprechenden Kapitalmärkten beobachtet. Für eine **aktive Risikosteuerung** kann das Unternehmen bzw. der Investor des Portfolios die Zusammensetzung, d. h. die **Gewichtung** der einzelnen **Risikopositionen** verändern. Für die Darstellung der Möglichkeiten einer Risikosteuerung auf Basis der Portfoliotheorie wird wieder auf das Beispiel im Abschnitt 2.3.3 zurückgegriffen.

Die aktuellen Gewichtungen (w) der Risikopositionen für BMW und MAN betragen jeweils

$w_{BMW} = 45,12\%$, $w_{MAN} = 54,88\%$

Die Renditen (r) und Volatilitäten (s) belaufen sich auf

$r_{BMW} = 0,042\%$, $r_{MAN} = 0,175\%$, $r_P = 0,115\%$, $s_{BMW} = 1,031\%$, $s_{MAN} = 1,386\%$, $s_P = 1,025\%$.

Eine in der Portfoliotheorie übliche Darstellung ist die grafische Abbildung der so genannten Transformationskurven. Die **Transformationskurven** bilden die Rendite in Abhängigkeit von der zugehörigen Volatilität (Risiko) in einem **Rendite-Risiko-Diagramm** auf Basis der zugehörigen Korrelation (k) ab. In Abbildung 4.12 sind die Transformationskurven für das Portfolio, bestehend aus BMW- und MAN-Aktien, auf Basis der beobachteten Korrelation von $k_{BMW,MAN} = 0,36$ sowie auf der Grundlage der beiden theoretischen Korrelationen von -1 und +1 abgebildet.

Die Punkte der Transformationskurven stellen jeweils eine **bestimmte Portfoliogewichtung** der beiden Aktien dar. Besteht das Portfolio nur aus BMW-Aktien, so liefert dies wieder die in Abschnitt 2.3.2 ermittelte Rendite und Volatilität einer einzelnen BMW-Aktie (analog für eine MAN-Aktie). Bei einer Korrelation von +0,36 ergeben sich für die BMW- und MAN-Aktien die bereits berechnete Portfolio-Rendite und -Volatilität von $r_P = 0,115\%$ und $s_P = 1,025\%$.

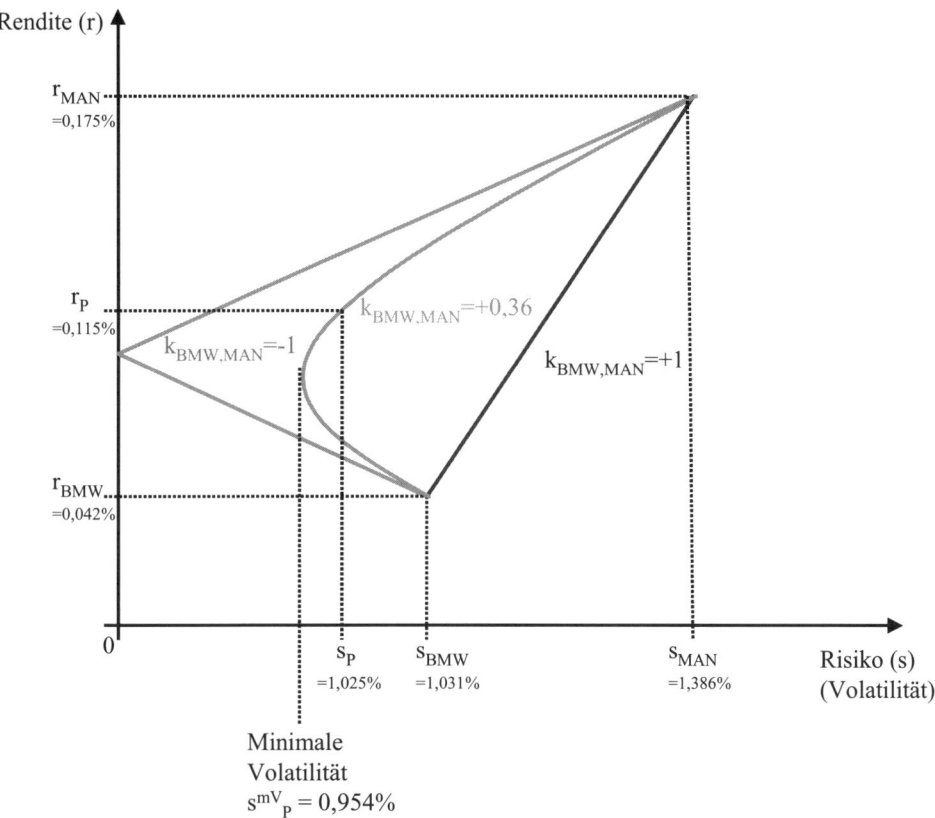

Abb. 4.12 *Transformationskurven für BMW und MAN für unterschiedliche Korrelationen*

Für deutlich kleinere Korrelationen als +1 zeigt die Transformationskurve mögliche Portfo-liokombinationen an, die z. B. bei gleichem Risiko eine geringere Portfolio-Rendite erzeu-gen. Es sind die Punkte auf der jeweils unteren Hälfte der Transformationskurve. Diese **Port-foliokombinationen** werden daher als **ineffizient** bezeichnet. Aus Sicht einer aktiven Risi-kosteuerung leitet sich daraus unmittelbar die Handlungsanweisung ab, derartige Zusammen-setzungen zu vermeiden. Lediglich aus einer Umschichtung der vorhandenen Aktien ließe sich eine bessere Rendite-Risiko-Relation erzielen (nämlich bei gleichem Risiko eine höhere Rendite).

Aus dem Verlauf der Transformationskurve wird eine weitere nützliche Eigenschaft ersicht-lich. Es existiert jeweils eine Portfoliokombination, bei der die **Portfolio-Volatilität mini-mal** ist. Dieser Punkt liegt am Übergang von den ineffizienten zu den effizienten Bereichen und stellt das erste effiziente Portfolio dar. Bei einer vollständig positiven Korrelation exis-tieren keine ineffizienten Bereiche und das geringste Portfoliorisiko wird realisiert, wenn nur in die Aktie mit dem geringsten Einzelrisiko investiert wird (siehe Abbildung 4.12, also nur in BMW investieren). Die Portfoliogewichtung mit der minimalen Volatilität (=w^{mV}), also das Portfolio mit dem geringsten Risiko, wird durch die 1. und 2. Ableitung der Portfoliovolatilität nach dem Gewicht w (siehe technischer Anhang Abschnitt 4.5) wie folgt berechnet:

$$w_{BMW}^{mV} = \frac{s_{MAN}^2 - s_{BMW,MAN}}{s_{BMW}^2 + s_{MAN}^2 - 2 \cdot s_{BMW,MAN}}$$

Für eine Korrelation von k=+1 findet die obige Gleichung keine Anwendung (bzw. ist nicht definiert). In diesem Fall besteht das Portfolio mit der minimalen Volatilität zu 100% aus Aktien mit der niedrigsten Einzelvolatilität. Werden die im Abschnitt 2.3.3 berechneten Werte für die Varianz, Volatilität und Kovarianz in diese Gleichung eingesetzt, so liefert dies:

$$w_{BMW}^{mV} = \frac{0,01386^2 - 0,00005158}{0,01031^2 + 0,01386^2 - 2 \cdot 0,00005158} = \underline{\mathbf{71,98\%}}$$

und somit für MAN eine Gewichtung von **28,02%**. Die Portfolio-Volatilität und -Rendite beträgt für diese Gewichtung der minimalen Portfoliovolatilität $\underline{\mathbf{s_P^{mV} = 0,954\%}}$ und $\underline{\mathbf{r_P^{mV} = 0,079\%}}$. Das geringere Risiko geht also auch wieder mit einer gesunkenen Portfolio-Rendite einher. Stellt der Investor des Portfolios ausschließlich auf ein möglichst niedriges Risiko ab, so erzielt er durch die gezeigte Minimierung die besten Resultate, desto geringer die Korrelation ist. Aus der Abbildung 4.12 wird deutlich, dass er bei einer „theoretischen" **Korrelation** von -1 das **Portfoliorisiko** sogar auf **null** senken könnte. Da aber eine Korrelation von -1 in der Praxis empirisch nicht beobachtet werden kann, sondern bestenfalls eine nahe bei -1 liegende Korrelation (und diese auch nur sehr selten) wird dieser Spezialfall an dieser Stelle nicht weiter untersucht. Eine vollständig negative Korrelation von -1 ist nicht vorstellbar, da die Aktienkurse immer auch von einigen identischen Einflussfaktoren (wie z. B. Geschäftsklimaindex, Entwicklung Bruttosozialprodukt usw.) abhängen. Verschlechtern sich diese allgemeinen Einflussgrößen, so werden i. d. R. auch die meisten Aktienkurse sich (unterschiedlich) verschlechtern und eine vollständig negative Korrelation ist dann nicht mehr möglich.

Aus den obigen Darlegungen können aber unabhängig von einer theoretischen Korrelation von -1 folgende **Eigenschaften** für eine **aktive Risikosteuerung** auf der Grundlage der Portfoliotheorie zusammengefasst werden:

- Steht die Risikominderung des Investors im Vordergrund, so können die günstigsten Resultate durch eine entsprechende Portfoliogewichtung erzielt werden, desto **geringer** die **Korrelation** ist bzw. je näher dieser an -1 liegt. Diese Erkenntnis zeigt sich auch bei der VaR-Berechnung von Portfolios, bei der für eine theoretische Korrelation von -1 der VaR am geringsten ist (siehe Tabelle 2.10). Die Auswahl der Aktien für das Portfolio orientiert sich also an der Höhe der beobachteten Korrelationen der Renditen zwischen den zur Verfügung stehenden (käuflichen) Aktien.
- Im nächsten Schritt muss das Aktienportfolio auf **mögliche Ineffizienzen** untersucht werden. Der Bereich ineffizienter Zusammensetzungen liegt unterhalb des Portfolios mit der minimalen Volatilität. Aus Abbildung 4.12 wird deutlich, dass im Beispiel dieser Be-

reich für eine Gewichtung der BMW-Aktie oberhalb von 71,98% vorliegt. Alle Portfolios mit einer Gewichtung der BMW-Aktie über der Gewichtung für die minimale Portfolio-Volatilität sind also ineffizient. Die BMW-Aktie ist die Position mit der geringeren Einzelrendite. Allgemein liegt also der ineffiziente Bereich für alle Gewichtungen der Aktie mit der geringeren Einzelrendite, die oberhalb der Gewichtung für die minimale Portfoliovolatilität liegen.

- Schließlich wird eine Portfoliokombination innerhalb des effizienten Bereiches gewählt, die der **individuellen Risikoeinstellung** des Investors entspricht. Der risikoscheue Investor wählt dabei das Portfolio mit der **minimalen Volatilität**.

Auf mögliche individuelle Risikoeinstellungen eines Unternehmens bzw. Investors wird im Rahmen dieses Buch nicht eingegangen. Allerdings kann das im Rahmen der Risikoanalyse (siehe Abschnitt 2.6) dargestellte **RoRaC-Konzept** auf das obige Beispiel angewendet werden.

Der in Abschnitt 2.6 berechnete Jahresgewinn setzt sich aus der Dividendenausschüttung, der Kursrendite abzüglich der Verzinsung für eine risikolose Anlage zusammen und beträgt für BMW 36,08 € sowie für MAN 192,60 €. Daraus ergibt sich ein Gesamtgewinn für das **ursprüngliche Portfolio** in Höhe von 228,68 €. Der auf ein Jahr hochgerechnete VaR des Portfolios beläuft sich auf 313,34 €. Wird der Gesamtgewinn durch den VaR dividiert, so liefert dies ein **RoRaC** von **0,7298** (siehe Tabelle 2.18). Analog kann für das Portfolio mit der minimalen Volatilität entsprechend der neuen Anteile ein Gesamtgewinn für BMW in Höhe von 57,56 € und für MAN von 98,34 € ermittelt werden. Der gesamte Portfoliogewinn beträgt dann 155,90 €. Mit Hilfe der minimalen Portfolio-Volatilität ergibt sich ein VaR von nur noch 57,63 € und für ein Jahr von 291,58 €. Für das **Portfolio** mit der **minimalen Varianz** beträgt der **RoRaC 0,5347**!

Durch die Minimierung der Volatilität ist also das Risiko zwar gesunken, aber gleichzeitig ist durch die Umschichtung der Gewinn sehr viel stärker gesunken, was im Ergebnis zu einer **schlechteren Gewinn-Risiko-Relation** (RoRaC) führt. Ein ausschließlich auf Risikominderung bedachter Investor würde sich trotzdem für das Portfolio mit dem minimalen Risiko entscheiden. Ein risikofreudiger Investor, bei dem das Gewinnstreben im Vordergrund steht, würde nur in MAN-Aktien investieren, da dies den höchsten RoRaC liefern würde. Die Risikoanalyse mit Hilfe des RoRaC liefert also im Rahmen der Portfoliotheorie nur ein zusätzliches Entscheidungskriterium in Abhängigkeit von der individuellen Risikoeinstellung des Investors (Unternehmens).

Zur Berechnung des VaR für Portfolios in Abschnitt 2.3.3 und insbesondere für die obigen Ausführungen zur Risikominderung auf der Grundlage der Portfoliotheorie müssen drei elementare **Annahmen** getroffen werden:

- Der Investor betrachtet nur **eine Periode,** zu dessen Beginn er einen bestimmten Betrag (820,- €) in Aktien anlegt und er nach einer Periode zu einem ungewissen Preis wieder verkauft. Diese Annahme kann als erfüllt betrachtet werden, wenn für die Periode der gleiche Zeitraum (z. B. ein Jahr) zugrunde gelegt wird, wie für die Berechnungen im Rahmen der Risikoanalyse.

- Die Aktien sind **beliebig teilbar**, d. h. jede mögliche Portfoliokombination (w_{BMW}, w_{MAN}) ist realisierbar. Diese Prämisse ist im obigen Beispiel realitätsfremd. Aus rechentechnischer Vereinfachung wird aber im Beispiel mit nicht ganzen Aktien gerechnet. In der betriebswirtschaftlichen Praxis haben die Portfolios ein so hohes Volumen bzw. Anzahl von Aktien, dass die Annahme für die Berechnung i. d. R. jedoch vernachlässigt werden kann.
- Es müssen **konstante** erwartete **Renditen** und dazugehörige konstante **Volatilitäten** unterstellt werden. Auf diese Annahme bzw. Problematik bei Nichterfüllung wurde bereits im Abschnitt 2.2.1 im Zusammenhang mit den verschiedenen Berechnungsmöglichkeiten der Volatilität eingegangen. Ändern sich die Volatilitäten müssen die Berechnungen neu durchgeführt werden und im Ergebnis das Portfolio mit den gewünschten Eigenschaften durch Umschichtungen realisiert werden. Die dadurch anfallenden Transaktionskosten müssen dann entsprechend in der Risikoanalyse, insbesondere im RoRaC, berücksichtigt werden. Zu diesem Zweck sollte eine Abwägung zwischen dem Nutzen der Portfolioumschichtung und den zugehörigen Kosten vorgenommen werden.

Capital Asset Pricing Model (CAPM)

Ein weiterer Ansatz, das Risiko eines Aktienportfolios aktiv zu steuern, basiert auf dem so genannten **C**apital **A**sset **P**ricing **M**odell (CAPM). Im Rahmen des CAPM wird das **Gesamtrisiko** einer Aktie in das **systematische Risiko** und das **unsystematische Risiko** unterteilt. Unter dem systematischen Risiko einer Aktie wird die **konjunkturell bedingte** Gefahr von Aktienkursschwankungen verstanden. Das unsystematische Risiko ist das **unternehmensspezifische** Risiko, welches zu Schwankungen des Aktienkurses führen kann. Im CAPM wird angenommen, dass das unsystematische Risiko durch eine geeignete Portfoliozusammenstellung wegdiversifiziert werden kann und es wird deshalb nicht berücksichtigt. Das systematische Risiko wird durch den **Beta-Faktor** gemessen.

Im CAPM wird angenommen, dass das systematische Risiko einer Aktie durch die **Korrelation** der **Rendite** der **Aktie** (r_i) mit der Rendite des so genannten **Marktportfolios** (r_M) gemessen werden kann. Das Marktportfolio stellt ein fiktives Portfolio dar, welches alle denkbaren Anlagen des Marktes beinhaltet. Das Marktportfolio M soll aufgrund seiner hohen Diversifikation kein unsystematisches Risiko aufweisen und somit ausschließlich das konjunkturell bedingte Risiko abbilden. Als Repräsentant für das Marktportfolio wird in Deutschland üblicherweise der **DAX** verwendet. Der Beta-Faktor ($ß_i$) wird durch die Kovarianz ($s_{i,M}$) zwischen der Rendite einer Aktie i und der Rendite des Marktportfolios M gemessen und wird aus Gründen der Vergleichbarkeit durch die Varianz des Marktportfolios (s^2_M) dividiert:

$$ß_i = \frac{s_{i,M}}{s^2_M} \cdot$$

Die Berechnung des Beta-Faktors im CAPM entspricht in der Konstruktion der Bestimmung des Beta-Faktors zur Ermittlung des Component Value at Risk im Abschnitt 2.3.3. Der einzige Unterschied besteht beim Component Value at Risk in der Verwendung des Aktienportfolios selbst statt des Marktportfolios. Eine mit dem Markt vollkommen unkorrelierte Aktie i hat den Beta-Faktor $ß_i = 0$ und das Marktportfolio selbst hat den Beta-Faktor

$$\beta_M = \frac{\sigma_{M,M}}{\sigma^2_M} = 1.$$

> Die **zentrale Aussage** des **CAPM** lautet: Die erwartete Rendite einer Aktie r_i setzt sich aus der Rendite für **risikofreie Anlagen** (r_{rf}) (z. B. Bundesanleihen) und einer **Risikoprämie** für das **systematische Risiko** zusammen!

Die Differenz zwischen der Rendite des Marktportfolios (r_M) und der Rendite für risikofreie Anlagen (r_{rf}) multipliziert mit dem Beta-Faktor ($ß_i$) stellt die Risikoprämie für das systematische Risiko dar. Die zentrale Gleichung für das CAPM kann wie folgt dargestellt werden:

$$r_i = r_{rf} + (r_M - r_{rf}) \cdot \beta_i$$

Desto höher der Beta-Faktor ist, je größer ist die Risikoprämie für das systematische Risiko und damit die erwartete Aktienrendite (r_i). Die Höhe der Risikoprämie hängt also **linear** vom Beta-Faktor ab.

Das **Beispiel** der BMW- und MAN-Aktien wird zur Verdeutlichung des **CAPM** um den DAX als Repräsentant für das Marktportfolio erweitert. Dabei werden die relativen täglichen Änderungen des DAX ebenfalls für den Beobachtungszeitraum 2005 verwendet. Die durchschnittliche Rendite des Marktportfolios (DAX) beträgt:

$r_{DAX} = \underline{\textbf{0,093\%}}$

und die zugehörige Varianz des DAX beträgt:

$s^2_{DAX} = \underline{\textbf{0,00005831}}$

Für die BMW- und die MAN-Aktie können analog zur Vorgehensweise in Abschnitt 2.3.3 die **Kovarianzen** zwischen der Aktien-Rendite und der DAX-Rendite berechnet werden und betragen $s_{BMW,DAX} = 0,00004522$ bzw. $s_{MAN,DAX} = 0,00006196$.

Die Berechnung der Beta-Faktoren ergibt dann:

$\beta_{BMW,DAX} = 0,00004522 / 0,00005831 = \underline{\textbf{0,776}}$

$\beta_{MAN,DAX} = 0,00006196 / 0,00005831 = \underline{\textbf{1,063}}$

Die Ergänzung des Beta-Faktors um den Zusatz DAX wird vorgenommen um diesen Beta-Faktor von den Beta-Faktoren zur Berechnung des Component Value at Risk (CoVaR) abzugrenzen. Die Beta-Faktoren zur Ermittlung des CoVaR beziehen sich nicht auf den DAX sondern auf das Portfolio bestehend aus BMW- und MAN-Aktien.

Für die **risikolose Verzinsung** (r_{rf}) wird ein Satz von 3% p. a. zugrunde gelegt. Für eine geeignete Vergleichbarkeit muss die tägliche DAX-Rendite auf ein Jahr (256 Handelstage) hochgerechnet werden und ergibt r_{DAX} = **23,81% p. a.** Daraus können jetzt die erwarteten Renditen für BMW (r_{BMW}) und MAN (r_{MAN}) nach der obigen Grundgleichung des CAPM berechnet werden:

r_{BMW} = 3% + (23,81% - 3%) x 0,776 = 3% + 16,15% = **_19,15% p. a._**

r_{MAN} = 3% + (23,81% - 3%) x 1,063 = 3% + 22,12% = **_25,12% p. a._**

Der lineare Zusammenhang zwischen der erwarteten Rendite (r_i) einer Aktie und dem zugehörigen Beta-Faktor ($ß_i$) wird in der Literatur häufig durch die **Wertpapierlinie** (die so genannte Security Market Line) grafisch abgebildet. Die Rendite wird dabei in Abhängigkeit vom Beta-Faktor dargestellt. Abbildung 4.13 stellt für das obige Beispiel die zugehörige Wertpapierlinie grafisch dar.

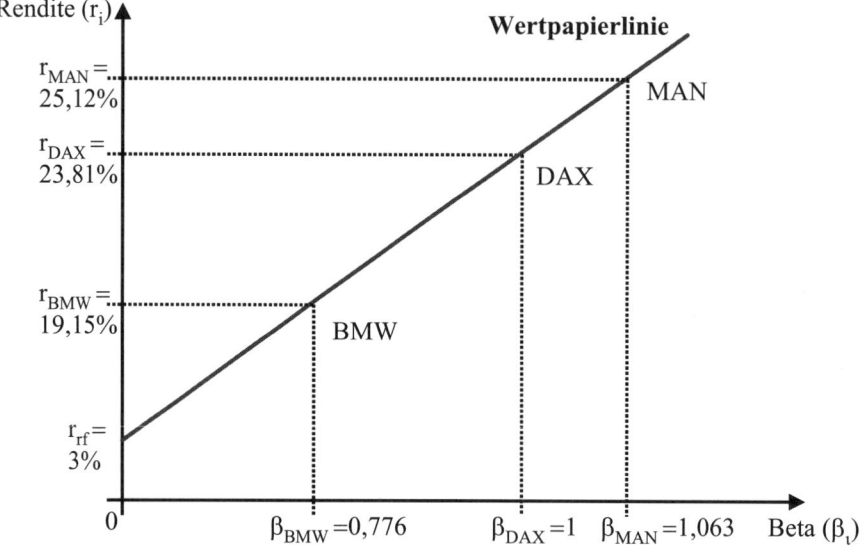

Abb. 4.13 _Wertpapierlinie auf Basis des CAPM_

Die höhere Korrelation (gemessen durch die Kovarianz) zwischen der Aktienrendite von MAN und der DAX-Rendite gegenüber BMW führt zu einem **höheren Beta-Faktor**. Das systematische Risiko ist bei MAN also größer als bei BMW, was sich in einer entsprechend höheren Risikoprämie äußert. MAN ist also dem konjunkturellen Risiko (gemessen durch den DAX) stärker ausgesetzt als BMW. Aufgrund der höheren Risikoprämie ist auch die erwartete Rendite für die MAN-Aktie entsprechend höher. In der Tendenz kann dies auch schon in der Portfoliotheorie bzw. VaR-Berechnung beobachtet werden.

Allerdings können die aus Vergangenheitsdaten berechneten Aktienrenditen nicht mit denen aus dem CAPM übereinstimmen. Bei dem **CAPM** wird durch den DAX (zur Abbildung des systematischen Risikos) eine ganz **andere Datengrundlage** und auch **ökonomische Grundidee** zur Berechnung der Renditen verwendet. So hängt die Höhe der Risikoprämie neben dem Beta-Faktor auch von der Differenz zwischen DAX-Rendite und risikolosem Zins ab. Beide Größen finden bei der Berechnung der Aktienrendite im Rahmen der Portfoliotheorie jedoch keinen Einfluss. Je größer diese Differenz ist, desto steiler ist der Verlauf der Wertpapierlinie.

Für eine **aktive Risikosteuerung** können die Erkenntnisse aus dem CAPM verwendet werden, um entsprechend der individuellen Risikoeinstellung des Investors anhand des Beta-Faktors eine Risikoeinschätzung des Aktienportfolios in Abhängigkeit von konjunkturellen Entwicklungen vornehmen zu können. Ein risikoscheuer Investor, der möglichst geringen konjunkturellen Risiken ausgesetzt werden möchte, wählt Aktien mit einem sehr geringen Beta-Faktor aus. Risikofreudige Investoren, bei denen eine höhere Rendite im Fokus steht, wählen Aktien mit höherem Beta-Faktor aus und erwarten dafür eine entsprechend höhere Rendite. Aufgrund des linearen Zusammenhangs zwischen dem Risiko, gemessen durch den Beta-Faktor und der zugehörigen Rendite führen darauf angewendete RoRaC-Berechnungen zu keinen anderen Analyseergebnissen (im Gegensatz zur Portfoliotheorie im obigen Beispiel).

Für die Anwendung des CAPM im Rahmen einer aktiven Risikosteuerung müssen ähnliche Annahmen wie bei der Portfoliotheorie vorgenommen werden. Die für eine Anwendung in der Praxis wichtigsten **Prämissen** sind folgende:

- Die zentrale Annahme bezüglich der Messung des systematischen Risikos besteht in der Funktion des **DAX**, das **konjunkturelle Risiko** ausreichend zu **repräsentieren**. Die Zusammensetzung des DAX erfolgt jedoch in erster Linie anhand einer ausreichenden Größe des jeweiligen Unternehmens. Die notwendige Größe für die Aufnahme in den DAX wird unter anderem anhand der Börsenkapitalisierung (Anzahl Aktien mal Aktienkurs) vorgenommen und nicht z. B. aufgrund der Branchenzugehörigkeit. Dadurch können bestimmte Branchen im DAX (z. B. Banken, Autohersteller) überwiegen und die Voraussetzung einer vollständigen Diversifizierung des unsystematischen unternehmensspezifischen Risikos ist nicht erfüllt. Im Umkehrschluss bedeutet dies, dass der DAX nicht ausschließlich das systematische Risiko repräsentiert.
- Der **risikolose Zinssatz** ist **konstant**. In der Kapitalmarktpraxis ändert sich der risikolose Zinssatz jedoch ständig. Damit verändert sich auch ständig die Risikoprämie und somit die Einschätzung bezüglich des Risikogehaltes durch den Investor. Im Verhältnis zur Höhe der Risikoprämie sind die heutigen Änderungen des risikolosen Zinssatzes jedoch relativ gering und vernachlässigbar.
- Auch für die **Beta-Faktoren** wird **Konstanz** angenommen, die in der Realität nicht erfüllt ist. Die Kovarianzen zwischen Aktien und Marktportfolio sowie die Varianz des Marktportfolios können sich verändern. Für diese Annahme gilt vom Prinzip das Gleiche, wie bei den Annahmen zur Portfoliotheorie bereits erläutert, d. h. es muss eine Abwägung zwischen den Kosten einer möglichen Umschichtung und dem zugehörigen Nutzen vorgenommen werden.

Für die Anwendung von **Aktienoptionen** und **Aktien-Futures** können die allgemeinen Ausführungen der Abschnitte 3.4.2 und 3.4.3 ohne weiteres übertragen werden. Als **Basispositi-**

on wird die **jeweilige Aktie**, zum aktuellen Kurs bewertet (mark to market), zugrunde gelegt. Besonderheiten wie beim Zinsänderungsrisiko (die Umrechnung durch die modifizierte Duration) oder beim Wechselkursrisiko (die Umrechnung zwischen verschiedenen Währungen) sind für die Risikomessung- und Analyse von Aktien nicht bedeutsam.

4.1.4   Immobilienpreisrisiko

Das Immobilienpreisrisiko spielt zwar für Unternehmen eine geringere Rolle als die Anlage in festverzinslichen Wertpapieren oder in Aktien. Im Rahmen eines unternehmensweiten Risikomanagements ist eine Behandlung dennoch notwendig. Die inhaltliche Auseinandersetzung mit dem Immobilienpreisrisikos erfordert als erstes eine bezüglich der Anwendung von Risikomessverfahren wichtige Unterscheidung in:

- Immobilien, die überwiegend zur **Selbstnutzung**, insbesondere zur betrieblichen Leistungserstellung genutzt werden. Dabei entstehen Risiken in erster Linie durch außerordentlichen Verschleiß und externe Schäden. Für die Risikomessung, Risikoanalyse und Risikosteuerung sind die Methoden und Instrumente im Rahmen der Betriebsrisiken (siehe Abschnitt 5.1) anwendbar.
- Bei Immobilien, die als **Kapitalanlage** erworben werden, steht nicht die Selbstnutzung im Vordergrund, sondern die Wertentwicklung und mögliche Rückflüsse (etwa durch Mieteinnahmen). Hierauf können die Instrumente zur Steuerung von Marktpreisrisiken übertragen werden und stehen bei den folgenden Ausführungen im Mittelpunkt.

> Unter dem **Immobilienpreisrisiko** wird die negative Abweichung von einer geplanten Zielgröße (Vermögen, Gewinn) der Immobilienkapitalanlage aufgrund unsicherer zukünftiger Entwicklungen der Immobilienmärkte verstanden.

Für die Übertragung der Methoden und Instrumente des Risikomanagements für Marktpreisrisiken auf das Immobilienpreisrisiko müssen folgende **wichtige Besonderheiten** dieser Risikoart berücksichtigt werden:

- Immobilien besitzen z. B. gegenüber Aktien teilweise gravierende erhebliche **Einzelobjektspezifika**, die auf baulichen Besonderheiten des Immobilienobjektes und auf der jeweiligen Region basieren. Diese Besonderheiten sind entscheidend für die Preisbildung der Immobilie. **Kapitalmarkttheoretische Modelle**, wie z. B. die Portfoliotheorie oder das CAPM zur Steuerung von Immobilienkapitalanlagen, sind daher **nicht anwendbar**.
- Die Behandlung des Immobilienpreisrisikos war in der Vergangenheit durch ein konservatives Verhalten der Investoren gekennzeichnet (z. B. im Gegensatz zum Investmentbanking). Dieses Verhalten der Immobilieninvestoren war insbesondere durch eine **mangelnde Transparenz** bei der Entstehung immobilienbezogener Risiken und der Steuerung von Immobilienportfolios gekennzeichnet. Aus diesem Grund hat die **Einführung** des **KonTraG**, in dem die Verpflichtung der Offenlegung aller Immobilienrisiken gesetzlich vorgeschrieben wird, zu besonders **großen** und **schnellen Veränderungen** im Umgang mit Immobilienpreisrisiken geführt.

- In der **Vergangenheit** bis Anfang der 90er Jahre waren die Immobilienmärkte, insbesondere in Deutschland, durch eine **kontinuierliche Preissteigerung** in fast allen Segmenten des Immobilienmarktes gekennzeichnet. Aus diesem Grund wurde die **Entwicklung** von **Instrumenten** des Risikomanagements bis zum Einbruch der Immobilienmärkte in den neunziger Jahren in Praxis und Theorie **stark vernachlässigt** (im Gegensatz zu den anderen Marktpreisrisiken).
- Zahlreiche Konkurse namhafter Immobiliengesellschaften und Misserfolge bei Eigengeschäften von Banken im Immobilienbereich führten in jüngster Zeit nicht nur zu erheblichen betriebswirtschaftlichen sondern auch zu erheblichen volkswirtschaftlichen Schäden. Aufgrund dessen befindet sich der **Immobilienmarkt** seit geraumer Zeit in einer **allgemeinen Krise**.
- Der **Kauf** und **Verkauf** von **Immobilien** ist aus rechtlichen Gründen teilweise sehr aufwendig und insbesondere **zeitlich** bei weitem **nicht so schnell** vollständig abzuwickeln, wie dies bei den meisten anderen Finanzpositionen (z. B. bei Aktien innerhalb von zwei Werktagen) der Fall ist. Dies müsste bei einer Berechnung des VaR durch die Wahl der Liquidationsperiode adäquat berücksichtigt werden.
- Entscheidungen über Immobilienanlagen werden nahezu ausnahmslos am Immobilienobjekt und regional orientiert durchgeführt. Die Berücksichtigung makroökonomischer Rahmenbedingungen und Faktoren wird vernachlässigt und führt zu volkswirtschaftlich unerwünschten **Störungen** des **Immobilienmarktes**.

Diese Besonderheiten des Immobilienmarktes führen zu einer entsprechenden notwendigen Berücksichtung bei Immobilien, die im Wesentlichen durch folgende **Merkmale** des **Risikomanagements** von **Immobilienkapitalanlagen** beschrieben werden können:

- Investitionsentscheidungen von Immobilienanlagen werden bisher überwiegend auf der Basis von **Renditeschätzungen** (anhand der geplanten Mieteinnahmen) vorgenommen. **Risikoüberlegungen** wurden allenfalls **intuitiv** anhand des Standortes und des Nutzungskonzeptes vorgenommen. Eine Quantifizierung des Risikos, z. B. anhand des VaR-Konzeptes, findet bisher nicht statt.
- Ein Investitions- und **Risikocontrolling** existiert **nicht**, da bisher hierfür zum einen die Notwendigkeit nicht gesehen wurde und zum anderen nur wenig Handlungsspielraum nach einer Investitionsentscheidung bei großen Immobilieninvestitionen gesehen wird.
- Auch wenn aufgrund der besonderen Beschaffenheiten des Immobilienmarktes viele Instrumente der Risikosteuerung (wie z. B. Derivate) nicht existieren bzw. nicht anwendbar sind, so könnte zumindest das **RoRaC-Konzept** in der Risikoanalyse auf **Immobilienkapitalanlagen übertragen** werden.

Für die **Anwendung** des **VaR-Konzeptes** auf ein **Immobilienobjekt** X (z. B. Gewerbeimmobilie mit 3.000 m^2 Nutzfläche), im Zustand Z, in der Region Y (z. B. Großraum München) können die wöchentlichen Preisentwicklungen der letzten fünf Jahre des Immobilienmarktes (z. B. wöchentlicher Immobilienteil der größten Tageszeitungen) für ähnliche Objekte X in der Region Y herangezogen werden (dies entspricht auch ungefähr 250 Beobachtungen wie in den obigen Beispielen für Zinsen, Aktien). Aus den beobachteten relativen Änderungen der Immobilienpreise kann dann der zugehörige VaR berechnet werden, indem z. B eine Liquidationsperiode von 6 Monaten zugrunde gelegt wird. Die Bewertung der Immobilie (die Risikoposition) erfolgt mit dem kompletten Kaufpreis, da eine tägliche mark to market Bewertung nicht möglich ist (wenn die Immobilie gekauft wurde, kann sie aufgrund ihrer Einmaligkeit nicht mehr am Markt bewertet werden).

Für den **Gewinn** werden die geplante jährliche Pacht sowie die auf ein Jahr hochgerechnete erwartete Preissteigerung (in Analogie zur Kursrendite) abzüglich der risikolosen Verzinsung verrechnet. Wird der auf ein Jahr berechnete Gewinn durch das ebenfalls auf ein Jahr hochgerechnete VaR dividiert ergibt sich der entsprechende RoRaC für das Immobilienobjekt X. Mit Hilfe des VaR und des **RoRaC** könnten dann für eine mögliche Risikomessung und -steuerung **verschiedene Immobilienanlagen** innerhalb eines Immobilienportfolios miteinander **verglichen** werden.

Die wichtigsten Marktpreisrisiken, deren VaR-Berechnung und Ansätze zur Steuerung sind somit dargestellt. Die zweite Hauptkategorie innerhalb der finanzwirtschaftlichen Risiken bildet das Ausfallrisiko, auf das im folgenden Abschnitt eingegangen wird.

4.2   Ausfallrisiko

Der Begriff des Ausfallrisikos wird in Theorie und Praxis unterschiedlich abgegrenzt. Bei den nächsten Ausführungen wird folgender **umfassenderer Begriff** des **Ausfallrisikos** im Gegensatz zum **engeren Begriff** des **Kreditrisikos** verwendet:

> Unter dem **Ausfallrisiko** wird einerseits der vollständige oder teilweise Ausfall von **Zins-** und **Tilgungsleistungen** im Kreditgeschäft verstanden. Andererseits werden zum Ausfallrisiko auch insolvenzbedingte Verluste anderer Aktiva, wie z. B. strategische Aktienbeteiligungen oder erworbene Unternehmensanleihen mit aufgenommen. Die Abgrenzung zum Marktpreisrisiko (insbesondere Aktienkurs- und Zinsänderungsrisiko) erfolgt anhand der Stärke des Verlustes: Beim Ausfallrisiko tritt ein insolvenzbedingter starker oder völliger Kursverlust ein. Von einem Marktpreisrisiko wird dagegen gesprochen, wenn marktübliche (konjunkturbedingte) Schwankungen zu beobachten sind.

Die gewählte umfassendere Definition des Ausfallrisikos im Gegensatz zum Begriff des Kreditrisikos hat mehrere Gründe:

- Die allgemeinere Definition des Ausfallrisikos umfasst auch die Behandlung von Ausfallrisiken von Nichtbanken. Hierzu zählen insbesondere die Forderungen **aus Lieferungen und Leistungen** an Geschäftskunden. Warenkredite nehmen eine zunehmende Bedeutung ein und es werden insbesondere in den folgenden Ausführungen auch die Unterschiede zum klassischen Kreditgeschäft von Banken herausgestellt und die sich daraus ergebenden besonderen Probleme.

- Obwohl das Kreditrisiko bei Banken eine zentrale Rolle spielt, wird die **Behandlung** von **Besonderheiten** des **Kreditgeschäftes** bei Banken **nicht im Fokus** der folgenden Ausführungen stehen. Aus diesem Grund ist eine allgemeinere Definition in diesem Zusammenhang nicht nur zweckmäßig, sondern sogar notwendig.

- Im Rahmen der Definition des Ausfallrisikos steht die Darstellung von **grundsätzlichen Methoden** und **Instrumenten**, die auch bei Nichtbanken zum Einsatz kommen können, im Vordergrund.
- Etliche Entwicklungen, Methoden und Prinzipien des Kreditrisikomanagements von Banken (z. B. Basel II, Rating-Verfahren) sind auch aus **Sicht** der **Nichtbanken** als **Kreditnehmer relevant**. Aus diesem Grund sollte die Anwendung nicht allein auf Banken beschränkt sein.
- Die **Abgrenzung** und Einteilung der verschiedenen Marktrisiken erfolgte bereits anhand des Kriteriums, welche **Instrumente** für die Messung und Steuerung geeignet sind. Dieses Prinzip soll auch auf Ausfallrisiken angewendet werden, d. h. als Abgrenzungskriterium dienen die Instrumente, die sowohl im Bankensektor Anwendung finden, aber auch bei Nichtbanken eingesetzt werden können.

4.2.1 Die Messung des einzelgeschäftsbezogenen Ausfallrisikos

Ähnlich wie für verschiedene Aktien, die zu einem Aktienportfolio zusammengefasst werden, gibt es auch beim Ausfallrisiko eine derartige Differenzierung. Beim einzelgeschäftsbezogenen Ausfallrisiko wird nur **ein Kreditnehmer** oder **eine Kreditnehmereinheit** betrachtet. Beim gesamtgeschäftsbezogenen Ausfallrisiko handelt es sich dagegen um die Messung, Analyse und Steuerung von **Kreditportfolios**, d. h. es handelt sich um mindestens zwei voneinander unabhängige Kreditnehmereinheiten. Bei Kreditportfolios werden wieder die Kovarianzen bzw. Korrelationen zwischen den verschiedenen Krediten bzw. Kreditnehmern versucht zu berücksichtigen. Die Berücksichtigung von Korrelationen spielt in erster Linie bei Banken eine wichtige Rolle (durch Anwendung bestimmter Kreditportfoliomodelle, auf deren Darstellung verzichtet wird). Die Ausführungen zu Kreditportfolios beschränken sich daher auf Aussagen, die möglicherweise auch für Nichtbanken bedeutsam sein könnten. Dabei können auch Nichtbanken mehrere Kreditnehmer in einem Kreditportfolio zusammenfassen, an die Lieferantenkredite gewährt werden. Es wird diskutiert, inwieweit die **Berücksichtigung** von **Korrelationen** bei **Nichtbanken** sinnvoll ist.

Die **Messung** des **einzelgeschäftsbezogenen Ausfallrisikos** ergibt sich aus zwei Einflussgrößen die wiederum von anderen Parametern abhängen.

> Das **Ausfallrisiko** ergibt sich allgemein durch Multiplikation der **Ausfallwahrscheinlichkeit** mit dem **ausfallgefährdeten Volumen**.

Diese Festlegung der Messung des Ausfallrisikos erfordert noch die Definition weiterer Parameter des Ausfallrisikos, an die sich auch die Ausführungen im Rahmen von **Basel II** anlehnen. Unter dem Begriff Basel II wird die risikodifferenzierte Vergabe von Krediten und die dafür notwendige Eigenkapitalhinterlegung durch Banken neu geregelt (siehe Abschnitt 4.2.7).

Die Ausfallwahrscheinlichkeit (Ausfallrate) gibt die **kreditnehmerspezifische** Wahrschein-lichkeit für einen Ausfall desselbigen an. In der gängigen Literatur wird diese als **Probabili-ty** of **Default (PD)** bezeichnet. Die Höhe dieser Ausfallwahrscheinlichkeit hängt von

- der Bonität des Kreditnehmers,
- dem Bezugszeitraum,
- branchenspezifischen Entwicklungen usw.

ab. Wann ein Ausfall tatsächlich eingetreten ist muss vorher definiert werden und wird un-terschiedlich gehandhabt. Mögliche Ereignisse für die Definition eines Ausfallereignisses sind z. B. die Überschreitung von fälligen Zins- und Tilgungsleistungen in Tagen, die Ver-wertung von Sicherheiten oder die Eröffnung des Insolvenzverfahrens.

Das ausfallgefährdete Volumen hängt von den Besonderheiten des Kredites ab und setzt sich zum einen aus der Rückzahlungsquote bei Insolvenz (Recovery Rate) und dem Kreditbetrag bei Ausfall (Credit Exposure) zusammen.

Die Rückzahlungsquote bei Insolvenz wird in Literatur und Praxis üblicherweise als **Reco-very Rate** bezeichnet und gibt an, wie viel Prozent bei Insolvenz der verschuldete Kredit-nehmer noch an den Kreditgeber zahlen kann. Diese Quote hängt hauptsächlich von

- Art und Wert der gestellten Sicherheiten,
- den Verwertungskosten,
- möglichen Garantien und
- der Position des Kreditgebers im Insolvenzverfahren
ab.

Im Rahmen von Basel II wird statt der Recovery Rate der so genannte **Loss Given Default (LGD)** benutzt. Der LGD stellt inhaltlich zwar auf dasselbe ab, wird aber rechentechnisch als Komplement der Recovery Rate angewendet. Eine Recovery Rate von 40% bedeutet, dass 40% des offenen Kreditbetrages an den Kreditgeber im Krisenfall zurückgezahlt wer-den. Eine Recovery Rate von 40% entspricht einem LGD nach Basel II von 60%.

Die letzte Komponente zur Messung des Ausfallrisikos ist schließlich das **Kreditäquivalent (Credit Exposure)**. In den Ausführungen zu Basel II wird das Kreditäquivalent als **Exposu-re at Default (EaD)** bezeichnet. Das Credit Exposure gibt an, wie hoch zum Zeitpunkt des Ausfalles der noch offene Kreditbetrag ist. Der Credit Exposure hängt im Wesentlichen von

- den geplanten Tilgungsmodalitäten oder
- der geschätzten Ausnutzung eingeräumter Kreditlinien
ab.

Mit Hilfe dieser Parameter des Ausfallrisikos (in Basel II als Risikoparameter bezeichnet) kann durch Multiplikation der Parameter der so genannte **erwartete Verlust (Expected Loss [EL])** eines einzelnen Kreditnehmers berechnet werden. Zur Verdeutlichung sei folgendes Beispiel zweier Kredite A (mit der Rating-Einstufung A) und B (Rating-Einstufung B) zu-grunde gelegt:

Die Probability of Default betrage für A 2% (B 3%), die Recovery Rate für beide 40% (Loss Given Default = 60%) und das Kreditäquivalent (Credit Exposure) soll sich bei A auf 200.000 € und bei B auf 100.000 € belaufen.. Der erwartete Verlust beträgt dann:

Expected Loss   = Probability of Default x (1 – Recovery Rate) x Kreditäquivalent

EL (A):   = 2%   x (100% - 40%)   x 200.000 € = **_2.400 €_**

EL (B):   = 3%   x (100% - 40%)   x 100.000 € = **_1.800 €_** .

Dieser erwartete Verlust stellt eine vereinfachte Messung des einzelgeschäftsbezogenen Ausfallrisikos dar. Besteht nur ein einzelner Kredit, so wird sofort deutlich, dass der **tatsächliche mögliche Schaden** nicht mit dem erwarteten Verlust übereinstimmen kann. Fällt der Kreditnehmer nicht aus, so beträgt der tatsächliche Verlust 0. Fällt er aus, so beträgt der tatsächliche Verlust nicht 2.400 € sondern 120.000 €. Wird von einer unendlichen Schuldneranzahl mit kleinen Kreditbeträgen ausgegangen, so kann als durchschnittlicher Verlust über alle Kredite eben genau der erwartete Verlust angesetzt werden (so genanntes **Granularitätsprinzip**).

Vergleichbare Überlegungen werden auch bei anderen Risiken z. B. beim Aktienkursrisiko mit der erwarteten (durchschnittlichen) Aktienkursrendite angestellt, um ausgehend von einer erwarteten Rendite das Risiko in Form des Value at Risk zu messen. So wird auch beim Kreditrisiko der erwartete Verlust als Ausgangsgröße für eine dem Value at Risk vergleichbare Risikomaßzahl herangezogen. Zu diesem Zweck werden im Abschnitt zur Berechnung risikoadjustierter Kreditzinsen (siehe Abschnitt 4.2.3) noch einige **weitere Überlegungen** zur Messung des **Ausfallrisikos** angestellt werden müssen.

4.2.2   Analyse des einzelgeschäftsbezogenen Ausfallrisikos

Bei der Analyse des einzelgeschäftsbezogenen Ausfallrisikos steht die **Kreditwürdigkeit** eines **einzelnen Kreditnehmers** im Mittelpunkt, d. h. die wirtschaftliche Fähigkeit die vereinbarten Zins- und Tilgungsleistungen an den Kreditgeber zu leisten. Von der Kreditwürdigkeit hängt auch unmittelbar die Höhe der **Probability of Default** (Ausfallwahrscheinlichkeit = PD) zur Messung des Ausfallrisikos ab. Für die Analyse des Kreditnehmers stehen u. a. folgende Hauptgruppen von Instrumenten zur Verfügung:

- Verfahren der Bilanz- und GuV-Analyse
- Rating-Verfahren
- Mathematische-statistische Verfahren

Die traditionellen Verfahren der **Bilanz-** und **GuV-Analyse** (auch Kreditbericht genannt) bestehen im Wesentlichen aus Kennzahlen, bei denen verschiedene Gruppen von Bilanzpositionen und/oder GuV-Positionen gegenübergestellt werden. Einige der wichtigsten Kennzahlen der Bilanzanalyse im Rahmen der Kreditwürdigkeitsprüfung ist z. B. die Cash Flow-Rentabilität, die Liquiditätsgrade, die Eigenkapitalquote usw. Der entscheidende Nachteil aller Kennzahlen aus Bilanz und GuV besteht in der Vergangenheitsorientierung. Da Bilanz und GuV auf Vergangenheitsdaten beruhen, kann dieses Problem nicht rechentechnisch behoben werden, sondern nur durch zusätzliche Einschätzungen der Zukunft durch den Kreditgeber erweitert werden.

Wenn quantitative und qualitative Eigenschaften zusammen in eine Kreditwürdigkeitsprüfung einfließen sollen, so erfolgt dies durch so genannte **Rating-Verfahren**. Grundlage von Rating-Verfahren ist die Risikomessung auf Basis von Scoring-Modellen (Nutzwertanalyse), die bereits exemplarisch im Abschnitt 2.5 dargestellt wurde. Rating-Verfahren besitzen den Vorteil, dass neben den quantifizierbaren Kennzahlen aus der Bilanz und GuV auch **qualitative Einschätzungen** über die zukünftige Fähigkeit des Kreditnehmers, seinen Verpflichtungen nachzukommen, durch den Kreditgeber berücksichtigt werden können.

Dafür muss jedoch auch ein **erheblicher Nachteil** in Kauf genommen werden. Unterschiedliche Kreditgeber können bezüglich der Bonitätseinschätzung ein und desselben Kreditnehmers zu unterschiedlichen Ergebnissen kommen, was an den möglichen unterschiedlichen Realisierungsmöglichkeiten auf einer Skala von z. B. 1 bis 10 liegt. Dennoch haben sich Rating-Verfahren zur Beurteilung des Ausfallrisikos durchgesetzt und werden nach Einschätzung des Verfassers auch in Zukunft das entscheidenden Instrumentarium zur Bonitätsbeurteilung sein. Nur mit Hilfe von Rating-Verfahren ist die Berücksichtigung von wichtigen **kreditnehmerspezifischen Eigenschaften**, die nicht quantitativ messbar sind, möglich. Aus diesem Grund ist in Abbildung 4.14 ein stark vereinfachtes Schema für ein Rating-Verfahren dargestellt.

Kriterien	Gewichte (in %)			Punkte
	Kriterien-gruppe	Einzel-kriterien	Einzelkriterien im Modell	
Geschäftsrisiko	50			0 1 2 3 4 5 6 7 8 9 10
– Produkte		30	15	
– Technologie		20	10	
– Marketing		10	5	
– Management		40	20	
		100		
Finanzielles Risiko	50			
– Ertragslage		50	25	
– Vermögenslage		30	15	
– Finanzlage		20	10	
		100		
	100		100	gew. Punktsumme

Beispiel:	Produkte	= 8 Punkte	Ertragslage	= 8 Punkte
	Technologie	= 7 Punkte	Vermögenslage	= 3 Punkte
	Marketing	= 4 Punkte	Finanzlage	= 6 Punkte
	Management	= 7 Punkte		

Ermittlung der Punktsumme:

$$8 \cdot 0{,}15 + 7 \cdot 0{,}10 + 4 \cdot 0{,}05 + 7 \cdot 0{,}20 + 8 \cdot 0{,}25 + 3 \cdot 0{,}15 + 6 \cdot 0{,}10 = 6{,}55 \text{ Punkte}$$

(6,55 Punkte von maximal 10 möglichen Punkten)

Abb. 4.14 *Beispiel Rating*

In der Praxis der Kreditwirtschaft sind die Kataloge der **einzelnen Beurteilungskriterien** sehr **viel umfangreicher**. Auf eine entsprechende ausführliche Darstellung wird verzichtet, da sich am Grundprinzip nichts ändert. Am Schema in Abbildung 4.14 wird die zentrale Schwäche nochmals deutlich. Zwei unterschiedliche Kreditgeber können z. B. in der Kategorie Management einmal 7 Punkte vergeben und der andere vergibt aufgrund seiner subjektiven Einschätzung nur 6 Punkte. Die Kreditinstitute versuchen, diese zentrale Schwäche von Rating-Verfahren dadurch zu beheben, dass für jedes einzelne Beurteilungskriterium möglichst **detailliert** in **Arbeitsanweisungen** festgehalten wird, wann welche Punktzahl vergeben werden kann. Das Ergebnis des Rating-Verfahrens bildet die zentrale Grundlage für die weiteren Methoden zur Messung und Steuerung des Ausfallrisikos.

Auch für **Nichtbanken** stellen Rating-Verfahren eine wichtige Grundlage dar. Zum einen richten sich die Kreditkosten (wie später gezeigt wird) für die Fremdkapitalaufnahme bei einer Bank nach der Rating-Einstufung. Zum anderen müssen auch Nichtbanken bei der Vergabe von Lieferantenkrediten sich nach den Kreditkonditionen am Markt orientieren und die hängen wiederum maßgeblich vom jeweiligen Rating des Warenabnehmers (Kreditnehmers) ab.

Die dritte Gruppe von Instrumenten zur Beurteilung des Ausfallrisikos sind die mathematischen statistischen Verfahren, zu denen im Wesentlichen die **Diskriminanzanalyse**, die **Clusteranalyse** und **künstliche neuronale Netze** gehören. Hauptziel dieser Verfahren ist es, möglichst objektiv nachvollziehbare Methoden zu installieren, die trennscharf zwischen guten und schlechten (d. h. abzulehnenden) Krediten unterscheiden. Da derartige Verfahren nur im großvolumigen Kreditgeschäft von Banken bzw. für große Kreditportfolios sinnvoll eingesetzt werden, werden diese Verfahren nicht weiter dargestellt.

Die Rating-Verfahren bzw. die **Einstufung** eines Kreditnehmers in eine **Rating-Klasse** entsprechend seiner Bonität bildet die Grundlage für die Ermittlung der Ausfallwahrscheinlichkeiten. So werden in Literatur und Praxis (zum Beispiel wie bei Moody's) folgende Rating-Klassen gebildet:

AAA, AA, A, BBB, BB, B, CCC.

Häufig werden diese mit weiteren Abstufungen (+ oder -) oder Modifikationen versehen. Dabei steht die Rating-Klasse AAA für die beste Bonität, d. h. im Normalfall beträgt die Ausfallwahrscheinlichkeit eines entsprechend eingestuften Kreditnehmers 0%. Die Rating-Klasse CCC steht für Kreditnehmer mit hoher Insolvenz-Gefahr, d. h. z. B. einer Ausfallwahrscheinlichkeit von 24% (an dieser Stelle nur willkürlich angenommen) innerhalb eines Jahres. Die Rating-Klassen dazwischen sind entsprechende Abstufungen.

Für die Einstufung eines Kreditnehmers und die Ermittlung der zugehörigen Ausfallwahrscheinlichkeiten gibt es drei grundsätzliche Möglichkeiten:

1. Der Kreditgeber **führt** die **Einstufung** nach einem bestimmten Rating-Schema **selbst durch** und ermittelt aufgrund historischer Beobachtungen die entsprechenden Ausfallwahrscheinlichkeiten. Für das obige Beispiel würde der Kreditgeber z. B. für Punktwerte zwischen 9 und 10 die beste Rating-Klasse AAA vergeben und für Punktwerte zwischen 8 und 9 die zweitbeste Klasse AA usw. Im nächsten Schritt wird die Ausfallwahrschein-

lichkeit aufgrund historischer Ausfälle der jeweiligen Klasse durch den Mittelwert berechnet. Gleichzeitig kann auch die zugehörige Standardabweichung der durchschnittlichen Ausfallwahrscheinlichkeit ermittelt werden, die für weitergehende Risikomessungen sehr hilfreich ist.

2. Es wird auf die Ausfallwahrscheinlichkeiten **externer Rating-Agenturen** zurückgegriffen. Es sind in erster Linie Standard&Poor's und Moody's Investor Service zu nennen. Sind die Kreditnehmer durch externe Rating-Agenturen bereits geratet (was i. d. R. bei großen börsennotierten Unternehmen und Banken der Fall ist) ist diese Vorgehensweise unproblematisch und empfehlenswert. Liegt kein externes Rating vor, so können die Ausfallwahrscheinlichkeiten durch ein so genanntes Rating-Mapping ermittelt werden. Dabei werden die internen Rating-Einstufungen auf eine entsprechende externe Rating-Einstufung übertragen (z. B. 9 bis 10 Punkte aus dem obigen internen Rating wird die Einstufung AAA von Standard&Poor's zugewiesen) und aus dem externen Rating die zugehörige Ausfallwahrscheinlichkeit verwendet.

3. Es werden die an der Börse notierten Unternehmensanleihen mit ausfallrisikofreien Anleihen (z. B. des Bundes) verglichen. Die Differenz der Effektivverzinsungen bildet den so genannten **Credit Spread**. Aus dem Credit Spread wird dann versucht, Rückschlüsse auf die Ausfallwahrscheinlichkeiten zu ziehen. Da in Deutschland nur sehr wenige Unternehmensanleihen an der Börse notiert sind (im Gegensatz z. B. zu den USA oder im Verhältnis zu Anleihen der öffentlichen Hand), wird diese Möglichkeit nicht weiter vertieft.

Für die Anwendung externer Ratings sind in Tabelle 4.5 für beispielhaft ausgewählte Kreditlaufzeiten die kumulierten Ausfallwahrscheinlichkeiten für den Beobachtungszeitraum 1981 bis 1998 dargestellt.

Tab. 4.5   *Kumulierte Ausfallwahrscheinlichkeiten (%) nach Standard&Poor's*

Rating-Klasse:	1 Jahr Laufzeit:	5 Jahre Laufzeit:	10 Jahre Laufzeit:
AAA	0,00%	0,17%	1,00%
AA	0,00%	0,27%	0,96%
A	0,04%	0,56%	2,06%
BBB	0,24%	2,19%	5,03%
BB	1,01%	12,38%	23,69%
B	5,45%	28,38%	42,24%
CCC	23,69%	54,25%	60,91%

Die deutlich höheren Ausfallwahrscheinlichkeiten für Kredite mit einer Laufzeit von 5 bzw. 10 Jahren beruhen auf dem nahe liegenden ökonomischen Zusammenhang, dass innerhalb längerer Zeiträume die Gefahr einer Insolvenz größer ist, da Insolvenz verursachende Faktoren längerfristig wirken können.

Welche Möglichkeit zur Ermittlung der Ausfallwahrscheinlichkeiten jeweils herangezogen wird, sollte von der jeweiligen Interessenlage und den **vorhandenen historischen Daten** des Kreditgebers abhängig gemacht werden.

Für **Kreditinstitute**, welche die besondere Struktur ihrer Kreditkunden (des Kreditportfolios) abbilden wollen und ausreichend historische Ausfallraten zur Verfügung haben, werden die erste Möglichkeit anwenden, insbesondere wenn nur wenige externe Ratings für ihre Kreditkunden zur Verfügung stehen.

Im Umkehrschluss ist die **Anwendung externer Ratings** sinnvoll, wenn keine historischen Rating-Daten zur Verfügung stehen (z. B. bei Einführung neuer Rating-Verfahren, bei Nichtbanken, usw.). Insbesondere bei Lieferantenkrediten ist die Einführung und Anwendung von Rating-Verfahren viel zu aufwendig im Verhältnis zum eigentlichen Zweck der Gewährung eines Lieferantenkredites. Beim Lieferantenkredit steht nämlich nicht die Erzielung von Gewinnmargen durch Gewährung eines Kredites im Vordergrund, sondern die unbürokratische Überbrückung bis zur Widergeldwerdung der verkauften Ware beim Käufer. Damit soll der Umsatz gefördert werden und nicht die Kreditvergabe. Dennoch werden auch für Lieferantenkredite marktorientierte und risikoadjustierte Kreditzinsen benötigt. Die dafür notwendige Ermittlung von Ausfallwahrscheinlichkeiten ist dann nur mit der zweiten Möglichkeit (externe Ratings) sinnvoll möglich.

Mit Hilfe der Analyse der Bonität des Kreditnehmers auf Basis eines Rating-Verfahrens und der daraus abgeleiteten (erwarteten, durchschnittlichen) Ausfallwahrscheinlichkeiten sowie gegebenenfalls der zugehörigen Standardabweichungen der Ausfallwahrscheinlichkeiten können daraus im nächsten Schritt risikoadjustierte Kreditzinsen berechnet werden.

4.2.3   Risikoadjustierte Kreditzinsen

Zur Berechnung risikoadjustierter Kreditzinsen besteht ein großer Unterschied zur Verzinsung (Rendite) von Marktpreisrisiken (z. B. Aktien usw.). Während bei Aktien sich z. B. die durchschnittliche Aktienrendite aus der Berechnung von historischen Kapitalmarktdaten ergibt und durch den Käufer der Aktie sich nicht explizit (außer durch eine aktive Portfoliosteuerung) gestalten lässt, ist dics bci cinem Kredit nicht nur möglich sondern notwendig! Das mögliche **Ausfallrisiko** bei einer Kreditgewährung muss **adäquat vertraglich** in den **Kreditkonditionen berücksichtigt** werden. Die Höhe des erwarteten und auch des unerwarteten Ausfallrisikos muss durch Berechnung einer entsprechenden Risikoprämie in den Kreditzinsen abgebildet werden.

Wird dies nicht getan, so stellt sich häufig der so genannte **Adverse Selection Effect** ein, der besagt, dass bei einer pauschalen Risikoprämie für Kreditnehmer mit guter und schlechter Bonität die Kreditnehmer mit einer guten Bonität eine zu hohe Risikoprämie und die schlechten Kreditnehmer eine zu niedrige Risikoprämie an den Kreditgeber zahlen. In der Konsequenz werden Kreditnehmer mit einer guten Bonität gehen und dafür mehr schlechte Kreditnehmer kommen. Dies ist auch genau der Grund für Basel II. Während durch Basel I lediglich eine pauschale Eigenkapitalhinterlegung von 8% für gute und schlechte Bonitäten gleichermaßen vorgeschrieben war, wird durch Basel II eine Risikodifferenzierung vorgesehen (siehe Abschnitt 4.2.7).

Um eine Risikodifferenzierung in Form einer Risikoprämie innerhalb des Kreditzinses vornehmen zu können, werden zunächst die einzelnen **Komponenten** des **Kreditzinses** dargestellt. Der Kreditzins setzt sich i. d. R. aus folgenden Komponenten zusammen:

1. Refinanzierungskosten
2. Betriebskosten
3. Standard-Risikokosten
4. Eigenkapitalkosten
5. Gewinnmarge

Für die Kreditvergabe gibt es zwei Möglichkeiten. Zum einen steht das Geld für die Kreditvergabe bereits als liquide Mittel zur Verfügung. In diesem Fall wird dem **Opportunitätsprinzip** folgend bei der Kalkulation des Kreditzinses davon ausgegangen, dass der Kreditgeber statt einen Kredit zu vergeben, die Kreditsumme auch betrags- und laufzeitmäßig in gleicher Weise anders zu einem Opportunitätszinssatz anlegen könnte. Dabei kann der Zinssatz einer risikolosen (bezüglich des Ausfallrisikos) Anlage, z. B. Bundesanleihen, gewählt werden. Im zweiten Fall, der bei Banken der Regelfall ist, muss der Kreditgeber das Geld für die Kreditvergabe zu einem bestimmten **Refinanzierungssatz** beschaffen, um es dann an den Kreditnehmer weiter zureichen. Für diesen Refinanzierungszinssatz wird die gleiche Laufzeit wie der Kredit und natürlich auch die gleiche Höhe am Geld- und Kapitalmarkt zugrunde gelegt. Dieses Prinzip (auf dem auch die so genannte Marktzinsmethode beruht) wird auch **strukturkongruente Refinanzierung** am Geld- und Kapitalmarkt genannt. Die Ermittlung des Refinanzierungssatzes ist am Geld- und Kapitalmarkt zum Zeitpunkt der Gewährung des Kredites unproblematisch. Für die folgenden Beispielrechnungen wird vereinfachend unterstellt, dass ein möglicher Refinanzierungssatz und ein möglicher Opportunitätszinssatz dem risikolosen Zinssatz von Bundesanleihen entsprechen.

Die **Betriebskosten** beinhalten die im Zusammenhang mit der Gewährung des Kredites anfallenden einmaligen und laufenden administrativen Kosten, wie z. B. Prüfung des Kreditantrages, Kontrolle der laufenden Zins- und Tilgungszahlungen, Abwicklung eines Not leidenden Kredites usw. Die Ermittlung der Höhe der Kosten erfolgt durch das interne Rechnungswesen bzw. das Controlling eines Unternehmens (Kreditgeber) auf der Grundlage des Verursacherprinzips nach der prozessorientierten Standard-Einzelkostenrechnung und ist ebenfalls relativ unproblematisch.

Die **Standard-Risikokosten** sind ein wesentlicher Bestandteil der Risikoprämie eines risikoadjustierten Kreditzinses. Die Standard-Risikokosten bilden den **erwarteten Verlust** eines Kredites ab und erfassen den Teil des Ausfallrisikos, der bereits bei Abschluss des Kredites vom Kreditgeber im Durchschnitt erwartet wird. Im obigen Beispiel der beiden Kredite A und B beträgt der erwartete Verlust für A 2.400 € und für B 1.800 €. Wird der erwartete Verlust auf z. B. Aktienkursrisiken übertragen, so entspricht dieser den erwarteten Aktienrenditen. Die erwartete Aktienrendite bildet aber nicht das eigentliche Risiko ab, sondern erst der Value at Risk auf Basis der Standardabweichung. Genau dies wird auch beim Kreditrisiko getan und führt zum unerwarteten Verlust.

Die **Eigenkapitalkosten** basieren auf dem **unerwarteten Verlust** eines Kredites, da als Puffer für unerwartete Verluste das ökonomische Eigenkapital dient, welches im Notfall dafür beansprucht werden müsste. Der unerwartete Verlust stellt den möglichen über den erwarteten Verlust hinausgehenden Schaden dar, der vom Konzept dem Value at Risk für Marktrisiken entspricht. Für die Anwendung zur Messung des Ausfallrisikos kann das VaR-Konzept nicht direkt übertragen werden, da bei Marktrisiken relative Änderungen betrachtet werden und beim Kreditrisiko der Verlust in Geldeinheiten gemessen wird. Aus diesem Grund wird beim Kreditrisiko der unerwartete Verlust auch in Geldeinheiten gemessen und daher **Credit Value at Risk (CVaR)** genannt. Wird der Credit Value at Risk (also der unerwartete Verlust) zum erwarteten Verlust addiert, so ergibt sich das entsprechende Quantil analog zum Value at Risk-Konzept. In Abbildung 4.15 ist für eine Sicherheitswahrscheinlichkeit von 99% dieser Zusammenhang dargestellt.

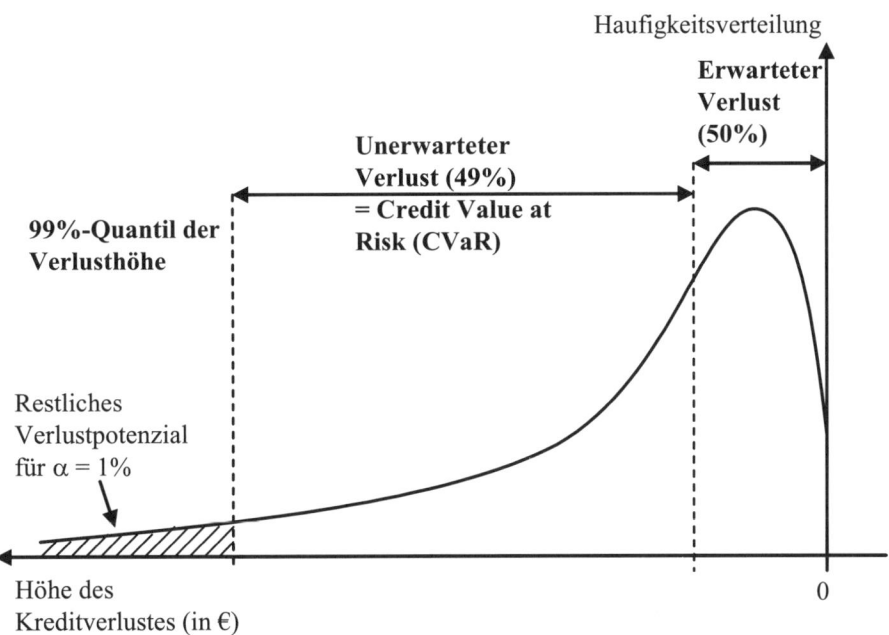

Abb. 4.15   *Messung und Verteilung des Ausfallrisikos*

In Abbildung 4.15 fällt zunächst auf, dass die Verlustverteilung nicht symmetrisch, sondern **linksschief** dargestellt wird. Dies basiert auf der Grundlage, dass ein Kredit mit einer hohen Wahrscheinlichkeit gar nicht ausfällt oder nur sehr geringe Beträge verloren gehen. Betragsmäßig hohe Ausfälle kommen dagegen sehr selten vor.

Die **Berechnung** des **unerwarteten Verlustes** bzw. des Credit Value at Risk (CVaR) kann mit Hilfe der Parameter zur Berechnung des erwarteten Verlustes (siehe Abschnitt 4.2.1) erfolgen. Dabei wird statt der Recovery Rate aus rechentechnischen Vereinfachungsgründen mit der Verlustquote (Loss Given Default [LGD]) gerechnet. Für die Berechnung des unerwarteten Verlustes wird einmal die Standardabweichung der Verlustquote (s_{LGD}) und zum anderen die Volatilität der Ausfallquote (s_{PD}) benötigt.

Die Ermittlung der **Standardabweichung** der **Verlustquote** basiert in erster Linie auf der Art der Sicherheit. Bei einem Blankokredit (d. h. keine Sicherheit) tritt der Verlust mit Sicherheit ein und die **Standardabweichung ist null**. Die Ermittlung der Standardabweichung sollte auf Basis ausreichend langer historischer Werte nach den Arten der Sicherheiten getrennt erfolgen (z. B. Sicherungsübereignung, Bürgschaft usw.).

Für die Ermittlung der **Standardabweichung** der **Ausfallwahrscheinlichkeit** wird angenommen, dass die Ausfallwahrscheinlichkeiten einer Binomialverteilung folgen. Diese Verteilungsannahme ist plausibel, da nur zwei Zustände betrachtet werden: der Ausfall tritt ein oder der Kredit fällt nicht aus. Unter der Voraussetzung dieser Annahme kann die Standardabweichung der Ausfallwahrscheinlichkeit (s_{PD}) wie folgt berechnet werden:

$$s_{PD} = \sqrt{PD \cdot (1 - PD)}$$

Für das obige Beispiel der beiden Kredite A und B ergeben sich daraus folgende Standardabweichungen der Ausfallwahrscheinlichkeiten:

$$s_{PD}^{A} = \sqrt{PD_A \cdot (1 - PD_A)} = \sqrt{2\% \cdot 98\%} = 14\%$$

$$s_{PD}^{B} = \sqrt{PD_B \cdot (1 - PD_B)} = \sqrt{3\% \cdot 97\%} = 17,06\%$$

Mit Hilfe der Standardabweichungen kann nun der unerwartete Verlust, also der Credit Value at Risk (CVaR) mit Hilfe des **Kreditäquivalentes** (KÄ) für eine Sicherheitswahrscheinlichkeit von 99% wie folgt berechnet werden:

$$CVaR = KÄ \cdot \sqrt{PD \cdot s_{LGD}^2 + LGD^2 \cdot s_{PD}^2}$$

Zur Berechnung des CVaR für die Kredite A und B wird jeweils eine Standardabweichung der Verlustquote (LGD) in Höhe von 20% angenommen (die in der Größenordnung einigen empirischen Untersuchungen z. B. von Moody's in etwa entspricht). Die Berechnung der CVaR für A und B ergibt dann:

$$CVaR_A = KÄ_A \cdot \sqrt{2\% \cdot 20\%^2 + 60\%^2 \cdot 14\%^2} = 200.000€ \cdot \sqrt{0,007856} = \underline{\mathit{17.726,82\ €}}$$

$$CVaR_B = KÄ_B \cdot \sqrt{3\% \cdot 20\%^2 + 60\%^2 \cdot 17,06\%^2} = 100.000€ \cdot \sqrt{0,011676} = \underline{\mathit{10.805,55\ €}}$$

Dieser Credit Value at Risk, der mit dem unerwarteten Verlust gleichzusetzen ist, muss in einem nächsten Schritt in die zugehörigen **Eigenkapital-Kosten** umgerechnet werden. Für die Höhe des Credit Value at Risk muss der Kreditgeber (ökonomisches) Eigenkapital bereithalten. Dieses Eigenkapital steht jedoch nicht umsonst zur Verfügung, sondern es muss mit der von den Eigenkapitalgebern geforderten Rendite verzinst werden. Es gibt unterschiedliche Ansätze, diese **geforderte Eigenkapitalrendite** zu bestimmen. Auf die verschiedenen Varianten wird an dieser Stelle nicht näher eingegangen (ein verbreiteter Ansatz stellt das Capital Asset Pricing Model [CAPM] dar). Für das Beispiel wird eine geforderte Eigenkapitalrendite von 10% angenommen. Da das Eigenkapital aber in jedem Fall risikolos verzinst werden kann, muss von der geforderten Eigenkapitalrendite noch der risikolose Zinssatz abgezogen werden. Der **risikolose Zinssatz** betrage annahmegemäß 3%. Aus diesen Angaben können jetzt für A und B die Eigenkapital-Kosten wie folgt ermittelt werden:

$$EK\text{-}Kosten_A = (10\% - 3\%) \times CVaR_A = 7\% \times 17.726,82 = \underline{\textbf{1.240,88 €}}$$

$$EK\text{-}Kosten_B = (10\% - 3\%) \times CVaR_B = 7\% \times 10.805,55 = \underline{\textbf{756,39 €}}$$

Nach der Bestimmung der Eigenkapitalkosten folgt abschließend die Ermittlung der **Gewinnmarge**. Für Kreditinstitute spielt die Gewinnmarge von Krediten eine wichtige Rolle, da mit Krediten ja für Banken typischerweise eine Gewinnerzielungsabsicht verbunden ist. Dagegen stellen Warenkredite in erster Linie auf die Förderung des Umsatzes gegenüber dem Warenabnehmer (=Kreditnehmer) ab. Es spielt die Gewinnmarge folglich keine besondere Rolle. Die Berücksichtigung einer Gewinnmarge ungleich null würde an der Risikoadjustierung des Kreditzinses nichts ändern. Aus diesem Grund wird auf die Besonderheiten der Ermittlung von Gewinnmargen bei Banken im Rahmen der Kreditvergabe verzichtet. Für das obige Beispiel wird daher eine Gewinnmarge von null angenommen.

Werden für A und B **Betriebskosten** in Höhe von 2.000 € bzw. 1.000 € für B angenommen und betrage der **risikolose Refinanzierungssatz 3%**, so kann jetzt der **vollständige risikoadjustierte Kreditzins** anhand seiner einzelnen Komponenten dargestellt werden. In Tabelle 4.6 sind die einzelnen Komponenten für Kredit A und B in absoluten Euro-Beträgen und in Prozent zusammengefasst.

Tab. 4.6   Risikoadjustierter Kreditzins und seine Komponenten

	Absolut in €:		**Relativ in %:**	
Komponente:	*Kredit A:*	*Kredit B:*	*Kredit A:*	*Kredit B:*
Kreditbetrag:	200.000,- €	100.000,- €	100,00 %	100,00 %
Refinanzierung:	6.000,- €	3.000,- €	3,00 %	3,00 %
Betriebskosten:	2.000,- €	1.000,- €	1,00 %	1,00 %
Standard-Risikokosten: (Erwarteter Verlust):	2.400,- €	1.800,- €	1,20 %	1,80 %
Eigenkapitalkosten: (Unerwarteter Verlust)	1.240,88 € (17.726,82 €)	756,39 € (10.805,55 €)	0,62 % (8,86 %)	0,76% (10,81 %)
Gewinnmarge:	0,- €	0,- €	0,00 %	0,00 %
Gesamter Kreditzins:	**11.640,88 €**	**6.556,39 €**	**5,82 %**	**6,56 %**

In Tabelle 4.6 wird nochmals besonders der **Unterschied** zwischen dem **erwarteten** und dem **unerwarteten Verlust** deutlich. Aufgrund der Linksschiefe ist der unerwartete Verlust sehr viel höher als der erwartete. Während der erwartete Verlust direkt im Kreditzins umgelegt werden muss (als Standardkosten), müssen beim unerwarteten Verlust lediglich die

Kosten für die Vorhaltung eines entsprechenden Eigenkapitals im Kreditzins berücksichtigt werden.

Der risikoadjustierte Kreditzins stellt nicht nur für Banken eine wichtige Steuerungsgröße dar. Auch für Nichtbanken ist im Rahmen von z. B. Lieferantenkrediten der risikoadjustierte Kreditzins eine wichtige **Untergrenze** bei der Gestaltung der **Konditionen** eines **Lieferantenkredites**. Auch die adäquate Berücksichtigung der Sicherheiten in Form der Schätzung der Standardabweichung der Verlustquote (Loss Given Default) muss bei Lieferantenkrediten berücksichtigt werden, da häufig die Verwertung sicherungsübereigneter Waren zum Tragen kommt.

Die Messung des Ausfallrisikos und der daraus resultierende risikoadjustierte Kreditzins bilden im nächsten Schritt die Grundlage für die Steuerung des einzelgeschäftsbezogenen Ausfallrisikos.

4.2.4   Die Steuerung des einzelgeschäftsbezogenen Ausfallrisikos

Eine Möglichkeit der **Risikosteuerung** im Rahmen der **Risikovorsorge** besteht in der **Erhöhung** des **Eigenkapitals** und damit in einer Erhöhung des Risikopuffers für mögliche Ausfälle. Die **Eigenkapitalkosten** werden im risikoadjustierten Kreditzins **bereits berücksichtigt**, so dass nur eine Eigenkapitalerhöhung notwendig ist, wenn das vorhandene Eigenkapital für die Abdeckung aller möglichen unerwarteten Ausfälle nicht mehr ausreicht. Da das Eigenkapital jedoch nicht nur für unerwartete Kreditausfälle zur Verfügung steht, sondern auch für andere Risiken, ist die Erhöhung des Eigenkapitals als Steuerungsinstrument nur stark eingegrenzt geeignet. Insbesondere werden auch ordentliche Eigenkapitalerhöhungen i. d. R. nur zur Finanzierung langfristiger Investitionen durchgeführt und nicht zur Abdeckung neu aufgetretener Risiken (siehe Abschnitt 3.1).

Die klassische Risikosteuerung des einzelgeschäftsbezogenen Ausfallrisikos erfolgt im Rahmen der **Risikovorsorge** durch Sicherheiten. Zu den auch im Nichtbankensektor wichtigsten **Arten** von **Sicherheiten** gehören u. a.

- die Bürgschaft,
- die Sicherungsübereignung,
- die Sicherungsabtretung,
- der Eigentumsvorbehalt
- das Grundpfandrecht.

Auf die Darstellung der **Funktionsweise** der verschiedenen Sicherheiten wird an dieser Stelle verzichtet und auf die einschlägige bankbetriebswirtschaftliche Literatur verwiesen. Wichtig ist die Einsatzmöglichkeit des Eigentumsvorbehaltes im Rahmen der Gewährung von Lieferantenkrediten durch Nichtbanken. Hierdurch bleibt die veräußerte Ware solange im Eigentum des Kreditgebers, bis der Kreditnehmer die Ware bezahlt hat. Dabei geht trotz des Eigentumsvorbehaltes die Verfügungsgewalt über die Ware vom Kreditgeber auf den Kreditnehmer über.

Die Anforderung von Sicherheiten wirkt sich auf die Kalkulation des risikoadjustierten Kreditzinses aus. So wird durch **zusätzliche Sicherheiten** die **Verlustquote (LGD) gesenkt** (bzw. die Recovery Rate erhöht), wodurch der erwartete und der unerwartete Ausfall ebenfalls sinken! Ein gesunkener Ausfall führt zu einem niedrigeren Kreditzins. Für das Kreditverhältnis zwischen Kreditgeber und Kreditnehmer ergeben sich daraus folgende **drei** mögliche **Auswirkungen** auf die Gewinn-Risiko-Relation.

- Kann der Kreditgeber aufgrund seiner Vertragsposition zusätzliche Sicherheiten verlangen, ohne dies im Kreditzins vertraglich berücksichtigen zu müssen, so sinkt der kalkulierte Kreditzins, und die Differenz zum tatsächlich vereinbarten Kreditzins stellt eine zusätzliche Gewinnmarge für den Kreditgeber dar. Mit anderen Worten: Die **Gewinn-Risiko-Relation** hat sich für den Kreditgeber **verbessert**.
- Kann der Kreditnehmer für zusätzliche Sicherheiten verlangen, dass diese in vollem Umfang in einer Senkung des Kreditzinses weitergegeben werden, so **verändert** sich die **Gewinn-Risiko-Relation** des Kreditgebers **nicht**, aber das beanspruchte ökonomische Eigenkapital des Kreditgebers wird verringert (respektive die Kosten dafür).
- Befindet sich der Kreditnehmer in einer so guten Verhandlungsposition, dass er zusätzliche Sicherheiten nur akzeptiert, wenn dies über den kalkulierten Kreditzins hinaus vom Kreditgeber im Zins berücksichtigt wird, so hat dies für den Kreditgeber folgende Auswirkungen. Eine mögliche vorhandene Gewinnmarge wird geschmälert oder der kalkulierte Kreditzins wird unterschritten. In jedem Fall **verschlechtert** sich seine **Gewinn-Risiko-Relation**. Ob der Kreditgeber einen solchen Kredit dann abschließt oder nicht, sollte von möglichen anderen Faktoren abhängig gemacht werden. Hierzu zählt insbesondere eine mögliche geringere Eigenkapitalbelastung bei gleichzeitiger Aufrechterhaltung der Geschäftsbeziehung zum Kreditnehmer (z. B. insbesondere im Rahmen eines Warenkredites).

Die Risikosteuerung durch Risikovermeidung erfolgt beim Ausfallrisiko in der betrieblichen Praxis in erster Linie durch **Limitsysteme**. Dabei können unterschiedliche Arten von Limiten angewendet werden, die bereits im Abschnitt 3.2 allgemein dargestellt werden. Aus diesem Grund wird nur kurz auf die Besonderheiten zur Begrenzung von Kreditrisiken eingegangen.

Ebenso wie bei Preisrisiken ist eine Begrenzung durch reine **Volumenslimite** ungeeignet, da der eigentliche Risikogehalt eines Kredites nicht berücksichtigt wird. Obwohl in der Vergangenheit insbesondere auch bei Banken derartige Volumenslimite zur Steuerung eingesetzt wurden, hat sich die Erkenntnis durchgesetzt, dass eine Risikolimitierung in Abhängigkeit von Rating-Klassen sinnvoller ist. Dabei sind die beiden folgenden Varianten möglich:

Ein **Limit** in Abhängigkeit der Bonität je **Kreditnehmer** (z. B. Kreditkunde mit Rating AAA maximal 5 Mio. € Kreditvolumen, AA: maximal 3 Mio. € usw.).

Ein **Limit** in Abhängigkeit vom **Kompetenzträger** des Kreditgebers. Auch solche Limite sollten wiederum von der Bonität des Kreditnehmers abhängig gemacht werden (z. B. kann ein Kreditsachbearbeiter an einen Kreditkunden mit Rating AAA maximal 200.000 € Kreditvolumen bewilligen; der Abteilungsleiter Kredite kann an einen Kreditkunden mit Rating AAA maximal 1 Mio. € bewilligen usw.).

Aus Sicht des Verfassers ist eine **Limitierung** auf Basis des **Credit Value at Risk** am besten geeignet, da das Kreditrisiko unmittelbar in Geldeinheiten gemessen und berücksichtigt wird (und nicht indirekt über Rating-Klassen). Außerdem kann durch ein CVaR-basiertes Limitsystem die zugehörige Auslastung des vorhandenen ökonomischen Eigenkapitals direkt gegenübergestellt werden. Für die Ausgestaltung eines solchen Limitsystems können ansonsten die Ausführungen im Abschnitt 3.2 (insbesondere die Abbildung 3.2) für ein VaR-Limitsystem eins zu eins übertragen werden.

Die **Risikoverteilung** (Diversifikation) des Ausfallrisikos erfolgt in erster Linie durch eine **Steuerung** des **Kreditportfolios** (siehe Abschnitt 4.2.5), was hauptsächlich für Banken eine wichtige Rolle spielt. Die Verteilung einzelner Kredite kann im Rahmen von so genannten **Konsortialkrediten** geschehen. Dabei werden einzelne Kreditengagements, deren Volumen für einen einzigen Kreditgeber zu groß und damit zu riskant ist, auf mehrere Kreditgeber (die Konsortialbanken) verteilt werden. Da Konsortialkredite für Nichtbanken irrelevant sind wird auf eine detailliertere Darstellung von Konsortialkrediten verzichtet.

Eine **Risikoüberwälzung** des einzelnen Ausfallrisikos kann durch **Kreditversicherungen** erfolgen. Dabei tritt der Kreditversicherer in einem vorher festgelegten Schadensfall (Ausfall des Kreditnehmers) für den Verlust ein und erhält dafür vom Kreditgeber eine Versicherungsprämie. Der Abschluss einer Kreditversicherung wirkt im Rahmen der Kalkulation des Kreditzinses vom Prinzip wie eine Sicherheit. Dem gesunkenen (bzw. völlig vermiedenen) Ausfallrisiko steht eine Minderung des Gewinnes durch Zahlung der Versicherungsprämie gegenüber. Wie sich dadurch die **Gewinn-Risiko-Relation** des Kreditgebers **verändert**, kann allgemein nicht beschrieben werden, sondern hängt von den Konditionen des Kreditversicherers ab (zur allgemeinen Funktionsweise von Versicherungen siehe Abschnitt 3.4.1). In Deutschland gibt es verschiedene Kreditversicherer die i. d. R. für bestimmte Zwecke und zur Förderung konkreter Projekte Versicherungen anbieten. Zu den wichtigsten Kreditversicherungen gehören u. a.:

- **Euler Hermes** versichert seine Kunden gegen Verluste durch Insolvenz ihrer Käufer auf nationalen und internationalen Märkten. Es werden auch politische Risiken abgedeckt.
- **Coface** führt weltweite Warenkredit- und Ausfuhrkreditversicherungen durch.
- **Atradius** ist eine spezielle Kreditversicherung für Investitionsgüter, bei der Forderungen aus der Fabrikation und Lieferung mobiler Investitionsgüter mit einer Laufzeit von bis zu 36 Monaten abgedeckt werden.

Die **Risikokompensation** des Ausfallrisikos durch **Derivate** macht zunächst eine allgemeine Definition von Kreditderivaten erforderlich:

> **Kreditderivate** übertragen das Kreditrisiko gegenüber einer dritten Partei (Kreditnehmer, Schuldner) von dem Begünstigten (Kreditgeber, Gläubiger) auf den Garanten, der dem Begünstigten bei Eintritt eines Kreditereignisses (Credit Event) eines Referenzinstrumentes eine Ausgleichsleistung verspricht und dafür im Gegenzug vom Begünstigten eine Prämie erhält.

Der Einsatz von Kreditderivaten im Rahmen der Risikosteuerung von Ausfallrisiken wird zur Zeit nur von einigen wenigen deutschen Großbanken vorgenommen, die aufgrund ihrer Größe und Expertise an dem **weltweiten Kreditderivate-Markt** teilnehmen können. Aus diesem Grund werden die Ausführungen zu Kreditderivaten nicht vertieft. Allerdings zeichnet sich ein deutlicher Trend ab, dass immer mehr Unternehmen und Institutionen auf das Instrument Kreditderivate zurückgreifen. Daher werden im Folgenden nur die wichtigsten Merkmale und Prinzipien von Kreditderivaten im Überblick dargestellt.

Ein Kreditderivat stellt ein **Termingeschäft ohne** einen **Eingriff** in das **ursprüngliche Schuldverhältnis** dar. Dies ist der entscheidende Unterschied zu Bürgschaften, Garantien und Kreditversicherungen, bei denen die Erstattung des Ausfallrisikos entweder personen- oder sachgebunden an das ursprüngliche Schuldverhältnis gekoppelt ist (**Akzessorität**). So ist die Bürgschaft personengebunden nur für das Hauptschuldverhältnis gültig. Die Garantie bezieht sich auch auf Lieferungen und Leistungen.

Auch wenn das Grundprinzip von Kreditderivaten den Derivaten für Marktpreisrisiken entspricht, so müssen die Kreditderivate dennoch von diesen abgegrenzt werden. In Abbildung 4.16 ist eine Einordnung und Abgrenzung von Kreditderivaten innerhalb der Risikoüberwälzung- und Kompensation im Überblick dargestellt.

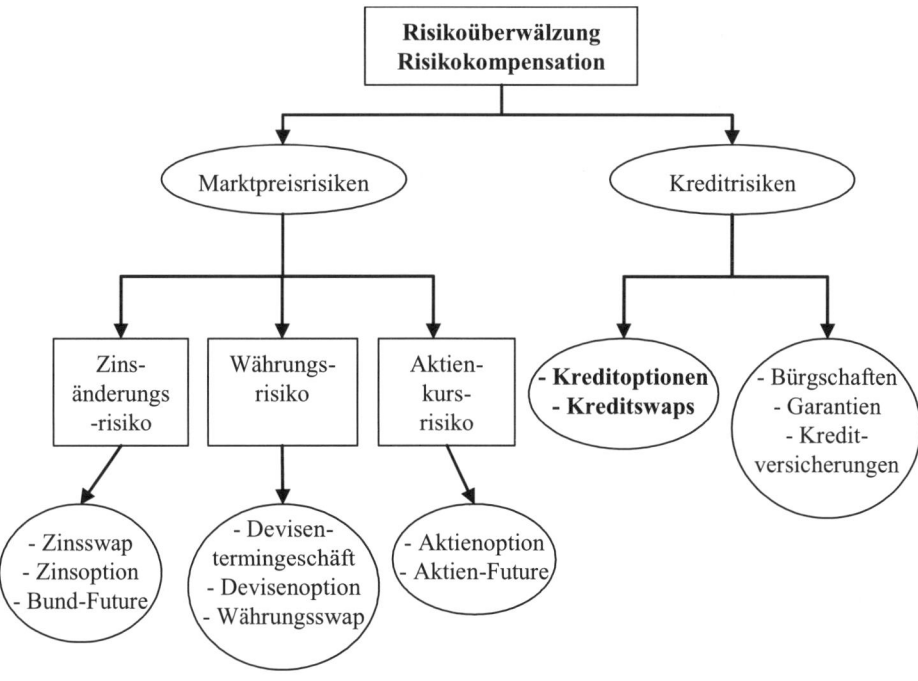

Abb. 4.16 *Einordnung und Abgrenzung von Kreditderivaten*

Für die Unterscheidung der verschiedenen Grundformen von Kreditderivaten werden zunächst die unterschiedlichen **Vertragselemente** von **Kreditderivaten** dargestellt.

- Das **Referenzinstrument** entspricht der Basisposition eines Derivates. Mit Hilfe des Referenzinstrumentes wird gemessen, wann ein Ausfall des Schuldners vorliegt. Häufig wird als Referenzinstrument eine Referenzanleihe (die vom Schuldner emittiert wurde) oder eine Kreditforderung benutzt. Es können als Referenzinstrumente aber auch z. B. die Verfassung oder die Liquidität des Schuldners verwendet werden.
- Durch das **Kreditereignis** wird festgelegt, für welchen Zustand des Referenzinstrumentes ein Ausfall des Schuldners vorliegt und wann der Verkäufer des Kreditderivates eine Ausgleichsleistung an den Käufer zu erfüllen hat. Als Kreditereignis kann z. B. die Unterschreitung eines bestimmten Marktpreises der Referenzanleihe, ein bestimmter zeitlicher Verzug der Zins- und Tilgungsleistungen der Kreditforderung oder der Insolvenzantrag des Schuldners als bestimmte Verfassung festgelegt werden.
- Die **Ausgleichsleistung** legt fest, wie hoch und in welcher Form bei Eintritt des Kreditereignisses der Garant eine Leistung an den Begünstigten zu erfüllen hat. In der Regel wird der Referenzwert (Anleihe, Kreditforderung) gegen eine vorher fixierte Zahlung übertragen oder es findet ein Barausgleich statt.
- Die **Prämie** stellt das Entgelt für den Garanten dar, damit er das Kreditrisiko übernimmt. Die Prämie wird in der Regel in Basispunkten bezogen auf das Nominalvolumen des Derivates gezahlt
- Das **Nominalvolumen** des Kreditderivates orientiert sich in der Regel am Nominalvolumen des zugehörigen Kredites.
- Die **Laufzeit** des Kreditderivates orientiert sich i. d. R. ebenfalls an der Laufzeit des Kredites bzw. der Anleihe.

Eine grundlegende Unterscheidung von Kreditderivaten ist die Differenzierung zwischen Kreditoptionen und Kreditswaps.

Bei **Kreditoptionen** wird die Prämie nur einmalig am Anfang vom Begünstigten an den Garanten gezahlt. Im Rahmen von **Kreditswaps** wird dagegen die Prämie jährlich bis zum Ende der Laufzeit gezahlt. Auf Basis von Optionen gibt es u. a. folgende Arten:

- Die **Credit Default Option** ist die klassische Kreditoption, die der obigen allgemeinen Definition eines Kreditderivates entspricht.
- Bei der **Credit Spread Option** wird kein Kreditereignis im klassischen Sinne festgelegt, sondern es wird der Spread (Unterschied) zwischen einem ausfallrisikobehafteten Finanztitel und einem risikolosen Instrument (z. B. dem EURIBOR) als Referenzinstrument festgelegt. Weitet sich dieser Spread während der Laufzeit aus (d. h. das Ausfallrisiko des risikobehafteten Finanztitels steigt), so muss der Garant diese Erhöhung des Spreads an den Begünstigten zahlen.
- Die **Sovereign Risk Option** stellt nicht auf das Ausfallrisiko eines einzelnen Schuldners ab, sondern auf das so genannte Länderrisiko (siehe Abschnitt 4.2.6).

Bei Kreditswaps gibt es u. a. folgende klassischen Ausprägungen:

Der **Credit Default Swap** ist die wichtigste und am weitesten verbreitete Form eines Kreditderivates. Der Credit Default Swap entspricht wie die Credit Default Option der allgemeinen Definition eines Kreditderivates und ist schematisch in Abbildung 4.17 dargestellt.

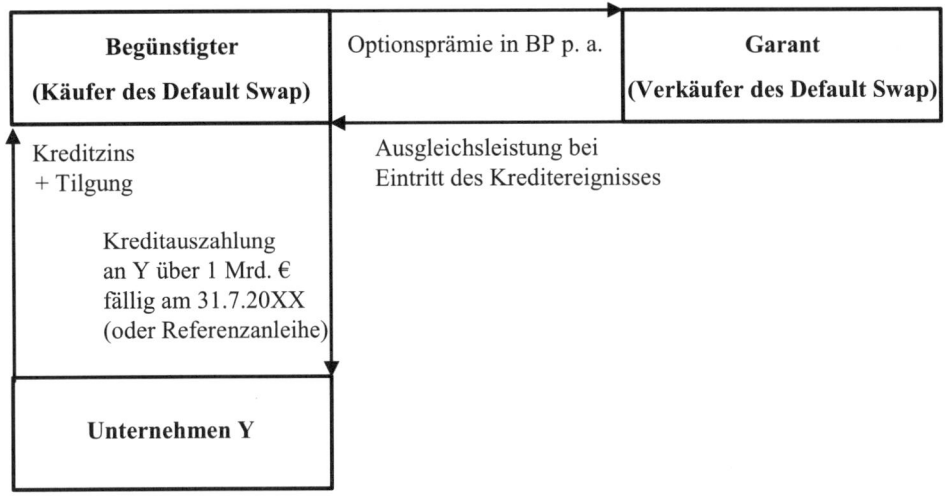

Abb. 4.17   *Credit Default Swap*

Beim **Total Return Swap** übernimmt der Garant nicht nur das Ausfallrisiko sondern gleichzeitig auch noch das Zinsänderungsrisiko. Die Wirkungsweise eines Total Return Swaps ist in Abbildung 4.18 dargestellt.

Ein **Basket Credit Default Swap** bezieht sich nicht auf einen einzelnen Schuldner, sondern auf ein festgelegtes Kreditportfolio, das aus mehreren Schuldnern besteht (s. auch Abschnitt 4.2.5).

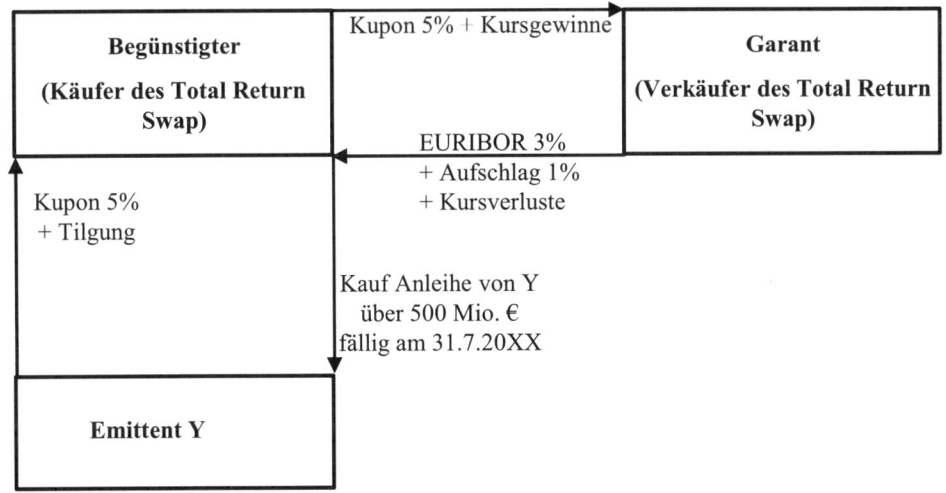

Abb. 4.18   *Total Return Swap*

Beim in Abbildung 4.18 dargestellten **Total Return Swap** erwirbt der Begünstigte in einem ersten Schritt eine Anleihe vom Emittenten Y. Die Anleihe ist mit einer Verzinsung von 5% fest p. a. und einer endfälligen Tilgung ausgestattet. Mit dem Kauf der Anleihe erleidet ohne Abschluss eines Total Return Swap der Begünstigte einen Kursverlust bei steigenden Zinsen und einen möglichen Totalverlust bei z. B. Insolvenz des Emittenten Y. Bei sinkenden Zinsen kann der Begünstigte die ausgeschütteten Kuponzinsen nur zu einem geringeren Zinssatz wieder anlegen. Durch Abschluss des Total Return Swap leitet er die Kuponzinsen von 5% und mögliche Kursgewinne durch sinkende Zinsen an den Garanten weiter. Dafür erhält der Begünstigte vom Garanten den EURIBOR plus einem Aufschlag von 1% zuzüglich möglicher Kursverluste durch steigende Zinsen oder den Ausfall des Emittenten Y! Durch Erhalt des EURIBOR hat der Begünstigte kein Wiederanlagerisiko bei sinkenden Zinsen und gleichzeitig durch Erstattung möglicher Kursverluste auch kein Kursrisiko mehr durch steigende Zinsen oder den Ausfall des Emittenten Y. Der Begünstigte hat also das Zinsänderungsrisiko und das Ausfallrisiko gleichzeitig durch den Total Return Swap kompensiert.

Es gibt noch weitere **Einsatzmöglichkeiten** von **Kreditderivaten** zur Steuerung des Ausfallrisikos.

- Durch Kreditderivate kann zur **Absicherung** von **neuen Krediten** die Aufnahme zusätzlichen Risikos vermieden werden. Dies ist besonders dann wichtig, wenn das Eigenkapital zur Deckung zusätzlicher Ausfallrisiken nicht mehr ausreicht, aber aus geschäftspolitischen Gründen die neue Kreditvergabe (z. B. Lieferantenkredite um den Umsatz zu erhöhen) gewünscht ist.
- Ähnlich wie neue Kredite abgesichert werden können, so ist durch Kreditderivate auch der **Abbau bestehender Kreditrisiken** möglich, wenn sich deren Risiko durch eine aktuelle Bonitätsverschlechterung erhöht hat. Hierbei werden die Kredite zwar nicht liquidiert, aber gleichzeitig wird durch die Prämienzahlung der Ertrag der Kredite gemindert.
- Mit Kreditderivaten kann ein Kreditportfolio unter **Ertrags-** und **Risikogesichtspunkten optimiert** werden (s. auch Abschnitt 4.2.5)
- Der Einsatz von Kreditderivaten kann auch zur **Reduzierung** von so genannten **Klumpenrisiken** vorgenommen werden. Dabei handelt es sich um Kreditportfolios, deren Kredite überwiegend an Kreditnehmer aus derselben Branche vergeben wurden.
- Schließlich können Kreditderivate benutzt werden, um **Kreditrisiken** zum Zwecke der Spekulation, Diversifikation oder Arbitrage **aufzunehmen**, ohne eigenkapitalbelastendes Kreditgeschäft abzuschließen. Dies wird durch den Verkauf von Kreditderivaten erreicht und ist keine typische Anwendungsmöglichkeit im Rahmen des Risikomanagements.

Der Einsatz von Kreditderivaten ist jedoch auch noch mit einigen **Problemen** behaftet:

- Die **Bewertung** von Kreditderivaten ist schwierig, insbesondere wenn die zugrunde liegenden Referenzinstrumente nicht an der Börse gehandelt werden (wie z. B. Anleihen von großen Unternehmen).
- Die **aufsichtsrechtliche Behandlung** von Kreditderivaten bei Banken wird in Theorie und Praxis noch diskutiert und ist noch nicht abgeschlossen.
- Besonders im Euro-Raum ist der **Markt** für Kreditderivate insbesondere auch für deutsche Unternehmen noch **unvollkommen**. Dies äußert sich in einer ungenügenden Markt-

tiefe, einer geringen Liquidität im Markt und zu wenigen Rating –Einstufungen deutscher Unternehmen durch unabhängige Rating-Agenturen (wie z. B. Standard&Poor's).

Die Grundlagen und Methoden der Steuerung des einzelgeschäftsbezogenen Ausfallrisikos bilden im nächsten Schritt die Basis für Behandlung von Kreditportfolios.

4.2.5   Kreditportfoliomessung- und Steuerung

Die **Messung** des **Ausfallrisikos** von **Kreditportfolios** ist, wie oben einführend bereits erläutert, in erster Linie für Banken relevant. Von den Banken werden zu diesem Zweck verschiedene so genannte **Kreditportfoliomodelle** eingesetzt, die nicht weiter vertieft werden. Ein kurzer Überblick kann jedoch auch für Nichtbanken interessant sein.

- Das Model **CreditMetrics** von der amerikanischen Investmentbank J. P. Morgan basiert vom Grundkonzept her auf dem so genannten Merton-Modell und mikroökonomischen Ursache-Wirkungszusammenhängen. Das Ausfallrisiko wird dabei über Marktwerte gemessen. Entsprechend werden für risikoverursachende Faktoren die Werte aktivischer Finanztitel verwendet und die zugehörigen Korrelationen aus Aktien abgeleitet. Die Verlustquoten werden als zufällig angenommen und die Lösungsverfahren beruhen auf Simulationen und analytischen Methoden.
- Die schweizerische Großbank Credit Suisse hat ein Versicherungsmodell für den Ansatz ihres **CreditRisk**+ Modells zugrunde gelegt. Im Gegensatz zu CreditMetrics werden für die Definition und Messung des Kreditrisikos keine Marktwerte sondern Ausfallverluste- und Ausfallraten verwendet. Auf Basis beobachteter Ausfallraten werden auch die zugehörigen Korrelationen berechnet. Die Verlustquoten werden als konstant angenommen und es kommen nur analytische Lösungsverfahren zum Einsatz.
- Das Kreditportfoliomodell **CreditPortfolioView** von der Unternehmensberatung McKinsey verwendet als Basis ökonometrische makroökonomische Modelle. Das Ausfallrisiko wird anhand von Marktwerten gemessen und die Definition des Ausfallrisikos von McKinsey beruht auf makroökonomischen Einflussfaktoren, anhand derer auch die Korrelationen abgeleitet werden. Die Verlustquoten werden durch einen Zufallsprozess erzeugt und die Lösungsansätze basieren auf Simulationsverfahren.

Zentraler Bestandteil jeder Betrachtung eines Kreditportfolios ist die **Berücksichtigung** von **Korrelationen** des Ausfallrisikos zwischen den verschiedenen Schuldnern des Kreditportfolios. In mehreren empirischen Untersuchungen wurde versucht, typische Kreditkorrelationen zu messen. Auch im Rahmen von Basel II werden bestimmte Korrelationen angesetzt. Eine allgemeine Aussage über die Höhe von Kreditkorrelationen kann naturgemäß nicht vorgenommen werden, da diese ja auch immer von den Besonderheiten eines Kreditportfolios abhängen. Um eine Berücksichtigung von Korrelationen für das obige Beispiel mit den Krediten A und B dennoch vornehmen zu können, werde für das Beispiel eine Korrelation von 0,1 zwischen A und B angenommen (einen Wert, der ungefähr zwischen den Ergebnissen von empirischen Untersuchungen und den Vorgaben von Basel II liegt).

Die Berücksichtigung der Korrelation erfolgt wieder auf der Grundlage der Portfoliotheorie, wie dies bereits bei der VaR-Berechnung von Portfolios in Abschnitt 2.3.3 und für Aktienportfolios in Abschnitt 4.1.3 erfolgte. Für allgemein n verschiedene Kredite ergibt sich der unerwartete Verlust (=Credit Value at Risk) des Kreditportfolios ($CVaR_P$) unter **Berücksichtigung** der **Korrelation** $k_{i,j}$ wie folgt:

$$CVaR_P = \sqrt{\sum_{i=1}^{n}\sum_{j=1}^{n} CVaR_i \cdot CVaR_j \cdot k_{i,j}}$$

Im obigen Beispiel werden lediglich n = 2 Kredite betrachtet (Kredit A und B). Für diesen Fall vereinfacht sich die allgemeine Gleichung zu

$$CVaR_P = \sqrt{CVaR_A^2 + CVaR_B^2 + 2 \cdot CVaR_A \cdot CVaR_B \cdot k_{A,B}} \; .$$

Wird für die Korrelation der Wert 0,1 eingesetzt und für den CVaR auf die Werte in Abschnitt 4.2.3 zurückgegriffen, so liefert dies als CVaR für das Kreditportfolio:

$$CVaR_P = \sqrt{17.726,82^2 + 10.805,55^2 + 2 \cdot 17.726,82 \cdot 10.805,55 \cdot 0,1} = \underline{\mathbf{21.663,56 \; €}}$$

Ohne Berücksichtigung der Korrelation zwischen den Ausfallwahrscheinlichkeiten zwischen A und B beträgt der CVaR für das Kreditportfolio **28.532,37 €** (17.726,82 + 10.805,55). Der **Diversifikationseffekt** des Kreditportfolios beläuft sich also auf **6.868,81 €** (28.532,37 − 21.663,56) durch Berücksichtigung der Korrelation. Die Berücksichtigung möglicher Korrelationen ist also auch bei der Messung des Ausfallrisikos des Kreditportfolios bezüglich der Größenordnung notwendig.

Die **Analyse** eines **Kreditportfolios** (also des gesamtgeschäftsbezogenen Ausfallrisikos) beschränkt sich nicht nur auf die **Messung** möglicher **Korrelationen** und daraus resultierende Portfoliozusammensetzungen mit möglichst niedrigen Korrelationen (und Ausnutzung eines hohen Diversifikationseffektes) sondern in der **Praxis** wird häufig ein Kreditportfolio durch ein so genanntes Monitoring analysiert.

Beim **Monitoring** von Kreditportfolios werden Konzentrationsrisiken (so genannte Klumpenrisiken) bezüglich Größenklassen, Branchen und Regionen **analysiert**. Beim Monitoring von Kreditportfolios findet jedoch keine Beurteilung der Qualität des Risikos statt, d. h. ob eine bestimmte Kreditportfoliozusammensetzung gut oder schlecht ist. Es wird das Kreditportfolio lediglich in seinen Strukturen beschrieben.

Die **Steuerung** eines **Kreditportfolios** kann zum einen durch **Kreditderivate** (siehe Abschnitt 4.2.4) speziell für bestimmte standardisierte Kreditportfolios erfolgen (z. B. durch einen **Basket Credit Default Swap**). Diese Steuerungsmöglichkeit bleibt jedoch auf Banken beschränkt.

Die Steuerungsmöglichkeiten für das einzelgeschäftsbezogene Ausfallrisiko können auch für ganze **Branchen, Regionen, Risiko-** und **Größenklassen** angewendet werden. Hierzu gehören z. B.

- ein **Limit** pro Branche zur Vermeidung von Klumpenrisiken,
- ab einer bestimmter Größenklasse die Anwendung von **Konsortialkrediten,**
- Abschluss von **Kreditversicherungen** für Ausfuhrkredite, usw.

Das wichtigste **Steuerungs-** und **Analyseinstrument** für Kreditportfolios ist der **RoRaC.** In Anlehnung an die Herleitungen in Abschnitt 2.6 wird der RoRaC für einen Kredit wie folgt definiert:

RoRaC Kredit = (Gewinnmarge x Kreditbetrag) / VaR

Dabei darf die risikolose Verzinsung für die Vorhaltung des Eigenkapitals im Sinne von Opportunitätskosten nicht berücksichtigt werden, da diese bereits in den Refinanzierungskosten und den Eigenkapitalkosten enthalten sind. Der **VaR** eines **Kredites** setzt sich aus dem erwarteten Verlust und dem unerwarteten Verlust (=Credit Value at Risk) zusammen (siehe Abbildung 4.15). Für die Anwendung des RoRaC-Konzeptes auf die obigen Kredite A und B sei für Kredit A ein Kundenzins von 6% und für B ein Kundenzins von 6,75% angenommen. Daraus kann jetzt die Gewinnmarge für A und B abgeleitet werden. Wird auf die Angaben und Ergebnisse in Tabelle 4.6 zurückgegriffen, so können jetzt der RoRaC für A und B sowie für das Kreditportfolio (jeweils mit und ohne **Diversifikationseffekt**) wie folgt berechnet werden:

$$RoRaC_A = (6\% - 5{,}82\%) \ x \ 200.000{,}- \ € \ / \ (2.400{,}- \ € + 17.726{,}82 \ €) = \underline{\mathbf{0{,}0178}}$$

$$RoRaC_B = (6{,}75\% - 6{,}56\%) \ x \ 100.000{,}- \ € \ / \ (1.800{,}- \ € + 10.805{,}55 \ €) = \underline{\mathbf{0{,}015}}$$

$$RoRaC_P \ (ohne \ D.) = (6\% - 5{,}82\%) \ x \ 200.000{,}- \ € + (6{,}75\% - 6{,}56\%) \ x \ 100.000{,}- \ €$$

$$/ \ (4.200{,}- \ € + 28.532{,}37 \ €) = \underline{\mathbf{0{,}0168}}$$

$$RoRaC_P \ (mit \ D.) = (6\% - 5{,}82\%) \ x \ 200.000{,}- \ € + (6{,}75\% - 6{,}56\%) \ x \ 100.000{,}- \ €$$

$$/ \ (4.200{,}- \ € + 21.663{,}56 \ €) = \underline{\mathbf{0{,}0213}}$$

Die Analyse des einzelgeschäftsbezogenen Ausfallrisikos führt also zu dem Ergebnis, dass Kredit A für den Kreditgeber gegenüber Kredit B vorteilhafter ist. Als Steuerungsimpuls würde daraus eine mögliche Erhöhung des Kundenzinses bei Kreditnehmer B folgen. Der RoRaC für das Kreditportfolio ohne Berücksichtigung von Korrelationen muss zwischen den beiden Einzelwerten des RoRaC von Kredit A und B liegen (hier mit 0,168). Schließlich zeigt der **RoRaC** für das **Kreditportfolio** mit **Berücksichtigung** der **Korrelation** auf, inwieweit das Gesamtergebnis durch Ausnutzung des Diversifikationseffektes verbessert werden kann.

4.2.6   Länderrisiko

Das Länderrisiko ist eine besondere Form des Ausfallrisikos. Es entsteht bei der Emission von Staatsanleihen durch ausländische Staaten oder durch internationale Kredite von inländischen Kreditgebern an ausländische Kreditnehmer.

> Unter dem **Länderrisiko** wird der mögliche Ausfall von Zins- und Tilgungsleistungen durch einen ausländischen Staat (bei Auslandsanleihen) verstanden bzw. die mangelnde Bereitschaft, die benötigten Devisen zur Zahlung von Zins- und Tilgungsleistungen zur Verfügung zu stellen.

Werden vom Ausland die Zins- und Tilgungszahlungen für emittierte Anleihen nicht mehr gezahlt, so wird auch (zur Abgrenzung als Bestandteil vom Länderrisikos) vom so genannten **Hoheitsrisiko** gesprochen. Das Länderrisiko weist gegenüber dem inländischen Ausfallrisiko folgende Besonderheiten bzw. **Eigenschaften** auf:

- Selbst wenn ein ausländischer Kreditnehmer bereit ist, den Zins- und Tilgungsverpflichtungen nachzukommen, so ist dies erfolglos, wenn das Land des Kreditnehmers sämtliche Devisenzahlungen ins Ausland einschränkt oder einstellt. Dieses Risiko wird **Devisentransferrisiko** genannt.
- Ein ausländischer Kreditnehmer kann seinen Verpflichtungen ebenfalls im Falle des so genannten politischen Risikos nicht mehr nachkommen. Zu den **politischen Risiken** gehören Kriege, Revolutionen, Verbote oder Beschlagnahmen.
- Das **Länderrisiko überlagert** die **Bonität** des ausländischen **Kreditnehmers**. Ist die Bonität des ausländischen Kreditnehmers besser als die seines Landes, so muss das höhere Länderrisiko sich in einem Bonitätsabschlag bzw. einer höheren Risikoprämie beim ausländischen Kreditnehmer niederschlagen.

Ähnlich wie beim einzelgeschäftsbezogenen Ausfallrisiko ist zur Messung des Länderrisikos eine Einstufung des jeweiligen Landes in ein so genanntes **Länder-Rating** notwendig. Das Länder-Rating basiert auf der Analyse des Länderrisikos. Die **Analyse** des **Länderrisikos** wird im Wesentlichen in zwei Bereiche untergliedert.

Die **internationalen Einflussfaktoren** des Länderrisikos beziehen sich z. B. auf die Entwicklung der Weltmarktpreise, Wechselkursänderungen, protektionistischen Entwicklungen und die Exportdiversifizierung des Landes.

Zu den **nationalen Einflussfaktoren** des Länderrisikos gehören z. B. das Bruttosozialprodukt pro Kopf, die Produktionsauslastung, die Währungsreserven im Verhältnis zu den Importen, die Zins-Export-Rate, Devisenbedarf-Devisenerlös-Quote usw.

Die Messung des Länderrisikos kann durch unterschiedliche Ansätze erfolgen. Zu den am häufigsten angewendeten gehören folgende **Messverfahren**:

- Auf der Grundlage von **Länder-Ratings** werden Ausfallwahrscheinlichkeiten geschätzt und diese dienen wiederum der Ermittlung des erwarteten Verlustes aus dem Länderrisiko. Länder-Ratings werden z. B. von Institutional Investor, Moody's und Standard&Poor's erstellt.

- Eine weitere Möglichkeit zur Bestimmung von Ausfallwahrscheinlichkeit sind ökonometrische Prognoseverfahren von Einflussfaktoren auf der Grundlage **makroökonomischer Modelle** (ähnlich wie bei CreditPortfolioView, siehe Abschnitt Kreditportfoliomodelle).
- Neuere Ansätze zur Messung des Länderrisikos gehen von an den Märkten beobachtbaren Risikofaktoren aus. Aus dieser Gruppe von Messverfahren gehören Ansätze auf Basis der **Optionspreistheorie** und die Analyse von **Kapitalmarktspreads**.

Unabhängig von der Wahl der Meßmethode muss schließlich wieder eine Angabe der Ausfallwahrscheinlichkeit (PD) und der Verlustquote (LGD) sowie den zugehörigen Volatilitäten erfolgen. Zusammen mit dem Kreditäquivalent wird dann analog zur Vorgehensweise bei einzelnen Krediten und bei Kreditportfolios der **erwartete** und der **unerwartete Verlust** des **Länderrisikos** ermittelt.

Zur Verdeutlichung sei für das **obige Beispiel** angenommen, dass Kreditnehmer A aus dem Land Y komme und die **Wahrscheinlichkeit** für einen **Ausfall** des Landes Y betrage

PD_Y = _**0,5%,**_ woraus sich eine **Varianz** der **Ausfallwahrscheinlichkeit** von

s^2_{PDY} = _(1-0,005) x 0,005_ = _**0,004975**_ bzw. eine Standardabweichung von s_{PDY} = _**7,0534%**_ ergibt. Die **Verlustquote** auf der Grundlage von historischen Daten betrage

LGD_Y = _**40%**_ mit einer zugehörigen **Volatilität** von s_{LGDY} = _**20%.**_

Das **Kreditäquivalent** sei genauso hoch wie bei Kreditnehmer A ohne Länderrisiko. Der erwartete Verlust beträgt im obigen Beispiel für A ohne Länderrisiko (siehe Abschnitt 4.2.1; PD_A = 2%, s_{PDA} = 14%, LGD_A = 60%, s_{LGDA} = 20%, $KÄ_A$ = 200.000,- €):

EL (A): = _2%   x 60%   x 200.000 €_ = _**2.400 €**_ .

Der **erwartete Verlust** für das **Länderrisiko** des Landes Y für den Kreditnehmer A beträgt analog:

EL (Y): = _0,5%   x 40%   x 200.000 €_ = _**400 €**_

Die Berechnung des Credit Value at Risk (unerwarteter Verlust) beläuft sich ohne Länderrisiko auf (siehe Berechnung des risikoadjustierten Kreditzinses in Abschnitt 4.2.3):

$$CVaR_A = KÄ_A \cdot \sqrt{2\% \cdot 20\%^2 + 60\%^2 \cdot 14\%^2} = 200.000€ \cdot \sqrt{0,007856} = \underline{\textbf{\textit{17.726,82 €}}}$$

Die Berechnung des **Credit Value at Risk** (unerwarteter Verlust) für das **Länderrisiko** von Y für den Kreditnehmer A beläuft sich analog auf:

$$CVaR_Y = KÄ_Y \sqrt{0,5\% \cdot 20\%^2 + 40\%^2 \cdot 0,004975} = 200.000€ \cdot \sqrt{0,000996}$$

$$= \underline{\textbf{\textit{6.311,89 €}}}$$

Wird das Länderrisiko getrennt vom Bonitätsrisiko des einzelnen Kreditnehmers behandelt, so sind keine weiteren Berechnungen bzw. Überlegungen notwendig. Alle bisherigen Darstellungen lassen sich dann eins zu eins auf das Länderrisiko übertragen.

Wird jedoch das Ausfallrisiko des Kreditnehmers und das Länderrisiko seines Landes zusammengeführt, so kann dies durch einfache Addition der berechneten Verluste (bzw. Kostenbestandteile des Kreditzinses) erfolgen. Dabei wird jedoch die **Wechselwirkung** zwischen **Länderrisiko** und **Kreditnehmer** wahrscheinlichkeitstheoretisch vernachlässigt.

Die Berücksichtigung der Wechselwirkungen zwischen Länderrisiko und Bonitätsrisiko führt zu folgenden möglichen Konstellationen:

1. Das Länderrisiko wird tragend, aber der Kreditnehmer fällt nicht aus und ist weiterhin zahlungsfähig- und willig.
2. Das Land und der Kreditnehmer fallen beide aus.
3. Das Land fällt nicht aus, aber der Kreditnehmer ist zahlungsunfähig.

Wird zwischen dem Länderrisiko und dem Ausfall des Kreditnehmers statistische Unabhängigkeit unterstellt, so können die drei verschiedenen Möglichkeiten wahrscheinlichkeitstheoretisch durch einfache Multiplikation mit den jeweiligen Eintrittswahrscheinlichkeiten zur Berechnung der Ausfallwahrscheinlichkeiten wie folgt ermittelt werden:

1. $PD = 0,5\%$ $x\ (100\% - 2\%)$ $= \underline{\textbf{\textit{0,49\%}}}$
2. $PD = 0,5\%$ $x\ 2\%$ $= \underline{\textbf{\textit{0,01\%}}}$
3. $PD = (100\% - 0,5\%)\ x\ 2\%$ $= \underline{\textbf{\textit{1,99\%}}}$

Für die Berechnung des erwarteten Verlustes wird für die drei Möglichkeiten noch die jeweilige LGD benötigt. Im 1. und 3. Fall entspricht diese der jeweiligen LGD des Landes bzw. des Kreditnehmers. Im 2. Fall basiert die Berechnung der Verlustquote auf der Annahme, dass zunächst die Verlustquote des Kreditnehmers zum Tragen kommt (60%) und auf die verbleibenden 40% dann die Verlustquote des Länderrisikos angewendet wird (40%). Daraus ergeben sich folgende Verlustquoten:

1. $LGD = \underline{\textbf{\textit{40\%}}}$
2. $LGD = 60\% + (40\%\ x\ 40\%)$ $= \underline{\textbf{76\%}}$
3. $LGD = \underline{\textbf{\textit{60\%}}}.$

Auf Basis der Ausfallwahrscheinlichkeiten und der Verlustquoten ergeben sich dann folgende erwartete Verluste:

1. $EL: = 0,49\%\ x\ 40\%\ x\ 200.000\ €= \underline{\textbf{\textit{392,- €}}}$
2. $EL: = 0,01\%\ x\ 76\%\ x\ 200.000\ €= \underline{\textbf{\textit{15,20 €}}}$
3. $EL: = 1,99\%\ x\ 60\%\ x\ 200.000\ €= \underline{\textbf{\textit{2.388,- €}}}.$

Werden für alle drei Möglichkeiten die erwarteten Verlustbeträge addiert, so liefert dies als erwarteten Verlust für Länder- und Bonitätsrisiko des Kreditnehmers zusammen:

$EL\ (Y+A) = 392,- €+ 15,20\ €+ 2.388,- €= \underline{\textbf{\textit{2.795,20 €}}}.$

Die Berücksichtigung der wahrscheinlichkeitstheoretischen Wechselwirkungen führt also gegenüber der einfachen Addition (2.400 € + 400,- € = 2.800,- €) nur zu einer sehr geringen Abweichung nach unten. Für die Berücksichtigung der Wechselwirkungen beim CVaR werden noch die Standardabweichungen der Verlustquoten benötigt. Für den 1. und 3. Fall betragen diese annahmegemäß 20%. Für den 2. Fall wird vereinfachend ebenfalls eine Standardabweichung von 20% zugrunde gelegt. Die Standardabweichung der Ausfallwahrscheinlichkeit ergibt sich aus den oben berechneten Ausfallwahrscheinlichkeiten (PD) wie folgt:

1. $s_{PD} = \sqrt{0{,}49\% \cdot (100\% - 0{,}49\%)} = \underline{\textbf{\textit{6{,}983\%}}}$

2. $s_{PD} = \sqrt{0{,}01\% \cdot (100\% - 0{,}01\%)} = \underline{\textbf{\textit{1{,}000\%}}}$

3. $s_{PD} = \sqrt{1{,}99\% \cdot (100\% - 1{,}99\%)} = \underline{\textbf{\textit{13{,}966\%}}}.$

Daraus ergeben sich folgende CVaR:

1. $CVaR = K\ddot{A} \cdot \sqrt{0{,}49\% \cdot 20\%^2 + 40\%^2 \cdot 6{,}983\%^2} = 200.000€ \cdot \sqrt{0{,}000976} = \underline{\textbf{\textit{6.248,20 €}}}$

2. $CVaR = K\ddot{A} \cdot \sqrt{0{,}01\% \cdot 20\%^2 + 76\%^2 \cdot 1{,}000\%^2} = 200.000€ \cdot \sqrt{0{,}000062} = \underline{\textbf{\textit{1.574,80 €}}}$

3. $CVaR = K\ddot{A} \cdot \sqrt{1{,}99\% \cdot 20\%^2 + 60\%^2 \cdot 13{,}966\%^2} = 200.000€ \cdot \sqrt{0{,}007817} = \underline{\textbf{\textit{17.682,76 €}}}.$

Die **Summe** der **CVaR** der drei verschiedenen Möglichkeiten ergibt ein gesamtes CVaR von **25.505,76 €**. Die einfache Addition des CVaR von Länder- und Bonitätsrisiko des Kreditnehmers ergibt einen Wert von 24.038,71 € (= 17.726,82 € + 6.311,89 €). Die Berücksichtigung der Wechselwirkungen führt also zu einem höheren CVaR, was an der Berücksichtigung des unerwarteten Verlustes für den 2. Fall (Land und Kreditnehmer fallen aus) liegt, der im vereinfachenden Fall vernachlässigt wird.

Die **Steuerung** des **Länderrisikos** kann mit denselben Instrumenten wie für einzelgeschäftsbezogene Ausfallrisiken und für Kreditportfolios erfolgen. Allerdings besitzen zur Steuerung des Länderrisikos **staatliche Bürgschaften**, **Exportkreditversicherungen** etc. eine besondere Bedeutung zur Förderung der deutschen Exportwirtschaft. Insbesondere können diese Instrumente zu einer **niedrigeren Verlustquote** für das Länderrisiko gegenüber dem Bonitätsrisiko eines einzelnen Kreditnehmers führen.

Mit dem Länderrisiko sind abschließend die wichtigsten Ausprägungen des Ausfallrisikos dargestellt worden. Für alle Formen des Ausfallrisikos spielen noch die Bestimmungen von Basel II eine unterschiedlich stark ausgeprägte Rolle (in Abhängigkeit von den Kreditarten, den Volumina etc.). Daher wird Basel II im folgenden Abschnitt im Überblick kurz dargestellt.

4.2.7 Exkurs: Basel II

Unter dem **Begriff Basel II** verbirgt sich zum einen die Gründung des **Basler Ausschuss für Bankenaufsicht** aus dem Jahr 1975. Ziel dieser Gründung war die Vermeidung weltweiter Finanzkrisen durch entsprechende Empfehlungen für die nationalen Bankenaufsichten. Zum anderen wurde im Rahmen von Basel I bereits 1988 eine Empfehlung ausgesprochen und auch weitestgehend in nationales Recht umgesetzt, dass jede Bank 8% der ausgegebenen Kredite in Eigenkapital vorhalten muss. Mit anderen Worten: Die maximale Kreditvergabe einer Bank darf nicht das 12,5 fache ihres Eigenkapitals überschreiten. Diese Empfehlung bzw. nationale Vorschrift führte zwar zu einer Stabilisierung des Finanzsystems, aber es fand keine einzelspezifische Risikodifferenzierung statt. Die fehlende Risikodifferenzierung indiziert eine **Kapitalarbitrage** von guten zu schlechten Krediten, die bereits oben einleitend zu Abschnitt 4.2.3 unter dem Begriff „Adverse Selection Effect" beschrieben wurde. Die Vermeidung dieser Kapitalarbitrage ist eines der Hauptziele von **Basel II**.

Im **Juni 2004** wurden die viele Jahre dauernden Konsultationen zu Basel II weitestgehend abgeschlossen und in einem Konsultationspapier dokumentiert. (siehe Literaturhinweise Abschnitt 4.4). Die meisten Inhalte von Basel II sind ausschließlich auf die Besonderheiten von Banken zugeschnitten. Die folgenden Ausführungen beschränken sich daher auf die Ableitung von Konsequenzen und Empfehlungen, die nicht nur für Banken sondern auch für Nichtbanken mit Blick auf Auswirkungen im Risikomanagement interessant sein können. So folgt zunächst eine kurze Darstellung der wichtigsten Merkmale von Basel II, sofern sie für die folgende Ableitung von Handlungsempfehlungen relevant sein könnten.

Grundsätzlich besteht Basel II aus den **drei Säulen**

* Mindestkapitalanforderungen,
* aufsichtsrechtliche Überprüfungsverfahren und
* Offenlegung für Ausfallrisiken und operationelle Risiken.

Das Herzstück von Basel II bildet dabei unstrittig die **Säule Mindestkapitalanforderungen**, in der die eigentliche Risikodifferenzierung behandelt wird. Die anderen beiden Säulen sind ausschließlich für Banken und deren organisatorische Umsetzung relevant und werden daher nicht weiter behandelt.

Basel II sieht für die Risikodifferenzierung drei verschiedene Ansätze vor:

* der Standardansatz,
* der IRB-Basisansatz und
* der fortgeschrittene IRB-Ansatz.

Der **Standardansatz** sieht eine Eigenkapital-Hinterlegung wie bei Basel I von 8% vor. Soweit es möglich ist, wird die Verwendung externer Ratings zugelassen, mit der Möglichkeit auch geringere Risikogewichte in Ansatz zu bringen und dadurch die Eigenkapital-Hinterlegung bzw. die Eigenkapitalkosten zu senken (zur Bestimmung der Eigenkapitalkosten siehe auch Abschnitt 4.2.3). In Tabelle 4.7 sind die Risikogewichte auf Basis von Standard&Poor's angegeben. So besteht z. B. die Möglichkeit, bei einer von Standard&Poor's A+ gerateten Nichtbank ein Risikogewicht von 50% anzusetzen und somit nur 4% Eigenkapital hinterlegen zu müssen (d. h. die Eigenkapitalkosten würden sich halbieren).

Tab. 4.7   *Risikogewichte nach dem Standardansatz*

Rating-Klasse:	AAA- AA-	A+ A-	BBB+ BBB-	BB+ BB-	B+ B-	Schlechter als B-	Ohne Rating
Staaten	0%	20%	50%	100%	100%	150%	100%
Banken	20%	50%	100%	100%	100%	150%	100%
Nichtbanken	20%	50%	100%	100%	150%	150%	100%

Der IRB-Ansatz (IRB = auf internen Ratings basierender Ansatz) sieht allgemein die Verwendung **bankinterner Ratings** vor. Beim **IRB-Basisansatz** wird lediglich die Ausfallwahrscheinlichkeit (PD) bankintern ermittelt. Die anderen Risikoparameter (Verlustquote (LGD), Kreditäquivalent (EAD), Laufzeit (M)) werden durch die Bankenaufsicht vorgegeben.

Beim **fortgeschrittenen IRB-Ansatz** werden dagegen alle Risikoparameter bankintern geschätzt bzw. berechnet.

Mit Hilfe der bankenaufsichtlichen **Risikogewichtefunktion** wird aus den Risikoparametern das zugehörige Risikogewicht (analog zum Standardansatz) berechnet und daraus dann die Eigenkapitalhinterlegung bzw. die Eigenkapitalkosten pro Kredit ermittelt.

Aus diesen stark verkürzten Darstellungen zu Basel II können für die Steuerung des Ausfallrisikos sowohl aus Sicht des Kreditgebers als auch des Kreditnehmers einige **Konsequenzen** und **Handlungsempfehlungen** hergeleitet werden.

Eine möglichst **gute Verhandlungsposition** bei Kreditverhandlungen wird aus Sicht des Kreditnehmers erreicht, wenn ein **externes Rating** vorgewiesen werden kann. Da in diesem Fall das Rating öffentlich ist, kennt auch der Kreditnehmer die ungefähren Eigenkapitalkosten des Kreditgebers, was die Verhandlungsposition verbessert. Bei bankinternen Ratings ist dies dagegen nicht der Fall. Externe Ratings liegen jedoch nur für sehr wenige deutsche große Unternehmen vor, so dass hauptsächlich bankinterne Ratings zum Ansatz kommen.

Besonders für **kleine** und **mittelständische Unternehmen** (KMU), bei denen kein externes Rating vorliegt, verändern sich die Anforderungen als **Kreditnehmer**. Einige mögliche Konsequenzen für KMU durch Basel II sind die folgenden:

- Die **Transparenz** gegenüber möglichen Kreditgebern bezüglich der wirtschaftlichen Lage, der Finanzkraft, der Zukunftsfähigkeit der Produkte usw. sollte **erhöht** werden.
- Die **regelmäßige Kommunikation** mit Kreditgebern sollte als Chance verstanden werden (z. B. um das Image und auch das Rating zu verbessern). Hierzu gehört auch, eine **Herabstufung** des **Ratings** als eine Vorwarnung zu verstehen und entsprechend mit dem Kreditgeber gemeinsam nach Lösungen zu suchen.
- Durch Basel II gewinnt ein **leistungsfähiges Controlling** zusätzliche Bedeutung. Durch ein besseres Controllingsystem können den Kreditgebern zusätzliche und genauere Informationen für die Rating-Einstufung übermittelt werden. Eine günstigere Rating-Einstufung führt zu günstigeren Finanzierungskonditionen. Die Einsparungen durch günstigere Finanzierungskonditionen können wiederum für weitere Maßnahmen zur Verbesserung des Ratings genutzt werden.

- KMU, die von einer differenzierten Risikobeurteilung nicht profitieren können, da sich für diese Unternehmen die Kreditkonditionen durch Basel II verschlechtern, sollten versuchen, **neue Möglichkeiten** der **Eigenkapital-** und **Fremdkapitalfinanzierung** auszuschöpfen (z. B. Mezzanine-Finanzierung, Asset Backed Securities, Kreditgemeinschaften usw.).

Obwohl die oben geschilderten Auswirkungen von Basel II sich in erster Linie auf den Kreditnehmer beziehen, können daraus jetzt im Umkehrschluss auch Konsequenzen und Empfehlungen für den Kreditgeber und die Risikosteuerung des Ausfallrisikos im Folgenden dargestellt werden:

- Die Kreditvergabe durch Nichtbanken, insbesondere in Form von Lieferantenkrediten, kann die **Informations-Anforderungen** an ihre **Kreditnehmer** erhöhen, da diese ja bereits im Rahmen von Basel II gegenüber den Banken höheren Informations-Anforderungen genügen müssen.
- Da die **Kreditkonditionen** von Banken durch Basel II **transparenter** werden, müssen sich auch Nichtbanken dieser Transparenz anschließen. So können jetzt Kreditnehmer mit einem guten Rating auch von Nichtbanken verbesserte Kreditkonditionen beanspruchen. Generell dürfte sich der Kreditmarkt durch Basel II schneller und transparenter weiter entwickeln.
- Kreditgeber haben aufgrund der gestiegenen Transparenz mehr Möglichkeiten, an relevante **Informationen** zur **Berechnung** des **risikoadjustierten Kreditzinses** zu gelangen. Dies bezieht sich insbesondere auf notwendige historische Ausfallraten, Verlustquoten und die zugehörigen Volatilitäten.

Die Anforderungen an das Kreditrisikomanagement der Banken steigen durch Basel II deutlich an. Im Mittelpunkt steht dabei eine differenziertere Bonitätsbeurteilung der Kreditnehmer. Diese Anforderungen bewirken zwangsläufig auch eine Verstärkung der Kommunikation zwischen Kreditnehmer und Kreditgeber in qualitativer und quantitativer Hinsicht. Insgesamt kann daher die nahe liegende These aufgestellt werden, dass durch Basel II die **Kreditmärkte transparenter** und das Kreditrisiko besser messbar werden könnte.

4.3   Liquiditätsrisiken

Das Liquiditätsrisiko kann auf unterschiedliche Art und Weise auftreten und insbesondere durch betriebswirtschaftlich unterschiedliche Ursachen entstehen. Zunächst ist eine **allgemeine** betriebswirtschaftliche **Definition** des Liquiditätsrisikos notwendig.

> Unter dem **Liquiditätsrisiko** wird der mögliche Schaden verstanden, der dadurch entsteht, dass ein Unternehmen **nicht** jederzeit seinen **finanziellen Verpflichtungen** nachkommen kann. (= *Verletzung* des **finanziellen Gleichgewichtes**).

Eine weitere Sichtweise des Liquiditätsrisikos besteht in der **zahlungsstrombezogenen** Darstellung. Dabei werden zukünftige Auszahlungen mit einem negativen Vorzeichen und Einzahlungen mit einem positiven Vorzeichen versehen. Die Summe dieser Ein- und Auszahlungen (der so genannte Cash Flow) sollte zu keinem Zeitpunkt in der Zukunft negativ sein, da dies eine Verletzung des finanziellen Gleichgewichtes bedeuten könnte. Dabei müssten mögliche Kreditaufnahmen zur Erhöhung der Einzahlungen bereits berücksichtigt sein!

Der **Schaden** durch Nichterfüllung der finanziellen Verpflichtungen kann unterschiedliche Ausmaße annehmen. Zum einen können **Mahngebühren, Gerichtskosten** etc. durch verspätete Zahlungen an die Gläubiger des Unternehmens anfallen. Andererseits kann am Ende die **Insolvenz** des Unternehmens stehen.

Während Mahngebühren oder Gerichtskosten relativ einfach zu berücksichtigen sind, indem diese den Gewinn der verursachenden Position entsprechend schmälern, ist die **Messung** des **Schadens** durch **Insolvenz** wesentlich schwieriger. In einem ersten Schritt könnte angenommen werden, dass eine Insolvenz der größtmögliche Schaden für ein Unternehmen bedeutet und somit für das Liquiditätsrisiko das gesamte Eigenkapital des Unternehmens zur Verfügung gestellt werden müsste. Es ist nahe liegend, dass dieser Ansatz nicht Ziel führend ist, da das Eigenkapital ja nicht nur zur Abdeckung des Liquiditätsrisikos dient, sondern für viele andere wesentliche unternehmerische Risiken zur Verfügung stehen muss. Die Wahrung der Liquidität ist daher auch eine streng einzuhaltende **Nebenbedingung** der operativen unternehmerischen Tätigkeit und kein Hauptziel.

Für die Messung des Liquiditätsrisikos ist es daher notwendig, dass ein mögliches Insolvenz auslösendes Gesamt-Liquiditätsrisiko in seine **einzelnen** verursachenden **Bestandteile** zerlegt wird. In einem zweiten Schritt kann dann zum einen für die einzelnen Bestandteile das anteilige Liquiditätsrisiko gemessen und gesteuert werden, soweit dies möglich ist. Ist die Messung des Liquiditätsrisikos einzelner Bestandteile nicht möglich bzw. nicht sinnvoll, so muss das anteilige Liquiditätsrisiko dem Bereich, Produkt oder sonstigen Position zugeordnet werden, wodurch das anteilige Liquiditätsrisiko ursprünglich verursacht wurde und dort entsprechend berücksichtigt werden. Liquiditätsrisiken entstehen in der Regel nicht getrennt von anderen Risiken.

Die Zerlegung des Gesamt-Liquiditätsrisikos im folgenden Abschnitt erfolgt zweckmäßigerweise anhand der verschiedenen Arten von Liquiditätsrisiken, wie sie in Literatur und Praxis häufig in Form einer branchenübergreifende Klassifizierung vorgenommen wird.

4.3.1   Arten von Liquiditätsrisiken

Für eine Klassifizierung der verschiedenen Liquiditätsrisiken ist zunächst eine grobe Unterteilung in Marktliquidität und Unternehmensliquidität zweckmäßig.

Unter **Marktliquidität** wird die Fähigkeit der Marktteilnehmer verstanden, liquide Mittel für den Kauf von Gütern, Finanztiteln, Dienstleistungen usw. zur Verfügung zu stellen. Ein liquider Markt bedeutet, dass problemlos zu jeder Zeit die auf diesem Markt gehandelten Objekte zu einem fairen Marktpreis verkauft werden können. Im Umkehrschluss führen illiquide Märkte dazu, dass ein Verkauf häufig nur zu erheblichen Preisabschlägen gegenüber dem fairen Marktpreis möglich ist. Die Marktliquidität ist von einem einzelnen Unternehmen i. d. R. nicht beeinflussbar.

Die **Unternehmensliquidität** entspricht im Wesentlichen der allgemeinen Definition von Liquidität, nämlich jederzeit den finanziellen Verpflichtungen nachkommen zu können. Die Unternehmensliquidität kann maßgeblich durch das Unternehmen selbst gesteuert werden. Die **Marktliquidität beeinflusst** auch die **Unternehmensliquidität**. So kann eine mangelnde Marktliquidität sich durch Preisabschläge negativ beim Verkauf von Vermögenspositionen auf die Unternehmensliquidität auswirken, wenn der geplante Marktpreis nicht erzielt wird. In den folgenden Ausführungen liegt der Fokus auf der Unternehmensliquidität. Die Marktliquidität wird nur insoweit berücksichtigt, als sie sich direkt auf die Unternehmensliquidität auswirkt.

Die Behandlung des Liquiditätsrisikos spielt bisher nur in Banken wegen der rechtlichen Vorschriften (des Kreditwesengesetztes) eine ausführliche Rolle. Eine Unterteilung der verschiedenen Liquiditätsrisiken für Nichtbanken ist eher selten. Im Folgenden werden die verschiedenen Liquiditätsrisiken von Banken insoweit dargestellt, als diese auch für Nichtbanken angewendet werden können. Die unterschiedlichen **Arten** von **Liquiditätsrisiken** der Unternehmensliquidität können dann sowohl für Kreditinstitute als auch für Nichtbanken zunächst in aktivische und passivische Liquiditätsrisiken unterteilt werden. Zu den **aktivischen Liquiditätsrisiken** gehören folgende Arten:

- Liquidationsrisiko von Vermögenswerten,
- Terminrisiken,
- Investitions- und Geschäftsrisiken.

Das **Liquidationsrisiko** von **Vermögenswerten** ist eng mit der Marktliquidität verknüpft. Es besteht in der Gefahr, dass Vermögenswerte aufgrund mangelnder Liquidität des entsprechenden Marktes nur mit Preisabschlägen wieder verkauft werden können. Dieser Preisabschlag kann bei Verkauf zu einer geringeren Einzahlung als geplant führen und somit die Liquidität negativ beeinträchtigen bzw. gefährden. Das Liquidationsrisiko von Vermögenswerten ist deshalb bei der Risikomessung der jeweiligen Vermögensposition zu berücksichtigen.

Unter **Terminrisiken** werden **verspätete Zins-** und **Tilgungszahlungen** der Kreditnehmer des Unternehmens verstanden. Terminrisiken entstehen also bei der Kreditvergabe, z. B. Forderungen aus Lieferungen und Leistungen (Aktivposition). Wenn die Kreditnehmer verspätet zahlen, so kann ein Liquiditätsrisiko beim Kreditgeber entstehen. Werden Zinsen und Tilgung vom Kreditnehmer gar nicht gezahlt, so liegt ein Ausfallrisiko vor, welches risikotechnisch durch den erwarteten Verlust und den Credit Value at Risk abgebildet wird (siehe Abschnitt 4.2.3). Die verspätete Zins- und Tilgungszahlung ist so eng mit dem Ausfallrisiko verknüpft, dass es sinnvoll ist, die Möglichkeit verspäteter Zahlungen im Ausfallrisiko mit zu berücksichtigen. So werden z. B. bei Kreditderivaten auch die verspäteten Zins- und Tilgungszahlungen als mögliches Kreditereignis definiert und führen zu Ausgleichsleistungen durch den Garanten (siehe Abschnitt 4.2.4).

Investitions- und Geschäftsrisiken beziehen sich auf zukünftige geplante Cash Flows durch getätigte Investitionen bzw. aufgrund der Umsätze durch die operative Geschäftstätigkeit. Investitionsentscheidungen werden in erster Linie anhand geplanter zukünftiger Rückflüsse getroffen. Treten diese geplanten Rückflüsse nicht ein, kann eine Gefährdung der Liquidität vorliegen. Die Berücksichtigung der Unsicherheit zukünftiger Rückflüsse wird bei der Investitionsentscheidung durch entsprechende Investitionsrechenverfahren berücksichtigt, auf die nicht weiter eingegangen wird (siehe Literaturhinweise in Abschnitt 4.4). Die Investitionsentscheidung selber löst nicht das Problem möglicher späterer Liquiditätsschwierigkeiten, da jede Investitionsalternative mit der Problematik unsicherer Rückflüsse behaftet ist.

Die Unsicherheit der Rückflüsse aus Investitionen basiert hauptsächlich auf der Unsicherheit bezüglich der **Umsatzerlöse**, die aus der Investition erzielt werden sollen. Die meisten anderen zukünftigen Investitionszahlungen (z. B. für Material, Löhne, Strom, Wartung usw.) sind relativ sicher. Das Risiko unsicherer zukünftiger Umsatzerlöse wird durch das **Absatzrisiko** erfasst und gemessen (siehe Abschnitt 5.2).

Die **passivischen Liquiditätsrisiken** bestehen im Wesentlichen aus **Refinanzierungsrisiken**, die weiter untergliedert werden können in

- Substitutionsrisiken,
- Prolongationsrisiken und
- Finanzierungskostenrisiken.

Unter dem **Substitutionsrisiko** wird die Gefahr verstanden, dass ein Unternehmen fällige Verbindlichkeiten (Passivpositionen) **nicht** durch benötigte neue Verbindlichkeiten (Kredite) **ersetzen** kann und dadurch die Liquidität gefährdet werden könnte.

Das **Prolongationsrisiko** stellt inhaltlich auf die gleiche Problematik wie das Substitutionsrisiko ab. Es besteht in der Gefahr, dass Kredite **nicht verlängert** werden. Das Prolongationsrisiko bezieht sich hauptsächlich auf Kreditlinien, die dem Unternehmen von Banken auf Geschäftsgirokonten eingeräumt worden sind. Werden diese Linien gekürzt bzw. ganz gestrichen, so kann dies zu Zahlungsschwierigkeiten des Unternehmens führen.

Das **Finanzierungskostenrisiko** besteht in der Gefahr, dass aufgrund einer **Bonitätsverschlechterung** des Unternehmens die Kreditgeber höhere Fremdkapital-Zinsen verlangen und durch erhöhte Zinsauszahlungen sich die Liquidität des Unternehmens verschlechtern könnte.

Die passivischen Liquiditätsrisiken basieren alle auf der Bonität des Unternehmens, d. h. also auf der **Rating-Einstufung** durch die **Kreditgeber**. Verschlechtert sich nicht die Bonität des Unternehmens, so treten i. d. R. auch keine passivischen Liquiditätsrisiken ein. Die Berücksichtigung der passivischen Liquiditätsrisiken sollte also anhand der Bonität des Unternehmens im VaR-Konzept erfolgen.

4.3.2 Messung von Liquiditätsrisiken

Die Messung des **Liquiditätsrisikos** als **Ganzes**, d. h. die Messung des unternehmensweiten Liquiditätsrisikos durch einen Value at Risk, ist aus folgenden Gründen **nicht möglich**:

- Das unternehmensweite Liquiditätsrisiko setzt sich aus **unterschiedlichen Liquiditätsrisiken** zusammen, deren Behandlung wie oben dargestellt unterschiedliche Instrumente und Ansätze erfordert.

- Die Liquidität eines Unternehmens wird nicht als eine Vermögensposition an einem Markt gehandelt und vor allem ist die **Liquidität nicht** in **Geldeinheiten** bewertbar. Es gibt zwar Instrumente, mit denen der Liquiditätszustand beurteilt und ansatzweise auch gesteuert werden kann (z. B. die so genannten Liquiditätsgrade), aber eine Bewertung, wie z. B. bei Aktien, Anleihen etc. ist nicht möglich.

- Der **Zustand Liquidität verändert sich** ständig durch zahlreiche Einflussgrößen (Marktgrößen, unternehmerische Tätigkeit, volkswirtschaftliche Einflussgrößen usw.). Dies erschwert erheblich die Beurteilung, ob sich ein Zustand im Sinne eines Risikos verschlechtert hat oder nicht. Mit anderen Worten: Während z. B. die zukünftigen Cash Flows einer Anleihe feststehen und der Anleihe damit ein fester Wert zugeordnet werden kann, ändern sich die Cash Flows des Unternehmens ständig.

- Das **Liquiditätsrisiko** kann sich nur in einem Extremfall niederschlagen: Der **Insolvenz**. Es gibt nur zwei Zustände bezüglich der unternehmensweiten Liquidität. Entweder das Unternehmen kann seinen Zahlungsverpflichtungen nachkommen oder nicht. Dies erschwert, ähnlich wie beim Ausfallrisiko, die Anwendung eines VaR-Konzeptes.

Trotz der genannten Schwierigkeiten der Messung des Liquidationsrisikos gibt es einige Ansätze, zumindest bestimmte Arten des Liquiditätsrisikos in Anlehnung an das VaR-Konzept zu messen, die im Folgenden dargestellt werden.

Im Bankenbereich spielt das Liquiditätsrisiko eine besonders wichtige Rolle. Aus diesem Grund sind die Überlegungen zum Liquiditätsrisiko speziell in der bankbetrieblichen Literatur und Praxis wesentlich weiter fortgeschritten. So ist für Banken zur Messung und Steuerung des Liquiditätsrisikos das Konzept des so genannten Liquidity at Risk (LaR) entwickelt worden.

> Unter dem **Liquidity at Risk** (LaR) wird im Rahmen der kurzfristigen Liquiditätssteuerung von Banken die Höhe des Auszahlungsüberschusses verstanden, die mit einer bestimmten, vorher festgelegten Sicherheitswahrscheinlichkeit nicht überschritten wird.

Eine **Übertragung** des Liquidity at Risk auf das unternehmensweite Liquiditätsrisiko von **Nichtbanken** ist aus Sicht des Verfassers aus den o. g. Gründen nicht ohne weiteres möglich. Aus diesem Grund wird dieses Konzept nicht weiter vertieft (siehe auch Literaturhinweise Abschnitt 4.4).

Die **Messung** des **Liquidationsrisikos** von **Vermögenswerten** basiert auf der Preis-Mengen-Funktion für den Vermögenswert (z. B. Aktie, Anleihe, Währungsposition etc.), die am Markt beobachtbar ist. Die Preis-Mengen-Funktion beschreibt den Zusammenhang zwischen angebotener bzw. nachgefragter Menge des Vermögenswertes und dem daraus resultierenden zugehörigen Preis. Dabei wird zwischen dem Geld- und dem Brief-Kurs unterschieden. Der **Geldkurs** ist der Kurs, zu dem der Vermögenswert nachgefragt wird und der **Briefkurs** ist der Angebotspreis. Mit zunehmender nachgefragter Menge steigt der Geldkurs und der Briefkurs sinkt. Die Differenz zwischen Geld- und Briefkurs (die so genannte Geld-Brief-Spanne) ist ein **Indikator** für die **Marktliquidität** des Vermögenswertes. Je höher die Geld-Brief-Spanne, desto geringer ist die Marktliquidität. Will ein Unternehmen also einen Vermögenswert am Markt verkaufen, so muss i. d. R. ein mehr oder weniger großer Abschlag auf den Mittelkurs hingenommen werden. Dieser Abschlag ist ein Maß für das Risiko der Marktliquidität und kann wie folgt berechnet werden:

Die Geld-Brief-Spanne wird zunächst in Prozent berechnet, indem für die angebotene Menge der zugehörige Briefkurs vom Geldkurs subtrahiert wird und durch den Mittelkurs (= Durchschnitt von Geld- und Briefkurs) dividiert wird. Mit Hilfe dieser relativen Geld-Brief-Spanne (GBS) kann dann der **liquiditätsadjustierte VaR** (=LVaR) einer Vermögensposition berechnet werden, indem zum normalen VaR für das Marktrisiko ein Aufschlag L für das Liquiditätsrisiko erhoben wird:

$$LVaR = VaR + L = VaR + \tfrac{1}{2} \times \text{Risikoposition (=RP)} \times GBS \times \sqrt{T}$$

Dabei ist RP die Höhe der Risikoposition. Die **Berechnung** des liquiditätsadjustierten VaR wird wieder an dem **Beispiel** der **BMW-Aktie** aus dem zweiten Kapitel verdeutlicht. Der Bewertungskurs der BMW–Aktie entspricht dem Mittelkurs und beträgt 37,- € pro BMW-Aktie. Die Volatilität der Rendite der BMW-Aktie beträgt $s_{BMW} = 1,031\%$, die Liquidationsperiode beläuft sich auf 10 Tage und die Risikoposition beträgt 370,- € (10 Aktien). Der daraus resultierende VaR für die BMW-Aktie beträgt 28,11 € (siehe Abschnitt 2.3.2). Für eine praxisnähere Anwendung sei nun angenommen, dass der Investor nicht 10 Aktien sondern 100.000 Stück BMW-Aktien an der Börse verkaufen möchte. Für solche Volumina wird bei einem Mittelkurs von 37,- € ein Geldkurs von 37,15 und ein Briefkurs von 36,85 € beobachtet. Die tägliche relative Geld-Brief-Spanne beträgt dann 0,81 % ([37,15 – 36,85]/37,-). Für den liquiditätsadjustierten VaR ergibt sich daraus:

$$LVaR_{BMW} = 3.700.000,\text{-} \, € \times 1,031\% \times \sqrt{10} \times 2,33 + \tfrac{1}{2} \times 3.700.000,\text{-} \, € \times 0,81\% \times \sqrt{10}$$

$$= 281.071,18 \, € \qquad\qquad\qquad + 47.386,73 \, € = \underline{\mathbf{328.457,91 \, €}}$$

Der Aufschlag für das Liquiditätsrisiko ist in diesem Fall nicht unerheblich und beträgt 16,89% des VaR des Marktrisikos. Die Höhe und Relevanz dieses Aufschlages wird in erster Linie durch die relative Geld-Brief-Spanne determiniert. In der Literatur zur Theorie des Liquiditätsrisikos werden noch allgemeinere Ansätze zur Berechnung des Aufschlages L für das Liquiditätsrisiko unter Berücksichtigung von Sicherheitswahrscheinlichkeit und Volatilität bei schwankenden (nicht konstanten) Geld-Brief-Spannen dargestellt (siehe Abschnitt 4.4).

Die **Messung** des **Liquiditätsrisikos**, welches durch **Terminrisiken** ausgelöst wird, ist wie oben bereits angedeutet eng an das Ausfallrisiko gekoppelt. Auch liegt es nahe, wieder einen Aufschlag zum VaR für das Ausfallrisiko zu erheben, der den Schaden berücksichtigt, der durch verspätete Zins- und Tilgungszahlungen entsteht. Für den Fall, dass Zins- und Tilgungszahlungen gar nicht geleistet werden, wird der erwartete Verlust und der Credit Value at Risk berechnet. Es stellt sich die Frage, wie ein geeigneter Aufschlag für das Liquiditätsrisiko berechnet werden kann. Nach Kenntnisstand des Verfassers gibt es hierzu in der Literatur noch keine Vorschläge und Erörterungen.

Ein **Aufschlag** für das **Terminrisiko** müsste sich an vier Faktoren orientieren:

- der Höhe der Zins- und Tilgungszahlungen,
- der durchschnittliche Zeitraum einer Verzögerung,
- der Wahrscheinlichkeit für eine Verzögerung,
- der Zinssatz zur Bemessung des Verzugsschadens.

Die **Höhe** der **Zins-** und **Tilgungszahlungen** ergeben sich aus den Kreditkonditionen. Da bei einer Verzögerung nicht alle Zinszahlungen betroffen sein können (da es sich in diesem Fall um einen Ausfall handeln würde), wäre eine Berücksichtigung der vollen Tilgungsleistung und einer einmaligen Zinszahlung zweckmäßig.

Der durchschnittliche **Zeitraum** einer **Verzögerung** müsste anhand von Vergangenheitsdaten von ausfallgefährdeten Krediten ermittelt werden, bei denen eine Verzögerung aber eben kein Ausfall stattfand. Auch können Mahnfristen und Termine zur Fälligstellung von Krediten als Orientierungsmaß herangezogen werden.

Die **Wahrscheinlichkeit** einer **Verzögerung** wird **analog** zur Ermittlung der Ausfallwahrscheinlichkeit (PD) anhand vergangener Beobachtungen von Verzögerungen für die unterschiedlichen Rating-Klassen ermittelt.

Als **Zinssatz** zur Bemessung des **Verzugsschadens** kann zweckmäßigerweise der risikolose Refinanzierungszinssatz herangezogen werden, da mindestens dieser Zinssatz vom Unternehmen zur Überbrückung von Liquiditätsengpässen bezahlt werden müsste. Aber auch höhere Zinssätze können angesetzt werden, wenn feststeht, dass diese vom Unternehmen zu zahlen sind.

Der **liquiditätsadjustierte Credit Value at Risk** (LCVaR) kann dann wie folgt berechnet werden:

LCVaR = CVaR + L = CVaR + Tilgungsbetrag x (1 + Kreditzins) x Verzögerungszeit in Tagen/360 x Refinanzierungszinssatz x Wahrscheinlichkeit der Verzögerung.

Zur Verdeutlichung für das obige Beispiel des Kredites A (siehe Abschnitt 4.2.1) sei angenommen, dass der durchschnittliche Zeitraum einer Verzögerung 120 Tage betrage. Der risikolose Refinanzierungszinssatz beträgt 3% und der Zinssatz des Kredites (Kundenzinssatz) beläuft sich auf 6%. Der CVaR beträgt 17.726,82 €. Als Wahrscheinlichkeit für eine Verzögerung wird 5% angenommen. Der liquiditätsadjustierte Credit Value at Risk beträgt dann:

$$LCVaR = CVaR + L = CVaR + 200.000 \; x \; (1{,}06) \; x \; 120/360 \; x \; 3\% \; x \; 5\%$$

$$= 17.726{,}82 + 106{,}- € = \underline{\textbf{17.832,82 €}}$$

Obwohl der Aufschlag für das Liquiditätsrisiko im Verhältnis zum Credit Value at Risk sehr gering ist, kann dies ökonomisch plausibel nachvollzogen werden. Der Credit Value at Risk bildet den Verlust des gesamten Kreditbetrages bzw. eines Teiles davon ab, während der Liquiditätsaufschlag nur den Schaden einer Zahlungsverzögerung abbildet. Außerdem darf an dieser Stelle nicht übersehen werden, dass der berechnete Aufschlag für das Liquiditätsri-

siko des Kredites A nur einen kleinen Bestandteil des gesamten unternehmensweiten Liquiditätsrisikos abbildet. Erst die Summe aller Liquiditätsaufschläge kann für Vergleichszwecke
mit den Value at Risk anderer Risikoarten herangezogen werden.

Die **Messung passivischer Liquiditätsrisiken** ist dadurch gekennzeichnet, dass es nicht um
Vermögenswerte und deren risikotechnische Beurteilung geht, sondern um die Fähigkeit
Fremdkapital aufzunehmen bzw. zu erhalten. Diese Fähigkeit hängt in erster Linie von der
Bonität des Unternehmens ab. Die Bonität wird durch die Rating –Einstufung der Fremdka-
pitalgeber eingeschätzt und somit auch gemessen. Für die Berücksichtigung der eigenen
Bonität im Rahmen des Value at Risk-Konzeptes im Rahmen der Risikomessung wird in der
Literatur häufig folgender Ansatz vorgeschlagen:

Die von externen Rating-Agenturen veröffentlichten **Ausfallwahrscheinlichkeiten** werden
benutzt, um als Niveau der **Sicherheitswahrscheinlichkeit** zur Berechnung des **Value at
Risk** angesetzt zu werden. In Tabelle 4.8 sind auszugsweise von Moody's veröffentlichte
Ausfallwahrscheinlichkeiten und die jeweils dazugehörige Anzahl von Standardabweichungen auf Basis der Normalverteilung zur Berechnung des Value at Risk angegeben (zur Anzahl Standardabweichungen siehe Abschnitt 2.3.1).

Angenommen ein Unternehmen misst sämtliche Risiken auf Basis des Value at Risk für eine
Sicherheitswahrscheinlichkeit von z. B. 99,93% (entspricht einem Alpha-Quantil von
0,07%), was 3,19 Standardabweichungen entspricht. Wird der für 3,19 Standardabweichungen berechnete Value at Risk des gesamten Unternehmens vollständig durch das **Eigenkapital abgedeckt**, so entspricht dies einer Rating-Einstufung in die Klasse A3 (siehe Tabelle
4.8) und damit einer entsprechenden Bonität des Unternehmens. Von der Bonität (der Rating-Klasse) des Unternehmens hängt dann wiederum das passivische Liquiditätsrisiko ab.
Auf diese Art und Weise kann durch die Berechnung des Value at Risk indirekt das passivische Liquiditätsrisiko berücksichtigt werden, indem als Sicherheitswahrscheinlichkeit ein
Niveau gewählt wird, was der angestrebten Bonität entspricht und mindestens so gut ist wie
die aktuelle Bonität des Unternehmens.

Tab. 4.8   *Ausfallwahrscheinlichkeiten in Abhängigkeit von der Rating-Klasse und Anzahl Standardabweichungen*

Rating-Klasse (Moody's):	Ausfallwahrschein-lichkeit für 1 Jahr:	Anzahl Standardabweichungen:
Aaa	0,01%	3,72
A1	0,05%	3,29
A2	0,06%	3,24
A3	0,07%	3,19
Ba1	1,25%	2,24
Ba2	1,79%	2,10
Ba3	3,96%	1,76
B1	6,14%	1,54
B2	8,31%	1,38
B3	15,08%	1,03

Wird die angestrebte Bonität nicht erreicht, weil das vorhandene Eigenkapital den gesamten Value at Risk auf Basis der notwendigen Sicherheitswahrscheinlichkeit nicht abdeckt, so kann umgekehrt auf die Bonität entsprechend des vorhandenen Eigenkapitals geschlossen werden, um entsprechende Maßnahmen zur Steuerung des Liquiditätsrisikos einzuleiten. Mögliche Maßnahmen zur Steuerung des Liquiditätsrisikos werden im nächsten Abschnitt 4.3.3 dargestellt.

4.3.3   Steuerung von Liquiditätsrisiken

Aus den obigen Darstellungen zum Liquiditätsrisiko wird bereits deutlich, dass die im dritten Kapitel dargestellten „klassischen" Steuerungsinstrumente nicht angewendet werden können. Die Grundlage für die Steuerung des Liquiditätsrisikos bildet die **Finanzplanung**. Die Finanzplanung ist ein Oberbegriff, der insbesondere nach den Kriterien Fristigkeit und Instrumente in zahlreiche Varianten aufgegliedert werden kann. Die Inhalte der Finanzplanung sind Bestandteil fast jeden Lehrbuches zur Unternehmensfinanzierung. Eine in Praxis und Literatur einheitliche Darstellungs- und Vorgehensweise der Finanzplanung findet jedoch nicht statt, da die Finanzplanung i. d. R. den besonderen Bedürfnissen und Besonderheiten des Unternehmens angepasst werden muss. Aus diesem Grund werden im Folgenden die wichtigsten Bestandteile und Instrumente der Finanzplanung im Überblick insoweit dargestellt, als sie allgemein zur Steuerung des Liquiditätsrisikos angewendet werden können. Für eine Vertiefung des Themas Finanzplanung sei auf die Literaturhinweise verwiesen (siehe Abschnitt 4.4).

In einem ersten Schritt sollte die Finanzplanung in die Liquiditätsplanung und in die langfristige Finanzplanung (= Kapitalbindungs- / Bedarfsplanung) unterschieden werden. Im Rahmen der Liquiditätsplanung wird weiterhin zwischen der täglichen Liquiditätsdisposition und der kurzfristigen Finanzplanung unterschieden.

Im Rahmen der **täglichen Liquiditätsposition** werden für einen Planungshorizont bzw. Prognosezeitraum von einer Woche bis zu einem Monat taggenau die Zahlungsströme des Unternehmens geplant und gesteuert. Dabei werden z. B. auf der Planungsgrundlage von so genannten Kassenhaltungsmodellen Zahlungsmittel kurzfristig angelegt oder aufgenommen. Dabei kommen aufgrund der Kurzfristigkeit häufiger subjektive Prognose- und Erfahrungswerte zum Einsatz als objektive, statistische Prognoseverfahren. Hauptziel der täglichen Liquiditätsdisposition ist die Minimierung der Zinskosten.

In der **kurzfristigen Finanzplanung** werden für eine Planungseinheit von einer Woche oder einem Monat für einen Planungshorizont von einem Jahr die Zahlungsströme gesteuert und geplant. Bei der kurzfristigen Finanzplanung steht der Ausgleich von Einnahmen und Ausgaben innerhalb der Planungseinheit im Vordergrund. Dabei werden die Zahlungsströme in ordentliche betriebliche Zahlungen (z. B. Umsatzeinnahmen), außerordentliche Zahlungen (z. B. Gewinnausschüttungen) und Zahlungen im Rahmen des Kreditplanes (Kreditaufnahme, Zins- und Tilgungsleistungen) differenziert. Für die unterschiedlichen Zahlungsströme kommen dann für die Planung unterschiedliche Prognoseverfahren (pragmatische, extrapolierende, kausale Prognoseverfahren) zum Einsatz. Die kurzfristige Finanzplanung beispielsweise bildet die Verbindung zwischen täglicher Liquiditätsdisposition und langfristiger

Finanzplanung. So liefert der kurzfristige Finanzplan Dispositionshilfen für die tägliche Liquiditätsposition während gleichzeitig die Prognosen der kurzfristigen Finanzplanung auf Informationen aus der langfristigen Finanzplanung beruhen.

Die **langfristige Finanzplanung** operiert mit Bilanzbeständen als Planungseinheit und nicht mit Zahlungsströmen. Dabei wird für einen Zeitraum von drei bis fünf Jahren geplant. Das Ziel der langfristigen Finanzplanung besteht hauptsächlich in der Sicherung des langfristigen finanziellen Gleichgewichtes und einer möglichst optimalen Kapitalstruktur. Die Planung erfolgt im Wesentlichen anhand von Bilanz- und GuV-Kennzahlen. So werden z. B. langfristig und dauerhaft Liquiditätsgrade (Verhältnis liquider Mittel zu kurzfristigen Verbindlichkeiten) von über eins angestrebt und es werden Planbilanzen auf Basis der prognostizierten und geplanten Umsatzentwicklungen oder geplanter Investitionen erstellt.

Die **Steuerung passivischer Liquiditätsrisiken** kann an drei Punkten ansetzen:

- Die **Erhöhung** des **Eigenkapitals** zur Abdeckung der Liquiditätsrisiken. Wie oben bereits dargelegt, wird i. d. R. eine Eigenkapitalerhöhung ökonomisch in erster Linie durch neue umfangreiche Investitionen motiviert und nicht zur Abdeckung von Risiken. Aus diesem Grund ist dieser Ansatz für eine aktive Steuerung wenig geeignet.
- Die **Senkung** der **Risikopositionen** und damit auch eine Verminderung des gesamten Value at Risk. Im Einzelfall muss für jede Risikoposition getrennt untersucht werden, ob eine Senkung möglich ist bzw. andere betriebswirtschaftliche Gründe gegen eine Absenkung sprechen (z. B. bei strategischen Beteiligungen). Eine derartige Überprüfung ist eng mit der Risikoanalyse (RoRaC-Konzept) der Vermögenspositionen verknüpft (siehe Abschnitt 2.6).
- Die Umsetzung der im Rahmen von Basel II angesprochenen Konsequenzen (insbesondere für KMU) in Form einer erhöhten **Transparenz** und verstärkter **Kommunikation** mit den Kreditgebern. Die Einrichtung bzw. Verbesserung eines leistungsfähigen **Controllings** kann Liquiditätsschwierigkeiten durch Kündigung von Kontokorrentkrediten oder möglichen Limitreduzierungen vorbeugen.

Die **Steuerung** und **Vermeidung** von **Terminrisiken** kann durch ein funktionierendes **Forderungsmanagement** erfolgen. Dazu gehören unter anderem

- die sorgfältige Bonitätsprüfung bzw. Rating-Einstufung vor Kreditvergabe,
- die konsequente Zahlungsüberwachung und zeitnahe Feststellung eines eventuellen Zahlungsverzugs,
- die permanente Bonitätsüberwachung,
- ein zeitnahes Mahnwesen bei Überschreitung vereinbarter Zahlungsfristen.
- eine zügige und zeitnahe Beitreibung der Forderungen.

Mit der abschließenden Messung und Steuerung von Liquiditätsrisiken können nun alle wesentlichen finanzwirtschaftlichen Risiken gemessen, analysiert und gesteuert werden. Im nächsten Kapitel werden als andere große und bedeutende Risikokategorie die **leistungswirtschaftlichen Risiken** behandelt.

4.4   Literaturhinweise

Einen sehr guten Über- und Einblick der **verschiedenen Formen** von **Wertpapieren** (Aktien, Anleihen, Fonds, Derivate usw.) und eine Darstellung nahezu aller wichtiger **Sachverhalte** des **Börsengeschehens**, die für finanzwirtschaftliche Risiken interessant sind, liefert

Beike, Rolf / Schlütz, Johannes: „Finanznachrichten lesen, verstehen, nutzen. Ein Wegweiser durch Kursnotierungen und Marktberichte", Schäffer Poeschel, 2005.

Zur Berechnung von Nullkuponzinsen aus Kuponzinsen u. a. nach der so genannten **Bootstrap-Methode** sind die Bücher von

Heidorn, Thomas: "Finanzmathematik in der Bankpraxis", Gabler, 5. Auflage, 2006,

Hull, John C.: „Optionen, Futures und andere Derivate", Pearson Studium, 6. Aufl., 2005,

bzw. das englischsprachige Originalwerk aus dem Prentice Hall-Verlag von 2005 und

Schierenbeck, Henner: „Ertragsorientiertes Bankmanagement", Band I, 8. Auflage 2003.

Die **Berücksichtigung nicht ganzer Jahre** (gebrochene Laufzeiten) kann neben dem o. g. Werk von *Heidorn* auch in

Kruschwitz, Lutz: „Finanzmathematik", Vahlen, 4. Auflage, 2006.

nachgelesen werden.

Die Anwendung von Duration und Convexity für **nicht parallele Verschiebungen** der Zinsstruktur wird ausführlich in

Wolke, Thomas: „Duration&Convexity", Dissertation, FU Berlin, 1996,

behandelt. Auch eine Konstruktion von **Portfolios** mit langen Laufzeiten und einer **modifizierten Duration** von **null** wird vorgenommen. Ein **weiterer Ansatz** zur Behandlung nicht paralleler Verschiebungen der Zinsstruktur findet sich auch in

Löffler, Andreas / Wolke, Thomas: „Variance Minimizing Strategy and Duration", Arbeitspapier HU Berlin, 1996.

Eine Behandlung verschiedener **Immunisierungsstrategien** von Anleihe-Portfolios wird ausführlich in

Wondrak, Bernhard: „Management von Zinsänderungschancen und –risiken", Physica-Verlag, 1986 und

Hauser, Stefan: „Management von Portfolios festverzinslicher Wertpapiere", Fritz Knapp Verlag, 1992

vorgenommen. In beiden Werken finden sich auch Hinweise zur **Problematik** der Ermittlung von **Abzinsungsfaktoren** für die Barwertberechnung.

Einen **Beweis** für die **Immunisierung** des **Endwertes** eines Anleihe-Portfolios und ausführliche Darstellungen zu diesem Thema zeigen

Uhlir, Helmut / Steiner, Peter: Wertpapieranalyse, Physica-Verlag, 2001.

Für die Darstellung und Bewertung von **Zins-Swaps, -Optionen** und **-Futures** eignen sich die o. g. Werke von *Heidorn* und *Hull*.

Für eine Vertiefung des **Wechselkursrisikos** eigenen sich die Werke

*Sperber, Herbert / Sprink, Joachim: „Finanzmanagement internationaler Unternehmen",
Kohlhammer, 1999.*

Blattner, Peter: „Internationale Finanzierung. Internationale Finanzmärkte und Unternehmensfinanzierung", Oldenbourg, 1997.

Eine ausführliche Behandlung der **Portfoliotheorie** und des **CAPM** für Aktien findet sich u. a. in

Elton, Edwin J. / Gruber, Martin J. / Brown, Stephen J. / Goetzmann, William N.: „Modern Portfolio Theory and Investment Analysis", Wiley, 2002 und

Kruschwitz, Lutz: „Finanzierung und Investition", Oldenbourg, 2004.

Einen gelungenen Überblick und eine verständliche deskriptive Darstellung der **Analyse-** und **Steuerungsinstrumente** des **Ausfallrisikos** aus Bankensicht findet sich in

Schulte, Michael / Horsch, Andreas: „Wertorientierte Banksteuerung II: Risikomanagement", Bankakademie-Verlag, 2004.

Die Berechnung des **risikoadjustierten Kreditzinses** nehmen anhand eines Zahlenbeispieles

Schmeisser, Wilhelm / Mauksch, Carola: „Kalkulation des Risikos im Kreditzins nach Basel II", in: Finanz Betrieb, Heft 5, 2005, S. 296–310

vor. Eine allgemeine Darstellung ohne Zahlenbeispiele zu diesem Thema findet sich auch in

Oehler, Andreas / Unser, Matthias: „Finanzwirtschaftliches Risikomanagement", Springer, 2002.

Rating-Einstufungen und die zugehörigen **Ausfallwahrscheinlichkeiten** sowie weitere nützliche Informationen rund um dieses Thema werden kostenlos im Internet von **Standard&Poor's** unter

http://www2.standardandpoors.com

und von **Moody's** auf deren Homepage

http://www.moodys.com

zur Verfügung gestellt.

Das Thema **Kreditderivate** wird ausführlich in

Burghof, Hans-Peter / Henke, Sabine / Rudolph, Bernd: „Kreditderivate. Handbuch für die Bank- und Anlagepraxis", Schäffer Poeschel, 2005

behandelt.

Für eine Vertiefung der **Messung** und **Steuerung** des **Ausfallrisikos** insbesondere von **Kreditportfolios** eignet sich

Servigny, Arnaud de / Renault, Olivier: „Measuring and Managing Credit Risk", MCGraw-Hill, 2004.

Die Dokumentation des **Kreditportfoliomodells CreditMetrics**

CreditMetrics-Technical Document, 1997, J. P. Morgan,

steht als Download im Internet unter *http://www.riskmetrics.com/cmtdovv.html* kostenlos zur Verfügung. Für das Modell **CreditRisk+** eignet sich das Buch von

Gundlach, Matthias / Lehrbass, Frank: „CreditRisk+ in the Banking Industry", Springer, 2004.

Für einen detaillierten **Vergleich** der verschiedenen **Kreditportfoliomodelle** eignen sich besonders gut die Aufsätze

Crouhy, Michel / Galai, Dan / Mark, Robert: „A comparative analysis of current credit risk models", in: Journal of Banking & Finance, Heft 24, 2000, S. 59-117 und

Gordy, Michael B.: „A comparative anatomy of credit risk models", in: Journal of Banking & Finance, Heft 24, 2000, S. 119-149.

Für eine deskriptive und übersichtliche Darstellung der wichtigsten **Analyse**- und **Steuerung**smöglichkeiten des **Länderrisikos** ist das o. g. Werk von *Schulte / Horsch* hilfreich. Ein Ansatz zur **Messung** des **Länderrisikos** mit Hilfe von Kapitalmarktspreads liefert

Dresel, Tanja: „Die Quantifizierung von Länderrisiken mit Hilfe von Kapitalmarktspreads", in: Johanning, Lutz / Rudolph, Bernd: „Handbuch Risikomanagement", Band I, Uhlenbruch, 2000, S. 579-609.

Für eine ausführlichere Auseinandersetzung mit der Thematik **Basel II** empfiehlt sich in jedem Fall der verbindlich verabschiedete Originaltext

Bank for International Settlements: „International Convergence of Capital Measurement and Capital Standards, 2004, welcher kostenlos als Download unter

http://www.bundesbank.de/bankenaufsicht/bankenaufsicht_basel_rahmenvereinbarung.en.php

zur Verfügung steht.

Ein allgemeiner Ansatz zur Berechnung eines Liquiditätsaufschlages für die **Marktliquidität** im Rahmen des **Liquiditätsrisikos** wird in

Bangia, Anil / Diebold, Frank / Schuermann, Til: „Liquidity on the Outside", in: Risk, Heft 12, 1999, S. 68-73,

dargestellt. Das Konzept des **Liquidity at Risk** für Banken wurde von

Zeranski, Stefan: „Liquidity at Risk zur Steuerung des liquiditätsmäßig-finanziellen Bereichs von Kreditinstituten", Verlag der Gesellschaft für Unternehmensrechnung und Controlling m. b. H., 2005,

entwickelt. Ausführliche Darstellungen zur **Finanzplanung** als Möglichkeit der **Steuerung** des **Liquiditätsrisikos** finden sich in zahlreichen Standardlehrbüchern wieder. Stellvertretend sei nur das Buch von

Perridon, Louis / Steiner, Manfred: „Finanzwirtschaft der Unternehmung", Vahlen, 2004

genannt.

4.5   Technischer Anhang

Der **Barwert** (BW) einer Zinsposition bei einer nicht flachen Zinsstruktur lautet:

$$BW = \sum_{t=1}^{T} z_t \cdot (1+i_t)^{-t}$$

mit

z$_t$:   Zahlung zum Zeitpunkt (Jahr) t,

i$_t$:   Kapitalmarktzinssatz (Nullkuponzinssatz) für die Laufzeit t,

T: Laufzeit der Zinsposition (z. B. 10 Jahre).

In der Literatur wird häufig auch der so genannte **Abzinsungsfaktor** q^{-t} verwendet, für den gilt: q^{-t} = (1+i$_t$)$^{-t}$.

Um Veränderungen des Barwerts in Abhängigkeit von Zinsänderungen zu bestimmen (die **Sensitivität**), wird die **erste Ableitung** der **Barwertfunktion** nach den **Zinsen** gebildet:

$$\frac{\partial BW}{\partial i_t} = -1 \cdot \sum_{t=1}^{T} t \cdot z_t \cdot (1+i_t)^{-t-1}$$

Mit Hilfe der ersten Ableitung wird die modifizierte Duration (D^{mod}) wie folgt definiert und berechnet:

$$D^{\text{mod}} = -\frac{\partial BW}{\partial i_t} \cdot \frac{1}{BW} = \frac{\sum\limits_{t=1}^{T} t \cdot z_t \cdot (1+i_t)^{-t-1}}{\sum\limits_{t=1}^{T} z_t \cdot (1+i_t)^{-t}}$$

Aus der Definition für die modifizierte Duration lässt sich eine mögliche **Barwertänderung** für hinreichend kleine **Zinsänderungen** Δi folgendermaßen **abschätzen**:

$$\Delta BW \approx -D_{\text{mod}} \cdot BW \cdot \Delta i \quad \text{bzw. für eine relative Barwertänderung}$$

$$\frac{\Delta BW}{BW} \approx -D_{\text{mod}} \cdot \Delta i \,.$$

Dabei wird eine **Parallelverschiebung** der Zinsstrukturkurve unterstellt, d. h. alle laufzeitabhängigen Zinssätze i_t verändern sich um den gleichen Betrag Δi.

Die **Convexity** (C) wird gemäß

$$C = \frac{\partial^2 BW}{\partial i_t^2} \cdot \frac{1}{BW} = \frac{\sum\limits_{t=1}^{T} t \cdot (t+1) \cdot z_t \cdot (1+i_t)^{-t-2}}{\sum\limits_{t=1}^{T} z_t \cdot (1+i_t)^{-t}}$$

berechnet. Daraus lässt sich auf Basis einer **Taylorentwicklung** folgende **verbesserte** Formel für die **Abschätzung** einer **Barwertänderung** herleiten:

$$\Delta BW \approx -D^{\text{mod}} \cdot BW \cdot \Delta i + \frac{1}{2} C \cdot BW \cdot \Delta i^2$$

bzw. für eine relative Barwertänderung

$$\frac{\Delta BW}{BW} \approx -D^{\text{mod}} \cdot \Delta i + \frac{1}{2} C \cdot \Delta i^2 \,.$$

Für die Berechnung des **Portfoliogewichtes** w_i einer Zinsposition i am Portfolio P gilt:

$$w_i = \frac{BW_i}{BW_P} \quad \text{und}$$

$$\sum_{i=1}^{N} w_i = 1 \text{ bzw. } \sum_{i=1}^{N} w_i \cdot BW_P = BW_P$$

für ein Portfolio P welches aus insgesamt N Zinspositionen besteht. Mit Hilfe der Portfolio-gewichte kann die modifizierte **Duration** und **Convexity** des **Portfolios** P gemäß

$$D_P^{\text{mod}} = \sum_{i=1}^{N} w_i \cdot D_i^{\text{mod}} \text{ und } C_P = \sum_{i=1}^{N} w_i \cdot C_i$$

berechnet werden.

Die Formel für die **Macaulay-Duration** lautet:

$$D^{Mac} = \frac{\sum_{t=1}^{T} t \cdot z_t \cdot (1+i_t)^{-t}}{\sum_{t=1}^{T} z_t \cdot (1+i_t)^{-t}}$$

Für die **Immunisierung** des **Endwertes** eines Portfolios bestehend aus zwei Zinspositionen A und B mit Hilfe der Macaulay-Duration muss gelten:

$$w_A \cdot D_A^{Mac} + w_B \cdot D_B^{Mac} = Ph \text{ und } w_A + w_B = 1,$$

wobei **Ph** der **Planungshorizont** (in Jahren) des Investors ist, für den die Immunisierung stattfinden soll. Wird die zweite Gleichung nach $w_B = 1 - w_A$ aufgelöst und in die erste Gleichung eingesetzt so liefert dies für die **Portfoliogewichtung** zur **Immunisierung** des **End-wertes**:

$$w_A \cdot D_A^{Mac} + (1 - w_A) \cdot D_B^{Mac} = Ph \Leftrightarrow w_A \cdot D_A^{Mac} + D_B^{Mac} - w_A \cdot D_B^{Mac} = Ph$$

$$\Leftrightarrow w_A \cdot (D_A^{Mac} - D_B^{Mac}) = Ph - D_B^{Mac} \Leftrightarrow w_A = \frac{Ph - D_B^{Mac}}{D_A^{Mac} - D_B^{Mac}}.$$

Die Berechnung des Swapsatzes (Sw) für **Devisentermingeschäfte** erfolgt gemäß:

$$Sw = \frac{K \cdot (z_I - .z_A) \cdot T}{360 + z_I \cdot T}$$

mit

K: Aktueller Wechselkurs (Kassakurs),

z_I, z_A: Zinssatz für Anlagen und Kredite in Auslandswährung (A) bzw. Inlandswährung (I),

T: Laufzeit des Devisentermingeschäftes in Tagen.

Die Berechnung des Portfoliogewichtes w^{mV}_A für das Portfolio (bestehend aus zwei Aktien A und B) mit der **minimalen Volatilität** unter der Bedingung $s_A \times s_B \neq s_{A,B}$ lautet:

$$w^{mV}_A = \frac{s^2_B - s_{A,B}}{s^2_A + s^2_B - 2 \cdot s_{A,B}}$$

mit

$s_{A,B}$:   Kovarianz zwischen den Renditen A und B,

s_A, s_B: Standardabweichung der Renditen von A bzw. B.

Für die Berechnung des **Credt Value at Risk** (CVaR) gilt:

$$s_{PD} = \sqrt{PD \cdot (1 - PD)} \quad \text{und}$$

$$CVaR = K\ddot{A} \cdot \sqrt{PD \cdot s^2_{LGD} + LGD^2 \cdot s^2_{PD}}$$

mit

PD: Ausfallwahrscheinlichkeit,

s_{PD}:   Standardabweichung der Ausfallwahrscheinlichkeit,

KÄ: Kredtäquivalent (ausstehender Kreditbetrag),

LGD: Verlustquote,

s_{LGD}:   Standardabweichung der Verlustquote.

5   Leistungswirtschaftliche Risiken

Leistungswirtschaftliche Risiken entstehen in erster Linie durch den unternehmerischen **Erstellungsprozess** von **Gütern** oder **Dienstleistungen** und deren **Verwertung** an den Märkten. Die realwirtschaftlichen Prozesse stehen dabei im Vordergrund, auch wenn leistungswirtschaftliche Risiken finanzwirtschaftliche und insbesondere Liquiditätsrisiken zur Folge haben können.

Die leistungswirtschaftlichen Risiken werden zweckmäßigerweise weiter in Betriebsrisiken und Absatz- / Beschaffungsrisiken unterteilt. **Betriebsrisiken** entstehen hauptsächlich im Zusammenhang mit dem Leistungserstellungsprozess bzw. der Geschäftsabwicklung und können daher schwerpunktmäßig dem betriebswirtschaftlichen Funktionsbereich **Produktion** zugeordnet werden. **Absatzrisiken** werden tragend, wenn die geplanten Umsatzerlöse nicht erzielt werden und sind demzufolge dem **Vertrieb** zuzuordnen. **Beschaffungsrisiken** resultieren aus Verlusten aufgrund zu hoher Preise für z. B. Roh-, Hilfs- und Betriebsstoffe, was in den Funktionsbereich **Beschaffung** einzuordnen ist.

5.1   Betriebsrisiken

Betriebsrisiken werden in Literatur und Praxis auch als operationale bzw. operationelle Risiken bezeichnet. In den weiteren Ausführungen wird der Begriff **Betriebsrisiken** benutzt. In Anlehnung an Basel II kann zunächst folgende allgemeine Definition von Betriebsrisiken vorgenommen werden:

> **Betriebsrisiken** werden definiert als die Gefahr von Verlusten, die infolge von Unangemessenheit oder des Versagens von internen **Personen, Prozessen** und **Systemen** oder **externen Ereignissen** eintreten. Diese Begriffsbestimmung schließt rechtliche Risiken ein, nicht aber strategische- oder Reputationsrisiken.

Der Fokus dieser Definition liegt auf den Ursachen operationeller Risiken, warum Schadensfälle eintreten und gliedert die Verlustquellen nach Personen, Prozessen, Systemen und externen Ereignissen. Folglich werden Betriebsrisiken zum einen in **interne Betriebsrisiken** unterteilt, zu denen die Risiken aufgrund des Versagens von Personen, Prozessen und Systemen gehören. Zu den **externen Betriebsrisiken** werden die Risiken aufgrund externer Ereignisse gezählt. In Abbildung 5.1 ist eine entsprechende Unterteilung der Betriebsrisiken mit einigen Beispielen grafisch dargestellt.

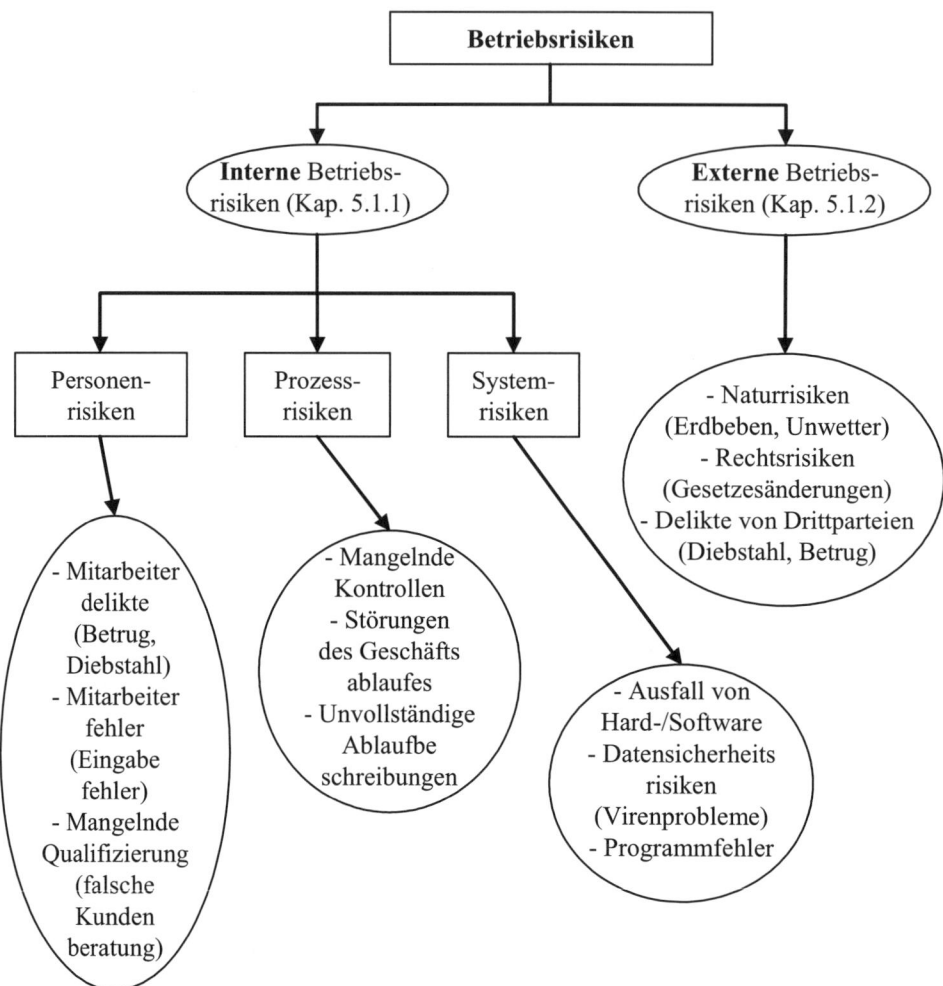

Abb. 5.1   *Gliederung der Betriebsrisiken und Beispiele*

5.1.1   Messung von Betriebsrisiken

Die Messung von Betriebsrisiken weist gegenüber der Messung von z. B. Marktpreis- und Ausfallrisiken **Besonderheiten** und **Probleme** auf.

- Während die Ursachen von Marktpreisrisiken und Ausfallrisiken außerhalb des Unternehmens liegen, werden typische (interne) Betriebsrisiken durch **unternehmensinterne Abläufe** ausgelöst. Folglich sind Betriebsrisiken besonders **stark unternehmensspezifisch** ausgeprägt.

- Für die Messung von Betriebsrisiken stehen in der Regel **keine** externen **historischen Daten** zur Verfügung, wie dies insbesondere bei Aktien, Zinsen und Währungen der Fall ist.
- Betriebsrisiken können **nicht direkt** einer **Ertragsquelle** zugeordnet werden. Beim Ausfallrisiko kann z. B. dagegen das gemessene Ausfallrisiko direkt dem Kreditzins gegenübergestellt werden. Oder bei Aktien werden die durchschnittliche Kursrendite und die Dividende ins Verhältnis zum VaR gesetzt. Damit ist eine Steuerung durch eine Gewinn-Risiko-Relation nur eingeschränkt möglich.
- Das Betriebsrisiko ist sehr vielfältig und kann daher sehr **unterschiedliche Entstehungsursachen** haben, die jeweils unterschiedliche Messansätze erfordern könnten.
- Die **Behandlung** und **Messung** von Betriebsrisiken steht in Literatur und betriebswirtschaftlicher Praxis erst am **Anfang**. Insbesondere sind die Messmethoden bei weitem noch nicht so weit entwickelt wie bei den Marktpreisrisiken.

Bei der Messung von Betriebsrisiken geht es in erster Linie um die Problematik, die Schadenshöhe und dessen Eintrittswahrscheinlichkeit zu erfassen. Zur Lösung dieser Problematik sind zwei grundlegend **unterschiedliche Ansätze** anwendbar:

- Der so genannte **Top-Down-Ansatz** basiert auf Daten des gesamten Unternehmens zur Risikomessung. So wird dem Betriebsrisiko alles zugeordnet, was nicht dem Markt- und Ausfallrisiko zugeordnet wird. Das **Betriebsrisiko** wird in diesem Sinne als **Residualgröße** betrachtet. Im zweiten Schritt wird vom gesamten Unternehmensgewinn diejenigen Gewinnkomponenten abgezogen, die aus den Vermögenspositionen Kredite, Aktien, Anleihen, Währungspositionen zuzuordnen sind. Der restliche Unternehmensgewinn wird zur Messung des Betriebsrisikos verwendet, indem die Volatilität des restlichen Unternehmensgewinnes als Maßzahl für das Betriebsrisiko berechnet wird. Dieser Ansatz ist zwar leicht zu implementieren und die Datenerhebung ist auch unproblematisch, aber dem steht auch ein entscheidender Nachteil gegenüber. Diese Art der Messung des Betriebsrisikos ist **nicht ursachenbezogen**. So kann z. B. der Gewinn auch aufgrund der Änderung makroökonomischer Einflussfaktoren sinken, die mit möglichen Betriebsrisiken in keinem Zusammenhang stehen. Dadurch ist auch eine Steuerung des Betriebsrisikos anhand der Messergebnisse nicht möglich. Da auch in Literatur und Praxis dieser Ansatz wegen der genannten zentralen Schwäche sich nicht durchgesetzt hat, wird der Top-Down-Ansatz im Folgenden nicht weiter verfolgt.
- Beim **Bottom-Up-Ansatz** wird versucht, die Betriebsrisiken dort zu erfassen und zu messen wo sie entstehen. Diese Erfassung kann sich an Geschäftsfeldern, Organisationseinheiten oder an betrieblichen Arbeitsabläufen orientieren. Diese Vorgehensweise ist zwar schwierig zu realisieren, besitzt aber den Vorteil einer **verursachungsgerechteren Risikomessung** und darauf aufbauend einer wirksameren Steuerung des Betriebsrisikos. Außerdem ist nur durch den Bottom-Up-Ansatz eine Zuweisung von Betriebsrisiken zu bestimmten vom Unternehmen erstellten Produkten oder Dienstleistungen sinnvoll möglich. Diese Zuordnung erlaubt dann wiederum eine Berücksichtigung in der Preisgestaltung der verschiedenen Produkte oder Dienstleistungen des Unternehmens. In der Literatur zeigt sich in jüngerer Zeit ebenfalls eine deutliche Tendenz zum Bottom-Up-Ansatz, der im Folgenden die Grundlage für die Berechnungsmethoden des Betriebsrisikos bildet.

Es gibt zahlreiche Möglichkeiten und Varianten das Betriebsrisiko zu messen. Zu den wichtigsten **Kategorien** von **Messverfahren** gehören

- der Vergleich mit anderen ähnlichen Unternehmen der **gleichen Branche** (Peer Group),
- die Berechnung der **Volatilität** des **Unternehmensgewinnes** nach Abzug der Gewinne aus Krediten, Aktien, Anleihen und Währungspositionen,
- Verfahren gemäß **Basel II**,
- **Scoring-Modelle** auf Prozess- und/oder Geschäftsfeldebene,
- **Statistische-versicherungsmathematische Modelle**.

Der Vergleich mit anderen Unternehmen scheitert i. d. R. in der fehlenden Verfügbarkeit von Unternehmensangaben zu Betriebsrisiken und der mangelnden Übertragbarkeit. Die Ableitung aus dem Aktienkursrisiko oder der Volatilität des Unternehmensgewinnes weist die oben erläuterte Schwäche der mangelnden Ursachenbezogenheit innerhalb des Top-Down-Ansatzes auf. Auch der Basisindikatoransatz oder der Standardansatz im Rahmen von Basel II gehört methodisch zum Top-Down-Ansatz. Scoring-Modelle entsprechen zwar dem Bottom-Up-Ansatz, sind jedoch für eine dem VaR-Konzept entsprechende Berechnung ohne Eintrittswahrscheinlichkeiten ungeeignet. Schließlich werden in der **aktuellen Literatur** die **statistischen–versicherungsmathematischen Modelle** am häufigsten angewendet und werden daher im Folgenden für die Berechnung des Betriebsrisikos detaillierter dargestellt.

Die Grundlage für die Anwendung statistischer-versicherungsmathematischer Modelle ist das **Value at Risk-Konzept**. Die Übertragung des VaR-Konzeptes zur Berechnung von Marktpreisrisiken ist jedoch für die Anwendung auf das Betriebsrisiko weniger geeignet. Eine symmetrische Normalverteilungsannahme, die zumindest näherungsweise für Marktpreisrisiken unterstellt werden kann, trifft auf das Betriebsrisiko nicht zu. Die Prinzipien des Credit Value at Risk im Rahmen des Ausfallrisikos können jedoch zumindest im Ansatz auf das Betriebsrisiko übertragen werden, da zwischen dem Ausfallrisiko und dem Betriebsrisiko folgende Parallelen bestehen:

- Sowohl beim Betriebs– als auch beim Ausfallrisiko werden die Verluste notwendigerweise in **Geldeinheiten** und nicht als prozentuale Änderungen gemessen (im Gegensatz zu den Marktpreisrisiken).
- Beide Risikoarten stellen **ausschließlich** auf einen möglichen **Verlust** ab. Gewinne fließen in die Verteilungsfunktion nicht ein (im Gegensatz zu Marktpreisrisiken, bei denen ja auch Renditesteigerungen in der Verteilungsfunktion dargestellt wurden, siehe Abschnitt 2.3.2).
- Bei beiden Risikoarten treten geringe Verluste mit einer hohen Wahrscheinlichkeit und hohe Verluste mit einer sehr geringen Wahrscheinlichkeit auf. Dadurch besitzt die zugehörige Verteilungsfunktion eine **Linksschiefe** (siehe Abschnitt 4.2.3).
- Schließlich wird aufgrund der genannten Eigenschaften in einen **erwarteten Verlust** und einen **unerwarteten Verlust** unterschieden.

Aus diesen Gründen ist es nahe liegend die Vorgehensweise beim Ausfallrisiko auch auf das Betriebsrisiko anzuwenden. Beim Kreditrisiko spielten zwei Parameter eine wesentliche Rolle: Die Ausfallwahrscheinlichkeit und das Kreditäquivalent multipliziert mit der Verlustrate. Übertragen auf das Betriebsrisiko bilden die **Verlusthäufigkeit** und die **Verlusthöhe** von Betriebsrisiken die entsprechenden Gegenstücke zum Kreditrisiko.

Die Modellierung der **Verteilung** der **Verlustanzahl** dient dazu, die Eintrittswahrscheinlichkeit eines Betriebsrisikos innerhalb eines gegebenen Beobachtungszeitraumes abzubilden. Der Beobachtungszeitraum entspricht dabei der im Rahmen der Marktpreisrisiken (siehe Abschnitt 2.3.2 bzw. 4.1) angewendeten Liquidationsperiode. Für das Betriebsrisiko wird im Allgemeinen für den Beobachtungszeitraum eine Periode von einem Jahr zugrunde gelegt. In den klassischen Modellen der Versicherungsmathematik wird für die Modellierung der Verlustanzahl die Poisson-Verteilung mit dem Parameter λ oder die negative Binomial-Verteilung verwendet.

Für die **Verteilung** der **Verlusthöhe** (analog zum Kreditäquivalent und der Verlustrate beim Ausfallrisiko) wird häufig eine Anpassung an verschiedene stetige Verteilungen angenommen. Empirische Untersuchungen haben ergeben, dass die Lognormal-Verteilung und die Weibull-Verteilung hierfür gut geeignet sind (da diese die Linksschiefe gut abbilden). Auf die formale Darstellung dieser parametrischen Verteilungen wird verzichtet und auf die statistische und betriebswirtschaftliche Literatur verwiesen (siehe Abschnitt 5.3). Die Anpassung ist problematisch, wenn nur kurze Datenhistorien zur Verfügung stehen, da die Schätzung der Verteilungsparameter dann sehr ungenau ist.

In einem nächsten Schritt müssen für die Verlusthäufigkeit- und Höhe **Daten erhoben** werden. Zu diesem Zweck können folgenden Vorgehensweisen herangezogen werden:

*   Es wird auf Vergangenheitsdaten aus einer so genannten **Schadensfall-Datenbank** zurückgegriffen. In der Schadensfall-Datenbank werden nach Organisationseinheiten und Arbeitsabläufen getrennt die tatsächlich eingetretenen Verluste in ihrer Höhe und ihrem zeitlichen Anfall erfasst. Die Daten werden aufgrund von Informationen durch z. B. die interne Revision, das Rechnungswesen, die Rechtsabteilung oder dem Qualitätsmanagement in der Schadensfall-Datenbank zusammengeführt. Da Betriebsrisiken noch nicht lange im Fokus des Risikomanagements stehen, liegen in der betriebswirtschaftlichen Praxis häufig noch keine Schadensfall-Datenbanken mit einer ausreichend langen Historie vor.
*   Eine Alternative zur unternehmensinternen Schadensfall-Datenbank stellt die Erhebung **externer Daten** dar. In diesem Fall werden Verlust-Daten von vergleichbaren Unternehmen beschafft und möglichst gut an die eigenen unternehmensspezifischen Gegebenheiten angepasst bzw. übertragen. Genau hierin besteht aber häufig die Schwierigkeit. Auch die Beschaffung generell von externen Daten zum Betriebsrisiko ist problematisch, da kein Unternehmen verpflichtet ist, Daten zum Betriebsrisiko zu publizieren.
*   Als weitere Möglichkeit zur Erhebung von Verlust-Daten, wenn für bestimmte Verlustmöglichkeiten keine Daten vorliegen, sind die **Expertenschätzungen**. Dabei werden für bestimmte konstruierte Szenarien Experten über deren Einschätzung zur Verlusthöhe und Eintrittswahrscheinlichkeit befragt.

Mit Hilfe der erhobenen Daten werden schließlich die Verteilungen für Verlusthäufigkeit- und Höhe zu einer **Gesamtverlustverteilung aggregiert**. Dafür kann zum einen mit Hilfe der aus den Vergangenheitsdaten geschätzten Verteilungsparameter eine formal-analytische

Aggregation vorgenommen werden (siehe Literaturhinweise Abschnitt 5.3). Hierfür existieren jedoch nur für bestimmte Kombinationen von Verteilungen analytische Darstellungen der aggregierten Verteilung des Gesamtverlustes. Für einfache Datenkonstellationen hat sich in der betriebswirtschaftlichen Praxis und Literatur dagegen die Aggregation der Verteilungen durch **Vollenumeration** in letzter Zeit behauptet.

Bei der Vollenumeration wird eine kombinierte Verlustverteilung erzeugt, indem **alle** möglichen **Kombinationen** von **Verlustanzahl-** und **Höhe** für die vorliegenden historischen Daten gebildet werden. Dabei muss zwingend unterstellt werden, dass die Verteilungen der Anzahl und der Höhe **statistisch voneinander unabhängig** sind. Die Kombination von Anzahl und Höhe wird für jede operationale Risikoart (nach Organisationseinheiten, Arbeitsabläufen getrennt) separat vorgenommen. Diese Vorgehensweise wird am folgenden Beispiel verdeutlicht.

Für das **Geschäftsfeld** xy liegen für die letzten zehn Monate die in Tabelle 5.1 aufgeführten beobachteten Verluste durch **Ausfall** von **Hardware** aus der unternehmensinternen Schadensfall-Datenbank vor:

Tab. 5.1 *Beispiel für beobachtete Verluste durch Ausfall von Hardware*

Monat:	Verluste:	Monat:	Verluste:
1	-10.000,-€	6	-20.000,-€; -10.000,-€
2	-20.000,-€	7	-20.000,-€
3	-,-	8	-,-
4	-30.000,-€	9	-20.000,-€
5	-20.000,-€; -10.000,-€	10	-10.000,-€

Mit Hilfe der in Tabelle 5.1 angegebenen Verluste aus der Schadensfall-Datenbank können jetzt zwei Verteilungen abgeleitet werden. Im ersten Schritt wird die **Verteilung der Verlustanzahl** berechnet. In zwei von 10 Monaten trat kein Verlust auf, d. h. die Häufigkeit für eine Verlustanzahl von null beträgt 20%. Analog ergibt sich für eine Verlustanzahl von eins eine Häufigkeit von 60% und mit einer Häufigkeit von 20% traten zwei Verluste ein (Monat 5 und 6).

Auf gleiche Art und Weise kann die **Verteilung der Verlusthöhen** (ohne Betrachtung der Monate 3 und 8 in denen die Verlusthöhe null beträgt) erstellt werden. Ein Verlust in Höhe von -10.000,- € trat in 4 von insgesamt 10 Fällen auf, also mit einer Häufigkeit von 40%. Ein Verlust von -20.000,-€ trat mit einer Häufigkeit von 50% und ein Schaden von -30.000,- € mit einer Frequenz von 10% auf. In Tabelle 5.2 sind die Verteilungen von Verlustanzahl und Verlusthöhe im Überblick zusammengefasst.

Aus den beiden Verteilungen kann der **erwartete Gesamtverlust** berechnet werden. Die **erwartete Verlustanzahl** in Höhe von eins (0 x 0,2 + 1 x 0,6 + 2 x 0,2) wird mit der **erwarteten Verlusthöhe** von -17.000,- € (-10.000 x 0,4 + -20.000,- € x 0,5 + -30.000,- € x 0,1) **multipliziert** und ergibt **-17.000,- €**. Dieser Wert ist für mögliche weitere Analysezwecke hilfreich.

Tab. 5.2   Verteilungen der Verlustanzahl und der Verlusthöhen für ein Beispiel des Betriebsrisikos

Verlustanzahl – Verteilung:		Verlusthöhen - Verteilung:	
Verlustanzahl:	*Häufigkeit:*	*Verlusthöhe:*	*Häufigkeit:*
0	20%	-10.000,- €	40%
1	60%	-20.000,- €	50%
2	20%	-30.000,- €	10%

Aus den Verteilungen der Verlustanzahl und der Verlusthöhe kann im nächsten Schritt die aggregierte Gesamtverlustverteilung ermittelt werden, indem

- **alle** möglichen **Kombinationen** von Verlustanzahl und Verlusthöhe gebildet werden,
- zwischen Verlustanzahl und Verlusthöhe **stochastische Unabhängigkeit** unterstellt wird und
- die beobachteten **Häufigkeiten** als geeignete **Schätzer** für die jeweilige **Eintrittswahrscheinlichkeit** benutzt werden.

In Tabelle 5.3 sind alle mögliche Kombinationen und die zugehörigen Wahrscheinlichkeiten sowie die sich daraus ergebenden Gesamtverluste mit ihrer jeweiligen Eintrittswahrscheinlichkeit im Überblick dargestellt.

Tab. 5.3   Aggregation von Verlustanzahl– und Verlusthöhen-Verteilung

Ver-lust-an-zahl:	Wkt. Verlust-anzahl:	1. Verlust-höhe:	2. Verlust-höhe:	Wkt. 1. Verlust-höhe:	Wkt. 2. Verlust-höhe:	Gesamt-verlust:	Gesamt-Wkt.:
0	20%	---	---	---	---	0,- €	20,0%
1	60%	-10.000,- €	---	40%	---	-10.000,- €	24,0%
1	60%	-20.000,- €	---	50%	---	-20.000,- €	30,0%
1	60%	-30.000,- €	---	10%	---	-30.000,- €	6,0%
2	20%	-10.000,- €	-10.000,- €	40%	40%	-20.000,- €	3,2%
2	20%	-10.000,- €	-20.000,- €	40%	50%	-30.000,- €	4,0%
2	20%	-10.000,- €	-30.000,- €	40%	10%	-40.000,- €	0,8%
2	20%	-20.000,- €	-10.000,- €	50%	40%	-30.000,- €	4,0%
2	20%	-20.000,- €	-20.000,- €	50%	50%	-40.000,- €	5,0%
2	20%	-20.000,- €	-30.000,- €	50%	10%	-50.000,- €	1,0%
2	20%	-30.000,- €	-10.000,- €	10%	40%	-40.000,- €	0,8%
2	20%	-30.000,- €	-20.000,- €	10%	50%	-50.000,- €	1,0%
2	20%	-30.000,- €	-30.000,- €	10%	10%	-60.000,- €	0,2%

Der Gesamtverlust setzt sich aus der Summe von 1. und 2. Verlusthöhe zusammen. Die zugehörige Gesamt-Wahrscheinlichkeit ergibt sich durch Multiplikation der zugehörigen Wahrscheinlichkeiten (z. B. 1. Verlust -10.000,- € + 2. Verlust -10.000,- € ergibt einen Gesamtverlust von -20.000,- € mit einer Gesamtwahrscheinlichkeit von 0,2 x 0,4 x 0,4 = 3,2%).

Das Ergebnis von Tabelle 5.3 kann jetzt übersichtlicher dargestellt werden, indem die Gesamtverluste in identischer Höhe zusammengefasst werden und die zugehörigen Wahrscheinlichkeiten addiert werden. In Tabelle 5.4 sind die zusammengefasste Gesamtverlust-Verteilung und zusätzlich die **kumulierten Wahrscheinlichkeiten** abgebildet.

Tab. 5.4 *Gesamtverlust-Verteilung und kumulierte Wahrscheinlichkeiten für ein Beispiel des Betriebsrisikos*

Gesamt-verlust:	Gesamt-Wkt.:	Kumulierte Gesamt-Wkt.:
0,00 €	20,00%	20,00%
-10.000,00 €	24,00%	44,00%
-20.000,00 €	33,20%	77,20%
-30.000,00 €	14,00%	91,20%
-40.000,00 €	6,60%	97,80%
-50.000,00 €	2,00%	99,80%
-60.000,00 €	0,20%	100,00%

Die Aggregation der Verlustanzahl- und der Verlusthöhen-Verteilung zur Gesamtverlust-Verteilung ist grafisch in Abbildung 5.2 dargestellt.

Anhand der kumulierten Wahrscheinlichkeiten der Gesamtverlust-Verteilung in Tabelle 5.4 kann abschließend der **Value at Risk** des **Betriebsrisikos** abgelesen werden. Für eine Sicherheitswahrscheinlichkeit von 97,80% beträgt der VaR **40.000,- €** und für eine Sicherheitswahrscheinlichkeit von 99,80% beläuft er sich auf **50.000,- €**. Wird der VaR für eine Sicherheitswahrscheinlichkeit von z. B. genau 99,0% benötigt, so kann der VaR mit Hilfe einer **linearen Interpolation** gemäß

$$\text{-40.000,- € + (0,99 - 0,978) / (0,998 - 0,978) x (-50.000,- € - (-)40.000,- €) = } \underline{\textbf{-46.000,- €}}$$

berechnet werden (für eine formale ausführliche Darstellung der linearen Interpolation siehe technischer Anhang Abschnitt 5.4). Die lineare Interpolation stellt zwar eine Vereinfachung der nicht linearen tatsächlichen Verteilungsfunktion dar (siehe Abbildung 5.2), dieser Schätzfehler kann aber vernachlässigt werden.

In Analogie zum Ausfallrisiko wird der Operational Value at Risk als Differenz zwischen Value at Risk und erwartetem Verlust definiert. Der erwartete Gesamtverlust wurde oben bereits mit -17.000,- € berechnet, woraus sich ein **Operational Value at Risk** von -46.000,- € - (-)17.000,- € = **-29.000,- €** ergibt. Die **Zeitperiode**, oder in Analogie zu den Marktpreisrisiken die Liquidationsperiode, entspricht dabei einem Zeitraum von **einem Monat**, da dies den Zeitperioden der beobachteten Schäden in der Schadensfalldatenbank entspricht.

Die **Aggregation** der einzelnen **Betriebsrisikoarten** und Organisationseinheiten erfolgt im zweiten Schritt auf gleiche Art und Weise. Zu diesem Zweck werden die Anzahl aller Schäden und deren jeweilige Höhe unternehmensweit ebenfalls durch Vollenumeration zusammengefasst. Mit Hilfe der so erzeugten aggregierten Verteilungsfunktion des unternehmensweiten Gesamtverlustes wird dann für die festgelegte Sicherheitswahrscheinlichkeit der zugehörige Value at Risk des Betriebsrisikos berechnet.

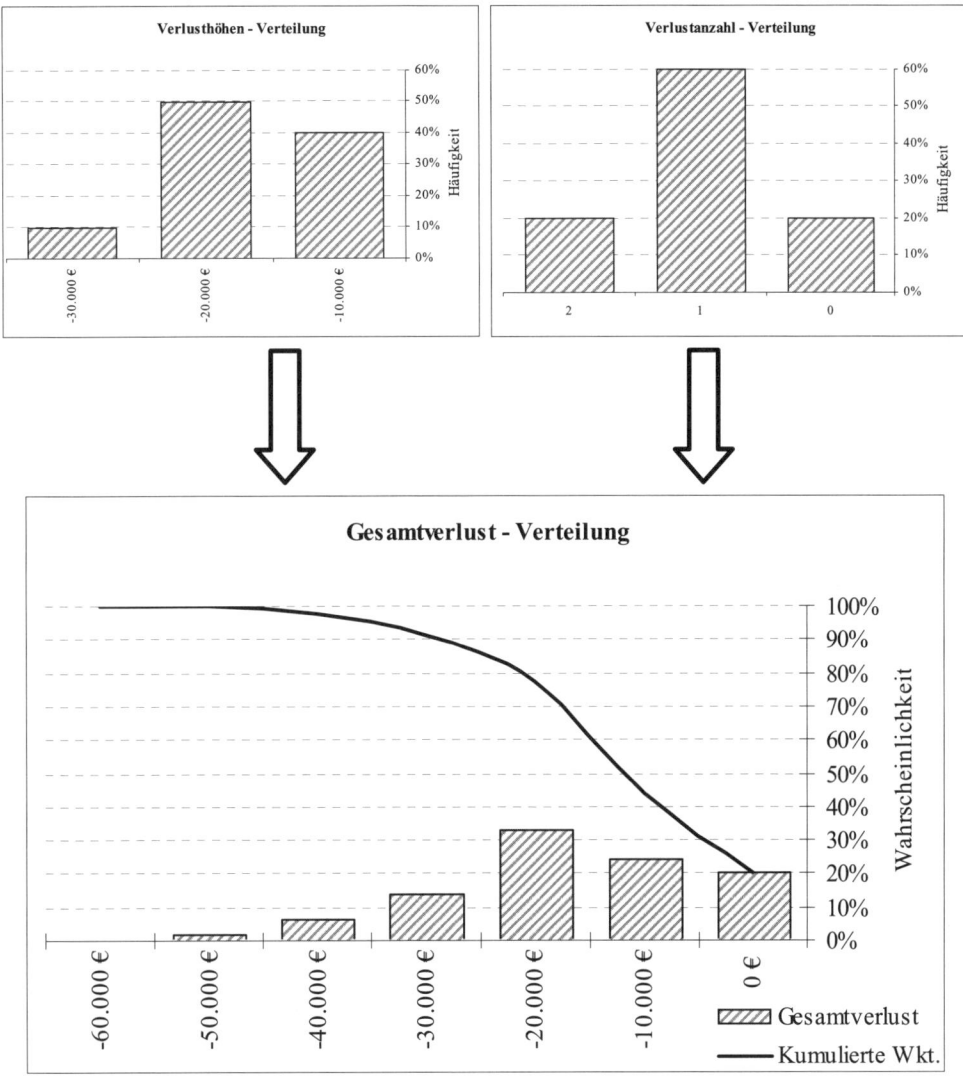

Abb. 5.2 *Erzeugung der Gesamtverlust-Verteilung für Betriebsrisiken an einem Beispiel*

Trotz der Klarheit der Vorgehensweise des geschilderten Ansatzes zur Ermittlung des Gesamtverlustes durch die Vollenumeration darf abschließend zu diesem Verfahren ein **gravierender Nachteil** nicht unerwähnt bleiben. Im obigen Beispiel wurde nur von maximal zwei Verlusten pro beobachteter Zeiteinheit (ein Monat) ausgegangen und es wurden nur drei mögliche Ausprägungen der Verlusthöhe unterstellt. Bei mehr als drei möglichen Verlusten ist die Aufstellung aller Kombinationen sehr viel aufwendiger. Für eine Anzahl von z. B. bis zu sechs Verlusten pro Zeitperiode und fünf unterschiedlichen Ausprägungen der Höhe eines

möglichen Verlustes, müssten insgesamt 19.531 Kombinationsmöglichkeiten manuell berücksichtigt werden, wodurch das Verfahren nicht mehr praktikabel wäre. Hierfür wäre dann
eine rechnergestützte Monte-Carlo-Simulation zweckmäßiger.

Nach der Messung der Betriebsrisiken durch den Operational Value at Risk auf Basis der
verschiedenen Organisationseinheiten (bzw. der Arbeitsabläufe) schließt sich die Frage an,
wie die gemessenen **Risiken analysiert** und **gesteuert** werden können.

Die **Analyse** von **Betriebsrisiken**, wie sie allgemein in Abschnitt 2.6 auf Basis des RoRaC-
Konzeptes dargestellt wurde, ist nicht möglich, da den Betriebsrisiken nicht direkt Gewinne
zugeordnet werden können. Aus diesem Grund ist eine Analyse von Betriebsrisiken nur in
einem unternehmensweiten Gesamtkontext bzw. Analyse möglich und wird dort vorgenommen (siehe Abschnitt 6.3). Im Rahmen der **Risikosteuerung** von **Betriebsrisiken** steht die
Entscheidung im Vordergrund, welche Betriebsrisiken durch interne Maßnahmen vermieden
werden sollen und wann eine Risikoüberwälzung auf Dritte (z. B. Versicherungen) stattfinden soll. Unabhängig von der Risikoanalyse können mögliche Maßnahmen zur **Risikovermeidung** und **Risikoüberwälzung** dargestellt werden. Hierfür ist es jedoch zweckmäßig, die
möglichen Maßnahmen nach ihren Ursachen und Risikoarten zu differenzieren, was in den
folgenden beiden Abschnitten vorgenommen wird.

5.1.2   Interne Betriebsrisiken

Zu den internen Betriebsrisiken können allgemein alle Risiken gezählt werden, die auf der
Geschäftabwicklung innerhalb des **Unternehmens** basieren. Der Geschäftsbetrieb wird
durch Personen, Prozesse und Systeme durchgeführt, nach denen sich die internen Betriebsrisiken weiter unterteilen lassen. Für die Risikosteuerung von internen Betriebsrisiken kommen in erster Linie aufbau- und ablauforganisatorische Maßnahmen in Frage, die das Unternehmen selbst durchführt (im Gegensatz zu externen Betriebsrisiken, siehe Abschnitt 5.1.3).
Ein bloßes Verhindern von internen Betriebsrisiken würde in der Konsequenz ein Einstellen
der Geschäfte und damit auch ein Verzicht auf Chancen bzw. Gewinne bedeuten, was nicht
Ziel der unternehmerischen Tätigkeit wäre.

Personenrisiken

> Unter den **Personenrisiken** können allgemein die Risiken durch Verluste aufgrund **men-
> schlichen Versagens** verstanden werden.

Diese Abgrenzung der Personenrisiken deckt jedoch nicht alle Personenrisiken bezüglich
ihrer Ursache ausreichend ab. Insbesondere Verluste aufgrund mangelnder Qualifikation und
Motivation können nicht unmittelbar als „Versagen" betrachtet werden. Auch Schäden durch

- ein schlechtes Betriebsklima,
- falsches Führungsverständnis,
- fehlende Kommunikation usw.

sind dem Personenrisiko zuzuordnen ohne diese jedoch als „Versagen" interpretieren zu müssen. Auch der **Ausfall** von **Personen** durch z. B. Krankheit oder Unfall ist den Personenrisiken zuzuordnen.

Zu den Maßnahmen zur Vermeidung von Personenrisiken gehören in erster Linie personelle **Schulungsmaßnahmen** und die Rekrutierung von sehr gutem Personal. Aber auch **organisatorische Maßnahme**n (z. B. das Abstimmen interner Arbeitsabläufe) oder ein Verhaltenskodex für Mitarbeiter können zur Vermeidung eingesetzt werden.

Für die **Überwälzung** von Personenrisiken stehen z. B. der (verbindliche) Abschluss von **Berufshaftpflichtversicherungen** und Versicherungen gegen internen Betrug zur Verfügung.

Prozessrisiken

Zu den Prozessrisiken gehören Schäden bzw. Verluste durch Störungen des Geschäftsablaufes, die nicht in erster Linie auf IT-Risiken und/oder Personenrisiken beruhen. Dies sind hauptsächlich Störungen des Geschäftsablaufes aufgrund

- mangelnder Kontrollen,
- unvollständiger Ablaufbeschreibungen und
- Mängel in der Ablauf- und/oder Aufbauorganisation.

Bekanntestes Beispiel in der Wirtschaftspraxis war der Fall der **Barings Bank** (Nick Leeson) für den Schaden (1,2 Mrd. US-$) aufgrund mangelnder Kontrollmechanismen in den Arbeitsabläufen. Aber auch Fehler bei der Einstellung von Nick Leeson können primär dem Personenrisiko zugeordnet werden. Dadurch wird die Problematik deutlich, dass sich die verschiedenen Betriebsrisiken nicht immer eindeutig voneinander abgrenzen lassen.

Für Prozessrisiken stehen u. a. folgende **aufbau-** und **ablauforganisatorische Maßnahmen** zur **Risikovermeidung** zur Verfügung:

- Trennung von Kontroll- und Ausführungsfunktionen,
- eindeutige Zuweisung von Aufgaben, Kompetenzen und Verantwortlichkeiten,
- formelle Grundlagen in Form von Standards und Weisungen.

Systemrisiken (IT-Risiken)

Die Begriffe Systemrisiken und IT-Risiken werden synonym verwendet. Im Folgenden wird der Begriff **Systemrisiken** benutzt, zu denen allgemein mögliche Schäden aufgrund von

- Mängeln in der **Datenverfügbarkeit** (Verlust und/oder Manipulation von Daten),
- der **Nichtverfügbarkeit** von IT-Systemen (Netzwerke, **Hardware**) und Anwendungen (**Software**) sowie
- der Nichteinhaltung **gesetzlicher Anforderungen** bezüglich der eingesetzten IT-Systeme,

beruhen. Damit sind jedoch bei weitem noch nicht alle Systemrisiken abgedeckt. Aufgrund der Vielschichtigkeit und der rasanten technischen Weiterentwicklung wird auf eine ausführlichere Darstellung verzichtet. Einige **aktuell** besonders relevante Systemrisiken seien noch kurz genannt:

- Risiken durch mangelnde Datensicherheit (Viren),
- Eingabefehler von Mitarbeitern und
- fehlende Kontroll- und Plausibilitätschecks bei größeren Datenbeständen.

Die **Steuerung** von **Systemrisiken** kann grob in folgende Bündel von Maßnahmen untergliedert werden:

- IT **Sicherheit** (Firewall, Datenverschlüsselung),
- Maßnahmen zur **Infrastruktur** der EDV (z. B. Neuinvestitionen im Hardwarebereich),
- **organisatorische** Maßnahmen (EDV-Schulungen für Mitarbeiter, Regelungen der Zugriffsberechtigungen, Verbesserung der Netzwerkstrukturen, Abschaffung von Insellösungen usw.).

5.1.3   Externe Betriebsrisiken

Die **externen Betriebsrisiken** sind dadurch gekennzeichnet, dass sie von den Unternehmen i. d. R. **nicht** direkt oder nur **gering beeinflusst** werden können. Dies äußert sich insbesondere in den Instrumenten der Risikosteuerung, bei denen die Risikoüberwälzung durch Abschluss von Versicherungen eine wesentliche größere Rolle spielt als unternehmensinterne Maßnahmen (Schulungen, organisatorische Maßnahmen etc.). Die externen Risiken können im Wesentlichen in Rechts- und Naturrisiken unterschieden werden.

Rechtsrisiken

Zu den Rechtsrisiken gehören Risiken aus der Änderung von Gesetzen (z. B. Steuergesetzänderung). Rechtsrisiken beinhalten aber auch die potenzielle Verpflichtung zur Zahlung von Bußgeldern oder Geldstrafen aufgrund privatrechtlicher Vereinbarungen. Aber auch Schadensersatzansprüche aus abgeschlossenen Verträgen (z. B. im Rahmen der Produkthaftung), Verstöße gegen rechtliche Auflagen sowie Betrug und Delikte durch Drittparteien können den Rechtsrisiken zugeordnet werden. Umweltrisiken, d. h. z. B. unerlaubte Verschmutzung von Gewässern durch das Unternehmen und daraus resultierende Bußgelder sind ebenfalls unter dem Rechtsrisiko einzugliedern.

Für die **Steuerung** von **Rechtsrisiken** gibt es drei Instrumente:

- die **eigene Rechtsabteilung,**
- **externe Rechtsberater,**
- die **Rechtsschutzversicherung.**

Welches Instrument jeweils am besten geeignet ist, hängt von den Besonderheiten des Unternehmens und der Branche ab, die an dieser Stelle nicht alle dargestellt werden können.

Grundsätzlich ist eine eigene Rechtsabteilung ab einer bestimmten Unternehmensgröße oder bei branchenspezifischen Besonderheiten (z. B. bei Banken) sinnvoll. Bei kleinen und mittelständischen Unternehmen ist häufig der Einsatz von Rechtsberatern in Kombination mit einer abgeschlossenen Rechtsschutzversicherung in Bezug auf das Kosten-Nutzen-Verhältnis geeigneter als eine eigene Rechtsabteilung. Für alle Branchen verallgemeinert werden kann dieser Zusammenhang jedoch nicht.

Naturrisiken

Zu den Naturrisiken werden z. B. die durch

- **Feuer**,
- **Unwetter**,
- **Erdbeben**,
- **Überschwemmungen** etc.

ausgelösten Schäden gezählt.

Das wichtigste Instrument zur **Steuerung** von **Naturrisiken** sind **Versicherungen**. Daneben können aber auch technische Maßnahmen zur **Risikovermeidung** wie z. B.:

- Rauchmelder,
- Wasserschutzanlagen,
- Wetterfrühwarnsysteme usw.

eingesetzt werden.

Die beschriebenen Arten von Betriebsrisiken stellen nur einen Überblick über mögliche Betriebsrisiken dar. Die Ausprägungen und Erscheinungsformen der Betriebsrisiken hängen sehr stark von den jeweiligen Branchenspezifika ab. Alle Betriebsrisiken weisen jedoch bezüglich ihrer Messung eine zentrale Gemeinsamkeit auf: Die Linksschiefe der Verlustverteilung, die dadurch entsteht, dass nur Verluste in Geldeinheiten realisiert werden können (im Gegensatz zu Marktpreisrisiken). Genau durch diese Linksschiefe unterscheiden sich die Betriebsrisiken von den Beschaffungs- und Absatzrisiken, die im folgenden Abschnitt behandelt werden.

5.2   Beschaffungs- und Absatzrisiken

Die Behandlung von Beschaffungs- und Absatzrisiken weist gegenüber dem Management von Marktpreisrisiken deutliche Unterschiede auf, die oben bereits angedeutet wurden. Die Beschaffungs- und Absatzrisiken weisen aber auch gegenüber den Betriebsrisiken bezüglich der Risikomessung wesentliche Differenzen auf. Die folgenden **Eigenschaften** von Beschaffungs- und Absatzrisiken können als besonders bedeutend betrachtet werden:

- Für Beschaffungs- und Absatzrisiken liegen i. d. R. **keine historischen** (täglichen) **Marktdaten** zur Verfügung. Die Ermittlung der Volatilität von Beschaffungs- und Absatzpreisen kann dann auf zwei Arten erfolgen. Entweder durch Schätzung auf Basis unternehmensinterner historischer Daten (z. B. aus dem Rechnungswesen) oder durch Schätzung von Experten aufgrund individueller Erfahrungswerte.

- Es liegen im Gegensatz zu Marktpreisrisiken **keine aktuellen Bewertungen** von Vermögenspositionen vor, sondern das Risiko besteht in der Abweichung zukünftiger Plan- oder Sollpreise.

- Insbesondere Absatzrisiken unterliegen einem Risiko bezogen auf **lange Zeiträume** in die Zukunft (z. B. ein bis fünf Jahre).

- Bei den Betriebsrisiken (und auch den Ausfallrisiken) wird mit dem VaR der höchstmögliche Verlust geschätzt, wobei im günstigsten Fall kein Verlust realisiert wird (wenn also kein Ausfall oder kein Betriebsschaden eintritt). Bei Betriebsrisiken kann aber **kein Gewinn** erzielt werden. Bei Absatzrisiken wird jedoch von einem **positiven erwarteten Absatz** ausgegangen und der VaR misst die mögliche negative Abweichung von diesem erwarteten Absatz.

Insbesondere die letzte Eigenschaft ist notwendig, um **Beschaffungs-** und **Absatzrisiken** von den **Betriebsrisiken abzugrenzen**, da jeweils unterschiedliche Methoden der VaR-Messung und des Instrumentariums zur Risikosteuerung zum Einsatz kommen. So wird bei Betriebs- und Ausfallrisiken eine **linksschiefe Verlustverteilung** zugrunde gelegt (siehe Abbildung 4.15). Bei Absatzrisiken kann dagegen eine **symmetrische Verteilung** um den erwarteten Absatz unterstellt werden.

5.2.1   Beschaffungsrisiken

Die Beschaffungsrisiken beziehen sich auf den Bezug der zur Leistungserstellung notwendigen (und nicht selbst erzeugten) materiellen und immateriellen Güter und Leistungen (Produktionsfaktoren). Welche Güter beschafft werden und wie deren Risiko gemessen und analysiert werden kann, ist unternehmens- und branchenspezifisch.

> Eine allgemeine Definition des **Beschaffungsrisikos** umfasst alle Verlustgefahren, die bei der Beschaffung der Produktionsfaktoren bis zu deren Einsatz in der Leistungserstellung auftreten können.

Im Rahmen dieser allgemeinen Definition des Beschaffungsrisikos wird zwischen folgenden **Arten** des **Beschaffungsrisikos** unterschieden:

- Unter dem **Bedarfsdeckungsrisiko** wird der Verlust verstanden, dass (z. B. im Rahmen der Auftragsfertigung) benötigte Produktionsfaktoren nicht verfügbar sind und dadurch Gewinne entgehen oder vom Käufer (Auftraggeber) Schadensersatzansprüche geltend gemacht werden.

- Das **Transportrisiko** umfasst alle möglichen Verluste durch den Transport der Produktionsfaktoren vom Lieferanten zum Unternehmen (Industriebetrieb). Hierzu zählen hauptsächlich der Untergang und die Beschädigung der Produktionsfaktoren.

- Gehen die beschafften Produktionsfaktoren im Lager unter oder werden beschädigt, so wird dies dem **Lagerrisiko** zugeordnet.
- Als **Lieferrisiko** wird das Risiko bezeichnet, welches durch einen Ausfall der Lieferung (Lieferausfallrisiko), eine mangelhafte Lieferung (Liefermängelrisiko) oder einen unerwarteten erhöhten Preis (Lieferpreisrisiko), entsteht.

Diese allgemeine Definition und Untergliederung des Beschaffungsrisikos weist den Nachteil auf, dass keine Differenzierung bezüglich der Anwendung des VaR-Konzeptes und des Einsatzes von Instrumenten der Risikosteuerung vorgenommen wird. Wie oben bereits dargelegt, wird daher im Folgenden nur das **Lieferpreisrisiko** im Rahmen des **Beschaffungsrisikos** behandelt, da hierfür das VaR-Konzept im Sinne einer symmetrischen Verteilung um einen erwarteten Lieferpreis angewendet werden kann. Die anderen Arten des Beschaffungsrisikos werden dem Betriebsrisiko zugeordnet, da eine linksschiefe Verlustverteilung zugrunde gelegt werden muss. So kann z. B. bezüglich des Transportrisikos nur ein Schaden eintreten aber kein Gewinn oder sonstiger Vorteil. Beim Lieferpreisrisiko kann dagegen ein Vorteil (Gewinn) entstehen, wenn Produktionsfaktoren zu einem günstigeren Preis erworben werden können, als erwartet worden war (z. B. bei sinkenden Rohstoffpreisen).

Für die Anwendung des VaR-Konzeptes auf das Lieferpreisrisiko ist es zunächst notwendig, die verschiedenen **Arten** der zu beschaffenden **Produktionsfaktoren** zu unterscheiden. Eine derartige Unterscheidung ist stark unternehmens- und branchenabhängig. Eine grobe Unterscheidung kann in folgende Kategorien vorgenommen werden:

- **Rohstoffe** und **Massengüter** (z. B. Rohöl, Edelmetalle, Getreide usw.) die **täglich** an **Warenbörsen** gehandelt werden. Für diese Produktionsfaktoren können problemlos aus historischen Daten die zugehörige Standardabweichung berechnet werden (bei Unterstellung der Normalverteilung). Mit Hilfe der Standardnormalverteilung kann somit das VaR-Konzept analog zu den Marktpreisrisiken auf **Rohstoff- und Warenpreisrisiken** problemlos angewendet werden.
- Für **Rohstoffe** und **Waren**, die **nicht** an **Börsen täglich gehandelt** werden, muss die Standardabweichung aufgrund von unternehmensinternen historischen Beschaffungspreisen oder auf Basis von Expertenbefragungen geschätzt werden.
- Die Beschaffung von **Investitionsgütern** (Maschinen, Gebäude etc.) unterliegt einem Beschaffungsrisiko, wenn der Anschaffungspreis nicht feststeht. Da dies nur für spezielle Güter in Abhängigkeit von bestimmten Branchen vorstellbar ist, wird dieses Risiko im Folgenden vernachlässigt und ein feststehender Anschaffungspreis unterstellt. Aufgrund der Langfristigkeit von Investitionsgütern kann auch das Risiko eines schwankenden Anschaffungspreises für zukünftige Investitionen vernachlässigt werden. So fällt eine zukünftige Investition in z. B. 10 Jahren nicht in die Betrachtung einer unternehmensweiten Risikodarstellung, die für einen Planungshorizont von fünf Jahren erstellt wird (siehe Abschnitt 6.3).
- Für **Handelsunternehmen** besteht das Lieferpreisrisiko in der Beschaffung von **Fertigwaren**. Bezüglich der Schätzung der Standardabweichung gilt das Gleiche wie für Rohstoff- und Warenpreise.
- Eine weitere wichtige Kategorie ist die **Personalbeschaffung**. Das Risiko liegt in der unerwarteten Erhöhung von zukünftigen Löhnen und Gehältern für das zur Produktion

benötigte Personal. Die zukünftige Lohnentwicklung ist von zahlreichen Faktoren, wie z. B. der Inflationsrate, der gesamtwirtschaftlichen Entwicklung, der Bevölkerungsentwicklung usw. abhängig. An dieser Stelle kann nur eine Schätzung der Standardabweichung durch Experten erfolgen, in dem die genannten Einflussgrößen berücksichtigt werden. Dies erfordert jedoch eine sehr personalspezifische und komplexe Betrachtungsweise, die nicht weiter vertieft wird.

Die Rohstoff- und Warenpreisrisiken für Güter, die täglich an Börsen gehandelt werden, werden in der Literatur unter dem Begriff **Güterpreisrisiken** zusammengefasst, der auch hier verwendet wird. Preisrisiken von Gütern, die täglich an der Börse gehandelt werden, werden häufig auch innerhalb der **Marktpreisrisiken** eingeordnet und behandelt. Dies erscheint sinnvoll und plausibel, da für die Risikomessung die gleichen Methoden wie z. B. für Aktienkursrisiken angewendet werden können. Auch sind die Instrumente zur Risikosteuerung, insbesondere die Termingeschäfte, sehr ähnlich. Dennoch werden in diesem Buch aus folgenden Gründen sämtliche Güterpreisrisiken (börsengehandelt und nicht börsengehandelt) den **leistungswirtschaftlichen Risiken** zugeordnet:

- Für viele Unternehmen steht die Beschaffung von Gütern, die nicht an Börsen täglich gehandelt werden, im Vordergrund. Für derartige Güter können die **Methoden** für **Marktpreisrisiken nicht** eins zu eins **übertragen** werden.
- Für eine unternehmensweite Darstellung steht bei Güterpreisrisiken der Charakter der **physischen Beschaffung** von Rohstoffen und Waren im **Vordergrund**, da die Beschaffung Voraussetzung für die Produktion ist.
- Im Rahmen einer **unternehmensweiten Risikomessung**- und Steuerung ist die Zuordnung der Beschaffungsrisiken zusammen mit den Absatzrisiken zum **Cash Flow at Risk** notwendig (siehe Abschnitt 5.2.3 und 6.3).
- Die Anwendung des VaR-Konzeptes auf Beschaffungsrisiken erfolgt nicht für bestehende Vermögenspositionen deren Wert sinken könnte, sondern für das Risiko, dass zukünftig zu beschaffende **Güter teurer** werden könnten.

Das Güterpreisrisiko kann allgemein wie folgt definiert werden:

Das **Güterpreisrisiko** ist die negative Abweichung von einer geplanten Zielgröße (Vermögen, Gewinn) durch das operative Geschäft aufgrund unsicherer zukünftiger Entwicklungen der Beschaffungspreise.

Güterpreisrisiken bilden die **zentrale Ursache** für das **unternehmerische Risiko** aufgrund unsicherer zukünftiger Cash Flows (siehe Abschnitt 5.2.3) und längerer Prognosezeiträume (die Beschaffung, Produktion und Leistungsverwertung bilden bei Industrieunternehmen im Gegensatz zu Banken die Hauptrisikoquelle; bei Banken sind dies die Finanzpositionen).

Die zukünftigen **Güterpreisänderungen** und die damit verbundenen Kosten hängen eng mit **zukünftigen Wechselkursen** und den Verkaufserlösen zusammen. So führt z. B. ein steigender US-$/€ Wechselkurs (Euro-Aufwertung) zu günstigeren Importpreisen von z. B. Rohöl. Gleichzeitig verschlechtern sich jedoch die Exportmöglichkeiten (siehe Abschnitt 4.1.2). Die Berücksichtigung des Wechselkursrisikos wird vom Beschaffungsrisiko getrennt durchgeführt und erst in der unternehmensweiten Risikoaggregation wieder zusammen geführt (siehe Abschnitt 6.3).

Gestiegene Beschaffungspreise beeinflussen ebenfalls negativ die **Gewinnmarge** (sofern gestiegene Beschaffungspreise nicht eins zu eins in den Verkaufspreisen weitergegeben werden können). Dennoch erfolgt zunächst eine für Beschaffungsrisiken getrennte Risikomessung auf Basis des VaR-Konzeptes, die dann später im Cash Flow at Risk wieder zusammengeführt wird.

Dieses Vorgehen der Risikomessung auf disaggregierter Basis und späteren unternehmensweiten Aggregation weist gegenüber anderen in der Literatur häufig vorgeschlagenen Konzepten (auf Basis der Monte-Carlo-Simulation) einen **wesentlichen Vorteil** auf. Die Ergebnisse einer aggregierten Risikomessung bzw. Risikoanalyse können dann bezüglich ihrer Entstehung analysiert werden und entsprechende Steuerungsmaßnahmen eingeleitet werden. So können mit Hilfe der einzelnen VaR von Betriebs-, Beschaffungs- und Absatzrisiken die jeweiligen **Risikobeiträge** am gesamten **unternehmensweiten VaR** dargestellt werden. Dadurch ist eine gezielte Risikosteuerung für die einzelnen verursachenden Risikoträger in Abhängigkeit von deren Anteil am Gesamtrisiko möglich. Dieser Ansatz entspricht dem bereits beim Betriebsrisiko angewendeten **Bottom-Up-Ansatz**. Werden dagegen die einzelnen Risikoarten ohne Berechnung der einzelnen VaR zu einem Gesamtrisiko durch eine Simulation erfasst und nur der VaR des Gesamtrisikos ermittelt, so ist eine quantitative Analyse der Risiko verursachenden Stellen nicht möglich. Die Analysemöglichkeiten des Gesamtrisikos auf Basis des Bottom-Up-Ansatzes werden im 6. Kapitel ausführlich dargestellt.

Die grundsätzliche Anwendung des VaR-Konzeptes auf Beschaffungsrisiken wird am Beispiel der **Beschaffung** von **Rohöl** für ein Industrieunternehmen verdeutlicht.

Zu diesem Zweck wird angenommen, dass ein Unternehmen monatlich den **Kauf von 1000 Barrel Rohöl** plant. Weiterhin muss ein **erwarteter Beschaffungspreis** festgelegt werden (der bei den Marktpreisrisiken der aktuellen Bewertung der Vermögensposition entspricht). Hierfür sind zwei Ansätze denkbar. Einerseits kann der aktuelle Rohölpreis als zukünftiger Preis verwendet werden. Andererseits sind zukünftige Planwerte auf Basis von unternehmensinternen Prognosen denkbar. Letztere sind jedoch mit einer Ungenauigkeit behaftet und auch schwieriger ermittelbar. Die Verwendung aktueller Preise als Planwerte bietet auch den Vorteil, dass diese eine plausible Grundlage für eine kostenorientierte Preisfindung der produzierten und abzusetzenden Güter darstellt. Am 2.1.2006 betrug der Preis für ein Barrel Rohöl (Europe Brent Spot Price FOB Dollars per Barrel) 58,34,- US-$. Bei einem Wechselkurs von 1,1826 US-$/€ am 2.1.2006 entspricht dies 49,33 € pro Barrel. Daraus ergibt sich eine **Risikoposition** in Höhe von 1000 x 49,33 € = **49.330,- €**.

Zur Berechnung des VaR wird weiterhin die Standardabweichung der historischen Rohölpreise benötigt. Hierfür wird als Beobachtungszeitraum in Analogie zur Berechnung der Marktpreisrisiken der Zeitraum vom 3.1.2005 bis 30.12.2005 gewählt. Dabei werden die Rohölpreise auf US-$ Basis zum Wechselkurs des jeweiligen Handelstages in Euro umgerechnet und die täglichen relativen Preisänderungen für die Rohölpreise auf Euro-Basis berechnet (dies ist notwendig, da die VaR-Berechnung auf Euro-Basis erfolgt; siehe hierzu Abschnitt 4.1.2). Die **Standardabweichung** der **täglichen relativen Preisänderungen** des

Rohöls beträgt für diesen Zeitraum $s_{Öl}$ = 2,0% und für die erwartete (mittlere) tägliche Preisänderung wird vereinfachend ein Wert von $r_{Öl}$ = 0% unterstellt (zu dieser Vereinfachung siehe auch Abschnitt 2.3.1).

Die Berechnung des VaR erfolgt analog zu den Berechnungen für Marktpreisrisiken (siehe Abschnitt 2.3.1 und 2.3.2) jedoch mit einem wesentlichen **Unterschied**. Als Verlust wird bei Marktpreisrisiken eine Senkung des Marktpreises angesehen. Bei Beschaffungsrisiken bewirkt dagegen eine Preiserhöhung einen Verlust bzw. stellt sie ein Risiko dar.

Dieser Zusammenhang und die zugehörigen Verteilungswerte für eine **Sicherheitswahrscheinlichkeit** von **99%** der **idealisierten Dichtefunktion** sind in Abbildung 5.3 grafisch dargestellt.

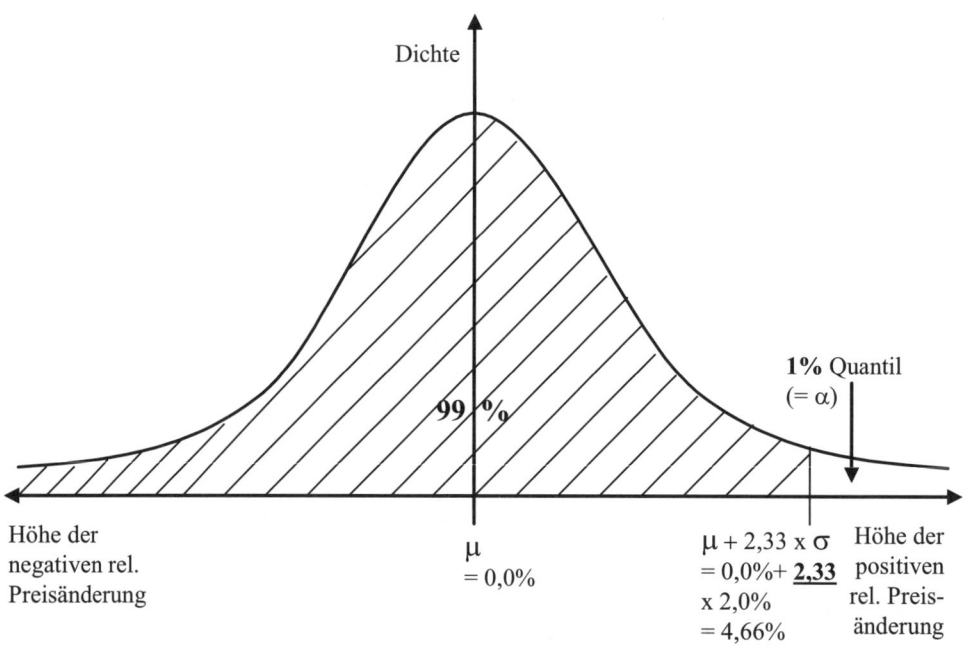

Abb. 5.3 *Dichtefunktion und 1%-Quantil für das Beschaffungsrisiko von Rohöl*

Wird die **Liquidationsperiode** (im Sinne einer Planungsperiode) wegen der monatlichen Beschaffungsintervalle auf **20 Börsentage** festgelegt, so kann der VaR für das Beschaffungsrisiko von Rohöl gemäß

Risikoposition:	x Vola.:	x Liquidationsperiode:	x Sicherheitswkt.:	=**VaR**:
49.330,- €	*x 2,0%*	*x* $\sqrt{20}$	*x 2,33*	=**10.280,45 €**

berechnet werden. Dieser VaR ist wie folgt zu **interpretieren**:

Ein VaR von 10.280,45 € bedeutet, dass in den nächsten 20 Börsentagen mit einer Wahrscheinlichkeit von 99% der erwartete Verlust (bzw. erhöhte Kosten) durch Preiserhöhungen für die Beschaffung von Rohöl kleiner gleich 10.280,45 € sein wird. Anders ausgedrückt: Eine Kostenerhöhung von über 10.280,45 € durch Preiserhöhungen für die Rohölbeschaffung wird in den nächsten 20 Börsentagen nur mit einer Wahrscheinlichkeit von 1% eintreten.

Auf diese Art und Weise kann analog der **VaR** auch für die **anderen Formen** des **Beschaffungsrisikos** berechnet werden. Voraussetzung hierfür ist die Ermittlung (Schätzung oder Berechnung aus Vergangenheitsdaten) der Standardabweichung unter der Annahme einer Normalverteilung, sowie die Bestimmbarkeit der Risikoposition.

Für die **Steuerung** von **Beschaffungsrisiken** stehen hauptsächlich zwei Instrumente zur Verfügung:

- Für die Absicherung von Rohstoff- und Warenpreisen die an einer Börse gehandelt werden, stehen i. d. R. **Warenterminkontrakte** zur Verfügung. So kann ein Unternehmen heute eine bestimmte Menge eines Rohstoffes zu einem bestimmten Termin und einem festgelegten Preis in der Zukunft kaufen und ist damit gegen Preiserhöhungen in der Zukunft abgesichert. Die Funktionsweise und Auswirkungen der Risikosteuerung mit Warentermingeschäften erfolgen wie bei Devisentermingeschäften (siehe Abschnitt 4.1.2).
- Die Absicherung bzw. Festschreibung von Beschaffungspreisen für nicht an der Börse gehandelte Güter kann durch langfristige **Lieferantenverträge** erfolgen. Es sollte jedoch berücksichtigt werden, dass der Lieferant i. d. R. langfristige Preiszusagen nur mit entsprechenden Preisaufschlägen gewähren wird. In diesem Fall ist wieder das Gewinn-Risiko-Verhältnis zu analysieren. Mit anderen Worten: Lohnt sich die durch Lieferantenverträge erzielte Risikoreduzierung im Verhältnis zu den erhöhten Beschaffungspreisen (die einem verminderten Gewinn entsprechen)?

Die Berücksichtigung der Beschaffungsrisiken muss im nächsten Schritt mit den Absatzrisiken zusammengeführt werden. Zu diesem Zweck werden zunächst die erforderlichen Grundlagen zur **Berücksichtigung** des **Absatzrisikos** dargestellt. Die Vorgehensweise entspricht dabei den obigen Methoden für das Beschaffungsrisiko.

5.2.2   Absatzrisiken

Die Absatzrisiken beziehen sich auf die Veräußerung der vom Unternehmen erstellten Produkte oder Dienstleistungen. Ähnlich wie das Beschaffungsrisiko setzt sich auch das Absatzrisiko aus verschiedenen Komponenten zusammen und ist wie die Beschaffungsrisiken stark unternehmens- und branchenabhängig.

> Eine allgemeine Definition des **Absatzrisikos** umfasst alle Verlustgefahren, die bei der Veräußerung der Produkte bzw. nach deren Erstellung auftreten können.

Im Rahmen dieser allgemeinen Definition des Absatzrisikos wird zwischen folgenden **Arten des Absatzrisikos** unterschieden:

- Unter dem **Erfüllungsrisiko** wird der Verlust verstanden, wenn vertraglich zugesicherte Produkte nicht produziert bzw. geliefert werden können.
- Das **Lagerrisiko** umfasst alle möglichen Verluste, wenn die erstellten Produkte im Verkaufslager untergehen oder beschädigt werden.
- Wenn die Produkte beim Transport zum Kunden untergehen oder beschädigt werden, wird vom **Transportrisiko** gesprochen.
- Das **Abnahmerisiko** tritt ein, wenn der Kunde seine Pflichten nicht erfüllt (z. B. gar nicht oder zu spät bezahlt = Zahlungsrisiko) bzw. die gekauften Produkte nicht abnimmt.
- Hauptbestandteil des Absatzrisikos bildet das **Verkaufsrisiko**, welches eintritt, wenn die Produkte nicht abgesetzt werden können. Das Verkaufsrisiko kann weiter unterteilt werden, wenn keine Käufer gefunden werden (Verkaufsausfallrisiko) oder die Produkte nicht zu dem geplanten Preis abgesetzt werden können (Verkaufspreisrisiko). Können die Produkte nicht im Umfang der geplanten Menge abgesetzt werden, so wird vom Verkaufsmengenrisiko gesprochen.

Analog zum Beschaffungsrisiko ist es für die Anwendung des VaR –Konzeptes erforderlich, die verschiedenen Arten des Absatzrisikos eindeutig zuzuordnen. Das Erfüllungsrisiko, das Lagerrisiko, das Transportrisiko und das Abnahmerisiko gehören zu den **Betriebsrisiken**. Das Zahlungsrisiko als eine Unterform des Abnahmerisikos ist dem **Liquiditätsrisiko** zuzuordnen (siehe Abschnitt 4.3). Das Zahlungsrisiko stellt ein **Ausfallrisiko** dar, wenn die Produkte auf Ziel verkauft werden und der Kunde gar nicht bezahlt (siehe Abschnitt 4.2).

Das **Verkaufsrisiko** stellt somit den Kern des Absatzrisikos dar, auf den das VaR-Konzept anzuwenden ist. Das Verkaufsrisiko setzt sich aus einem Verkaufsmengenrisiko und einem Verkaufspreisrisiko zusammen. Den **Risikofaktor** des Verkaufsrisikos stellen daher die **Umsatzerlöse** dar. Die Umsatzerlöse sind definiert als Preis pro Stück mal Verkaufsmenge. Dadurch werden beide Komponenten des Verkaufsrisikos durch den Risikofaktor Umsatzerlöse zusammengeführt. Die Umsatzerlöse stellen für die meisten Unternehmen den zentralen Erfolgsfaktor dar. Der Anwendung des VaR-Konzeptes auf die Umsatzerlöse kommt also eine besondere Bedeutung zu. Daher werden im Folgenden unterschiedliche Ansätze zur Behandlung der Umsatzerlöse und deren Besonderheiten dargestellt.

Die **Anwendung** des **VaR-Konzeptes** auf den Risikofaktor **Umsatzerlöse** ist nicht ohne weiteres möglich. Der VaR sollte nicht direkt auf den Risikofaktor Umsatzerlöse bezogen werden, sondern müsste in seine beiden Komponenten Preis und Absatzmenge zerlegt werden, da beide Komponenten risikotechnisch unterschiedliche Auswirkungen auf die aggregierte Größe Umsatzerlöse haben können. Für die Anwendung des VaR-Konzeptes auf Umsatzerlöse bzw. Preis und Absatzmenge ergeben sich folgende **Besonderheiten**:

- Die **VaR-Berechnung** für die Absatzmenge ist nicht möglich, da der VaR in Geldeinheiten definiert ist und **nicht** für eine **Mengenangabe**.
- Der Zusammenhang zwischen Preis und Menge muss berücksichtigt werden können. Dies geschieht normalerweise in Form einer **Preis-Absatz-Funktion**. Die Einbindung einer solchen Preis-Absatz (Mengen)-Funktion in das VaR-Konzept ist jedoch technisch

nicht ohne weiters möglich (zumal eine solche Funktion auch nur schwierig zu ermitteln bzw. zu schätzen ist).

- Während die Absatzmenge unter anderem von exogenen Faktoren, wie z. B. dem Konsumentenverhalten abhängt, wird der Preis durch das Unternehmen selbst festgelegt. Für Preis und Absatzmenge müssten daher **unterschiedliche Eigenschaften** der **Verteilungen** berücksichtigt werden können.

Für die Berücksichtigung dieser Besonderheiten von Umsatzerlösen können im Rahmen des VaR-Konzeptes unterschiedliche Methoden und Prämissen angewendet werden. Die Methoden können in zwei Gruppen unterschieden werden. Die eine Gruppe bilden die **Simulationsverfahren** und die andere Kategorie bilden die **analytischen Methoden**.

Ein in der Literatur häufig angewendeter Ansatz ist die **Monte-Carlo-Simulation** Im ersten Schritt werden für Preis und Absatzmenge diskrete Wahrscheinlichkeitsverteilungen geschätzt. Als nächstes werden gleich verteilte Zufallszahlen im Intervall von null bis eins erzeugt. Diese Zufallszahlen werden dann an der Verteilungsfunktion der zugrunde gelegten Wahrscheinlichkeitsverteilung gespiegelt.

Wird z. B. als Wahrscheinlichkeitsverteilung der Absatzmenge ein Absatz von 1.000 Stück und ein Absatz von 2.000 Stück mit jeweils einer Wahrscheinlichkeit von 50% angenommen, so wird für eine Zufallszahl zwischen 0 und 0,5 ein Absatz von 1.000 Stück und für Zufallszahlen von zwischen 0,5 und 1 ein Absatz von 2.000 Stück angesetzt. Gleiches wird für den Preis vorgenommen (z. B. 50% Wahrscheinlichkeit für einen Preis von 30,- € bzw. 40,- €). Daraus wird für jedes erzeugte Paar von Zufallszahlen durch Multiplikation des zugeordneten Preises mit der zugehörigen Absatzmenge der Umsatzerlös berechnet. Jede erzeugte Kombination von Absatzmenge und Preis wird als **Szenario** bezeichnet. In Tabelle 5.5 ist die Vorgehensweise für 5 Szenarien beispielhaft dargestellt.

Tab. 5.5   Monte-Carlo-Simulation der Umsatzerlöse

Szenario:	Zufallszahl Absatzmenge:	Zugeordneter Absatz:	Zufallszahl Preis:	Zugeordneter Preis:	Umsatzerlös:
1	0,3	1.000	0,6	40,- €	40.000,- €
2	0,2	1.000	0,8	40,- €	40.000,- €
3	0,9	2.000	0,4	30,- €	60.000,- €
4	0,7	2.000	0,3	30,-€	60.000,- €
5	0,4	1.000	0,2	30,- €	30.000,- €

Anhand der simulierten Verteilung der Umsatzerlöse kann die Verteilungsfunktion der Umsatzerlöse bestimmt werden. Ein Umsatzerlös von 30.000,- € wird mit einer Wahrscheinlichkeit von 20% eintreten, ein Umsatz von 40.000,- € bzw. 60.000,- € mit jeweils 40%. Für die **Verteilungsfunktion** ergibt sich daraus, dass ein Umsatzerlös von mindestens 30.000,- € mit einer Wahrscheinlichkeit von 100% erzielt wird. Ein Umsatzerlös von mindestens 40.000,- € wird mit einer Wahrscheinlichkeit von 80% und ein Erlös von mindestens 60.000,- € mit 40% Wahrscheinlichkeit eintreten. Mit Hilfe der linearen Interpolation (siehe Abschnitt 5.4) kann daraus für die geforderte Sicherheitswahrscheinlichkeit der zugehörige VaR der Umsatzerlöse berechnet werden. Für eine Sicherheitswahrscheinlichkeit von z. B. 90% ergibt sich aus der Verteilungsfunktion ein Wert von 35.000,- €. Zur Berechnung des VaR wird noch ein geplanter (erwarteter) Umsatzerlös benötigt. Der erwartete Umsatzerlös für die erzeugte Verteilung beträgt 46.000,- € (30.000 x 0,2 + 40.000 x 0,4 + 60.000 x 0,4). Aus der Differenz ergibt sich ein **VaR** der **Umsatzerlöse** von **11.000,- €** (46.000,- € - 35.000,- €). Mit einer Wahrscheinlichkeit von 90% wird also der Verlust gegenüber dem erwarteten Umsatz nicht größer sein als 11.000,- €.

Diese Vorgehensweise besitzt folgende **Vorteile** bzw. Eigenschaften:

- Die Methodik erscheint plausibel und einfach nachvollziehbar.
- Es können beliebig viele Faktoren und unterschiedliche Verteilungen berücksichtigt werden.
- Im Gegensatz zur Vollenumeration, die bei der Messung der Betriebsrisiken zur Anwendung kommt (siehe Abschnitt 5.1.1), können auch mehrere Einflussgrößen mit zahlreichen Ausprägungsmöglichkeiten berücksichtigt werden. Im obigen Beispiel wäre jedoch wegen der wenigen Einflussgrößen (Preis, Menge) und der geringen Ausprägungen (jeweils zwei) die Vollenumeration sehr viel genauer.

Diesen Vorteilen stehen jedoch gravierende **Nachteile** gegenüber:

- Die Erzeugung der Verteilung der Umsatzerlöse erfordert für eine hinreichende Genauigkeit eine Erzeugung ausreichend vieler Szenarien (z. B. 20.000), wodurch der **Rechenaufwand** sich stark **erhöht**.
- Die **Veränderung** der **Liquidationsperiode** mit Hilfe der Wurzelfunktion (z. B. für die Hochrechnung von einem Monat auf ein Jahr) ist nicht möglich. Für das obige Beispiel kann nur eine Liquidationsperiode im Voraus festgelegt werden, für die dann die Simulation erfolgt.
- Die **Korrelation** zwischen den beiden erzeugten Zufallszahlen für alle Szenarien ist **zufällig**. Eine explizite Korrelation von z. B. -0,5 kann mit der oben beschriebenen Vorgehensweise nicht abgebildet werden (für eine mögliche Berücksichtigung von Korrelationen bei der Simulation von Zeitreihen siehe die Literaturhinweise in Abschnitt 5.3).
- Der entscheidende Nachteil besteht im Ansatz der Simulation selbst. So werden bei unterschiedlichen Simulationen und durch den Einsatz unterschiedlicher Zufallszahlengeneratoren auch unterschiedliche Verteilungen der Umsatzerlöse und damit **unterschiedliche VaR** erzeugt. Damit ist eine Vergleichbarkeit nicht mehr gewährleistet. So hängt z. B. die Höhe des VaR von der verwendeten Software (z. B. EXCEL) ab. Die Transparenz und Genauigkeit ist dadurch stark eingeschränkt.

Werden die Nachteile und Vorteile einer Monte-Carlo-Simulation zusammenfassend gegenübergestellt, so kann daraus folgende Schlussfolgerung für den **Methodeneinsatz** abgeleitet werden. Die Monte-Carlo-Simulation sollte nur eingesetzt werden, wenn eine analytische Berechnung definitiv nicht möglich ist. Ansonsten sind analytische Methoden der Simulation bezüglich Vergleichbarkeit, Transparenz und insbesondere der Genauigkeit deutlich überlegen. Aus diesem Grund werden nun die analytischen Lösungsansätze dargestellt.

Im Rahmen von möglichen analytischen Methoden zur Berechnung des VaR der Umsatzerlöse können verschiedene Annahmen bezüglich der Verteilung von Preis und Umsatzmenge zugrunde gelegt werden. Welche der folgenden Annahmen verwendet wird, ist unternehmens- und branchenabhängig.

Wird für **Preis** und **Absatzmenge** eine **Normalverteilung** unterstellt, sowie zwischen Preis und Menge eine modellhafte **Unabhängigkeit** angenommen (d. h. eine Korrelation von null), so kann der Erwartungswert der Umsatzerlöse durch Multiplikation des Erwartungswertes des Preises mit dem Erwartungswert der Menge bestimmt werden. Im obigen Beispiel beträgt der Erwartungswert des Preises

$r_P = 30,- € \times 0,5 + 40,- € \times 0,5 = \underline{\mathbf{35,- €}}$ und die Varianz

$s^2_P = (30 - 35)^2 \times 0,5 + (40 - 35)^2 \times 0,5 = \underline{\mathbf{25}}$ bzw. die zugehörige Standardabweichung

$s_P = \underline{\mathbf{5,- €}}$.

Analog ergibt sich für die Menge $r_M = \underline{\mathbf{1.500\ Stück}}$ und $s^2_M = \underline{\mathbf{250.000}}$ bzw. eine Standardabweichung von $s_M = \underline{\mathbf{500\ Stück}}$. Daraus ergibt sich ein Erwartungswert der Umsatzerlöse von $r_{MxP} = \underline{\mathbf{52.500,- €}}$ (im Gegensatz zu 46.000,- € bei der Monte-Carlo-Simulation). Die Berechnung der Varianz der Umsatzerlöse erfolgt gemäß

$$s^2_{MxP} = r_P^2 \times s^2_M + r_M^2 \times s^2_P + s^2_M \times s^2_P$$
$$= 35,-^2 \times 250.000 + 1.500^2 \times 25 + 250.000 \times 25 = \underline{\mathbf{368.750.000}}$$

bzw. für die Standardabweichung der Umsatzerlöse $s_{MxP} = \underline{\mathbf{19.202,86\ €}}$.

Für die Berechnung des VaR muss noch die **Liquidationsperiode** und die **Sicherheitswahrscheinlichkeit** festgelegt werden. Für die Liquidationsperiode wird angenommen, dass die Schätzung der Verteilung auf monatlichen Angaben basiert. Wird der VaR für eine Liquidationsperiode von auch einem Monat berechnet, so ist eine Korrektur des VaR durch die Wurzel der Liquidationsperiode nicht nötig (bzw. eins). Für die Sicherheitswahrscheinlichkeit wird aus Gründen der Vergleichbarkeit mit dem Beispiel für die Monte-Carlo-Simulation ein Wert von 90% festgelegt. Wird vereinfachend unterstellt, dass die Umsatzerlöse wiederum normalverteilt sind (was statistisch nur approximativ gilt) ergibt sich ein Wert von 1,28 Standardabweichungen (Quantil). Da keine prozentualen Änderungen ermittelt werden sondern die Verteilung der Umsatzerlöse in Euro berechnet wird, kann der VaR der Umsatzerlöse dann einfach gemäß

VaR (Umsatzerlöse) = Volatilität   x   Sicherheitswkt.
$$= 19.202,86\ € \quad x \quad 1,28 \qquad = \underline{\mathbf{24.579,66\ €}}$$

berechnet werden. Dieser Zusammenhang ist in Abbildung 5.4 grafisch in Form der idealisierten Dichtefunktion dargestellt.

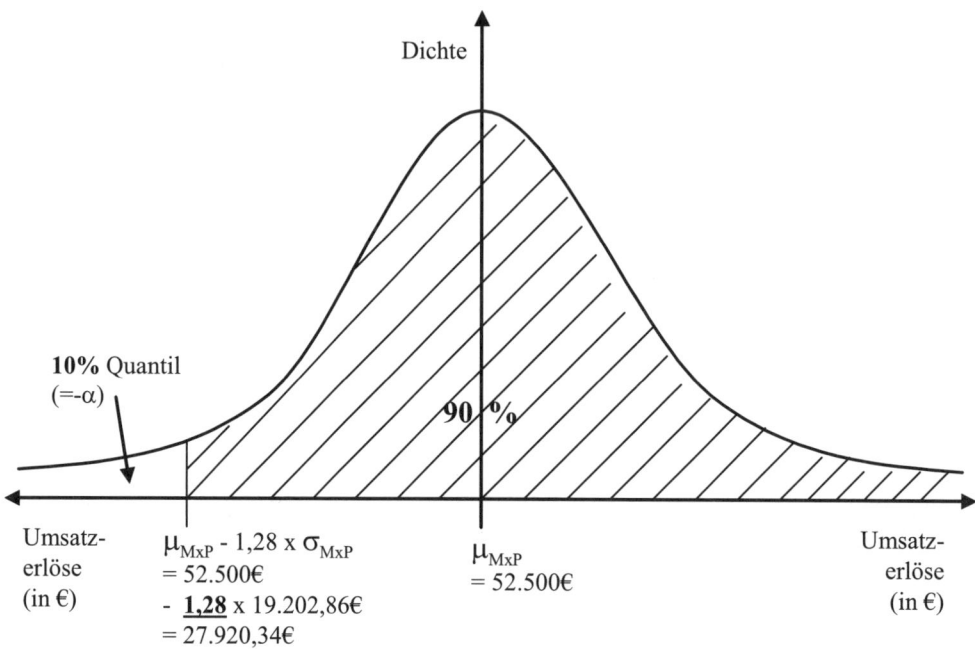

Abb. 5.4   Dichtefunktion und 10%-Quantil für das Absatzrisiko in Form der Umsatzerlöse

Mit einer Wahrscheinlichkeit von 90% wird also der Verlust durch einen verminderten Umsatz in einem Monat höchstens 24.579,66 € betragen. Oder anders ausgedrückt: Mit einer Wahrscheinlichkeit von 90% werden die Umsatzerlöse nicht geringer sein als 27.920,34 € (siehe Abbildung 5.4).

Die Annahme der Unabhängigkeit zwischen Preis und Absatzmenge bildet für viele Unternehmen nicht die betriebswirtschaftliche Realität ab. Ein möglicher **Zusammenhang** zwischen **Preis** und **Menge** kann durch eine Schätzung der Korrelation berücksichtigt werden. Führt z. B. eine Preissenkung zu einer genau proportionalen Erhöhung der Absatzmenge (und umgekehrt eine Preiserhöhung zu einem Absatzrückgang), so kann dies durch eine **Korrelationskoeffizienten** von **minus eins** berücksichtigt werden. Führt dagegen eine Preissenkung nur zu einer tendenziell proportionalen Erhöhung der Absatzmenge, so könnte dies z. B. durch einen Korrelationskoeffizienten von –0,5 abgeschätzt werden. Für das Beispiel sei zu diesem Zweck eine Korrelation von -1 angenommen. Der Erwartungswert der Umsatzerlöse ergibt sich dann durch Multiplikation der einzelnen Erwartungswerte plus der Kovarianz zwischen Preis und Menge. Im nächsten Schritt muss folglich die Korrelation in die zugehörige Kovarianz umgerechnet werden. Dies erfolgt mit Hilfe der einzelnen Varianzen bzw. Standardabweichungen wie folgt (für ein Beispiel siehe Abschnitt 2.3.3 und für die formale Darstellung siehe 2.8):

Kovarianz (Preis, Menge) = Korrelation x s_P x s_M = -1 x 5 € x 500 St. = **-2.500,- €**.

Daraus ergibt sich ein **verminderter Erwartungswert** der **Umsatzerlöse** von r_{PxM} = 52.500,- €
- 2.500,-€ = **50.000,- €**. Die Berechnung der Varianz und damit auch die für den VaR benötigte
Standardabweichung ist unter Berücksichtigung der Kovarianz nicht auf einfache und übersichtliche Art und Weise möglich. Auf eine rechnerische Darstellung wird daher verzichtet und
auf die Formel zur Berechnung im technischen Anhang (Abschnitt 5.4) verwiesen. An der
Berechnung des VaR ändert sich gegenüber den obigen Ausführungen jedoch grundsätzlich
nichts. Die Berechnung gemäß der Gleichung im technischen Anhang ergibt eine Standardabweichung (für eine Korrelation von minus eins) von s_{PxM} = **10.606,60 €**.

Ein weiterer Ansatz zur analytischen Berechnung des VaR der Umsatzerlöse besteht in der
Annahme eines **konstanten** (sicheren) **Preises** bei einer gleichzeitig **normal verteilten Absatzmenge**. Diese Annahme ist betriebswirtschaftlich plausibel, wenn das Unternehmen z. B.
aufgrund seiner Wettbewerbsposition den geplanten Absatzpreis am Markt durchsetzen kann
und auch dafür bereit ist, Absatzschwankungen in Kauf zu nehmen. Für die Anwendung auf
das obige Beispiel sei angenommen, dass der konstante Preis dem erwarteten Preis entspre-
che und somit P^{konst} = 35,- € betrage. In diesem Fall ist die Bestimmung von Erwartungswert
und Standardabweichung einfach durch Multiplikation des Erwartungswertes bzw. der Standardabweichung der Absatzmenge mit dem konstanten Preis möglich und beläuft sich auf

$$r_{PxM} = P^{konst} \times r_M = 35,\text{- } € \times 1.500 \text{ Stück} = \underline{\textit{52.500,- €}} \text{ und}$$

$$s_{PxM} = P^{konst} \times s_M = 35,\text{- } € \times 500 \text{ Stück} = \underline{\textit{17.500,- €}}$$

Der VaR bei Annahme eines konstanten Preises beträgt dann 17.500,-€ x 1,28 = **22.400,- €**.

In Tabelle 5.6 sind zusammenfassend für die verschiedenen Annahmen und Methoden die
unterschiedlichen Ergebnisse gegenübergestellt.

Tab. 5.6 *Ergebnisse für verschiedene analytische Methoden zur Berechnung des VaR der Umsatzerlöse*

Annahme:	r_P	s_P	r_M	s_M	r_{PxM}	s_{PxM}	VaR
Monte-Carlo-Sim.	34,-€	4,90€	1.400 St.	489,90 St.	46.000,-€	12.000,-€	11.000,-€
Preis, Menge N. V. Unabhängigkeit.	35,-€	5,-€	1.500 St.	500 St.	52.500,-€	19.202,86€	24.579,66€
Preis, Menge N. V. Korrelation = -1	35,-€	5,-€	1.500 St.	500 St.	50.000,-€	10.606,60 €	13.576,45€
Preis konstant, Menge N. V.	35,-€	0,- €	1.500 St.	500 St.	52.500,-€	17.500,-€	22.400,-€

Die Gegenüberstellung der Ergebnisse verdeutlicht d**ie Ungenauigkeit** und **mangelnde
Transparenz** der **Monte-Carlo-Simulation** gegenüber den analytischen Ansätzen. So kann
der niedrigere VaR bei Annahme eines konstanten Absatzpreises gegenüber dem VaR bei
normal verteilten Preisen durch die Standardabweichung von null erklärt werden. Warum
dagegen bei der Monte-Carlo-Simulation der VaR geringer ist als die Standardabweichung,
ist nicht erklärbar. Auch die Multiplikation des erwarteten Preises mit der erwarteten Menge
(34,- € x 1.400 St. = 47.600,- €) weicht bei der Monte-Carlo-Simulation vom simulierten
Erwartungswert der Umsatzerlöse in Höhe von 46.000,- € ab. Die Ursache für diese Differenz ist nicht unmittelbar ersichtlich. Dagegen kann der geringere erwartete Umsatzerlös von

50.000,- € bei einer Korrelation von minus eins gegenüber dem erwarteten Umsatzerlös bei Unabhängigkeit i. H. v. 52.500,- € einfach erklärt werden. Die Differenz basiert auf der Berücksichtigung der negativen Kovarianz zwischen Preis und Absatzmenge.

Welche der Annahmen bzw. Methoden gewählt wird, sollte davon abhängig gemacht werden, in wieweit die getroffenen Annahmen die betriebswirtschaftlichen Gegebenheiten und die zur Verfügung stehenden Daten und Schätzungen am besten widerspiegeln.

Für die **Steuerung** von Absatzrisiken insbesondere der **Verkaufsrisiken** stehen hauptsächlich folgende Möglichkeiten zur Verfügung:

- Die Absicherung bzw. Festschreibung von Verkaufspreisen und/oder Verkaufsmengen kann durch langfristige **Kundenverträge** erfolgen. Wie beim Beschaffungsrisiko sollte jedoch berücksichtigt werden, dass der Käufer in diesem Fall vom Unternehmen Preisabschläge erwarten wird. Auch ist wieder das Gewinn-Risiko-Verhältnis zu analysieren, ob sich die Risikoreduzierung durch die Kundenverträge im Verhältnis zu den verminderten Verkaufspreisen (bzw. niedrigeren Umsatzerlösen) lohnt.
- Eine weitere Möglichkeit das Verkaufsrisiko zu vermindern, stellt die Erhöhung der Angebotsmacht (und damit eine verbesserte Wettbewerbsstellung) durch Bildung von **Verkaufsgemeinschaften** dar (soweit dies rechtlich zulässig ist).
- Schließlich steht noch das gesamte **Instrumentarium** des **Marketing** zur Verfügung. Hierzu zählen z. B. die Distributions-, die Kommunikations-, und die Preispolitik. Eine weiterführende Darstellung dieser Instrumente fällt in den Bereich des Marketings und wird daher im Rahmen diese Buches nicht vorgenommen.

Damit sind die beiden wichtigsten Hauptkomponenten der leistungswirtschaftlichen Risiken erfasst und können jetzt im nächsten Abschnitt mit Hilfe des Cash Flow at Risk zusammengeführt werden.

5.2.3   Cash Flow at Risk

Der Value at Risk ist aus dem Bedürfnis heraus entstanden, Marktpreisrisiken zu managen. Die Idee, das Konzept für eine unternehmensweite alle Risiken umfassende Messung und Steuerung einzusetzen, ist in der bisher dargestellten Form nicht möglich. Vielmehr muss das Konzept auch auf alle leistungswirtschaftlichen Risiken übertragen werden. **Leistungswirtschaftliche Risiken** spiegeln sich i. d. R. eins zu eins im **Cash Flow** eines Unternehmens wieder. Aus diesem Grund wird ein Ansatz vorgestellt, den sog. „Cash Flow at Risk" zu berechnen.

In Abschnitt 5.2.1 und 5.2.2 sind die beiden wichtigsten risikobehafteten Komponenten des leistungswirtschaftlichen Risikos nach dem VaR-Konzept berücksichtigt worden. Damit sind jedoch nicht alle Faktoren des leistungswirtschaftlichen Risikos berücksichtigt und die einzelnen Komponenten müssen noch zusammengeführt werden. Zu diesem Zweck ist folgende für die Übertragung des VaR-Konzeptes auf leistungswirtschaftliche Risiken geeignete **Definition** des **Cash Flows** notwendig.

Unter dem Cash Flow wird die Summe aller **zahlungswirksamen Erträge** minus aller zahlungswirksamen **Aufwendungen** verstanden, die in einem unmittelbaren Zusammenhang mit der leistungswirtschaftlichen Tätigkeit (i. d. R. dem operativen Geschäft) des Unternehmens stehen. Der so definierte Cash Flow wird daher auch als operativer Cash Flow bezeichnet.

Diese Definition des Cash Flows lehnt sich an die so genannte **direkte Methode** zur Ermittlung des Cash Flows an. Bei der **indirekten Methode** wird der Jahresüberschuss um zahlungsunwirksame Aufwendungen und Erträge korrigiert. Diese Vorgehensweise ist jedoch für die Anwendung des VaR-Konzeptes und die Analyse der leistungswirtschaftlichen Risiken ungeeignet, da die eigentlichen risikoverursachenden Faktoren nicht direkt abgebildet werden (sondern in der Gesamtgröße Jahresüberschuss enthalten sind).

Die **Berechnung** des **Cash Flows** anhand seiner einzelnen Bestandteile ist wieder unternehmens- und branchenabhängig. Eine allgemeine und die wichtigsten Bestandteile umfassende mögliche Berechnung des Cash Flows kann wie folgt aussehen:

+	Umsatzerlöse
-	Materialaufwand
-	Lohnaufwand
-	Vertriebs- und Verwaltungsaufwand
-	Zinsaufwand
-	Steueraufwand
=	**Cash Flow**

Die notwendigen Überlegungen zur Abbildung der **Umsatzerlöse** sind bereits im obigen Abschnitt 5.2.2 dargelegt. Umsatzerlöse sind i. d. R. zahlungswirksam. Aktivierte Eigenleistungen dürfen daher nicht berücksichtigt werden. Werden Lieferungen und Leistungen auf Ziel verkauft und werden diese Forderungen von den Kunden nicht beglichen, so wird dies dem Ausfallrisiko bzw. dem Liquiditätsrisiko zugeordnet (siehe Abschnitt 4.2 und 4.3).

Der **Materialaufwand** spiegelt das Beschaffungsrisiko wider (siehe Abschnitt 5.2.1) und ist i. d. R. zahlungswirksam. Das Beschaffungsrisiko wurde oben am Beispiel der Beschaffung von Rohöl demonstriert. In der betriebswirtschaftlichen Realität besteht das für die Produktion notwendige Material jedoch nur in Ausnahmefällen (z. B. Erdölraffinerie) aus einem Material. Werden verschiedene Roh-, Hilfs-, Betriebsstoffe und Waren benötigt, so muss die Korrelation der Beschaffungspreise zwischen den verschiedenen Materialien berücksichtigt werden. Dies erfolgt analog zur Berechnung des VaR von Portfolios (siehe Abschnitt 2.3.3).

Der **Lohnaufwand** bezieht sich auf die zahlungswirksamen Lohn- und Gehaltskosten zur Erstellung der Güter und Dienstleistungen. Lohnkosten können variablen oder Fixkostencharakter besitzen. Das Risiko besteht in unerwarteten Lohnsteigerungen, die bei variablen Lohnkosten von der produzierten Menge abhängen.

Der **Vertriebs- und Verwaltungsaufwand** besitzt ähnlichen Charakter wie der Lohnaufwand, wobei jedoch der Fixkostencharakter überwiegt. Eine Abhängigkeit zur Produktions- bzw. Absatzmenge spielt hierbei eine untergeordnete Rolle (mögliche Ausnahme: gezahlte

Vertriebsprovisionen in Abhängigkeit von der verkauften Menge). Neben den Gehältern für das Vertriebs- und Verwaltungspersonal wird aber auch der Aufwand für Sachleistungen berücksichtigt (z. B. EDV-Anlage, Büroausstattung, Verwaltungsgebäude etc.) Das Risiko besteht in der unerwarteten Erhöhung der Gehälter und möglicher Verluste aus der Erstellung der Sachleistungen, die für Vertrieb und Verwaltung erforderlich sind und nicht dem Betriebsrisiko zuzuordnen sind (z. B. die unerwartete Preiserhöhung für die neu zu beschaffende EDV-Anlage).

Der **Zinsaufwand** bezieht sich lediglich auf die Betriebsmittelfinanzierung (operatives Geschäft). Hierzu gehört in erster Linie die Kreditaufnahme durch Kontokorrentkredite zur Finanzierung der Beschaffung von Produktionsmaterial (Roh-, Hilfs-, Betriebsstoffe und der Wareneinsatz). Das Risiko besteht in der Erhöhung des entsprechenden von den Banken verlangten Fremdkapitalzinssatzes. Zinsaufwand aus der Kreditaufnahme zur Finanzierung von Investitionen und zur Verbesserung der Liquidität etc. sind dem finanzwirtschaftlichen Risiko (Cash Flow aus Finanzierungstätigkeit) und insbesondere dem Zinsänderungsrisiko (siehe Abschnitt 4.1.1) zuzuordnen.

Ähnlich wie der Zinsaufwand wird der **Steueraufwand** auch durch den Zusammenhang zur operativen Tätigkeit abgegrenzt. So wird lediglich der Steueraufwand an dieser Stelle berücksichtigt, dessen Höhe sich in Abhängigkeit von den erzielten Umsatzerlösen ergibt. Steuerzahlungen für z. B. Erträge aus Kapitalanlagen (Zinserträge, Kursgewinne) müssen wieder den entsprechenden finanzwirtschaftlichen Risikoarten zugeordnet bzw. berücksichtigt werden.

Auf der Grundlage dieser einzelnen Komponenten des Cash Flow wird der Cash Flow at Risk **definiert**:

> Der **Cash Flow at Risk** ist die für eine bestimmte Sicherheitswahrscheinlichkeit maximale negative Abweichung vom erwarteten zukünftigen Cash Flow gemessen in Geldeinheiten.

Diese Definition basiert auf dem VaR-Konzept. Die Anwendung des VaR-Konzeptes auf den Cash Flow at Risk entspricht der Vorgehensweise zur Messung des VaR von Umsatzerlösen im Rahmen des Absatzrisikos. Hierfür stehen auch wieder **verschiedene Methoden** zur Berechnung des Cash Flow at Risk zur Verfügung.

In der Literatur wird häufig auf die **Monte-Carlo-Simulation** zurückgegriffen. Aufgrund der in Abschnitt 5.2.2 am Beispiel demonstrierten gravierenden Nachteile dieser Methode wird diese Vorgehensweise nicht weiter ausgeführt.

Im Mittelpunkt der folgenden Ausführungen anhand eines Beispieles steht die **analytische Berechnung**. Sie entspricht der Vorgehensweise beim Absatzrisiko, erfordert jedoch etliche Modifikationen zur Berücksichtigung aller Faktoren des Cash Flows. Ein Unterschied besteht auch in der additiven Verknüpfung der einzelnen Risikofaktoren statt der multiplikativen Verknüpfung von Preis und Absatzmenge bei den Umsatzerlösen.

Ein weiterer Ansatz zur Berechnung des Cash Flow at Risk ist die **Replikation** des Cash Flows über **Finanzmarktinstrumente**. Dabei besteht die zentrale Schwierigkeit darin, plausible Replikationsinstrumente zu finden. Dieser Ansatz ist insofern nur für sehr wenige Unternehmen geeignet und wird daher nicht dargestellt.

Die **Multifaktoranalyse-Methode** auf Basis der Arbitrage-Pricing-Theorie beruht auf der Bestimmung von Faktoren des Cash Flows, die auf Finanzmärkten gehandelt werden, wie z. B. Strompreise, Ölpreise, Rohstoffpreise etc.). Diese Vorgehensweise ist jedoch auch nur auf Unternehmen mit bestimmten Produkten anwendbar (z. B. Fluggesellschaften und Kerosinpreis, Autohersteller und Blechpreis, Elektrogerätehersteller und Strompreis).

Die **analytische Berechnung** des Cash Flow at Risk wird am folgenden **Beispiel** dargestellt (bezüglich der Vorteile und der Überlegenheit der analytischen Berechnung siehe Abschnitt 5.2.2 zu den Ausführungen über die Berechnung des VaR für Umsatzerlöse) . Im ersten Schritt werden für die einzelnen Komponenten die Verteilungen und die zugehörigen Parameter (Erwartungswert und Standardabweichung) geschätzt bzw. festgelegt. Soweit möglich und sinnvoll, wird für die spätere Analyse auch der VaR der einzelnen Komponenten berechnet.

Für die **Liquidationsperiode** wird jeweils ein Prognosehorizont von einem Monat festgelegt und die historische Datenerhebung findet auch in Monatsabständen statt. Dadurch ist eine Korrektur der Liquidationsperiode durch die Wurzelfunktion nicht notwendig. Als **Sicherheitswahrscheinlichkeit** wird 90% (Anzahl Standardabweichungen = 1,28) verwendet.

Für die **Umsatzerlöse** wird auf das Beispiel von Abschnitt 5.2.2 zurückgegriffen. Dabei wird die Variante mit einem konstanten Preis ausgewählt. Der Erwartungswert der Umsatzerlöse beträgt r_{PxM} = 52.500,- € und die Standardabweichung beläuft sich auf s_{PxM} = 17.500,- €. Der VaR bei Annahme eines konstanten Preises beträgt VaR(PxM) = 22.400,- €.

Der **Materialaufwand** wird für die Beschaffung von **Rohöl** und **Kupfer** verdeutlicht. Es werden für die monatliche Produktion 10 Barrel Rohöl und 100 kg Kupfer benötigt.

Für **Rohöl** wird auf die Angaben für das Beispiel aus Abschnitt 5.2.1 zurückgegriffen. Der Erwartungswert der relativen täglichen Preisänderungen für Rohöl beträgt $r_{Öl}$ = 0% und die Standardabweichung ist $s_{Öl}$ = 2%. Der Preis pro Barrel beträgt 49,33 €. Für die zu beschaffenden 10 Barrel Rohöl in einem Monat ergibt sich dafür (auf Basis täglicher Preisänderungen) ein Value at Risk von VaR (Öl) = 10 x 49,33€ x $\sqrt{20}$ x 2,0% x 1,28 = **56,48 €.**

Der Preis für **Kupfer** betrage pro kg 8,- € mit einem Erwartungswert r_{Ku} = 0% und einer Standardabweichung von s_{Ku} = 1% für die täglichen Preisänderungen der Kupferpreise. Der VaR für die Beschaffung von Kupfer beläuft sich dann auf VaR (Kupfer) = 100 x 8,-€ x $\sqrt{20}$ x 1,0% x 1,28 = **45,79 €.**

Die **Korrelation** zwischen den täglichen Preisänderungen der Öl- und Kupferpreise betrage +0,5. Daraus ergibt sich eine Kovarianz von 0,0001 (0,5 x 0,02 x 0,01). Der Erwartungswert des gesamten Materialaufwandes in Euro ergibt sich bei einer erwarteten Preisänderung von jeweils 0% aus der Summe der Risikopositionen, also $r_{Öl+Ku}$ = **1.293,30 €** (800,- € + 493,33 €). Mit Hilfe der Kovarianz kann die Varianz bzw. Standardabweichung von Öl und Kupfer zusammen gemäß

$$s^2_{\ddot{O}l+Ku} = 800^2 \; x \; 0,01^2 + 493,33^2 \; x \; 0,02^2 + 2 \; x \; 800 \; x \; 493,30 \; x \; 0,0001 = \underline{\mathbf{240, 265956}} \; bzw.$$

$$s_{\ddot{O}l+Ku} = \underline{\mathbf{15,50 \; €}}$$

berechnet werden. Die an dieser Stelle und in den folgenden Ausführungen angewendeten Rechenregeln für Erwartungswerte und Varianzen zusammengesetzter Zufallsvariablen sind formal im technischen Anhang (Abschnitt 5.4) dargestellt. Für den VaR von Öl und Kupfer zusammen ergibt sich VaR (Öl+Kupfer) = $\underline{\mathbf{88,73 \; €}}$ (15,50 € x $\sqrt{20}$ x 1,28).

Der **Lohnaufwand** setzt sich aus einem **variablen** und einem **fixen** Bestandteil zusammen. Der erwartete fixe Lohnaufwand sei für einen Monat r_{Lfix} = 4.000,- € und die zugehörige Standardabweichung betrage s_{Lfix} = 300,- €. Die erwarteten variablen Lohnaufwendungen betragen pro Stück r_{Lvar} = 3,- € und die zugehörige Standardabweichung betrage s_{Lvar} = 0,30 €. Für die Berechnung des gesamten Lohnaufwandes wird angenommen, dass die abgesetzte Menge mit der produzierten Menge identisch ist. Dann ergibt sich der gesamte variable Lohnaufwand durch Multiplikation des variablen Lohnaufwandes pro Stück mit der Absatzmenge. Da die Absatzmenge wieder eine Zufallsvariable darstellt (mit r_M = 1.500 Stück s_M = 500 Stück, siehe Abschnitt 5.2.2) stellt sich wieder die Problematik der schwierigen Berechnung der Varianz der zusammengesetzten Zufallsvariablen. Aus diesem Grund wird vereinfachend eine konstante Produktionsmenge in Höhe der erwarteten Absatzmenge von M^{konst} = 1.500 Stück angenommen. Zwischen den fixen und variablen Lohnbestandteilen sei eine vollständig positive Korrelation von +1 zugrunde gelegt und zwischen variablem Lohnaufwand und Absatzmenge besteht Unabhängigkeit. Für den gesamten Lohnaufwand ergeben sich dann

$$r_{Lges} = r_{Lfix} \quad + r_{Lvar} \; x \; M^{konst} = 4000,-€ + 3,-€ \; x \; 1.500 \; St. = \underline{\mathbf{8.500,- €}}$$

$$s^2_{Lges} = s^2_{Lfix} \quad + s^2_{Lvar} \; x \; M^{konst2} + \quad 2 \; x \; M^{konst} \; x \; s_{Lfix,Lvar}$$

$$= 300€^2 \quad + 0,30€^2 \; x \; 1.500^2 + 2 \; x \; 1.500 \; x \; (+1) \; x \; 300,-€ \; x \; 0,30 \; € = \underline{\mathbf{562.500}} \; bzw.$$

$$s_{Lges} = \underline{\mathbf{750,- €}}$$

Der VaR des gesamten Lohnaufwandes beläuft sich somit auf VaR (Lohn) = 750,- € x 1,28 = $\underline{\mathbf{960,- €}}$.

Für den **Vertriebs- und Verwaltungsaufwand** gelten ähnliche Annahmen wie für den Lohnaufwand. Allerdings sei für das Beispiel vereinfachend nur ein fixer Bestandteil mit r_{Ver} = 2.000,- € und der zugehörigen Standardabweichung s_{Ver} = 100,- € geschätzt. Es ergibt sich VaR (Verwaltung) = 100,- € x 1,28 = $\underline{\mathbf{128,- €}}$.

Der **Zinsaufwand** setzt sich aus zwei Bestandteilen zusammen. Zum einen aus dem für die Finanzierung benötigten Kreditbetrag und zum anderen aus dem an die Bank zu zahlenden Zinssatz. Für den Kredit sei ein konstanter Kreditbetrag von K^{konst} = 5.000,- € angenommen. Der von der Bank geforderte Zinssatz (der mit dem erwarteten Zinssatz gleich gesetzt wird) betrage i = 5% p. a.. Der erwartete Zinsaufwand für einen Monat beträgt dann

$$r_{Zins} = 5.000,-€ \; x \; 5\% \; x \; 1/12 = \underline{\mathbf{20,83 \; €}}.$$

Für die Ermittlung der Standardabweichung werden die täglichen Zinssätze des Euro-Geldmarktes für eine Laufzeit von einem Monat verwendet. Für den Beobachtungszeitraum vom 3.1.2005 bis 30.12.2005 ergibt sich eine Standardabweichung von 0,09 Prozentpunkten. Die zugehörige Standardabweichung des Zinsaufwandes in Euro beläuft sich dann auf

s_{Zins} = 0,09% x 5.000,- € x 1/12 = **_0,38 €._**

Der zugehörige VaR beläuft sich auf VaR (Zins) = 0,38 € x $\sqrt{20}$ x 1,28 = **_2,18 €._** Der durch mögliche Zinserhöhungen verursachte erhöhte Zinsaufwand beträgt also für einen Monat mit einer Sicherheitswahrscheinlichkeit von 90% nicht mehr als 2,18 €. Dabei wird unterstellt, dass die Bank Zinserhöhungen am Euro-Geldmarkt in gleicher Höhe an den Kunden (das Unternehmen) weitergibt.

Auch der **Steueraufwand** setzt sich aus zwei Bestandteilen zusammen. Der durchschnittliche Steuersatz hängt von dem zu versteuernden Einkommen ab. Für das zu versteuernde Einkommen werden vereinfachend die Umsatzerlöse zugrunde gelegt. So betrage der durchschnittliche Steuersatz für Umsatzerlöse bis zu 30.000,- € 15% p. a.. Für Umsatzerlöse zwischen 30.000,- € und 52.500,- € beträgt der Steuersatz 25% p. a. und für Umsatzerlöse über 52.500,- € 35% p. a. Die analytische Verknüpfung der normal verteilten Umsatzerlöse mit diesen unterschiedlichen Steuersätzen ist analytisch nicht ohne weiteres möglich. Zu diesem Zweck könnte wieder die Monte-Carlo-Simulation sinnvoll eingesetzt werden, worauf jedoch verzichtet wird. Aus diesem Grund wird vereinfachend von einem konstanten durchschnittlichen Steuersatz von S^{konst} = 25% (unabhängig von den Umsatzerlösen) im Folgenden ausgegangen. Dann ergibt sich daraus für einen Monat

r_{Steuer} = 52.500,-€ x 25% x 1/12 = **_1.093,75 €_** und

s^2_{Steuer} = (25% x 1/12)^2 x 17.500,-€^{2} = **_132.921,007_** mit

s_{Steuer} = **_364,58 €._**

Der entsprechende VaR beläuft sich auf VaR (Steuer) = 364,58 € x 1,28 = **466,66 €**.

Eine Übersicht der Parameter der einzelnen Komponenten und die zugehörigen VaR-Werte sind in Tabelle 5.7 dargestellt.

Tab. 5.7 *Erwartungswerte, Standardabweichungen und Value at Risk-Werte für einzelne Komponenten des Cash Flows*

Komponente:	Erwartungswert (μ):	Standardabweichung (σ):	Value at Risk:
Umsatzerlöse (PxM)	52.500,- €	17.500,- €	22.400,- €
Materialaufwand (Öl+Ku)	1.293,30 €	15,50 €	88,73 €
Lohnaufwand (Lohn)	8.500,- €	750,- €	960,- €
Vertriebs- und Verwaltungsaufwand (Ver)	2.000,- €	100,- €	128,- €
Zinsaufwand (Zins)	20,83 €	0,38 €	2,18 €
Steueraufwand (Steuer)	1.093,75 €	364,58 €	466,66 €

Im nächsten Schritt sind die einzelnen Komponenten zum Cash Flow at Risk zusammen zu führen. Zu diesem Zweck werden die **Komponenten** jeweils **paarweise** unter Berücksichtigung möglicher Korrelationen durch Anwendung der Rechenregeln **zusammen gefügt**.

Der **Rohertrag** sei definiert durch Umsatzerlöse abzüglich des Materialaufwandes. Dabei sei eine Korrelation von +0,3 angenommen. D. h. ein Ansteigen der Beschaffungspreise führt auch in geringem Maße zu höheren Absatzpreisen. Es ergibt sich ein Erwartungswert von

$$r_{Roh} = 52.500,-€ - 1.293,30€ = \underline{\boldsymbol{51.206,70\ €}}.$$

Die Berechnung der Varianz liefert

$$s^2{}_{Roh} = 17.500,-€^2 + 15,50€^2 - 2\ x\ (+0,3)\ x\ 17.500,-€\ x\ 15,50€ = \underline{\boldsymbol{306.087.490,3}}\text{ und}$$

$$s_{Roh} = \underline{\boldsymbol{17.495,36\ €}}\text{ als Ergebnis.}$$

Der VaR beträgt VaR (Roh) = 17495,36 € x 1,28 = **22.394,06 €**.

Als nächstes wird der **Lohn- und Verwaltungsaufwand** zusammengefasst, da beide einen ähnlichen Charakter besitzen. Es wird angenommen dass Löhne und Gehälter zwischen Verwaltung und Produktion stark positiv in Höhe von +0,8 korrelieren. Dann ergibt sich ein Erwartungswert von

$$r_{L+V} = 8.500,-€ + 2.000,-€ = \underline{\boldsymbol{10.500,-€}}.\text{ Die Berechnung der Varianz liefert}$$

$$s^2{}_{L+V} = 750,-€^2 + 100,-€^2 + 2\ x\ (+0,8)\ x\ 750,-€\ x\ 100,-€ = \underline{\boldsymbol{692.500}}\text{ und}$$

$$s_{L+V} = \underline{\boldsymbol{832,17\ €}}\text{ als Ergebnis.}$$

Der VaR beträgt VaR (L+V) = 832,17 € x 1,28 = **1.065,18 €**.

Schließlich werden der Zins- und Steueraufwand zusammengefügt. Da beide auch finanzwirtschaftlichen Charakter besitzen sei die zusammengefügte Komponente mit **Finanzaufwand** bezeichnet und es wird Unabhängigkeit zwischen beiden Komponenten unterstellt. Der Erwartungswert beläuft sich auf

$$r_{Fin} = 20,83€ + 1.093,75€ = \underline{\boldsymbol{1.114,58\ €}}.\text{ Die Berechnung der Varianz liefert}$$

$$s^2{}_{Fin} = 0,38€^2 + 364,58€^2 = \underline{\boldsymbol{132.921,151}}\text{ und}$$

$$s_{Fin} = \underline{\boldsymbol{364,58\ €}}\text{ als Ergebnis.}$$

Der VaR beträgt VaR (Fin) = 364,58 € x 1,28 = **466,66 €**. Das Risiko des Zinsaufwandes ist also so gering, dass es (auch rundungsbedingt) keinen Einfluss auf das Gesamtrisiko besitzt.

Im letzten Schritt werden die zusammengefügten Komponenten zum **Cash Flow** verdichtet. Für diesen Zweck wird Unabhängigkeit zwischen allen Komponenten unterstellt, woraus sich ein Erwartungswert des Cash Flows von

$$r_{CF} = 51.206,70€ - 10.500,-€ - 1.114,58€ = \underline{\boldsymbol{39.592,12\ €}}\text{ ergibt.}$$

Die Varianz des Cash Flow beträgt

$s^2_{CF} = 17.495,36€^2 + 832,17€^2 + 364,58€^2 = \underline{\textbf{\textit{306.913.047}}}$ und

$s_{CF} = \underline{\textbf{\textit{17.518,93 €}}}.$

Damit ist die Berechnung des **Cash Flow at Risk** (CFaR) in Höhe von CFaR = 17.518,93 €
x 1,28 = **22.424,23 €** möglich. Dieses Ergebnis des Cash Flow at Risk ist wie folgt zu interpretieren:

> Mit einer Wahrscheinlichkeit von 90% wird der erwartete Cash Flow in einem Monat in
> Höhe von 39.612,57 € um maximal 22.424,23 € geringer ausfallen. Oder anders ausge-
> drückt: Mit einer Wahrscheinlichkeit von 90% wird der Cash Flow in einem Monat nicht
> niedriger als 17.188,34 € sein.

Die Ergebnisse der zusammengefügten Komponenten des Cash Flows und der Cash Flow als
Gesamtresultat sind in Tabelle 5.8 als Übersicht zusammengestellt.

Tab. 5.8   Ergebnisse der zusammengefügten Komponenten des Cash Flows

Zus. Komponente:	Erwartungswert (r):	Standardabweichung (s):	Value at Risk:
Rohertrag (Roh)	51.206,70 €	17.495,36 €	22.394,06 €
Lohn- und Verwaltungs-aufwand (L+V)	10.500,- €	832,17 €	1.065,18 €
Finanzaufwand (Fin)	1.114,58 €	364,58 €	466,66 €
Cash Flow (CF)	**39.592,12 €**	**17.518,93 €**	**22.424,23 €**

Die am obigen Beispiel vorgestellte analytische Methode zur Berechnung des Cash Flow at
Risk besitzt drei wichtige **Eigenschaften** und **Annahmen**, die für die Übertragung und Anwendung des Konzeptes auf andere unternehmensspezifische-, branchenspezifische- oder
betriebswirtschaftliche Sachverhalte von zentraler Bedeutung sind:

- Bei einer betriebswirtschaftlichen notwendigen **multiplikativen Verknüpfung** einzelner
  Komponenten (z. B. bei den Umsatzerlösen und beim Steueraufwand) wurde im Beispiel
  vereinfachend Konstanz von einer der Komponenten angenommen (z. B. Preis und Steuersatz). Damit wird angenommen, dass die jeweilige Komponente kein Risiko besitzt,
  was ein offensichtlicher Widerspruch zur eigentlichen Zielsetzung ist. Die Auflösung
  dieses Widerspruches ist entweder durch sehr komplexe analytische Lösungsansätze
  möglich (siehe technischer Anhang Abschnitt 5.4) oder es muss auf Simulationsverfahren
  (z. B. Monte-Carlo-Simulation) zurückgegriffen werden (die aber erhebliche Nachteile
  aufweisen).
- Im Beispiel werden zuerst die Parameter der Verteilung der gesuchten Zielgröße (Komponente) berechnet und danach auf deren Grundlage der Value at Risk bestimmt. Ein besserer Erklärungsgehalt und eine genauere Risikoanalyse wären möglich, wenn die **Zu-
  sammenfügung** der einzelnen Komponenten direkt bzw. **ausschließlich** auf Basis des
  VaR-Konzeptes und der zugehörigen Korrelationen erfolgen würde. Ein möglicher Ansatz, dies zu realisieren, wird im 6. Kapitel dargestellt.

- Für ein aussagefähiges Ergebnis des Cash Flow at Risk ist besonders die Beachtung des verwendeten **Planungshorizontes** wichtig. Im Beispiel wird ein Planungshorizont von einem Monat verwendet. Daher ist es notwendig, Per-Anno-Größen durch Division mit zwölf auf einen Monat zu beziehen (z. B. bei Zins- und Steuersätzen). Bei Verwendung von täglichen, historischen Preisdaten zur Berechnung der Standardabweichung muss der Planungshorizont von einem Monat bei der Berechnung des Value at Risk durch Multiplikation der Wurzel der Anzahl der Handelstage (im Beispiel wird vereinfachend ein Monat mit 20 Handelstagen gleichgesetzt) berücksichtigt werden. Eine analoge Korrektur durch die Wurzelfunktion muss vorgenommen werden, wenn Erwartungswert und Standardabweichung aus unternehmensinternen Daten geschätzt werden, und diese nicht in Monatsabständen vorliegen.

Die **Steuerung** des **Cash Flow at Risk** erfolgt anhand seiner einzelnen Komponenten. Die Steuerungsmöglichkeiten für das Beschaffungs- und Absatzrisiko sind in Abschnitt 5.2.1 und 5.2.2 dargestellt worden. Für die Steuerung der anderen Bestandteile sind die in Abschnitt 5.1 dargelegten Maßnahmen im Rahmen des Betriebsrisikos teilweise anwendbar. Entscheidend für die Steuerung des Cash Flow at Risk sind jedoch die einzelnen Risikobestandteile im Verhältnis zum Cash Flow at Risk gemessen durch die jeweiligen einzelnen VaR. Eine derartige Analyse ist jedoch nur zweckmäßig und sinnvoll, wenn auch die finanzwirtschaftlichen Risiken einbezogen werden. Hierfür ist ein **unternehmensweites Konzept** zur Erfassung aller Risiken auf Basis des VaR notwendig. Dies steht im Mittelpunkt der Ausführungen im sechsten Kapitel.

5.3   Literaturhinweise

Einen guten Einblick in den Aufbau eines Risikomanagements für Betriebsrisiken nach dem **Bottom-Up-Ansatz** zeigt

Peccia, Tony: „Designing an operational framework from a bottom-up perspective", in: Alexander, Carol: "Mastering Risk Volume 2", Pearson, 2001.

Einen guten **Überblick** der verschiedenen **Methoden** zur **Messung** des **Betriebsrisikos** findet sich in

Beeck, Helmut / Kaiser, Thomas: "Quantifizierung von Operational Risk mit Value– at– Risk", in: Johanning, Lutz / Rudolph, Bernd: „Handbuch Risikomanagement", Band I, Uhlenbruch, 2000, S. 633-653.

Gut nachvollziehbare **Beispiele** zur **Berechnung** des **Operational Value at Risk** mit Hilfe der **Vollenumeration** liefern zum einen

Hölscher, Reinhold / Kalhöfer, Christian / Bonn, Rainer: "Die Bewertung operationeller Risiken in Kreditinstituten", in: Finanz-Betrieb, Heft 7-8, 2005, S. 490-504,

und auch im Werk von *Jorion* (siehe Abschnitt 2.7) findet der interessierte Leser ein nachrechenbares Beispiel.

Für eine sehr **praxisorientierte Darstellung** zahlreicher Varianten von Betriebsrisiken sowie die Analyse und Steuerung in der Praxis anhand von **Fragebögen** beschreibt ausführlich

Keitsch, Detlef: „Risikomanagement", Schaeffer-Poeschel, Stuttgart, 2004.

Für einen Ansatz zur **analytischen Berechnung** des **Operational Value at Risk** vergleiche

Baesch, Anja: „Analytische Berechnung des OpVaR", in: Zeitschrift für das gesamte Kreditwesen, 2004, S. 1284-1286.

Für eine sehr ausführliche Darstellung der **allgemeinen Beschaffungs- und Absatzrisiken** und deren Steuerungsmöglichkeiten ist besonders gut

Rogler, Silvia: „Risikomanagement im Industriebetrieb", DVU, 2002

geeignet. Allerdings wird nicht auf eine mögliche Anwendung des VaR-Konzeptes Bezug genommen, sondern es werden überwiegend **deskriptive Ausführungen** zu risikopolitischen Maßnahmen vorgenommen.

Für eine Vertiefung der Berechnung des **Cash Flow at Risk** anhand von Beispielen auf Basis der **Monte-Carlo-Simulation** sind unter Anderem folgende Werke geeignet:

Bartram, Söhnke M.: "Verfahren zur Schätzung finanzwirtschaftlicher Exposures von Nichtbanken", in: Johanning, Lutz / Rudolph, Bernd: „Handbuch Risikomanagement", Band II, Uhlenbruch, 2000, S. 1267-1294.

Bühler, Wolfgang: „Risikocontrolling in Industrieunternehmen", in: Börsig, C. / Coenenberg, A. G. (Hrsg.): „ Controlling und Rechnungswesen im internationalen Wettbewerb", Stuttgart, 1998, S. 205-233.

In diesen Aufsätzen wird jedoch der Cash Flow at Risk lediglich in Abhängigkeit von Zinsen, Wechselkursen und Rohstoffpreisen simuliert. Die Berücksichtigung auch des **Absatzrisikos** im Rahmen der Simulation wird in

Hager, Peter: „Corporate Risk Management-Cash Flow at Risk und Value at Risk", Band 3, Bankakademie Verlag, 2004

und anhand des Investitionsrisikos in

Kremers, Markus: „Risikoübernahme in Industrieunternehmen – Der Value-at Risk als Steuerungsgröße für das industrielle Risikomanagement, dargestellt am Beispiel des Investitionsrisikos", in: Hölscher, Reinhold (Hrsg.): Schriftenreihe Finanzmanagement, Bd. 7, Sternenfels / Berlin, 2002

sowie in

Wolf / Runzheimer: „Risikomanagement und KonTraG. Konzeption und Implementierung", Gabler Verlag Wiesbaden, 2000, S. 65-79

vorgenommen.

Für eine **ausführlichere methodische** Darstellung der **Monte-Carlo-Simulation** siehe

Deutsch, Hans-Peter: Monte-Carlo-Simulation in der Finanzwelt", in: Johanning, Lutz / Rudolph, Bernd: „Handbuch Risikomanagement", Band II, Uhlenbruch, 2000, S. 1267-1294.

Im Werk von *Diggelmann* (siehe Abschnitt 2.7) sind die unterschiedlichen **grundsätzlichen Ansätze** zur Berechnung des **Cash Flow at Risk** im Überblick dargestellt.

Die Beschreibung eines möglichen Ansatzes zur **analytischen Berechnung** des **Cash Flow at Risk** findet sich nach derzeitigem Kenntnisstand des Verfassers lediglich noch im Anhang von

Risk Metrics Group: „Corporate Metrics, Technical Document", 1999, S. 111,

welches kostenlos aus dem Internet unter *http://www.riskmetrics.com/cmtdovv.html* herunter geladen werden kann. Das dort beschriebene Beispiel bezieht sich jedoch nur auf die **Beschaffung** von **Aluminium** unter Berücksichtigung von Abhängigkeiten im **Zeitverlauf.** In dem vorgestellten Modell wird der VaR berechnet, wenn sich die Aluminiumpreise über mehrere Monate betrachtet verändern und diese Änderungen zwischen den Monaten miteinander korrelieren.

5.4   Technischer Anhang

Bei der **linearen Interpolation** wird angenommen, dass der Zuwachs der Funktionswerte dem Zuwachs der unabhängigen Variablen proportional entspricht. Liegt der gegebene Wert der unabhängigen Variablen x zwischen den vorhandenen Werten x_0 und $x_1 = x_0 + h$, denen die Funktionswerte $y_0 = f(x_0)$ und $y_1 = f(x_1) = y_0 + \Delta$ entsprechen, so liefert dies

$$f(x) = f(x_0) + \frac{x - x_0}{h} \cdot \Delta \ .$$

Für die **Summe** von **n Zufallsvariablen,** die jeweils mit einer Konstanten a_i multipliziert werden folgt bei **Unabhängigkeit:**

$$E\left(\sum_{i=1}^{n} a_i \cdot X_i\right) = \sum_{i=1}^{n} a_i \cdot E(X_i) \ ,$$

$$V\left(\sum_{i=1}^{n} a_i \cdot X_i\right) = \sum_{i=1}^{n} a_i^2 \cdot V(X_i) \ .$$

Liegt **keine Unabhängigkeit** vor so gilt allgemein für die Varianz (keine Auswirkung auf die Berechnung des Erwartungswertes):

$$V\left(\sum_{i=1}^{n} a_i \cdot X_i\right) = \sum_{i=1}^{n} a_i^2 \cdot V(X_i) + 2 \cdot \sum_{i<j}^{n} \sum_{j=1}^{n} a_i \cdot a_j \cdot Cov(X_i, X_j).$$

Bei **Multiplikation zweier Zufallsvariablen** X und Y wird Erwartungswert und Varianz bei **Unabhängigkeit** wie folgt berechnet:

$$E(X \cdot Y) = E(X) \cdot E(Y),$$

$$V(X \cdot Y) = E(X)^2 \cdot V(Y) + E(Y)^2 \cdot V(X) + V(X) \cdot V(Y)$$

Der Erwartungswert des Produktes zweier Zufallsvariablen **allgemein** (also bei Abhängigkeit) wird gemäß

$$E(X \cdot Y) = E(X) \cdot E(Y) + Cov(X, Y)$$

ermittelt. Die Berechnung der Varianz des Produktes zweier Zufallsvariablen in Abhängigkeit von einer bestimmten Kovarianz (bzw. Korrelation) erfolgt nach der Formel

$$V(X \cdot Y) = E(X)^2 \cdot V(Y) + E(Y)^2 \cdot V(X) + V(X) \cdot V(Y)$$

$$+ 2 \cdot E(X) \cdot E(Y) \cdot Cov(X, Y) + Cov(X, Y)^2.$$

Für das **Produkt** von **n Zufallsvariablen**, die mit jeweils einer Konstanten a_i multipliziert werden, gilt für den Erwartungswert bei **Unabhängigkeit**:

$$E\left(\prod_{i=1}^{n} a_i \cdot X_i\right) = \prod_{i=1}^{n} a_i \cdot E(X_i).$$

6 Risikocontrolling

Mit der Messung und Steuerung der wichtigsten finanz- und leistungswirtschaftlichen Risiken sind die Grundlagen gelegt, die Risiken in einem unternehmensweiten Gesamtkonzept zusammenzuführen. Zu diesem Zweck sind verschiedene Vorüberlegungen bezüglich der **Organisation** des Risikomanagements in einem Unternehmen notwendig. Auch sind mehrere begriffliche **Definitionen** und Abgrenzungen für ein Gesamtkonzept, welches auf die quantitative Risikomessung aufbaut, erforderlich. Schließlich werden im folgenden Abschnitt einige Aspekte des Rechnungswesens in das Risikomanagement integriert, die für die interne und externe **Risikoberichterstattung** hilfreich sind.

6.1 Aufgaben des Risikocontrolling

Die Begriffe Risikocontrolling und Risikomanagement werden in der Literatur häufig unterschiedlich voneinander abgegrenzt. In Abschnitt 1.1 wird der **Begriff** des **Risikomanagements** als Messung und Steuerung aller betriebswirtschaftlichen Risiken unternehmensweit definiert. Die weiteren Ausführungen dieses Buches orientieren sich konzeptionell am **Prozess** des Risikomanagements (siehe Abschnitt 1.2).

> Danach ist das **Risikocontrolling** als **Bestandteil** des **Risikomanagements** zu sehen. Die allgemeinen Funktionen des Controllings bestehen in der Unterstützung der Unternehmensführung durch **Planung, Kontrolle** und **Information**. Speziell für das Risiko-Controlling ist die **Koordinierungsfunktion** noch von besonderer Bedeutung.

Die Risikoanalyse (siehe Abschnitt 2.6) aller einzelnen Unternehmensrisiken und des gesamten Risikos bildet die Grundlage für die **Planung** von Unternehmensrisiken. Dabei wird versucht, zukünftige Unternehmensziele mit geplanten Risiken in Einklang zu bringen. Das Risikocontrolling erfüllt dabei eine unterstützende Funktion der Unternehmensführung. Die Planung der „klassischen" Unternehmensziele wie z. B. Eigenkapitalrendite, Absatz, Kosten usw. wird um die mit den Zielen verbundenen Risiken ergänzt. Im Ergebnis wird die klassische Unternehmensplanung qualitativ durch Berücksichtigung möglicher zukünftiger Risiken verbessert, indem die Plangröße Eigenkapitalrendite durch eine wie auch immer gestaltete RoRaC –Plangröße ersetzt wird.

Die **Kontrollfunktion** des Risikocontrollings knüpft im ersten Schritt an die Erfassung des Ist-Zustandes an, d. h. die Darstellung aller Risiken bildet die Grundlage der Kontrolle. Im nächsten Schritt werden die ursprünglich geplanten Risiken (Soll-Zustand) mit dem Ist-Zustand abgeglichen und mögliche Abweichungen analysiert. Hierzu gehört z. B. die unerwartete Erhöhung des VaR bestehender Aktienbeteiligungen, die durch z. B. erhöhte Volatilitäten verursacht wurde. Eine typische Kontrollfunktion des Risikocontrollings stellt das **Backtesting** (siehe Abschnitt 2.3.5) dar. Es wird rückwirkend überprüft, wie zuverlässig die verwendeten Rechenmethoden des VaR die tatsächlich eingetretenen Verluste in der Vergangenheit vorhergesagt hätten.

Das Risiko-Controlling erfüllt die **Informationsfunktion** durch die Berichterstattung an die Unternehmensführung und an die **einzelnen Geschäftsfelder** und **Organisationseinheiten**. Bei der Berichterstattung an die Unternehmensführung steht die Risikoaggregation im Vordergrund. Eng verknüpft mit der Berichterstattung an die Unternehmensführung ist auch die **externe Risikoberichterstattung** im Geschäftbericht (siehe Abschnitt 6.4). Hierfür ist die Abstimmung mit dem externen Rechnungswesen notwendig. Dagegen beziehen sich die Informationen an einzelne Organisationseinheiten auf relevante Zusatzinformationen (z. B. Besonderheiten der Risikomessung einzelner Geschäftsfelder) und insbesondere die Mitteilung über die einzusetzenden Methoden und Parameter (z. B. die Sicherheitswahrscheinlichkeit). Dieser Teil der Informationsfunktion ist eng mit der Koordinationsfunktion verbunden.

Eine wichtige Aufgabe des Risiko-Controlling stellt die **Koordinierung** der **Risikomessung** und -**Steuerung** zwischen

- den einzelnen Geschäftsfeldern,
- den verwaltenden Organisationseinheiten (insbesondere Rechnungswesen und Investor Relation),
- der Unternehmensführung und
- externen Personen und Institutionen (Aktionäre, Fremdkapitalgeber, Lieferanten etc.)

dar. Die Koordinierung durch das Risikocontrolling muss **sicherstellen**, dass

- einheitliche Risikomessmethoden (auf Basis des VaR-Konzeptes) verwendet werden,
- vergleichbare Zeitperioden (z. B. ein Monat oder ein Jahr) der Risikomessung zugrunde gelegt werden,
- Vergleichbarkeit und Transparenz bezüglich der Parameterschätzung für die Verteilungen der Risikofaktoren gewährleistet ist (z. B. bezüglich der Auswahl der Vergangenheitszeiträume oder der anzuwendenden Prognoseverfahren, wenn keine Vergangenheitsdaten vorliegen),
- eine einheitliche Bewertung der Vermögenspositionen durch aktuelle Marktwerte vorgenommen wird, und
- unternehmensweit die gleiche Sicherheitswahrscheinlichkeit angewendet wird.

Auch muss durch die Koordinierung die jeweilige **Gewinn-** und **Risikoaggregation** auf den unterschiedlichen Unternehmensebenen abgestimmt werden. Dazu gehören

- die Festlegung von Limiten für einzelne Geschäftsfelder auf Basis des VaR (siehe Abschnitt 3.2),
- die Erstellung eines einheitlichen Gesamtexposure durch Verrechnung gleicher Risikofaktoren in unterschiedlichen Organisationseinheiten (das so genannte Netting),

- die Zuordnung von Verbundeffekten durch Korrelationen auf Basis des Component Value at Risk (siehe Abschnitt 2.3.3),
- für die angestrebte Ermittlung von Gewinn-Risiko-Relationen durch das Risiko-Controlling die Verteilung von Gewinnen auf die einzelnen Geschäftsfelder und Organisationseinheiten in Verbindung mit dem Rechnungswesen und
- die Koordinierung durch das Risikocontrolling, welche Informationen über Risiken an welchen Adressatenkreis überliefert werden.

Die dargestellten Aufgaben und Funktionen bilden die Grundlage für die Aufbau- und Ablauforganisatorische Einbindung des Risikocontrollings und des Risikomanagements in die Gesamtorganisation eines Unternehmens, was im folgenden Abschnitt dargestellt wird.

6.2   Organisation von Risikocontrolling- und Management

Die aufbauorganisatorische Verankerung und die Einbindung in die ablauforganisatorischen Prozesse des Risikocontrollings- und Managements im Unternehmen muss unter der Zielstellung der **Aufgabenverteilung** und der **Festlegung** von **Kompetenzen** und Verantwortung auf zentrale und dezentrale Einheiten erfolgen. Dazu gehört auch die Frage, wie risikoverursachende und risikokontrollierende Organisationseinheiten aufbau- und ablauforganisatorisch im Unternehmen eingebettet bzw. verknüpft werden. Im Mittelpunkt der Aufgabenverteilung steht dabei die Aggregation von Einzelrisiken- und Gewinnen zu unternehmensweiten Zielgrößen.

Zur Lösung dieser Hauptaufgabe stehen zwei grundsätzliche Ansätze zur Verfügung: Die **Integrationslösung**, welche die Aufgaben auf dezentrale Organisationseinheiten verteilt und das **Separationskonzept**, welches die Aufgaben in einer zentralen Organisationseinheit (Stabsabteilung) konzentriert.

Beide Ansätze verfügen über Vor- und Nachteile. Bei der **Integrationslösung** besteht der **Vorteil** darin, dass Risikoursache und Risikokontrolle organisatorisch näher bei einander liegen. Dies erfordert weniger Abstimmungsaufwand (zwischen risikoverursachenden und risikokontrollierenden Einheiten) und die notwendige risikospezifische Fachkompetenz (z. B. bezüglich des Absatzrisikos) steht in engerer Verbindung zu den Aufgaben des Risikocontrollings. Der gravierende **Nachteil** der Integrationslösung besteht in der mangelnden Wahrnehmung der typischen zentralen Aufgaben des Risikocontrollings. Hierzu gehören hauptsächlich die oben aufgeführten koordinativen Aufgaben des Risikocontrollings und die eigentliche Kontrollfunktion bezüglich der eingegangenen Risiken.

Das **Separationskonzept** besitzt den **Vorteil**, die koordinativen Aufgaben besser durchführen zu können. Dies setzt allerdings auch eine entsprechende Weisungsbefugnis des Risikocontrollings gegenüber den risikoverursachenden dezentralen Organisationseinheiten voraus. Aus Sicht der Unternehmensführung bietet das Separationskonzept den Vorteil, dass nur ein Ansprechpartner (das zentrale Risikocontrolling) benötigt wird und nicht mehrere dezentrale

Organisationseinheiten wie bei der Integrationslösung. Der **Nachteil** des Separationskonzeptes liegt in der Gefahr einer mangelnden Akzeptanz des Risikocontrollings aufgrund der Distanz zu den risikoverursachenden Organisationseinheiten. So besteht die Möglichkeit, dass von den dezentralen risikoverursachenden Einheiten aus fachlichen Gründen aufgrund von Besonderheiten bestimmter Risikoarten die vom Risikocontrolling vorgeschriebenen Methoden für ungeeignet gehalten werden.

Bei einer Gegenüberstellung der jeweiligen Vor- und Nachteile wird ersichtlich, dass bei **kleinen und mittleren Unternehmen** die Vorteile der Integrationslösung überwiegen, da die Unternehmensführung leichter die koordinativen Aufgaben selbst übernehmen kann und der Vorteil der Nähe zwischen Fachkompetenz und Kontrolle überwiegt. Bei **größeren Unternehmen** ist die Übernahme von Koordinierungsaufgaben durch die Unternehmensführung nicht mehr möglich, da Umfang und Komplexität zu hoch sind. Ebenso wäre die Zahl der Ansprechpartner der dezentralen Einheiten zu hoch. Auch die Kontrollfunktion würde bei vielen risikoverursachenden Organisationseinheiten an Wirksamkeit verlieren. Der Nachteil einer mangelnden Akzeptanz dezentraler Einheiten gegenüber einem zentralen Risikocontrolling bleibt jedoch auch bei großen Unternehmen bestehen. In der betriebswirtschaftlichen Praxis hat sich daher eine **Mischung** aus **Integrationslösung** und **Separationskonzept** durchgesetzt und ist in vielen Unternehmen in den Organigrammen nachzuvollziehen. Dabei überwiegen bei kleinen Unternehmen Bestandteile der Integrationslösung, während bei großen Unternehmen die Aufgabenerfüllung durch ein zentrales Risikocontrolling im Vordergrund steht. Eine für alle Unternehmensgrößen allgemeingültige Aussage lässt sich daraus nicht ableiten. Grundsätzlich sollten aber die klassischen Aufgaben des Risikomanagements (der Risikomessung- und Steuerung) eher den dezentralen Organisationseinheiten übertragen werden, während die koordinativen Aufgaben durch ein zentrales Risikocontrolling erfüllt werden sollten. Für die folgenden Ausführungen eines Konzeptes der Organisation von Risikocontrolling- und Management wird diese Vorgehensweise daher die Grundlage bilden.

Für eine geeignete **Aufbauorganisation**, welche die oben genannten Grundlagen berücksichtigt, müssen im ersten Schritt die Kriterien für eine Abgrenzung der Organisationseinheiten festgelegt werden. Das wichtigste Kriterium für eine Abgrenzung nach risikoverursachenden Einheiten stellen die **Risikoarten** und die zugehörigen Risikofaktoren dar. Dieses Kriterium folgt dem **Verursachungsprinzip**, d. h. Risken werden in derjenigen Organisationseinheit gemessen und gesteuert, in der sie entstehen. Danach müsste eine grundsätzliche organisatorische Unterscheidung in Unternehmensteile vorgenommen werden, die entweder finanzwirtschaftliche oder leistungswirtschaftliche Risiken auslösen.

Die Messung und Steuerung von **finanzwirtschaftlichen Risiken** (siehe Kapitel 4.) sollte demnach in einer Einheit „**Finanzmanagement**" zusammengefasst werden. Die Einheit Finanzmanagement könnte dann anhand der Risikofaktoren weiter z. B. in die Untereinheiten „Zinsmanagement", „Devisenmanagement", Aktienmanagement", „Immobilienmanagement", „Kreditmanagement", „Liquiditätsmanagement" untergliedert werden. Eine Organisationseinheit „Finanzmanagement" ist in der betriebswirtschaftlichen Praxis häufig bei größeren Unternehmen zu beobachten (wenngleich auch häufig unter anderen Bezeichnungen bzw. Aufgliederungen). Bei kleineren Unternehmen werden die Aufgaben des Finanzmanagements i. d. R. von der Unternehmensführung oder vom Rechnungswesen wahrgenommen.

Die organisatorische Berücksichtigung der **leistungswirtschaftlichen Risiken** erfolgt anhand des Cash Flow at Risk und seinen jeweiligen Komponenten (Risikofaktoren). Die Ursachen leistungswirtschaftlicher Risiken werden zweckmäßigerweise anhand der Produkte und Dienstleistungen, die das Unternehmen erstellt, differenziert. Diese Differenzierung erfolgt in Theorie und Praxis i. d. R. durch eine Aufteilung des Gesamtgeschäftes in **Geschäftsfelder**. Bei zahlreichen bzw. komplexen Produkten werden die einzelnen Geschäftsfelder weiter in **Geschäftseinheiten** (oder Geschäftsgruppen etc. genannt) unterteilt.

Der Organisationsaufbau nach dem **Verursachungsprinzip** ist jedoch in einigen Fällen **nicht** immer **trennscharf**. Dies kann besonders gut am Beispiel des Liquiditätsrisikos verdeutlicht werden. Werden Produkte auf Ziel verkauft, so ist der Verkaufserlös den leistungswirtschaftlichen Risiken als dem entsprechenden Geschäftsfeld zuzuordnen. Bei Ausfall des Kunden, d. h. bei Fälligkeit wird die Forderung durch den Kunden nicht beglichen, wird das Ausfallrisiko tragend und gleichzeitig liegt ein Liquiditätsverlust vor. Obwohl die Ursache für alle Risiken in der leistungswirtschaftlichen Tätigkeit des Unternehmens liegt, ist eine Behandlung des Ausfallrisikos und des Liquiditätsrisikos mit den entsprechenden finanzwirtschaftlichen Instrumenten und Methoden (siehe Abschnitt 4.2 und 4.3) erforderlich und muss dem Bereich des Finanzmanagements zugeordnet werden. Die Zuordnung von Risiken nach den Möglichkeiten der Risikomessung- und Steuerung kann daher als **Steuerungsprinzip** bezeichnet werden. Die verschiedenen Risikoarten können unproblematisch einer Organisationseinheit zugeordnet werden, wenn das Risiko sowohl nach dem Verursachungsprinzip als auch nach dem Steuerungsprinzip eindeutig einer Organisationseinheit zugeordnet werden kann.

Diese **Problematik** kann an zwei **Beispielen** verdeutlicht werden. Kauft ein Unternehmen eine Fremdwährungsanleihe, bei der die Tilgung in einer Fremdwährung erfolgt (z. B. US-$), so ist die Behandlung des damit verbundenen Wechselkursrisikos eindeutig dem Finanzmanagement zuzuordnen, da sowohl Ursache (Kauf der Fremdwährungsanleihe) als auch Steuerungsmöglichkeit (z. B. Abschluss eines Devisentermingeschäftes) dem Finanzmanagement zuzuordnen sind. Werden dagegen vom Unternehmen erstellte Produkte in einer Fremdwährung verkauft (z. B. durch Export in die USA), so entsteht ebenfalls ein Wechselkursrisiko durch die zukünftigen Rückflüsse in US-$. Nach dem Verursachungsprinzip müsste dieses Wechselkursrisiko dem entsprechenden Geschäftsfeld zugeordnet werden und nach dem Steuerungsprinzip dem Finanzmanagement.

Ist eine eindeutige Zuordnung nach beiden Prinzipien nicht möglich, so muss im Rahmen einer **unternehmensweiten Risikosteuerung** dem Steuerungsprinzip Vorrang gewährt werden. So kann ein Geschäftsfeld nicht für Verluste aus Devisenpositionen verantwortlich gemacht werden, wenn es keine Möglichkeiten (bzw. Kenntnisse) besitzt, diese zu steuern. Die Devisenposition und die damit verbundenen (Kurs-) Gewinne müssen also dem Finanzmanagement (Devisenmanagement) zugeordnet werden und für die Kalkulation der Absatzpreise muss im Gegenzug das Finanzmanagement dem Geschäftsfeld einen verbindlichen festen Wechselkurs stellen, so dass dem Geschäftsfeld kein Wechselkursrisiko verbleibt. Diese Vorgehensweise stellt gleichzeitig eine zwingende Anforderung an die **ablauforganisatorische** Einbindung des Risikocontrolling- und Managements in das gesamte Unternehmen dar.

Die **nicht eindeutige Zuordnung** von Risiken zu den Organisationseinheiten ist unternehmens- und branchenabhängig. Aus diesem Grund sind im Folgenden noch einige allgemeine Fälle einer nicht eindeutigen Zuordnung aufgeführt:

- Das **Beschaffungsrisiko** von **Rohstoffen**, die täglich an Börsen gehandelt werden und für die Finanzmarktinstrumente zur Risikosteuerung zur Verfügung stehen, werden durch die Geschäftseinheit verursacht (bzw. durch die Produktion der Güter ausgelöst), sind aber steuerungstechnisch dem Finanzmanagement zuzuordnen.
- Die Erhöhung des Zinsaufwandes von Kontokorrentkrediten wird durch die Finanzierung von Betriebsmitteln, also dem Geschäftsfeld, verursacht. Aufgrund der Steuerung des **Zinsänderungsrisikos** ist es dem Finanzmanagement (Zinsmanagement) zuzuweisen.
- Das Risiko eines möglichen höheren **Steueraufwandes** wird durch höhere Umsatzerlöse und dadurch ausgelöste höhere Steuersätze von der (erfolgreichen) Tätigkeit des Geschäftfeldes ausgelöst. Die Behandlung des Steueraufwandes (bzw. des Steuerrisikos) muss aber im Rechnungswesen erfolgen, da nur an dieser Stelle alle Einflussfaktoren des endgültigen durchschnittlichen Steuersatzes gelenkt werden können bzw. Informationen darüber zusammengeführt werden können.

Diese Liste lässt sich unternehmens- und branchenspezifisch noch erheblich ergänzen.

Im Ergebnis der obigen Ausführungen ist es erforderlich, alle Geschäftsfelder und zentralen (Stabs-) Abteilungen aufbau- und ablauforganisatorisch zusammenzufügen. Dies erfolgt in der betriebswirtschaftlichen Literatur und Praxis i. d. R. anhand von entsprechenden **Organigrammen**. Dabei sind jedoch nicht nur die Risiken ablauf- und aufbauorganisatorisch zu berücksichtigen, sondern für eine Gewinn-Risiko-orientierte Unternehmenssteuerung sind auch die **Gewinne** entsprechend der Risikoverteilung (nach dem Steuerungs- und Verursachungsprinzip) den verschiedenen Einheiten zuzuordnen. Für die Erstellung eines Organigramms an einem Beispiel werden folgende zentrale Einheiten und Geschäftsfelder zugrunde gelegt:

- Unternehmensführung,
- Finanzmanagement (Zins-, Devisen-, Aktien-, Kredit- und Liquiditätsmanagement),
- Risikocontrolling,
- Rechnungswesen,
- Personal,
- Zentrale Verwaltung (EDV, Organisation, Vorstandssekretariat, Facilitymanagement usw.),
- Geschäftsfeld A (bestehend aus den Einheiten A1 und A2) und
- Geschäftsfeld B (bestehend aus den Einheiten B1 und B2).

Diesen Einheiten werden die bisher behandelten Risikoarten bzw. Risikofaktoren organisatorisch zugeordnet. Daraus ergeben sich für die verschiedenen Einheiten folgende **Funktionen**, **Aufgaben** und **Risikozuordnungen**:

Die **Unternehmensführung** entscheidet und plant über die unternehmensweite Risikoaufstellung (Risikoexposure), die anzustrebenden RoRaC-Werte und die Abdeckung aller Risiken durch das Eigenkapital (als Risikodeckungsmasse). Die Abdeckung aller Risiken durch Eigenkapital wird auch als Risikotragfähigkeit bezeichnet.

Im **Finanzmanagement** werden sämtliche finanzwirtschaftliche Risiken aus finanzwirtschaftlicher Tätigkeit (siehe Kapitel 4.) gemessen und gesteuert. Zusätzlich sind die finanzwirtschaftlichen Risiken aus leistungswirtschaftlicher Tätigkeit zu managen und den Geschäftsfeldern im Rahmen einer **internen Leistungsverrechnung** risikofreie Preise und Bewertungskurse (für z. B. Wechselkurse und Zinssätze) zu liefern.

Das **Risikocontrolling** übernimmt die im Abschnitt 6.1 beschriebenen Funktionen und Aufgaben.

Das **Rechnungswesen** hat (neben seinen originären Aufgaben der Bilanzierung, Kosten- und Erlösrechnung etc.) zur Unterstützung des Risikomanagements im Wesentlichen zwei Aufgaben zu erfüllen. Zum einen ist der **Steueraufwand** (unter Berücksichtigung aller steuerrelevanten Einflussfaktoren) zu kalkulieren, um einen geplanten durchschnittlichen Steuersatz für die Kalkulation des Cash Flows den Geschäftsfeldern zur Verfügung stellen zu können. Zum anderen ist durch das Rechnungswesen eine möglichst **verursachungsgerechte Verteilung** von **Gewinnen** bzw. Aufwendungen und Erträgen auf die verschiedenen Organisationseinheiten notwendig, da es eine notwendige Voraussetzung für eine RoRaC-basierte Unternehmenssteuerung ist.

Die Steuerung des Personalrisikos obliegt der zentralen **Personalabteilung**. Hierzu gehört die Planung des **Personalaufwandes** zur Unterstützung der Geschäftsfelder zur Kalkulation des Cash Flows als auch die Durchführung von Maßnahmen zur Verminderung von personellen, internen **Betriebsrisiken** (in Abstimmung mit den Geschäftfeldern, siehe auch Abschnitt 5.1.2).

Im Fokus der **zentralen Verwaltung** steht die Messung und Steuerung der **Prozess-** und Systemrisiken sowie der **externen Betriebsrisiken** (siehe Abschnitt 5.1.2 und 5.1.3), soweit diese nicht gemäß dem Verursachungsprinzip direkt den Geschäftsfeldern zugeordnet werden sollten. Typische Anwendungsbeispiele sind die zentrale EDV, die organisatorische Festlegung von Arbeitsabläufen, der Schutz von Gebäuden und Anlagen gegen externe Betriebsrisiken usw.

In den **Geschäftsfeldern** stehen das Risikomanagement der Absatz und Beschaffungsrisiken und die Steuerung auf Basis des **Cash Flow at Risk** (siehe Abschnitt 5.2) im Vordergrund. Aber auch die **Betriebsrisiken**, die durch Beschaffung, Leistungserstellung und Absatz durch die Geschäftsfelder verursacht werden, sind an dieser Stelle zu erfassen und zu steuern.

Aus diesen Grundsatzüberlegungen und Schlussfolgerungen kann beispielhaft das in Abbildung 6.1 dargestellte **Aufbau-** und **Ablauforganigramm** abgeleitet werden.

Dabei stellen die Verknüpfungen mit Pfeilen **Prozesse** dar, durch die bestimmte Funktionen und Kommunikationswege des Risikocontrollings- und Managements gewährleistet werden. Die gestrichelten Verbindungslinien ohne Pfeile bilden die aus Sicht des Risikomanagements notwendigen **aufbauorganisatorischen Verknüpfungen** zwischen den Organisationseinheiten.

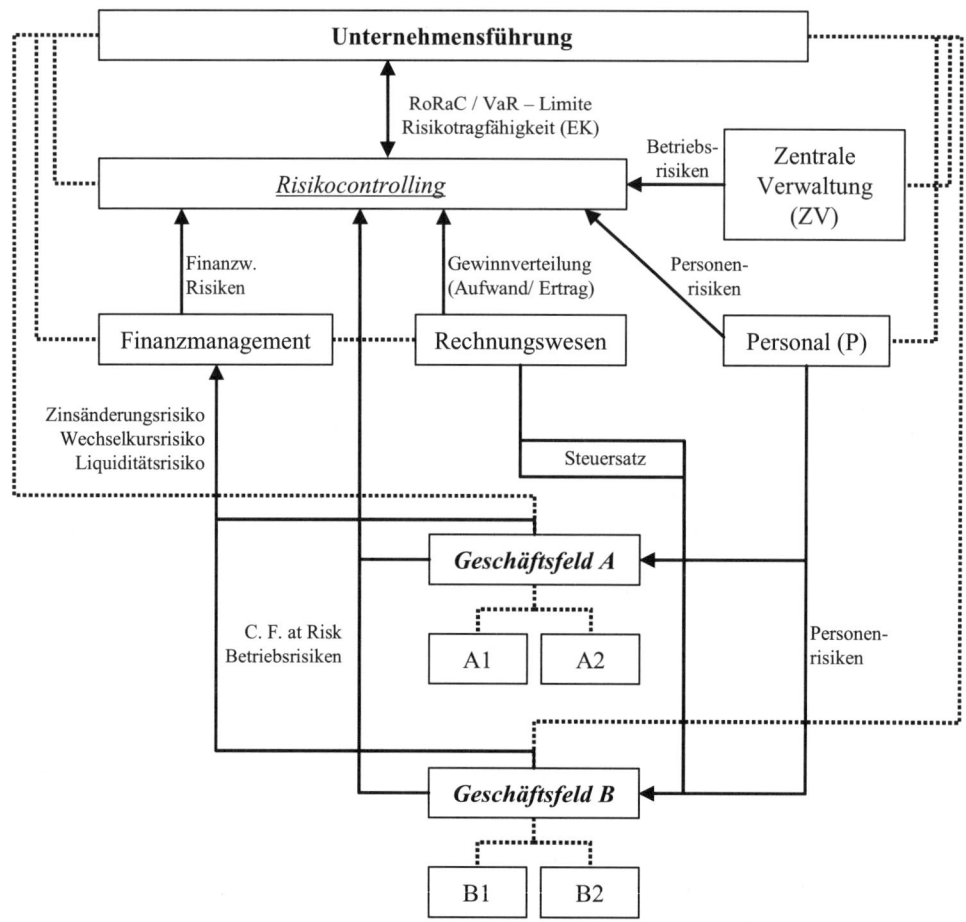

Abb. 6.1   *Aufbau- und Ablaufdiagramm für Risikocontrolling- und Management*

Die dargestellte aufbau- und ablauforganisatorische Verknüpfung der Organisationseinheiten reicht für eine fundierte und aussagekräftige Risikoberichterstattung an die Unternehmensführung noch nicht aus. Es müssen für die verschiedenen möglichen **Aggregationsstufen** bis zur Unternehmensführung die unterschiedliche **Risikoarten** bzw. deren Risikofaktoren zugeteilt werden. Neben der Zuordnung der Risken auf die verschiedenen Aggregationsstufen und Einheiten müssen auch die zugehörigen **Gewinne** anteilig verteilt werden. Aus den Risiko- und Gewinnzuweisungen kann schließlich für die einzelnen Organisationseinheiten und für die verschiedenen aggregierten Stufen der Unternehmensführung über

- die realisierten RoRaC-Werte,
- mögliche Limite auf VaR-Basis und
- die Risikotragfähigkeit durch das Eigenkapital bzw. die Eigenkapitalbelastung

berichtet werden.

Tab. 6.1 *Schema für die Risikoaggregation von Risikoarten und Organisationseinheiten auf Basis des VaR (in Mio. €)*

Risiken: (in Mio. €)	Geschäfts-feld A:	Geschäfts-feld B:	Finanz-manage-ment (FM):	Zentrale Verwal-tung (ZV):	Perso-nal (P):	A+B:	ZV+P	Gesamt:
Zinsänderungsrisiko:	-	-	125	-	-	-	-	**125**
Wechselkursrisiko:	-	-	65	-	-	-	-	**65**
Aktienkursrisiko:	-	-	20	-	-	-	-	**20**
Ausfallrisiko:	-	-	150	-	-	-	-	**150**
Liquiditätsrisiko:	-	-	15	-	-	-	-	**15**
Σ Finw. Risiken	*=*	*=*	*375*	*=*	*=*	*=*	*=*	*375*
Absatzrisiko (Umsatzerlöse):	1.250	1.300	-	-	-	2.550	-	**2.550**
Beschaffungsrisiko (Materialaufwand):	120	140	-	-	-	260	-	**260**
Lohnrisiken (Lohnaufwand):	70	80	5	35	5	150	40	**195**
Verwaltungsaufwand:	6	9	3	23	9	15	32	**50**
Zinsaufwand:	5	6	-	-	-	11		**11**
Steueraufwand:	35	40	15	-	-	75		**90**
Cash Flow at Risk:	*1.486*	*1.575*	*23*	*58*	*14*	*3.061*	*72*	*3156*
Personenrisiken:	14	18	5	8	3	32	11	**48**
Systemrisiken:	2	2	12	57	8	4	65	**81**
Prozessrisiken:	1	1	3	15	6	2	21	**26**
Externe Risiken:	3	4	-	3	2	7	5	**12**
Σ Betriebsrisiken:	*20*	*25*	*20*	*83*	*19*	*45*	*102*	*167*
Σ Leistgsw.Risiken:	*1.506*	*1.600*	*43*	*141*	*33*	*3.106*	*174*	*3.323*
Gesamtrisiko:	***1.506***	***1.600***	***418***	***141***	***33***	***3.106***	***174***	***3.698***

Ein mögliches Schema für eine **beispielhafte Gewinn-** und **Risikoaggregation** für die unterschiedlichen Risikoarten und Organisationseinheiten, welches den Anforderungen der Unternehmensführung bezüglich der o. g. drei Punkte gerecht werden würde, wäre äußerst komplex und in einer Abbildung nicht übersichtlich darstellbar. Aus diesem Grund basiert das in Tabelle 6.1 dargestellte Schema im ersten Schritt nur auf den **VaR –Werten** für die in Abbildung 6.1 aufgeführten Organisationseinheiten. Die VaR-Werte (jeweils in Mio. € für eine Liquidationsperiode von einem Jahr und eine Sicherheitswahrscheinlichkeit von 99%) der einzelnen Risikoarten und Organisationseinheiten sind willkürlich gewählt und sollen lediglich das Grundprinzip der Aggregation verdeutlichen. Für die Aggregation wurde zwecks Vereinfachung stets eine vollständig positive Korrelation unterstellt. Dadurch können die VaR-Werte durch einfache **Addition** über alle Aggregationsstufen zusammengeführt werden. Dies bildet zwar die betriebswirtschaftliche Realität nicht richtig ab, aber es ist zumindest eine vorsichtige Risikoeinschätzung, da das Gesamtrisiko nicht größer sein kann als die Summe der Einzelrisiken. Die exakte Berechnung der Diversifikationseffekte durch die Aggregation erfolgt im Einzelnen in Abschnitt 6.3.

Für die Aggregation sind aus Gründen der Übersichtlichkeit die in Abbildung 6.1 abgebildeten Organisationseinheiten **Unternehmensführung, Rechnungswesen** und **Risikocontrolling** nicht aufgeführt, da diese nicht direkt selbst Risiken verursachen, sondern im Wesentlichen Funktionen der Risikoberichterstattung erfüllen. Der für diese Einheiten notwendige Lohn- und Verwaltungsaufwand bzw. die Risiken, dass diese unerwartet steigen, sind in der Einheit „Zentrale Verwaltung (ZV)" enthalten.

Aufbau und **Struktur** von Tabelle 6.1 hängen von der Wahl der Aggregationsebenen ab. Diese sind branchen- und unternehmensspezifisch bzw. resultieren aus den Anforderungen der Unternehmensführung an die Risikoberichterstattung. Allgemein kann das Schema zur Aggregation in eine horizontale und eine vertikale Aggregationsebene unterschieden werden.

Auf der **horizontalen Aggregationsebene** erfolgt die Zusammenführung nach den Organisationseinheiten. Im Beispiel 6.1 werden die Geschäftsfelder A und B zu einem Gesamtgeschäft aggregiert, sowie die zentrale Verwaltung und Personal zu einer Zentraleinheit zusammengefasst. Auf der höchsten Aggregationsebene werden schließlich alle Einheiten zu einer unternehmensweiten Gesamtposition zusammengeführt. Je nach Anforderungen können auch andere Aggregationsebenen gewählt werden, dies würde aber am Grundprinzip und an den rechentechnischen Methoden der Aggregation nichts ändern, weshalb darauf verzichtet wird.

Die Aggregation nach den Risikoarten bildet die **vertikale Aggregationsebene**. In Tabelle 6.1 werden die Risikoarten zu den finanzwirtschaftliche Risiken, dem Cash Flow at Risk, den Betriebsrisiken und schließlich zu den leistungswirtschaftlichen Risiken zusammengefasst. In der letzten Zeile werden alle Risiken zum Gesamtrisiko je Organisationseinheit aggregiert. Auch können die einzelnen Risikoarten je nach Bedarf zu anderen Aggregationsstufen zusammengeführt werden (z. B. wird in der Literatur häufig das Zinsänderungsrisiko mit dem Ausfallrisiko zusammengefasst). Eine weitere Gestaltungsmöglichkeit bei der Aggregation über die Risikoarten besteht in der Aufgliederung der Risikoarten nach ihren jeweiligen **Risikofaktoren** (z. B. die Unterteilung des Zinsänderungsrisikos in die Zinssätze nach Laufzeiten, das Aktienkursrisiko nach den verschiedenen Aktienkursen, das Beschaffungsrisiko nach den verschiedenen Rohstoffen usw.). Diese Darstellung bietet insbesondere den Vorteil, die Risikoaggregation über die einzelnen Organisationseinheiten transparenter darzustellen (Einzelheiten siehe Abschnitt 6.3). Für eine übersichtlichere Darstellung wird darauf in Tabelle 6.1 verzichtet, ohne dass sich am Grundprinzip der Aggregation etwas ändert. Die Summe aller aggregierten Risikoarten entspricht schließlich der Summe der Risiken über alle aggregierten Organisationseinheiten. Im obigen Beispiel beträgt das Gesamtrisiko (= der gesamte VaR) des Unternehmens **3.698.000 €**.

Auf der Grundlage der aufbau- und ablauforganisatorischen Einbettung des Risikocontrolling- und Managements ist es für die technische Umsetzung erforderlich, die verschiedenen Risiken und Gewinne **rechentechnisch** zu verteilen bzw. zu aggregieren. Die unterschiedlichen Ansätze für eine unternehmensweite Verteilung bzw. Aggregation werden im folgenden Abschnitt dargestellt.

6.3 Unternehmensweite Gewinn- und Risikoaggregation

Für die Risikoberichterstattung von RoRaC und Risikotragfähigkeit an die Unternehmensführung durch das Risikocontrolling sind neben dem organisatorischen Aufbau und Ablauf auch die VaR-Werte und Gewinne rechentechnisch auf geeignete Art und Weise für die einzelnen Organisationseinheiten und Risikoarten zu bestimmen. Für die Aggregation zu bestimmten Gruppen von Risikoarten und Organisationseinheiten müssen dabei insbesondere Verbund- bzw. **Diversifikationseffekte** rechentechnisch möglichst realitätsnah abgebildet werden. Zu diesem Zweck werden in der Literatur insbesondere bezüglich der Zusammenführung von Zinsänderungs- und Kreditrisiken verschiedene Ansätze diskutiert. Diese Ansätze eigenen sich jedoch hauptsächlich nur für die Anwendung in Banken unter bestimmten Voraussetzungen (siehe Literaturhinweise Abschnitt 6.5). Im Folgenden wird ein Ansatz dargestellt, der für die Aggregation nach dem Schema von Tabelle 6.1 bezüglich Transparenz und Nachvollziehbarkeit allgemein geeignet ist.

Die **Aggregation** der **Gewinne** über die verschiedenen Einheiten und Risikoarten ist relativ unproblematisch, da es sich bei der Gewinnermittlung um Planwerte (bzw. Erwartungswerte) handelt, für die keine Unsicherheit angenommen werden muss (da die Unsicherheit der Gewinne ja gerade durch den VaR abgebildet wird). **Konstante Gewinngrößen** können dann durch einfache **Addition** zusammengefasst werden. Wesentlicher schwieriger gestaltet sich dagegen die Gewinnzuordnung auf die einzelnen Organisationseinheiten. Diese Problematik wird umfangreich im Rahmen der Kosten- und Erlösrechnung (internes Rechnungswesen) behandelt und wird daher nicht vertieft (für entsprechende Literaturhinweise siehe 6.5). Für die weiteren Ausführungen werden Gewinne dort zugeordnet, wo sie verursacht werden (Verursachungsprinzip). Organisationseinheiten, die aufgrund ihrer Funktion keine Gewinne erzielen, werden nur die zurechenbaren Aufwendungen zugeteilt. Sind die Aufwendungen höher als die zurechenbaren Erträge, so wird dies rechentechnisch durch ein negatives Vorzeichen berücksichtigt und umgekehrt durch ein positives Vorzeichen.

Die **Risikoaggregation** über die verschiedenen **Organisationseinheiten** ist für **identische Risikofaktoren** (z. B. Rohölpreis innerhalb des Beschaffungsrisikos) unproblematisch, da Risiken desselben Risikofaktors vollständig positiv korreliert sind und somit deren VaR-Werte addiert werden können. Bei **unterschiedlichen Risikofaktoren** (z. B. Rohöl und Kupfer; siehe Abschnitt 5.2.3) erfolgt die Aggregation anhand der zugehörigen Korrelation auf Basis des VaR von Portfolios (siehe Abschnitt 2.3.3).

Die **Risikoaggregation** über verschiedene **Risikoarten** ist dagegen nicht so einfach möglich. Die Bestimmung der Korrelationen zwischen verschiedenen Risikokategorien (z. B. Finanzwirtschaftliche Risiken versus Betriebsrisiken) ist i. d. R. nicht durch historische Daten empirisch berechenbar, da entweder keine vergleichbare Zeitreihen oder Zeitabstände der Datenerhebungen usw. vorliegen. Auch können die vorhandenen Daten häufig nicht wegen unterschiedlicher Einheiten miteinander in Bezug gebracht werden (z. B. prozentuale Änderung versus Anzahl der Schäden in einem Jahr). Lediglich innerhalb derselben Risikoart ist die Berechnung und Berücksichtigung von Korrelationen unproblematisch (z. B. zwischen den

Zinssätzen für verschiedene Laufzeiten innerhalb des Zinsänderungsrisikos; siehe Abschnitt 4.1.). Für die Risikoaggregation der meisten Risikokategorien ist folglich die **Schätzung** des **Korrelationskoeffizienten** (aufgrund von Plausibilitätsüberlegungen über die betriebswirtschaftlichen Zusammenhänge der Risiken) notwendig.

In Abschnitt 5.2.3 wird die Problematik der Aggregation verschiedener Risikokomponenten des Cash Flows auf der Grundlage der **Rechenregeln** für die **Verknüpfung** von **zwei Zufallsvariablen** im Ansatz gelöst. Dabei werden die einzelnen Komponenten jeweils paarweise zu einer neuen Zufallsvariable verknüpft und anhand der Rechenregeln die Parameter der verknüpften Zufallsvariable berechnet. Anhand der Standardabweichung der aggregierten Risiken wird dann der VaR der beiden aggregierten Risiken ermittelt. Diese Vorgehensweise ist für die Bestimmung des Cash Flow at Risk ausreichend bzw. betriebswirtschaftlich plausibel und nachvollziehbar. Hinsichtlich der Anwendung dieses Konzeptes auf eine unternehmensweite Risikoaggregation über verschiedene Risikokategorien weist diese Vorgehensweise jedoch folgende wesentlichen Nachteile auf:

- Die Aggregation erfolgt auf Basis der **Verteilungsparameter** (Standardabweichung). Für eine transparente und stärker betriebswirtschaftlich orientierte Risikoberichterstattung ist eine Aggregation auf Basis von VaR-Werten nachvollziehbarer.
- Die Verknüpfung ist immer nur **paarweise** möglich. Häufig ist jedoch gerade aus betriebswirtschaftlichen Gesichtspunkten die simultane Verknüpfung von mehr als zwei Risikoarten sinnvoll und notwendig.
- Ein **gravierender Nachteil** dieser Vorgehensweise ist eng mit der paarweisen Aggregation verknüpft. Sollen z. B. drei Risikoarten A (z. B. Umsatzerlöse), B (z. B. Materialaufwand) und C (z. B. Personalaufwand) zu einer Erfolgsgröße aggregiert werden, so würden z. B. bei einer paarweisen Verknüpfung erst A und B zu einem Rohertrag (A-B) unter Berücksichtigung der Korrelation zwischen Umsatzerlöse und Materialaufwand zusammengeführt werden. Danach wird der Rohertrag (A-B) mit dem Lohnaufwand (C) zu einer Erfolgsgröße (A-B-C) zusammengeführt. Dabei wird die Korrelation zwischen dem Rohertrag und dem Lohnaufwand rechentechnisch berücksichtigt. Eine betriebswirtschaftlich möglicherweise notwendige Berücksichtigung der Korrelation zwischen Umsatzerlösen (A) und Lohnaufwand (C) (die betriebswirtschaftlich durchaus sinnvoll ist, da bei steigenden Umsatzerlösen von den Arbeitnehmern auch höhere Löhne gefordert werden können), könnte dabei nicht erfasst werden! Bei einer paarweisen Aggregation können also **nicht** alle **notwendigen Korrelationen** immer ausreichend **berücksichtigt** werden.

Die beiden erstgenannten Nachteile können vermieden werden, indem zwischen den Risiken, die zusammengeführt werden sollen, jeweils einer der drei folgenden **Spezialfälle** unterstellt wird (für die technische Herleitung und Darstellung dieser Zusammenhänge siehe Abschnitt 2.8):

- Zwischen allen Risiken besteht **keine Korrelation** (Korrelationskoeffizient = 0). In diesem Fall kann der VaR der aggregierten Größe einfach durch die Wurzel der Summe der quadrierten Einzel-VaR-Werte berechnet werden. Gleiches gilt für die Berechnung der Volatilität der aggregierten Größe aus den einzelnen Standardabweichungen. Diese Annahme wurde z. B. auch zur Berechnung des Cash Flow at Risk unterstellt (siehe Abschnitt 5.2.3 und insbesondere die Tabellen 5.7 bzw. 5.8).

- Es wird eine **vollständig positive Korrelation** unterstellt (Korrelationskoeffizient = +1). In diesem Fall können die VaR der Einzelrisiken zum gewünschten Gesamtrisiko aufsummiert werden. Diese Vorgehensweise kann z. B. bei der Aggregation über die Organisationseinheiten (bei identischen Risikofaktoren) sinnvoll angewendet werden.

- Es liegt eine **vollständig negative Korrelation** vor (Korrelationskoeffizient = -1). Ein typischer Anwendungsbereich dieser Annahme zur Aggregation liegt im Finanzbereich, wenn so genannte Long- und Short-Positionen desselben Risikofaktors vorliegen. So kann z. B. ein Unternehmen durch Exporterlöse eine US-\$-Position in Höhe von 1 Mio. erhalten (=**Long-Position**) und gleichzeitig benötigt der Beschaffungsbereich für den Kauf von Rohöl 4 Mio. US-\$ (**Short-Position**). Beträgt der VaR für 1 Mio. US-\$ 25.000,- € und beläuft sich für die Position von 4 Mio. US-\$ der VaR auf 100.000,- €, so ergibt sich für beide Positionen der VaR aus der **betragsmäßigen Differenz** beider Einzel-VaR. Der VaR für beide Positionen zusammen entspricht dem Betrag von 100.000,- € minus 25.000,- €, was einen VaR von 75.000,- € ergibt.

Diese Spezialfälle decken jedoch nur einen geringen Teil der betriebswirtschaftlichen Praxis ab. In zahlreichen Fällen kann eine schwach negative oder positive Korrelation beobachtet werden. Es ist also notwendig, **jede betragsmäßig** mögliche **Korrelation** zu berücksichtigen. Gleichzeitig wird angestrebt, den dritten gravierenden Nachteil einer paarweisen Aggregation zu beseitigen und **alle** notwendigen **Korrelationen** zwischen mehreren einzelnen Risikofaktoren **untereinander berücksichtigen** zu können. Dies ist mit den bisher vorgestellten Ansätzen jedoch nicht ohne weiteres möglich. Ein Lösungsansatz besteht in der Erweiterung der Berechnung des VaR von Portfolios (siehe Abschnitt 2.3.3) für lediglich zwei Risikopositionen auf beliebig viele Risikopositionen mit Hilfe der allgemeinen Portfoliotheorie. Eine übersichtliche und rechentechnisch einfach handhabbare Darstellung der VaR-Berechnung für mehr als zwei Risikofaktoren ist in der bisher dargestellten Form nicht möglich. Für eine genaue formale Darstellung wird daher auf den technischen Anhang verwiesen (Abschnitt 6.6). Das Grundprinzip kann aber an einem **Beispiel für drei Risikofaktoren** demonstriert werden. Zu diesem Zweck wird auf das Beispiel der Berechnung des Cash Flow at Risk anhand der Aggregation von Rohertrag (Roh), Lohn- und Verwaltungsaufwand (L+V) und Finanzaufwand (Fin) zurückgegriffen.

Die Berechnung erfolgt auf Basis der im Abschnitt 5.2.3 berechneten Verteilungswerte und VaR (siehe Tabelle 5.7). Zusätzlich wird eine Korrelation zwischen Rohertrag und Lohnaufwand von $k_{Roh,L+V} = +0{,}7$, eine Korrelation zwischen Rohertrag und Finanzaufwand von $k_{Roh,Fin} = +0{,}2$ sowie auch eine Korrelation zwischen Lohnaufwand und Finanzaufwand in Höhe von $k_{L+V,Fin} = +0{,}1$ berücksichtigt. Die Varianz des Cash Flow (s^2_{CF}) unter Berücksichtigung dieser Korrelationen ergibt sich dann gemäß

$$s^2_{CF} = s^2_{Roh} + s^2_{L+V} + s^2_{Fin}$$

$$+ 2 \cdot (k_{Roh,L+V} \cdot s_{Roh} \cdot s_{L+V} + k_{Roh,Fin} \cdot s_{Roh} \cdot s_{Fin} + k_{L+V,Fin} \cdot s_{L+V} \cdot s_{Fin}).$$

Der Cash Flow at Risk ergibt sich dann aus

$$CFaR = \sqrt{s_{CF}^2} \cdot \alpha .$$

Wird ein Wert von **null** für **alle Korrelationen** zwischen den Komponenten angenommen, so wird der zweite gemischte Term der obigen Gleichung null. Es ergibt sich wieder das Ergebnis der Beispielrechnung aus Abschnitt 5.2.3 (siehe Tabelle 5.7) für den CFaR in Höhe von **22.424,23 €**.

Für die oben genannten **von null verschiedenen Korrelationen** berechnet sich der CFaR wie folgt:

$s^2_{CF} = 17.495,36€^2 + 832,17€^2 + 364,58€^2$

$\quad + 2 \, x \, (0,7 \, x \, 17.495,36€ \, x \, 832,17€ + 0,2 \, x \, 17.495,36€ \, x \, 364,58€$

$\quad +0,1 \, x \, 832,17€ \, x \, 364,58€) = 306.913.047 + 22.994.821,07 = \underline{\mathbf{329.907.868,1}}$.

Die Standardabweichung des Cash Flow beläuft sich somit auf s_{CF} = 18.163,37 €. Der CFaR erhöht sich damit durch Berücksichtigung der positiven Korrelationen auf **23.249,11 €**.

Dieses Prinzip kann im nächsten Schritt auf die unternehmensweite Risikoaggregation am Beispiel von Tabelle 6.1 übertragen werden. Für die spätere Analyse der aggregierten Werte auf Basis des RoRaC-Konzeptes ist es noch zweckmäßig, die jeweiligen **Component VaR**-Werte zu berechnen (siehe Abschnitt 2.3.3 und 2.6). Die in Abschnitt 2.3.3 dargestellten Ansätze zur Bestimmung des Component VaR sind nur geeignet, wenn aus historischen Daten der Beta-Faktor berechnet werden kann. Dies ist jedoch nicht immer für alle Risiken möglich, insbesondere wenn die Korrelationen geschätzt werden müssen. Der Component VaR kann auch auf andere Weise berechnet werden, wenn nur die im obigen Beispiel aufge-führten Daten vorhanden sind (für eine formale Darstellung der Berechnung siehe Abschnitt 6.6). Für das obige Beispiel können die Component VaR wie folgt ermittelt werden:

Im ersten Schritt werden für die einzelnen Komponenten die zugehörigen Beta-Faktoren ermittelt. Der Beta-Faktor für den Rohertrag (β_{Roh}) wird gemäß

$$\beta_{Roh} = \sqrt{(s_{Roh}^2 + s_{Roh,L+V} + s_{Roh,Fin})/s_{CF}^2}$$

$$= \sqrt{(306.087.621,5 + 10.191.379,61 + 1.275.691,67)/329.907.868,1}$$

$$= \underline{\mathbf{0,96256}}$$

berechnet. Analog ergibt sich für den Lohnaufwand β_{L+V} = **0,03308** und für den Finanzauf-wand β_{Fin} = **0,00436**.

Durch Multiplikation der Beta-Faktoren mit dem Cash Flow at Risk ergeben sich die folgenden Component VaR-Werte:

$CoVaR_{Roh} = 23.249,11€ \times 0,96256 = \underline{\mathbf{22.378,66 €}}$ (VaR$_{Roh}$ = 22.394,06 €),

$CoVaR_{L+V} = 23.249,11€ \times 0,03308 = \underline{\mathbf{769,08 €}}$ (VaR$_{L+V}$ = 1.065,18 €) und

$CoVaR_{Fin} = 23.249,11€ \times 0,00436 = \underline{\mathbf{101,37 €}}$ (VaR$_{Fin}$ = 466,66 €).

Die Summe der einzelnen Component VaR-Werte ergibt wieder genau den Cash Flow at Risk von 23.249,11 €. Durch die Gegenüberstellung der Component VaR mit den VaR der einzelnen Risikopositionen wird der **Diversifikationseffekt** verdeutlicht. Der Diversifikationseffekt wirkt sich relativ gesehen am stärksten auf den Finanzaufwand aus (aufgrund des Verhältnisses von 101,37 € für den Component VaR zu 466,66 € für den einfachen VaR).

Damit sind die **Grundlagen** für eine **unternehmensweite Aggregation** von Risiken und Gewinnen und die daraus resultierende Analyse auf Basis des RoRaC-Konzeptes vorhanden. Für die Anwendung auf das Beispiel in Tabelle 6.1 sind im nächsten Schritt die Angaben der Korrelationen zwischen den einzelnen Risikoarten und die Standardabweichungen der einzelnen Risikopositionen erforderlich. Die Angabe erfolgt zweckmäßigerweise in Tabellenform für die verschiedenen Risikokategorien (Finanzwirtschaftliche Risiken, Cash Flow-Risiken und Betriebsrisiken) getrennt. Auf der Diagonalen der einzelnen Tabellenabschnitte sind die Standardabweichungen in Mio. € angegeben und in der unteren Hälfte die Korrelationen (da der Korrelationswert z. B. in der Zeile Zinsänderungsrisiko und der Spalte Wechselkursrisiko mit dem Wert in der Spalte Zinsänderungsrisiko und der Zeile Wechselkursrisiko identisch ist, wird auf eine Darstellung oberhalb der Diagonalen verzichtet).

In der Zeile mit der Summe der einzelnen Risikoarten ist der jeweilige **Beta-Faktor** des Einzelrisikos angegeben. Dessen Berechnung erfolgt analog zur oben dargestellten Vorgehensweise anhand des Beispieles für die Aggregation zum Cash Flow at Risk. In der Spalte mit der Summe der Risiken ist dann die jeweilige **Standardabweichung** für die Summe der Risiken unter Berücksichtigung der zugehörigen Korrelationen angegeben. Für die Berechnung der Standardabweichung der Summe aller leistungswirtschaftlichen Risiken wird zwischen Cash Flow und Betriebsrisiken eine Korrelation von +0,7 angenommen. Zur Bestimmung der Standardabweichung des unternehmensweiten Gesamtrisikos wird zwischen leistungs- und finanzwirtschaftlichen Risiken eine Korrelation von +0,1 unterstellt. Auf der Grundlage der Berechnungen in Tabelle 6.2 ist nun die unternehmensweite Gesamtaggregation für die einzelnen Risiken über alle Organisationseinheiten nach den einzelnen Risikoarten möglich. In Tabelle 6.3 sind zusätzlich die **Gewinne**, die jeweiligen **Component VaR**-Werte (auf Basis der in Tabelle 6.2 berechneten Beta-Faktoren) und die daraus resultierenden **Eigenkapitalauslastungen** und **RoRaC-Werte** (bezogen auf den Component VaR) in Prozent angegeben. Für die Berechnung der Eigenkapitalauslastungen wird ein Eigenkapital in Höhe von 3,2 Mrd. € zugrunde gelegt.

Tab. 6.2 *Korrelationen und Standardabweichungen (in Mio.€) der einzelnen Risikogruppen*

	Zinsänderungsrisiko:	Wechselkursrisiko:	Aktienkursrisiko:	Ausfallrisiko:	Liquiditätsrisiko:	*Σ Finw. Risiken:*	
Zinsänderungsrisiko:	53,65						
Wechselkursrisiko:	-0,8	27,90					
Aktienkursrisiko:	-0,3	0,7	8,58				
Ausfallrisiko:	0,6	0,2	-0,1	64,38			
Liquiditätsrisiko:	0,3	-0,4	-0,3	0,8	6,44		
Σ Finw. Risiken (β):	0,33724	0,00325	0,00284	0,62145	0,03522	**105,01**	

	Absatzrisiko:	Beschaffungsrisiko:	Lohnrisiken:	Verwaltungsaufwand:	Zinsaufwand:	Steueraufwand:	*Σ Cash Flow:*
Absatzrisiko:	1.094,42						
Beschaffungsrisiko:	0,8	111,59					
Lohnrisiken:	0,2	0,2	83,69				
Verwaltungsaufwand:	0,6	0,7	0,6	21,46			
Zinsaufwand:	0,3	0,1	0,2	0,2	4,72		
Steueraufwand:	-0,3	-0,1	-0,2	-0,3	-0,8	38,63	
Σ Cash Flow (β):	0,89929	0,07739	0,01892	0,01182	0,00106	-0,00848	**1.210,04**

	Personenrisiken:	Systemrisiken:	Prozessrisiken:	Externe Risiken:	*Σ Betriebsrisiken:*	*Σ Leistgsw. Risiken:*	*Gesamtrisiko:*
Personenrisiken:	20,60						
Systemrisiken:	0,1	34,76					
Prozessrisiken:	0,8	0,8	11,16				
Externe Risiken:	0	0	0	5,15			
Σ Betriebsrisik. (β):	0,23320	0,54545	0,21225	0,00910	**53,99**		
Σ Leistgsw.Risiken:						**1.248,43**	
Gesamtrisiko:							**1.263,26**

Tabelle 6.3 stellt den letzten Punkt der Ergebnisse des **Risikomanagement-Prozesses** dar. Anhand dieser Ergebnisse wird zum einen die Unternehmensführung über die unternehmensweite Risikolage informiert und zum anderen werden Entscheidungen bezüglich der ersten Schritte des Prozesses neu getroffen (siehe Abschnitt 1.2). Hierzu gehören z. B.

- die erneute Risikoidentifikation zur Berücksichtigung weiterer Risiken,
- die Einführung neuer Risikokennzahlen (weil die bisher verwendeten nicht aussagekräftig genug sind),
- die Festlegung neuer Limite auf Basis des VaR im Rahmen der Risikosteuerung usw.

Die **Interpretation** der Ergebnisse von Tabelle 6.3 kann schrittweise erfolgen.

Tab. 6.3 *Unternehmensweite Gewinne (Mio.€),VaR (Mio. €), Component VaR (Mio. €), RoRaC und Eigenkapital-*
auslastungen

Risiken:	Gewinne:	Einzel VaR:	Comp. VaR:	RoRaC:	EK-Last:
Zinsänderungsrisiko:	80	125	82,51	0,9695	2,58%
Wechselkursrisiko:	0,6	65	0,80	0,7537	0,02%
Aktienkursrisiko:	0,5	20	0,69	0,7205	0,02%
Ausfallrisiko:	135	150	152,05	0,8878	4,75%
Liquiditätsrisiko:	-8	15	8,62	-0,9284	0,27%
Σ Finw. Risiken	*208,1*	*375*	*244,67*	*0,8505*	*7,65%*
Absatzrisiko	1.500	2.550	2.535,45	0,5916	79,23%
Beschaffungsrisiko	-130	260	218,20	-0,5958	6,82%
Lohnrisiken	-40	195	53,34	-0,7499	1,67%
Verwaltungsaufwand:	-24	50	33,31	-0,7205	1,04%
Zinsaufwand:	-2	11	3,00	-0,6665	0,09%
Steueraufwand:	-20	90	-23,92	0,8362	-0,75%
Cash Flow at Risk:	*1.284*	*3.156*	*2.819,39*	*0,4554*	*88,11%*
Personenrisiken:	0	48	29,34	0,0000	0,92%
Systemrisiken:	0	81	68,62	0,0000	2,14%
Prozessrisiken:	0	26	26,70	0,0000	0,83%
Externe Risiken:	0	12	1,14	0,0000	0,04%
Σ Betriebsrisiken:	*0*	*167*	*125,81*	*0,0000*	*3,93%*
Σ Leistgsw.Risiken:	*1.284*	*3.323*	*2.909*	*0,4414*	*90,90%*
Gesamtrisiko:	*1.492*	*3.698*	*2.943*	*0,5069*	*91,98%*

Im ersten Schritt werden die **Gewinne** den Risikoarten gegenübergestellt. Es werden die Gewinne durch Addition über die verschiedenen Organisationseinheiten zum unternehmensweiten Gesamtgewinn (in Höhe von 1.492 Mio. €) aggregiert. Für eine detailliertere Gewinnanalyse sollte die Darstellung gemäß Tabelle 6.1 nach den verschiedenen Einheiten getrennt aufgeführt werden (worauf aus Gründen der Übersichtlichkeit verzichtet wird). Die Ermittlung der Gewinne muss mit Blick auf die angestrebte Risikoanalyse auf Basis des RoRaC-Konzeptes nach folgenden **Kriterien** erfolgen:

- Die Gewinnermittlung muss für den Zeitraum der **Liquidationsperiode** durchgeführt werden, für den auch die VaR-Berechnungen vorgenommen werden.
- Die **Zuordnung** der **Gewinne** zu den einzelnen Risikoarten sollte nach dem **Verursachungsprinzip** erfolgen, da für die Risikoberichterstattung die Verursachung von Gewinnen und Risiken für die Unternehmensführung im Vordergrund steht (im Gegensatz zur Risikosteuerung im Rahmen des Risikomanagements, siehe Kapitel 3).
- **Erträge** werden nur dort ausgewiesen, wo sie auch **entstanden** sind. Eine Verteilung der Erträge sollte nicht stattfinden, da dies die Risikoanalyse vom Interpretationsgehalt deutlich erschweren würde (so werden unter dem Lohnaufwand nur Löhne und Gehälter ausgewiesen, wodurch ein negativer RoRaC entsteht. Bei der Aggregation zum Cash Flow at Risk wird die Wirkungsweise eines negativen RoRaC für den Lohnaufwand in Form eines niedrigeren Cash Flow at Risk wieder deutlich).
- Gewinne werden als **feste Planwerte** ermittelt. Insbesondere wird für die geplanten Gewinne keine Unsicherheit unterstellt. Die Unsicherheit möglicher Gewinne wird ja gerade durch den Value at Risk berücksichtigt und würde dann zweifach erfasst werden.
- Den **Betriebsrisiken** sollten keine Erträge oder Aufwendungen zugeordnet werden, da dies nicht dem Charakter von Betriebsrisiken entsprechen würde. Mögliche Aufwendun-

gen aus z. B. Personenrisiken sind beim Lohnaufwand im Rahmen des Cash Flow zu erfassen. Erträge sind bei den Organisationseinheiten zu erfassen, bei denen sie auch entstehen. Diese sind meistens mit den Organisationseinheiten, in denen Betriebsrisiken auftreten können, nicht identisch.

• Zu den Erträgen für die **finanzwirtschaftlichen Risiken** gehören in erster Linie erwartete
  Kursgewinne, Dividendenausschüttungen, Guthabenverzinsungen (z. B. von Fremdwährungspositionen), Kuponzahlungen usw.

Eine nach diesen Kriterien durchgeführte **Gewinnanalyse** anhand von Tabelle 6.3 zeigt das
(für Nichtbanken typische) Bild, dass die leistungswirtschaftliche Tätigkeit ca. 80% des
gesamten Unternehmensgewinnes erzeugt, während aus finanzwirtschaftlicher Tätigkeit
lediglich 20% generiert werden.

In der zweiten Spalte von Tabelle 6.3 sind die einzelnen VaR ausgewiesen, die auf Basis
einer stets vollständig positiven Korrelation über die Einheiten aggregiert werden. Die Ag-
gregation erfolgt also durch Summation und entspricht daher genau den Werten der letzten
Spalte aus Tabelle 6.1. Diese einzelnen VaR finden zwar in der weiteren Risikoanalyse keine
Verwendung, sie dienen aber der Interpretation der **Diversifikationseffekte** und möglicher
Limitierungen auf VaR-Basis, bei denen der Diversifikationseffekt nur auf aggregierter
Ebene berücksichtigt werden muss (siehe Abbildung 3.2). Dieses Prinzip kann am Beispiel
des Beschaffungsrisikos verdeutlicht werden. Für Geschäftsfeld A beträgt der einzelne VaR
120 Mio. € und für B 140 Mio. €. Dies könnte z. B. eine Limitierung für beide Geschäftsfelder in Höhe des jeweiligen VaR nach sich ziehen. Das Beschaffungsrisiko für den Ge-
schäftsbereich A+B zusammen würde durch Addition 260 Mio. € betragen. Es muss aber der
Diversifikationseffekt berücksichtigt werden, der sich darin äußert, dass der Component
Value at Risk für das gesamte Beschaffungsrisiko nur 218,2 Mio. € beträgt. Für Geschäftsbe-
reich A+B zusammen müsste dies also bei einer Limitierung berücksichtigt werden (z. B.
durch ein Limit in Höhe von 220 Mio. € für A und B zusammen).

Der Diversifikationseffekt wirkt sich besonders deutlich bei Wechselkursrisiken, Aktienkursrisiken, Lohnrisiken und beim Steueraufwand aus. Grund hierfür sind die teilweisen stark
negativen Korrelationen zu den jeweils anderen Risikofaktoren der gleichen Risikokategorie. Eine Gegenüberstellung der aggregierten einzelnen VaR mit den Component VaR zeigt
von der Größenordnung, dass der Diversifikationseffekt berücksichtigt werden muss und
eine (in der betriebswirtschaftlichen Praxis teilweise übliche) direkte Addition aller Risiken
die unternehmensweite Risikolage falsch abbilden würde.

Im dritten Schritt werden die berechneten Component Value at Risk-Werte verwendet, um
den **RoRaC** für die einzelnen Risikoarten zu berechnen. Der RoRaC (siehe Abschnitt 2.6)
ergibt sich aus dem Quotienten von Gewinn durch Component Value at Risk. Mit Hilfe des
RoRaC können verschiedenen Organisationseinheiten und Risikokategorien sinnvoll miteinander verglichen werden (auf den Vergleich zwischen den Organisationseinheiten wird aus
Gründen der Übersichtlichkeit verzichtet). Dabei zeigt sich, dass die Tätigkeit des Finanzmanagements nahezu doppelt so erfolgreich ist wie die Tätigkeit aus dem operativen Geschäft (Cash Flow at Risk). Mit anderen Worten: Im Finanzmanagement werden bei gleichen
Risiken doppelt so hohe Erträge generiert oder gleich hohe Erträge bei nur halb so großen
Risiken.

An dieser Stelle wird aber auch gleichzeitig die **begrenzte Aussagekraft** bezüglich der Unternehmenssteuerung auf Basis des RoRaC deutlich: Würde eine Steuerung ausschließlich nach dem RoRaC erfolgen, so müsste das gesamte operative Geschäft eingestellt werden und vollständig in rein finanzwirtschaftliche Aktivitäten umgelenkt werden. Dies wäre für Nichtbanken jedoch eine eindeutige Fehlsteuerung, denn deren Hauptzweck besteht in der Gewinnerzielung aus operativen Tätigkeiten (Erzeugung eines Cash Flows aus Sachinvestitionen) und für diese Tätigkeiten bekommen Nichtbanken ja auch Eigenkapital zur Verfügung gestellt (und nicht für banktypische Aufgaben). Dennoch kann der RoRaC des Cash Flow at Risk benutzt werden, um zu analysieren, wie der RoRaC verbessert werden kann und wo z. B. der zugehörige VaR zu hoch ist (bzw. die Erträge zu niedrig). So fällt z. B. auf, dass besonders die Beschaffungsaufwendungen in Höhe von 130 Mio. € in einem besonders ungünstigen Verhältnis zum Component Value at Risk für Beschaffungsrisiken in Höhe von 218,2 Mio. € stehen (RoRaC von -0,5958). Eine mögliche Konsequenz wäre der Einsatz von Steuerungsinstrumenten, um die Beschaffungsrisiken zu senken.

Im letzten Schritt wird die **Eigenkapitalbelastung** (letzte Spalte) ermittelt, indem der Component Value at Risk durch das gesamte Eigenkapital in Höhe von 3,2 Mrd. € dividiert wird. Die Information über die Eigenkapitalbelastung erfüllt abschließend im Wesentlichen folgende zwei Funktionen:

- Mit Hilfe der Eigenkapitalbelastung können gegenüber Kapitalgebern Informationen über die **Risikotragfähigkeit** (also wie weit Risiken durch Eigenkapital abgedeckt werden) und damit insbesondere über die Kreditwürdigkeit geliefert werden. So bedeutet z. B. eine Messung aller Risiken auf Basis einer Sicherheitswahrscheinlichkeit von 99% (2,33 Standardabweichungen) und die vollständige Abdeckung der gemessenen Risiken durch Eigenkapital, eine Einstufung von Moody's in die Rating-Klasse Ba1 (siehe Abschnitt 4.3.2 und insbesondere Tabelle 4.8).
- Anhand der Eigenkapitalbelastungen kann eine wirksame **Limitierung** auf Basis des VaR durchgeführt werden. So können besonders hohe Eigenkapitalbelastungen (z. B. für das Absatzrisiko) gezielter und effizienter durch Limite gesteuert werden. Andererseits können Impulse gesetzt werden, wo aufgrund der geringen Eigenkapitalbelastungen weiterführende Risikobegrenzungsmaßnahmen den damit einhergehenden Aufwand nicht rechtfertigen würden (z. B. bei Wechselkursrisiken, Aktienkursrisiken, Liquiditätsrisiken, Zinsaufwand und externe Risiken).

Die Darstellung in Tabelle 6.3 kann nur einige **Aspekte** einer ausführlichen **Risikoberichterstattung** abbilden. In der betriebswirtschaftlichen Praxis müssen diese Aspekte an unternehmens- und branchenspezifische Besonderheiten angepasst werden. Hierzu gehören in erster Linie die aufbau- und ablauforganisatorischen Besonderheiten eines Unternehmens sowie die Berücksichtigung spezieller Risikoarten (z. B. unternehmensspezifische Betriebsrisiken). Aus diesem Grund wird im nächsten Abschnitt noch auf einige wichtige Aspekte der **externen Risikoberichterstattung** (im Geschäfts- bzw. Lagebericht) eingegangen, die für alle Unternehmen verbindlich sind.

Im siebten Kapitel wird abschließend anhand einer **Fallstudie** die Durchführung des gesamten Risikomanagement-Prozesses für ein durchgängiges Beispiel demonstriert, um das Zusammenwirken der einzelnen Komponenten des Prozesses und deren Verzahnung miteinander zu verdeutlichen.

6.4   Die externe Risikoberichterstattung

Wesentliche Grundlage für die externe Risikoberichterstattung bildet für deutsche Unternehmen das **Handelsgesetzbuch** (HGB). Mit Einführung des KonTraG (siehe Abschnitt 1.1) wurde das HGB diesbezüglich explizit erweitert. Zu diesen Erweiterungen gehören unter anderem der Geltungsbereich für die Risikoberichterstattung (§§ 315, 292, 289 HGB). So werden z. B. im §315 HGB für den Konzernlagebericht folgende Punkte aufgeführt:

- die **Risikomanagementziele** und **-methoden** des Konzerns,
- die Methoden zur Absicherung aller wichtigen Arten von Transaktionen im Rahmen der Bilanzierung von Sicherungsgeschäften
- die Preisänderungs-, Ausfall- und Liquiditätsrisiken,
- die Risiken aus Zahlungsstromschwankungen.

Im Anschluss an diese Erweiterung des HGB hat der deutsche Standardisierungsrat (DRSC e. V.) einen Entwurf zur Risikoberichterstattung herausgegeben (**Deutscher Rechnungslegungs Standard Nr. 5**, DRS 5, vom 29.05.2001) der die Grundlage für die Darstellung der folgenden Aspekte einer externen Risikoberichterstattung bildet (siehe Literaturhinweise Abschnitt 6.5).

Die Fassung DRS 5 formuliert Risiken als die Möglichkeit von **negativen künftigen Entwicklungen** der wirtschaftlichen Lage eines Konzerns, die im Konzernlagebericht zu erfolgen haben. Dabei wird bewusst eine abstrakte Formulierung gewählt, um den individuellen Erfordernissen der Risikoberichterstattung verschiedener Unternehmen und Branchen gerecht zu werden. Eine Aussage, die sich wesentlich mit der Konzeption dieses Buches deckt.

Es ist eine Angabepflicht von **bestandsgefährdenden Risiken** und von **Risikokonzentrationen** vorgesehen. Eine bestimmte Risikokategorisierung wird nicht zwingend vorgegeben, aber es werden die einzelnen Risiken in geeigneter Form zusammengefasst. Für die Methoden zur **Quantifizierung der Risiken** werden einige Merkmale genannt. Dazu gehören die Anerkanntheit und Verlässlichkeit der Methoden, die wirtschaftliche Vertretbarkeit und die Quantifizierung von entscheidungsrelevanten Informationen für die Adressaten des Konzernlageberichts. Laut DRS-5 gilt damit die Quantifizierung nur für **Finanzrisiken**!

Für den **Prognosezeitraum** (der in den obigen Ausführungen in diesem Buch der Liquidationsperiode entspricht) wird von einem dem jeweiligen Risiko adäquaten Zeitraum ausgegangen. Eine Darstellung der **Interdependenzen** (Korrelationen) zwischen den einzelnen Risiken ist wünschenswert und erforderlich, wenn anders die Risiken nicht zutreffend eingeschätzt werden können. Risiken dürfen mit **Chancen nicht verrechnet** werden. Angaben über mögliche Chancen müssen im **Prognosebericht** erfolgen. Weitere Aussagen zum Risikomanagement sollten in einer geschlossenen Form bezüglich **Strategie**, **Prozess** und **Organisation** des Risikomanagements vorgenommen werden.

Im **Ergebnis** des DRS 5 können im Vergleich zu den bisherigen Ausführungen in diesem Buch folgende Punkte festgehalten werden:

- Die **Quantifizierung** mit Hilfe der vorgeschlagenen Methoden in diesem Buch, insbesondere für die leistungswirtschaftlichen Risiken, geht weit über die Anforderungen des DRS 5 hinaus.
- Einige **Definitionen** und Beschreibungen dieses Buches decken sich stark mit den entsprechenden Darstellungen des DRS 5. Dies bezieht sich besonders auf die Punkte Darstellung von Korrelationen, keine Verrechnung mit Chancen und keine unternehmens- oder branchenspezifische Definitionen von Risiken, Chancen, Risikokategorien etc.
- Die im Buch vorgestellten Methoden und Anwendungen decken den im DRS 5 formulierten Bedarf bezüglich der Messung von **relevanten Risiken** (und was sind relevante Risiken, siehe z. B. Tabelle 6.3) voll ab.
- Auch die von DRS 5 **gewünschten** aber noch nicht zwingend verlangten **Anforderungen** an das Risikomanagement werden durch die Instrumente und Methoden in diesem Buch voll abgedeckt (z. B. bestimmte Risikokategorien, Risikoberichterstattung in einer geschlossenen Form usw.).

Für Rechnungslegungsperioden ab 1. Januar 2007 gelten für alle Branchen die Regeln des Standards **IFRS 7** . Mit den neuen Regelungen sollen die Adressaten von Geschäftsberichten in die Lage versetzt werden, die Finanzinstrumente für die Unternehmenslage besser beurteilen zu können. Es soll die Darstellung von Art und Ausmaß des Risikos verbessert werden. Zu diesem Zweck wird auch verlangt, dass sowohl qualitative als auch **quantitative Informationen** über Marktpreis-, Kredit- und Liquiditätsrisiken geliefert werden. Weitere Merkmale und Anforderungen, die sich aus IFRS 7 ergeben, sind:

- die Offenlegung von risikorelevanten Informationen, welche die **Bilanz**, die **GuV** und die sonstigen Angaben betreffen,
- die Ausweitung der Risikoberichterstattung vor allem für **Industrie- und Handelsunternehmen**,
- große Herausforderungen in Bezug auf die **Datenbeschaffung** für die quantitative Risikoberichterstattung insbesondere bei Industrie- und Handelsunternehmen
- die Erweiterung der Angaben zu den **Kreditrisiken**,
- die Implementierung einer **internen Berichterstattung** zur Differenzierung zwischen finanziellen und nicht finanziellen Risiken,
- die **Auswirkungen** von Marktpreisrisiken auf das **Eigenkapital** und die Gewinn - und - Verlust-Rechnung aufzuzeigen.

Mit den Ausführungen zu den wichtigsten Aspekten der externen Risikoberichterstattung können die Darlegungen zum Risikocontrolling abgeschlossen werden. Im siebenten und letzten Kapitel werden die wichtigsten Aspekte des Risikocontrollings noch einmal anhand einer Fallstudie verdeutlicht.

6.5   Literaturhinweise

Für eine umfassende Darstellung zu Funktionen und Aufgaben des **Risikocontrollings** ist das in Abschnitt 1.5 genannte Werk von *Burger/Buchhart* zu empfehlen.

Ebenfalls ausführlichen Darstellungen zum Thema Risikocontrolling und insbesondere zur **internen Risikoberichterstattung** eignet sich das Werk von

Diederichs, Marc: „Risikomanagement und Risikocontrolling", Vahlen, München, 2004.

Für die Darstellung und teilweise auch Vertiefung der Schlagwörter **Eigenkapital, Risikotragfähigkeit** und **Risikokapital** eignen sich die Ausführungen von *Dowd* (siehe Abschnitt 2.7) und Kremers (siehe Abschnitt 5.3), sowie

Eisele, Burkhard: „Value-at-Risk-basiertes Risikomanagement in Banken", Deutscher Universitätsverlag, Wiesbaden 2004.

am Beispiel von Banken. Speziell für Nichtbanken besonders geeignet sind

Hölscher, Reinhold: „Von der Versicherung zur integrativen Risikobewältigung: Die Konzeption eines modernen Risikomanagements", in: Hölscher, Reinhold / Elfgen, Ralph (Hrsg.): „Herausforderung Risikomanagement-Identifikation, Bewertung und Steuerung industrieller Risiken", Gabler, Wiesebaden 2002, S. 3-31 und

Schierenbeck, Henner / Lister, Michael: „Risikomanagement im Rahmen der wertorientierten Unternehmenssteuerung", in: Hölscher, Reinhold / Elfgen, Ralph (Hrsg.): „Herausforderung Risikomanagement-Identifikation, Bewertung und Steuerung industrieller Risiken", Gabler, Wiesebaden 2002, S. 181-203.

Für die **Integration** bzw. Aggregation von **Zinsänderungs-** und **Ausfallrisiken** eignen sich die Ausführungen von *Oehler / Unser* (siehe Abschnitt 4.4) und

Barthel, Hans-Ulrich: „Ansätze zur integrierten Betrachtung von Zins- und Bonitätsänderungsrisiken", in: Eller, Roland u. a. (Hrsg.): „Handbuch Gesamtbanksteuerung Integration von Markt-, Kredit- und operationalen Risiken", Schäffer-Poeschel, Stuttgart, 2001, S. 3-24,

Cech, Christian / Fortin, Ines: „Messung der Abhängigkeitsstruktur zwischen Markt- und Kreditrisiko", in: Wirtschaft und Management, November 2005, S. 65-70,

Spellmann, Frank / Unser, Matthias: „Zinsänderungsrisiko und Bonitätsänderungsrisiko integriert betrachtet – ein Überblick über den Stand der Literatur", in: Oehler, Andreas (Hrsg.): „Credit Risk und Value-at-Risk Alternativen", Schäffer-Poeschel, 1998, S. 260-279.

Für die Verteilung und Aggregation von Gewinnen bzw. die hierfür notwendigen Systeme der **Kosten- und Erlösrechnung** können die Werke

Deimel, Klaus: „Kosten- und Erlösrechnung", Pearson Studium, 2006,

Hoitsch, Hans-Jörg: „Kosten- und Erlösrechnung", Springer, Berlin, Heidelberg, 2004 und

*Küpper, Hans-Ullrich / Schweitzer, Marcell: „Systeme der Kosten- und Erlösrechnung",
Vahlen, München, 2003*

herangezogen werden.

Die Fassung des DRS-5 vom *Deutschen Standardisierungsrat* zur **externen Risikoberichterstattung** vom 29. Mai 2001 kann kostenlos aus dem Internet unter

http://www.drsc.de

herunter geladen werden.

6.6 Technischer Anhang

Für die **Varianz** eines **Portfolios** (s^2_P) mit beliebig vielen N Risikopositionen gilt in **Matrix-
schreibweise**:

$$s^2_P = \vec{1}' \cdot \overline{\Sigma} \cdot \vec{1} \ .$$

Dabei ist 1 der (transponierte) **Einheitsvektor** und Σ die **Varianz-Kovarianz-Matrix** in
Geldeinheiten (€) der folgenden Form:

$$s^2_P = (1,1,...,1) \cdot \begin{pmatrix} s^2_1 & s_{1,2} & s_{1,3} & \cdots & s_{1,N} \\ \cdot & s^2_2 & & & \cdot \\ \cdot & & \cdot & & \cdot \\ \cdot & & & \cdot & \cdot \\ s_{N,1} & s_{N,2} & s_{N,3} & \cdots & s^2_N \end{pmatrix} \begin{pmatrix} 1 \\ \cdot \\ \cdot \\ \cdot \\ 1 \end{pmatrix},$$

was auch in die Gestalt

$$s^2_P = \sum_{i=1}^{N} s^2_i + 2 \cdot \sum_{i=1}^{N} \sum_{j<i}^{N} s_{i,j}$$

gebracht werden kann. Stehen die Kovarianzen zwischen zwei Risikopositionen nicht zur
Verfügung, sondern nur die zugehörigen **Korrelationen** ($k_{i,j}$), so können die Kovarianzen
($s_{i,j}$) gemäß

$$s_{i,j} = k_{i,j} \cdot s_i \cdot s_j$$

ermittelt werden. Schließlich gilt für den Value at Risk des Portfolios (VaR$_P$):

$$VaR_P = \alpha \cdot \sqrt{s^2_P} \ .$$

Die **Beta-Faktoren** können in Form des Beta-Vektors (ß) für N Risikopositionen wie folgt berechnet werden:

$$\vec{\beta} = \begin{pmatrix} \beta_1 \\ \cdot \\ \cdot \\ \cdot \\ \cdot \\ \beta_N \end{pmatrix} = \frac{\begin{pmatrix} s_1^2 & s_{1,2} & s_{1,3} & \cdots & s_{1,N} \\ \cdot & s_2^2 & & & \cdot \\ \cdot & & \cdot & & \cdot \\ \cdot & & & \cdot & \cdot \\ \cdot & & & \cdot & \cdot \\ s_{N,1} & s_{N,2} & s_{N,3} & \cdots & s_N^2 \end{pmatrix} \begin{pmatrix} 1 \\ \cdot \\ \cdot \\ \cdot \\ \cdot \\ 1 \end{pmatrix}}{s_P^2}.$$

Stehen die Varianzen und Kovarianzen, statt in Geldeinheiten (€), als relative Änderungen (bzw. quadrierte relative Änderungen) zur Verfügung, so müssen die **Gewichte** (w) berücksichtigt werden, welche für die jeweils i-te Risikoposition das zugehörige relative i-te Gewicht (w_i) am Portfolio enthält. Die Beta-Faktoren werden dann gemäß

$$\vec{\beta} = \begin{pmatrix} \beta_1 \\ \cdot \\ \cdot \\ \cdot \\ \cdot \\ \beta_N \end{pmatrix} = \frac{\begin{pmatrix} w_1 \cdot s_1^2 & w_1 \cdot s_{1,2} & w_1 \cdot s_{1,3} & \cdots & w_1 \cdot s_{1,N} \\ \cdot & w_2 \cdot s_2^2 & & & \cdot \\ \cdot & & \cdot & & \cdot \\ \cdot & & & \cdot & \cdot \\ \cdot & & & \cdot & \cdot \\ w_N \cdot s_{N,1} & w_N \cdot s_{N,2} & w_N \cdot s_{N,3} & \cdots & w_N \cdot s_N^2 \end{pmatrix} \begin{pmatrix} w_1 \\ \cdot \\ \cdot \\ \cdot \\ \cdot \\ w_N \end{pmatrix}}{s_P^2}$$

berechnet.

Der **Component Value at Risk** der i-ten Risikoposition ($CoVaR_i$) wird durch Multiplikation des zugehörigen Beta-Faktors ($ß_i$) mit dem Value at Risk des Portfolios (VaR_P) berechnet:

$CoVaR_i = ß_i \times VaR_P$.

7 Gewinn-Risiko-basierte Unternehmenssteuerung anhand einer Fallstudie

In den vorherigen Kapiteln wurden zur Verdeutlichung der verschiedenen Berechnungen des Value at Risk und für die verschiedenen Instrumente der Risikosteuerung Zahlenbeispiele konstruiert. Diese Beispiele wurden unter der vorrangigen Prämisse erstellt, den jeweils speziellen Sachverhalt möglichst einfach und klar darzustellen. Dies führt dazu, dass die Beispielrechnungen der verschiedenen Kapitel nicht immer zueinander kompatibel sind bzw. nicht aufeinander aufbauen. Um die Zusammenhänge zwischen den verschiedenen Methoden und insbesondere das Zusammenwirken der verschiedenen Risikoarten bis hin zur unternehmensweiten Gewinn- und Risikoaggregation besser darzustellen, ist in den folgenden Ausführungen eine Unternehmens-Fallstudie dargestellt. Diese Fallstudie soll auch, im Gegensatz zu einigen bisher angeführten Beispielen, realistische Größenordnungen der Vermögenspositionen eines großen Industrieunternehmens widerspiegeln. Ein weiterer Aspekt der Fallstudie stellt die enge Verknüpfung zu Bilanz und GuV (gemäß HGB) in ebenfalls realistischen Größenordnungen dar. Es wird insbesondere ein Unterschied zum in Abschnitt 5.2.3 berechneten Cash Flow at Risk deutlich.

7.1 Beschreibung der Fallstudie

Als Grundlage für die Fallstudie wird als Beispiel-Unternehmen die **Bsp AG** verwendet (eine Ähnlichkeit mit real existierenden Unternehmen ist nicht gewollt und wäre rein zufällig). Die Bsp AG ist ein großer deutscher **Elektrogerätehersteller**, der seine Umsatzerlöse zu einem Teil durch den Export seiner Produkte in den US-Dollar-Raum erzielt. Die Bsp AG weist für das Jahr 01 folgende **Bilanz** und **GuV** (nach dem Umsatzkostenverfahren) in Mio. € aus:

Tab. 7.1   Bilanz der Bsp AG für das Jahr 01

Aktiva:			Passiva:	
Grundstücke und Gebäude:	2.000		Grundkapital:	3.000
Maschinen:	1.000		Rücklagen:	4.000
Sachanlagevermögen:	*3.000*		*Eigenkapital:*	*7.000*
Aktienbeteiligungen:	1.500		Rückstellungen:	200
Festverzinsliche Wertpapiere:	2.000		Verbindlichkeiten aus emittierten Anleihen:	500
Finanzanlagevermögen:	*3.500*		Verbindlichkeiten g. Kreditinstituten:	200
Anlagevermögen:	*6.500*		Verbindlichkeiten aus Lief. u. Leistungen:	100
Vorräte:	500		*Fremdkapital:*	*1.000*
Forderungen aus Lief. u. Leist.:	700			
Fremdwährungsforderungen:	100			
Flüssige Mittel:	200			
Umlaufvermögen:	*1.500*			
Bilanzsumme:	***8.000***		***Bilanzsumme:***	***8.000***

Tab. 7.2   GuV der Bsp AG für das Jahr 01

Umsatzerlöse:	2.000
Herstellkosten:	-1.000
Bruttoergebnis vom Umsatz:	*1.000*
Vertriebs- und Verwaltungskosten:	-100
Betriebsergebnis:	*900*
Erträge aus Aktienbeteiligungen:	25
Erträge aus festverzinslichen Wertpapieren:	70
Sonstige Zinsen und ähnliche Erträge::	52
Abschreibungen auf Finanzanlagen:	-50
Zinsaufwendungen:	-70
Finanzergebnis:	*27*
Ergebnis der gewöhnlichen Geschäftstätigkeit:	*927*
Steuern:	-185,4
Jahresüberschuss:	***741,6***

Die Angaben aus Bilanz und GuV sind für eine Risikobeurteilung bei Weitem nicht ausreichend. Es werden noch sehr viel detailliertere Angaben benötigt, die dem internen Rechnungswesen bzw. für externe Kapitalgeber i. d. R. dem Anhang entnommen werden können. Zunächst werden zu den einzelnen **Aktivpositionen** die erforderlichen Informationen angegeben:

Das gesamte **Sachanlagevermögen** (Maschinen, Grundstücke und Gebäude) wird ausschließlich **selbst genutzt** und vollständig für die Herstellung der Elektrogeräte eingesetzt.

Das **Finanzanlagevermögen** besteht aus **Aktienbeteiligungen** und **festverzinslichen Bundesanleihen**. Die strategische Aktienbeteiligung besteht aus zwei **Aktien A1** und **A2**, für die zu Beginn des Jahres 02 folgende Angaben vorliegen:

	A1:	A2:
Bewertungskurs Beginn 02:	25,- €	20,- €
Anzahl:	20 Mio. Stück	50 Mio. Stück
Erwartete Dividende für 02 pro Aktie:	0,50 €	0,30 €
Volatilität (für tgl. Änderungen):	0,40%	0,150%

Die erwartete relative Aktienkursrendite (μ) für das Jahr 02 betrage 0,00%. Der Nennwert beider Aktien beträgt pro Aktie jeweils 1,- €. Die Korrelation zwischen den Renditen beider Aktien beträgt +0,5. Die tägliche relative Geld-Brief-Spanne zur Messung des Liquiditätsrisikos beläuft sich bei beiden Aktien auf 0,1%. Beide Aktien bzw. die Unternehmen sind von bester Bonität und weisen daher kein Ausfallrisiko auf (d. h. Ausfallwahrscheinlichkeit = 0%).

Für die **festverzinslichen Bundesanleihen F1** und **F2** liegen folgende Informationen vor:

	F1:	F2:
Nominalvolumen	1 Mrd. €	1 Mrd. €
Kuponzins (%):	3%	4%
Laufzeit (Jahre):	3	5

Der Nennwert pro Anleihe beträgt 1.000,- € (also jeweils 1 Mio. Stück zum Nennwert von 1.000 €). Die Tilgung beider Anleihen erfolgt endfällig zum Nennwert und die Kuponzinsen werden einmal jährlich zum 1.1. rückwirkend (nachschüssig) für das vergangene Jahr gezahlt. Die tägliche relative Geld-Brief-Spanne beläuft sich bei beiden Anleihen auf 0,080%. Die erwartete relative Kursänderung bzw. Barwertänderung (μ) zur Berechnung möglicher Kursgewinne für das Jahr 02 betrage 0,00%.

Für die Bewertung beider Anleihen liegen folgende **Kapitalmarktzinsen** (Diskontzinsen) und deren zugehörigen **Volatilitäten** für die täglichen Änderungen der Kapitalmarktzinsen für das Jahr 01 vor:

Laufzeit:	1 Jahr:	2 Jahre:	3 Jahre:	4 Jahre:	5 Jahre:
Zinssatz:	2,500%	2,700%	3,000%	3,500%	4,000%
Volatilität:	0,020%	0,025%	0,030%	0,035%	0,040%

Die laufzeitabhängigen Zinssätze schwanken alle unabhängig voneinander, d. h. alle **Korrelationskoeffizienten** zwischen den Zinssätzen seien null.

Für die einzelnen Positionen des **Umlaufvermögens** liegen folgende zusätzliche Informationen vor:

Die **Vorräte** bestehen aus hauptsächlich zwei Rohstoffen, die für die Produktion benötigt werden. Dies sind Kupfer für den Leitungsbau und Edelstahl für die Herstellung der Außenkörper der Elektrogeräte. Nähere Angaben zu möglichen **Beschaffungsrisiken** erfolgen bei den Informationen zur GuV. Der Vorratsbestand selber (also nicht die Beschaffung) unterliegt dem **Betriebsrisiko** (z. B. Diebstahl).

Die **Forderungen** aus **Lieferungen** und **Leistungen** bestehen aus zwei Kreditnehmergruppen K1 und K2 für die folgenden Daten (beobachtet für einen Zeitraum von **einem Jahr**) vorliegen:

	K1:	K2:
Kreditäquivalent:	200 Mio. €	500 Mio. €
Rating-Klasse:	AA	A
Zinsertrag (Verzinsung in % p. a.):	6%	7%
Ausfallwahrscheinlichkeit (PD):	0,50%	1,00%
Verlustquote (LGD):	40%	50%
Volatilität der Verlustquote:	15%	20%
Betriebskosten:	200.000,- €	500.000,- €

Der Korrelationskoeffizient zwischen den Ausfallwahrscheinlichkeiten von K1 und K2 betrage +0,50. Für die Beurteilung bzw. den Vergleich des risikoadjustierten Kreditzinses mit den tatsächlich erhaltenen Verzinsungen (von 6% bzw. 7%) wird eine Gewinnmarge von 0 € zugrunde gelegt. Die Forderungen unterliegen **keinem Länderrisiko**. Der Zeitraum einer möglichen **Verzögerung** der Zins- und Tilgungszahlungen beträgt im Durchschnitt für K1 60 Tage und für K2 120 Tage. Die Wahrscheinlichkeit einer Zahlungsverzögerung beläuft sich bei K1 auf 2% und bei K2 auf 5%.

Bei den **Fremdwährungsforderungen** handelt es sich ausschließlich um eine Devisenposition in Mio. US-\$. Über ein Jahr betrachtet gleichen sich Zu- und Abgänge in US-\$ so aus, dass im Durchschnitt von einer Devisenposition in Höhe von 125 Mio. US-\$ ausgegangen werden kann. Der Kurs für die Bewertung der Fremdwährungsposition am Anfang des Jahres 02 beträgt 1,25 US-\$/€ (was den 100 Mio. € in der Bilanz entspricht). Für die Verzinsung der Fremdwährungsforderung in US-\$ wird ein Zinssatz von 3,0% p. a. angesetzt. Die Volatilität auf Basis der täglichen Änderungen des US-\$/€-Wechselkurses betrage 0,50%. Die tägliche relative Geld-Brief-Spanne für Fremdwährungspositionen beläuft sich auf 0,05%.

Die **flüssigen Mittel** (in Form von Sichtguthaben bei Banken) werden konstant zu 1% p. a. verzinst. Ein Ausfallrisiko (z. B. der Bank, bei der die Einlagen gehalten werden) oder ein Zinsänderungsrisiko (bezüglich der Verzinsung von 1%) liegen nicht vor.

Für die einzelnen **Passivpositionen** liegen folgende Informationen vor:

Das **Eigenkapital** steht uneingeschränkt als Risikodeckungsmasse zur Verfügung. Die Risikotragfähigkeit (also inwieweit die unternehmerischen Risiken durch Eigenkapital abgedeckt sind) kann demnach durch das vollständige Eigenkapital überprüft werden. Zu diesem Zweck wird das unternehmensweite VaR der Höhe des bilanziellen Eigenkapitals gegenüber gestellt. Die von den Eigenkapitalgebern geforderte (risikoadjustierte) **EK-Rendite** beläuft sich auf 10% p. a.

Für das **Fremdkapital** können folgende Angaben gemacht werden: Für die Verbindlichkeiten aus emittierten Anleihen und gegenüber Kreditinstituten werden Zinsänderungsrisiken aufgrund der langfristigen Zinsbindung als vernachlässigbar betrachtet. In der Position der Verbindlichkeiten gegenüber Kreditinstituten sind 100 Mio. € **Kontokorrentkredite** enthalten, die vollständig als Betriebsmittelkredite verwendet werden. Der durchschnittliche

Fremdkapitalzinssatz beträgt 10% p. a. Für die Fähigkeit Fremdkapital zu erhalten bzw. bei Bedarf neues aufzunehmen (**passivische Liquiditätsrisiken**), wird von den externen Rating-Agenturen eine Einstufung in die Rating-Klasse „AAA" benötigt. Diese Einstufung entspricht einer Ausfallwahrscheinlichkeit von 1%.

Für die einzelnen Positionen der **Gewinn- und Verlustrechnung** (GuV) können folgende Angaben gemacht werden:

Für die **Umsatzerlöse** wird für das Jahr 02 eine Steigerung gegenüber dem Jahr 01 um 10% auf 2.200 Mio. € erwartet. Die Umsatzerlöse teilen sich je zur Hälfte auf die beiden Geschäftsfelder GF1 und GF2 auf. Für beide Geschäftsfelder sind Preis und Menge jeweils unabhängig voneinander und normalverteilt. Für die Geschäftfelder können folgende Verteilungsparameter auf **Jahresbasis** geschätzt werden:

	GF1:	GF2:
Erwartungswert Preis:	100,- €	200,- €
Volatilität Preis:	4,- €	6,- €
Erwartungswert Menge:	11 Mio. Stück	5,5 Mio. Stück
Volatilität Menge:	500.000 Stück	300.000 Stück.

Beide Geschäftsfelder sind miteinander stark positiv korreliert in Höhe von +0,8.

In den **Herstellkosten** von 1 Mrd. € sind anteilig 300 Mio. € Abschreibungen auf Sachanlagen enthalten. Neben den Abschreibungen setzten sich die Herstellkosten im Wesentlichen aus den Material- und den Fertigungskosten (Löhne und Gehälter) zusammen. Es wird auch bei den Herstellkosten für das Jahr 02 eine Steigerung um 10% erwartet. Es ergibt sich daraus ein Erwartungswert der Herstellkosten ohne Abschreibungen für beide Geschäftsfelder zusammen in Höhe von 770 Mio. €. Die Volatilität der Herstellkosten betrage 30 Mio. € (auf ein Jahr bezogen).

Für die **Vertriebs-** und **Verwaltungskosten** wird für das Jahr 02 mit einem Erwartungswert von 110 Mio. € und einer zugehörigen Volatilität von 5 Mio. € für beide Geschäftsfelder zusammen gerechnet.

Zur Ermittlung des **Zinsaufwandes** für das operative Geschäft (bzw. den Cash Flow) wird der beanspruchte Kontokorrentkredit in Höhe von 110 Mio. € für das Jahr 02 zugrunde gelegt. Der Zinssatz für die Inanspruchnahme beträgt 10% p.a. Die Volatilität der täglichen Änderungen des 1 Monats-Euro-Geldmarktsatzes beträgt 0,09%.

Für den **Steueraufwand** wird ein **konstanter Steuersatz** von 20% auf das Ergebnis der gewöhnlichen Geschäftstätigkeit angenommen.

Für die **Betriebsrisiken** können der Schadensfalldatenbank für die letzten fünf Jahre folgenden Beobachtungen entnommen werden (mehrere Schäden in einem Jahr sind durch Semikolon getrennt):

Jahr:	Interne Betriebsrisiken:	Externe Betriebsrisiken:
1	1 Mio. €	2 Mio. €
2	1 Mio. €	1 Mio. €
3	-,-	2 Mio. €; 1 Mio. €
4	2 Mio. €	-,-
5	2 Mio. €; 1 Mio. €	2 Mio. €

Sämtliche Betriebsrisiken werden dem gesamten **Geschäftsfeld** (=GF1 + GF2) zugeordnet.

Für die unternehmensweite **Risikoaggregation** der verschiedenen Risikoarten sollen folgende (geschätzte) **Korrelationen** berücksichtigt werden:

Finanzwirtschaftliche Risiken	Zinsänderungsrisiko:	Wechselkursrisiko:	Aktienkursrisiko:	Ausfallrisiko:
Zinsänderungsrisiko:				
Wechselkursrisiko:	-0,8			
Aktienkursrisiko:	-0,3	0,7		
Ausfallrisiko:	0,6	0,2	-0,1	
Liquiditätsrisiko:	0,3	-0,4	-0,3	0,8
Cash Flow Risiken	Umsatzerlöse:	Herstellkosten::	Verwaltungskosten::	Zinsaufwand:
Umsatzerlöse::				
Herstellkosten:	0,8			
Verwaltungskosten::	0,2	0,2		
Zinsaufwand:	0,6	0,7	0,6	
Steueraufwand:	0,3	0,1	0,2	0,2

Die verschiedenen Arten des **Liquiditätsrisikos** sind zueinander **unkorreliert**.

Für die Aggregation aller leistungswirtschaftlichen Risiken wird zwischen **Cash Flow** und **Betriebsrisiken** eine Korrelation von +0,7 angenommen.

Zur Bestimmung des unternehmensweiten Gesamtrisikos wird zwischen **leistungs-** und **finanzwirtschaftlichen Risiken** eine Korrelation von +0,1 unterstellt.

Der Zinssatz für die **risikolose Verzinsung** betrage 3% p. a.

Für die Berechnung des VaR soll grundsätzlich eine **Sicherheitswahrscheinlichkeit** von **99%** verwendet werden. Für die Risikoberichterstattung an die Unternehmensführung soll als **Planperiode** (bzw. als verrechnete Liquidationsperiode) **ein Jahr** (250 Handelstage) benutzt werden.

Damit sind alle notwendigen Informationen für die darauf aufbauende Risikoidentifikation- und Messung im nächsten Abschnitt gegeben.

7.2   Risikoidentifikation- und Messung

Die Risikoidentifikation- und Messung erfolgt wie die Beschreibung der Fallstudie anhand von Bilanz und GuV der Bsp AG.

Die Risikoidentifikation des **Sachanlagevermögens** erfolgt im Wesentlichen anhand des Merkmales der Selbstnutzung zur Produktion der Elektrogeräte. Mögliche Wertminderungen durch Schäden am Sachanlagevermögen werden durch die **Betriebsrisiken** erfasst. Die Wertminderung durch Abnutzung der Anlagen wird kalkulatorisch durch die Abschreibungen erfasst. Das Investitionsrisiko durch den Kauf von Anlagen spiegelt sich in den zukünftigen Cash Flows wieder, die durch die Investitionen erzeugt werden. Dieses Risiko wird durch den **Cash Flow at Risk** abgebildet.

Die Positionen des **Finanzanlagevermögens** unterliegen den Marktpreisrisiken. Die Risikomessung der **Aktienbeteiligung**, bestehend aus den Aktien A1 und A2, durch den VaR ist aus den obigen Angaben unproblematisch. Für die einzelnen Aktien beträgt der VaR jeweils

VaR(A1) = 500.000.000,-€ (Risikoposition=20.000.000 St. x 25,-€) x 2,33 (α-Quantil)

$$x\ 0,40\%\ (Vola)\ x\ \sqrt{250}\ \ (=Liquidationsperiode) = \underline{\textbf{73.681.069 €}}$$

VaR(A2) = 1.000.000.000,-€ x 2,33 x 0,150% x $\sqrt{250}$ = $\underline{\textbf{55.260.802 €}}$

Für die Berechnung des VaR des Aktienportfolios wird auf Basis der Korrelation der Aktienrenditen von +0,5 und der jeweiligen Portfoliogewichtungen zunächst die Volatilität des Portfolios gemäß

$$s_P = \sqrt{(1/3)^2 \cdot 0,004^2 + (2/3)^2 \cdot 0,0015^2 + 2 \cdot 1/3 \cdot 2/3 \cdot 0,5 \cdot 0,004 \cdot 0,0015} = \underline{\textbf{0,2028\%}}$$

berechnet. Mit Hilfe der Portfoliovolatilität ergibt sich ein **VaR** für die gesamte **Aktienbeteiligung** von

VaR(Aktienportfolio) = 1.500.000.000,-€ x 2,33 x 0,2028% x $\sqrt{250}$ = $\underline{\textbf{112.046.112 €}}$

Für die spätere Risikoanalyse ist noch der Component Value at Risk notwendig. Die Berechnung des CoVaR erfordert die Ermittlung der Beta-Faktoren für beide Aktien gemäß (siehe die entsprechende Formel im technischen Anhang Abschnitt 6.6)

$\beta_{A1} = [(1/3)^2\ x\ 0,004^2 + (1/3)\ x\ (2/3)\ x\ 0,5\ x\ 0,004\ x\ 0,0015] / 0,002028^2 = \underline{\textbf{0,5946}}$

$\beta_{A2} = [(2/3)^2\ x\ 0,0015^2 + (1/3)\ x\ (2/3)\ x\ 0,5\ x\ 0,004\ x\ 0,0015] / 0,002028^2 = \underline{\textbf{0,4054}}$.

Aus den Beta-Faktoren ergeben sich dann folgende Component VaR-Werte für beide Aktien in Höhe von

CoVaR(A1) = 0,5946 x 112.046.112€ = $\underline{\textbf{66.622.013 €}}$

CoVaR(A2) = 0,4054 x 112.046.112€ = $\underline{\textbf{45.424.099 €}}$

Schließlich muss für die Messung des Liquiditätsrisikos noch der Aufschlag L für die Berücksichtigung der Marktliquidität bei Veräußerung von Vermögenspositionen berechnet werden. Es ergeben sich folgende Aufschläge:

$$L(A1) = 0,5 \text{ x } 500 \text{ Mio.€ x } 0,001 \text{ x } \sqrt{250} = \underline{\textbf{\textit{3.952.847 €}}}$$

$$L(A2) = 0,5 \text{ x } 1.000 \text{ Mio.€ x } 0,001 \text{ x } \sqrt{250} = \underline{\textbf{\textit{7.905.694 €}}}$$

Aufgrund der Annahme, dass die verschiedenen Liquiditätsrisiken zueinander unkorreliert sind, ergibt sich als Liquiditätsaufschlag für die gesamte Aktienbeteiligung

$$L(Aktienportfolio) = (3.952.847€^2 + 7.905.694€^2)^{0,5} = \underline{\textbf{\textit{8.838.835 €}}}.$$

Damit ist die Risikomessung für die Aktienbeteiligung abgeschlossen.

Für die Risikomessung der **festverzinslichen Bundesanleihen** ist zunächst die Bewertung, also die Berechnung des Barwertes, notwendig. Der Barwert (BW) ergibt sich durch Diskontierung der Cash Flows der Anleihen, also

Jahr:	1.	2.	3.	4.	5.
F1:	+30 Mio.€	+30 Mio.€	+1.030 Mio.€		
F2:	+40 Mio.€	+40 Mio.€	+40 Mio.€	+40 Mio.€	+1.040 Mio.€
Ges.:	+70 Mio. €	+70 Mio.€	+1.070 Mio.€	+40 Mio.€	+1.040 Mio.€,

mit den jeweiligen laufzeitabhängigen Kapitalmarktzinsen (Diskontzinsen). Die Barwerte betragen

$$BW(F1) = \underline{\textbf{\textit{1.000.307.527 €}}}$$

$$BW(F2) = \underline{\textbf{\textit{1.003.216.370 €}}}$$

$$BW \text{ (Anleiheportfolio)} = \underline{\textbf{\textit{2.003.523.897 €}}}.$$

Zur Berechnung des VaR der Anleihen wird im ersten Schritt nach der vereinfachten Formel (siehe Abschnitt 4.1.1) für die einzelnen Laufzeiten der jeweilige VaR berechnet. Für Anleihe F1 ergibt sich beispielhaft für das 1. Jahr:

$$VaR(F1, 1. Jahr) = [(Anzahl Jahre \text{ x } Barwert) / (1 + Zinssatz der Laufzeit)]$$

$$\text{x } Volatilität \text{ x } \alpha\text{-Quantil x } Liquidationsperiode$$

$$= [1 \text{ x } (30 \text{ Mio.€ } /1,025) / 1,025] *0,020\% *2,33 * \sqrt{250} = \underline{\textbf{\textit{210.392 €}}}.$$

Analog ergeben sich für die anderen Laufzeiten und Anleihe F2 sowie das Anleiheportfolio folgende einzelne VaR-Werte (in Mio. €):

Jahr:	1.	2.	3.	4.	5.
F1:	210.392	510.159	30.342.877	0	0
F2:	280.523	680.212	1.178.364	1.737.050	60.560.468
Ges.:	490.915	1.190.372	31.521.241	1.737.050	60.560.468

Im zweiten Schritt müssen die VaR der einzelnen Laufzeiten unter Berücksichtigung der Korrelationen zwischen den Laufzeiten berücksichtigt werden. Bei einer angenommenen Korrelation von jeweils null zwischen allen Laufzeiten erfolgt die Zusammenfassung durch die Wurzel der Summe der quadrierten Einzel-VaR-Werte. Es ergeben sich folgende zusammengefasste VaR-Beträge:

VaR(F1) = ***30.347.895 €***

VaR(F2) = ***60.601.300 €***

VaR (Anleiheportfolio): ***68.306.913 €***

Die Ermittlung der ß-Faktoren ist wegen der Anzahl von fünf Laufzeiten und der Berücksichtigung des Barwertes nicht ohne weiteres nach den bisherigen Verfahren möglich. Aus diesem Grund wird vereinfachend angenommen, dass sich die Volatilität von F1 und F2 aus dem VaR ergibt, indem der VaR durch das alpha-Quantil und die Liquidationsperiode dividiert wird. Es ergibt sich dann die Volatilität von F1 und F2 in Euro.

s_{F1} = ***823.764 €***

s_{F2} = ***1.644.963 €***

Für die Berechnung der Portfoliovolatilität sei ebenfalls die angenommene Korrelation von null zugrunde gelegt. Dann ergibt sich für die Portfoliovolatilität

$$s_P = \sqrt{823.764^2 + 1.644.963^2} = \boldsymbol{\mathit{1.839.698\ €}}$$

Wegen der Korrelation von null vereinfacht sich dann die Berechnung der Beta-Faktoren zu

$\beta_{F1} = 823.764^2 / 1.839.689^2 = \boldsymbol{\mathit{0,2005}}$

$\beta_{F2} = 1.644.963^2 / 1.839.689^2 = \boldsymbol{\mathit{0,7995}}$

Die Component Value at Risk betragen dann

$CoVaR(F1) = 0,2005 \ x \ 68.306.913€ = \boldsymbol{\mathit{13.695.469}}$

$CoVaR(F2) = 0,7995 \ x \ 68.306.913€ = \boldsymbol{\mathit{54.611.443}}$.

Analog zur Berechnung beim Aktienportfolio werden die Aufschläge für das Liquiditätsrisiko der Anleihen wie folgt bestimmt:

$L(F1) = 0,5 \ x \ 1.000.307.527 \ € \ x \ 0,0008 \ x \ \sqrt{250} = \boldsymbol{\mathit{6.326.500\ €}}$

$L(F2) = 0,5 \ x \ 1.003.216.370 \ € \ x \ 0,0008 \ x \ \sqrt{250} = \boldsymbol{\mathit{6.344.897\ €}}$

$L(Anleiheportfolio) = (6.326.500€^2 + 6.344.897€^2)^{0,5} = \boldsymbol{\mathit{8.960.041\ €}}$.

Damit ist die Risikomessung der Anleihen und auch des gesamten **Finanzanlagevermögens vollständig**.

Die Risikomessung des **Umlaufvermögens** umfasst zunächst die Position Vorräte. Für die **Vorräte** gilt das Gleiche wie für die Positionen des Sachanlagevermögens. Schäden (z. B. durch Untergang, Diebstahl etc.) an den Vorratsbeständen werden durch die Betriebsrisiken erfasst und Verluste durch Preisänderungen bilden die Beschaffungsrisiken im Rahmen der Ermittlung des Cash Flow at Risk ab.

Die **Forderungen aus Lieferungen und Leistungen** unterliegen dem Ausfallrisiko. Im ersten Schritt erfolgt die Berechnung des erwarteten Verlustes (=EL) für die beiden Kreditnehmergruppen K1 und K2:

$$EL(K1) = 0,5\% (=PD) \times 40\% (=LGD) \times 200\ Mio.€ (=Kreditäquivalent) = \underline{\textbf{\textit{400.000,- €}}}$$

$$EL(K2) = 1,0\% (=PD) \times 50\% (=LGD) \times 500\ Mio.€ (=Kreditäquivalent) = \underline{\textbf{\textit{2.500.000,- €}}}.$$

Im zweiten Schritt wird die Berechnung des Credit Value at Risk vorgenommen. Hierfür wird zunächst die Volatilität der Ausfallwahrscheinlichkeit berechnet:

$$s_{PD}(K1) = \sqrt{PD_{K1} \cdot (1 - PD_{K1})} = \sqrt{0,5\% \cdot 99,5\%} = \underline{\textbf{\textit{7,0534\%}}}$$

$$s_{PD}(K2) = \sqrt{PD_{K2} \cdot (1 - PD_{K2})} = \sqrt{1,0\% \cdot 99,0\%} = \underline{\textbf{\textit{9,95\%}}}$$

Mit Hilfe der Volatilitäten der Ausfallwahrscheinlichkeiten kann dann der Credit Value at Risk gemäß

$$CVaR(K1) = KÄ \cdot \sqrt{PD \cdot s_{LGD}^2 + LGD^2 \cdot s_{PD}^2}$$

$$= KÄ \cdot \sqrt{0,5\% \cdot 15\%^2 + 40\%^2 \cdot 7,0534\%^2} = 200 Mio.€ \cdot \sqrt{0,0009085} = \underline{\textbf{\textit{6.028.267 €}}}$$

$$CVaR(K2) = KÄ \cdot \sqrt{1,0\% \cdot 20\%^2 + 50\%^2 \cdot 9,95\%^2} = 500 Mio.€ \cdot \sqrt{0,002875} = \underline{\textbf{\textit{26.809.513 €}}}$$

Berechnet werden. Aus der Addition von erwartetem Verlust und Credit Value at Risk ergibt sich der gesamte VaR des Ausfallrisikos, also

$$VaR(K1) = 400.000€ + 6.028.267€ = \underline{\textbf{\textit{6.428.267 €}}}$$

$$VaR(K2) = 2.500.000€ + 26.809.513€ = \underline{\textbf{\textit{29.309.513 €}}}.$$

Eine Korrektur für die Liquidationsperiode ist dabei nicht notwendig, da die Daten für einen Zeitraum von einem Jahr erhoben wurden. Für die Berechnung des VaR des Kreditportfolios muss die Korrelation zwischen den Ausfallwahrscheinlichkeiten in Höhe von +0,5 berücksichtigt werden. Die Berechnung des VaR für das Kreditportfolio erfolgt gemäß

$$VaR\ (Kreditportfolio) = \sqrt{VaR(K1)^2 + VaR(K2)^2 + 2 \cdot VaR(K1) \cdot VaR(K2) \cdot k_{K1,K2}}$$

$$= \underline{\textbf{\textit{32.996.660 €}}}$$

Die Berechnung der **Component Value at Risk** für das **Ausfallrisiko** von K1 und K2 wird nicht vorgenommen, da die Abweichung zwischen der Summe der einzelnen VaR

(=35.737.780 €) und dem VaR des Kreditportfolios unter Berücksichtigung der Korrelation (=32.996.660 €) nicht so bedeutend ist, wie z. B. beim Anleiheportfolio. Außerdem ist die Berechnung der Beta-Faktoren wegen der besonderen Art der Berechnung des Credit Value at Risk nicht ohne weiteres möglich. Für die spätere Risikoaggregation wird daher für die Kreditnehmergruppe K1 ein Beta-Faktor von 0,15 und für K2 ein Faktor von 0,85 angenommen. Für K1 und K2 ergeben sich daraus folgende Component VaR-Werte:

$$CoVaR(K1) = 32.996.660 \times 0,15 = \underline{\textbf{4.949.499 €}}.$$

$$CoVaR(K2) = 32.996.660 \times 0,85 = \underline{\textbf{28.047.161 €}}.$$

Durch diese Annahme verteilt sich der Diversifikationseffekt relativ gleichmäßig auf beide Kreditnehmergruppen.

Schließlich ist für das Ausfallrisiko noch die Berechnung des Aufschlages für das zugehörige Liquiditätsrisiko notwendig. Die Aufschläge ergeben sich gemäß

$$L(K1) = 200 \ Mio.€ \ (=Tilgung) \times 1,06 \ (=Kreditzins) \times (60/360) \ (=Verzögerungszeit)$$

$$\times \ 3\% \ (=Refi.satz) \times 2\% \ (=Wahrscheinlichkeit \ einer \ Verzögerung) = \underline{\textbf{21.200,- €}}$$

$$L(K2) = 500 \ Mio.€ \times 1,07 \times (120/360) \times 3\% \times 5\% = \underline{\textbf{267.500,- €}}$$

$$L(Kreditportfolio) = (21.200€^2 + 267.500€^2)^{0,5} = \underline{\textbf{268.339 €}}.$$

Mit Hilfe des erwateten Verlustes und des Credit Value at Risk kann schließlich der gesamte **risikoadjustierte Kreditzins** für K1 und K2 berechnet werden. Auf eine ausführliche Darstellung dieser Berechnung (siehe Abschnitt 4.2.3) wird verzichtet, da der gesamte risikoadjustierte Kreditzins für die Risikoanalyse nur eine Zusatzinformation darstellt. Für die zentrale Risikoanalyse auf Basis der unternehmensweiten Risikoaggregation wird nur der VaR benötigt (siehe Abschnitt 7.3). Auf der Grundlage der Angaben für

- den risikolosen Zinssatz (=Refinanzierungszinssatz),
- die Betriebskosten,
- den CVaR und den erwarteten Verlust,
- die geforderte Eigenkapitalrendite und
- der Gewinnmarge von 0,- €

ergeben sich die risikoadjustierten Kreditzinsen in Höhe von **3,511%** für K1 und **3,975%** für K2.

Die Risikomessung der **Fremdwährungsforderungen** erfolgt anhand der Basisformel für den VaR und beläuft sich auf:

$$VaR \ (Devisenposition) = 100 \ Mio. \ € \ (=Risikoposition) \times 0,5\% \ (=Volatilität)$$

$$\times \ \sqrt{250} \ (=Liquidationsperiode) \times 2,33 \ (\alpha\text{-}Quantil) = \underline{\textbf{18.420.267 €}}.$$

Der Aufschlag für das Liquiditätsrisiko beträgt:

$L(Devisenposition) = 0,5 \ x \ 100 \ Mio.€ \ x \ 0,0005 \ x \ \sqrt{250} = \underline{\boldsymbol{395.285 \ €}}.$

Für die **flüssigen Mittel** liegen keine Risiken vor. Damit sind alle Risiken der Aktiva identifiziert und auf Basis des VaR-Konzeptes gemessen.

Für die **Passiva** liegen mit Ausnahme der Kontokorrentkredite in Höhe von 100 Mio.€ keine Risiken vor. Das Zinsänderungsrisiko für den Kontokorrentkredit wird im Rahmen des Cash Flow at Risk durch den Zinsaufwand berücksichtigt. Die Erfassung der passivischen Liquiditätsrisiken wird durch die gewählte Sicherheitswahrscheinlichkeit in Höhe von 99% berücksichtigt. Die Sicherheitswahrscheinlichkeit von 99% entspricht einer Ausfallwahrscheinlichkeit von 1%. Die Ausfallwahrscheinlichkeit von 1% wird für eine Einstufung in die Rating-Klasse „AAA" von den Rating-Agenturen gefordert. Diese Anforderung wäre erfüllt, wenn auf Basis der Sicherheitswahrscheinlichkeit von 99% alle unternehmerischen Risiken vollständig durch das Eigenkapital abgedeckt wären. Dies wird im Rahmen der Risikoanalyse (siehe Abschnitt 7.3) vorgenommen.

Die Risikomessung der Positionen der **Gewinn- und Verlustrechnung** erfolgt anhand der Ermittlung des Cash Flow at Risk. Zu diesem Zweck werden die VaR der einzelnen Bestandteile des Cash Flows berechnet und dann anhand der jeweiligen Korrelationen zum Cash Flow at Risk zusammengeführt.

Für die Berechnung des VaR der **Umsatzerlöse** (=UE) wird zuerst der Erwartungswert (=r_{UE}) und die Volatilität der Umsatzerlöse (=s_{UE}) anhand der Parameter für Preis und Menge ermittelt. Der Erwartungswert der Umsatzerlöse beträgt nach Geschäftsfeldern getrennt:

$r_{UE} \ (GF1) = r_M(GF1) x \ r_P(GF1) = 11 \ Mio. \ St. \ x \ 100,- € = \underline{\boldsymbol{1.100 \ Mio. \ €}}$

$r_{UE} \ (GF2) = r_M(GF2) x \ r_P(GF2) = 5,5 \ Mio. \ St. \ x \ 200,- € = \underline{\boldsymbol{1.100 \ Mio. \ €}}.$

Die Volatilität der Umsatzerlöse erfolgt gemäß

$$s_{UE} = \sqrt{r_P^2 \cdot s_M^2 + r_M^2 \cdot s_P^2 + s_P^2 \cdot s_M^2}$$

und für die Geschäftsfelder ergeben sich folgende Volatilitäten:

$$s_{UE}(GF1) = \sqrt{100^2 \cdot 500.000^2 + 11.000.000^2 \cdot 4^2 + 4^2 \cdot 500.000^2} = \underline{\boldsymbol{66.633.325 \ €}}$$

$$s_{UE}(GF2) = \sqrt{200^2 \cdot 300.000^2 + 5.500.000^2 \cdot 6^2 + 6^2 \cdot 300.000^2} = \underline{\boldsymbol{68.499.927 \ €}}$$

Mit Hilfe der Volatilität können die VaR-Werte der Umsatzerlöse für die Geschäftsfelder wie folgt berechnet werden:

$VaR \ (UE, GF1) = 66.633.325 \ (=Volatilität \ in \ Euro) \ x \ 2,33 \ (\alpha\text{-}Quantil) = \underline{\boldsymbol{155.255.647 \ €}}.$

$VaR \ (UE, GF2) = 68.499.927 \ (=Volatilität \ in \ Euro) \ x \ 2,33 \ (\alpha\text{-}Quantil) = \underline{\boldsymbol{159.604.830 \ €}}.$

Die Berechnung des VaR der gesamten Umsatzerlöse (beide Geschäftsfelder zusammen) erfolgt gemäß

$$VaR\ (Umsatzerlöse) = \sqrt{155.255.647^2 + 159.604.830^2 + 2 \cdot 155.255.647 \cdot 159.604.830 \cdot 0,8}$$

$$= \textbf{\underline{\textit{298.706.042 €}}}.$$

Aus den VaR der gesamten Umsatzerlöse kann die zugehörige Volatilität der Umsatzerlöse ermittelt werden und beträgt

$s_{UE} = 298.706.042 / 2,33 = \textbf{\underline{\textit{128.200.018}}}$.

Der Erwartungswert der gesamten Umsatzerlöse ergibt sich aus der Addition der Erwartungswerte beider Geschäftsfelder und beläuft sich auf

$r_{UE} = 1.100.000.000 + 1.100.000.000 = \textbf{\underline{\textit{2.200 Mio. €}}}$.

Für die Berechnung der Component VaR für die einzelnen Geschäftsfelder erfolgt zunächst wieder die Berechnung der Beta-Faktoren:

$\beta_{UE}(GF1) = (66.633.325^2 + 0,8 \ x \ 66.633.325 \ x \ 68.499.927) / 128.200.018^2 = \textbf{\underline{\textit{0,4923}}}$

$\beta_{UE}(GF2) = (68.499.927^2 + 0,8 \ x \ 66.633.325 \ x \ 68.499.927) / 128.200.018^2 = \textbf{\underline{\textit{0,5077}}}$.

Die Component VaR betragen

$CoVaR(UE, GF1) = 0,4923 \ x \ 298.706.042 = \textbf{\underline{\textit{147.060.825 €}}}$,

$CoVaR(UE, GF1) = 0,5077 \ x \ 298.706.042 = \textbf{\underline{\textit{151.645.217 €}}}$.

Für die **Herstellkosten** (=HK) beläuft sich laut Angaben der Erwartungswert und die Volatilität auf

$r_{HK} = \textbf{\underline{\textit{770 Mio. €}}}$

$s_{HK} = \textbf{\underline{\textit{30 Mio. €}}}$.

Der VaR für die Herstellkosten beträgt folglich für beide Geschäftsfelder zusammen:

$VaR(HK) = 30 \ Mio.€ \ x \ 2,33 = \textbf{\underline{\textit{69,9 Mio. €}}}$.

Für die **Vertriebs- und Verwaltungskosten** (=VK) beträgt laut Beschreibung der Fallstudie der Erwartungswert

$r_{VK} = \textbf{\underline{\textit{110 Mio. €}}}$ und die Volatilität

$s_{VK} = \textbf{\underline{\textit{5 Mio. €}}}$.

Der VaR für die Vertriebs- und Verwaltungskosten ergibt:

$VaR(VK) = 5 \ Mio.€ \ x \ 2,33 = \textbf{\underline{\textit{11,65 Mio. €}}}$.

Der Erwartungswert des **Zinsaufwandes** (=ZA) setzt sich aus dem konstanten (beanspruchten) Kreditbetrag in Höhe von 110 Mio.€ und dem Zinssatz von 10% p. a. zusammen:

$r_{ZA} = 110\ Mio.€\ x\ 10\% = \underline{\textbf{11 Mio. €}}.$

Die zugehörige Standardabweichung des Zinsaufwandes beläuft sich auf ein Jahr hochgerechnet

$s_{ZA} = 110\ Mio.€\ x\ 0,09\%\ x\ \sqrt{250} = \underline{\textbf{1.565.327 €}}.$

Der zugehörige VaR des Zinsaufwandes beträgt

$VaR(ZA) = 1.565.327€\ x\ 2,33 = \underline{\textbf{3.647.213 €}}.$

Grundlage für die Berechnung des **Steueraufwandes** (SA) ist das **Ergebnis der gewöhnlichen Geschäftstätigkeit** (=EG). Zunächst muss daher erst der Erwartungswert und die Volatilität des Ergebnisses der Geschäftstätigkeit ermittelt werden. Der Erwartungswert ergibt sich aus der Addition bzw. Subtraktion der Erwartungswerte der einzelnen Ergebniskomponenten und beträgt:

$r_{EG} = r_{UE} - r_{HK} - r_{VK} - r_{ZA} = 2.200\ Mio.€ - 770\ Mio.€ - 110\ Mio.€ - 11\ Mio.€ = \underline{\textbf{1.309 Mio. €}}.$

Die Berechnung der Volatilität des Ergebnisses der gewöhnlichen Geschäftstätigkeit erfolgt durch Multiplikation der Varianz-Kovarianz-Matrix mit dem Einheitsvektor (siehe Abschnitt 6.6). Die Varianz-Kovarianz-Matrix besteht aus den Varianzen der einzelnen Komponenten des Ergebnisses und den Kovarianzen, die sich aus den angegebenen Korrelationen zwischen den Komponenten berechnen lassen. Auf eine ausführliche Darstellung der Matrizenrechnung wird aus Gründen der Übersichtlichkeit verzichtet. Die Volatilität der gewöhnlichen Geschäftstätigkeit beträgt

$s_{EG} = \underline{\textbf{155.398.332 €}}.$

Für den Erwartungswert des Steueraufwandes ergibt sich

$r_{SA} = 20\%\ x\ 1.309\ Mio.€ = \underline{\textbf{261,8 Mio. €}}.$

Mit Hilfe der Rechenregeln für Zufallsvariablen (siehe Abschnitt 5.4) wird die Volatilität des Steueraufwandes wie folgt berechnet:

$s_{SA} = \sqrt{20\%^2 \cdot 155.398.332€^2} = \underline{\textbf{31.079.666 €}}.$

Der VaR des Steueraufwandes beläuft sich somit auf

$VaR(SA) = 31.079.666€\ x\ 2,33 = \underline{\textbf{72.415.623 €}}.$

Mit den Erwartungswerten und Volatilitäten der einzelnen Komponenten kann schließlich der **Cash Flow at Risk** berechnet werden. Die Berechnung erfolgt analog zur Vorgehensweise bei der Ermittlung des Ergebnisses der gewöhnlichen Geschäftstätigkeit. Der Erwartungswert des **Cash Flows** (=CF) beträgt

$$r_{CF} = r_{UE} - r_{HK} - r_{VK} - r_{ZA} - r_{SA}$$

$$= 2.200 \ Mio.€ - 770 \ Mio.€ - 110 \ Mio.€ - 11 \ Mio.€ - 261{,}8 \ Mio.€ = \underline{\mathbf{\textit{1.047,2 Mio. €}}}.$$

Die Volatilität des Cash Flows und die zugehörigen Beta Faktoren der Komponenten des Cash Flows werden wieder durch Multiplikation der Varianz-Kovarianz-Matrix mit dem Einheitsvektor berechnet. Für die Volatilität ergibt die Matrizenberechnung den Wert

$$s_{CF} = \underline{\mathbf{\textit{166.653.331 €}}}.$$

Daraus ergibt sich ein Cash Flow at Risk von

$$CFaR = 166.653.331€ \ x \ 2{,}33 = \underline{\mathbf{\textit{388.302.261 €}}}.$$

Die Matrizenberechnung liefert folgende Beta-Faktoren und die sich daraus ergebenden Component Value at Risk:

$\beta_{UE} = 0{,}7545,$	$CoVaR(UE) = 0{,}7545 \ x \ 388.302.261€ = \underline{\mathbf{292.987.963 €}},$
$\beta_{HK} = 0{,}1488,$	$CoVaR(HK) = 0{,}1488 \ x \ 388.302.261€ = \underline{\mathbf{57.782.724 €}},$
$\beta_{VK} = 0{,}0079,$	$CoVaR(VK) = 0{,}0079 \ x \ 388.302.261€ = \underline{\mathbf{3.061.525 €}},$
$\beta_{ZA} = 0{,}0061,$	$CoVaR(ZA) = 0{,}0061 \ x \ 388.302.261€ = \underline{\mathbf{2.378.930 €}},$
$\beta_{SA} = 0{,}0826,$	$CoVaR(SA) = 0{,}0826 \ x \ 388.302.261€ = \underline{\mathbf{32.091.119 €}}.$

Die Summe der einzelnen Component Value at Risk ergibt wieder den Cash Flow at Risk in Höhe von 388.302.261 €.

Die letzte Risikokategorie stellen die **Betriebsrisiken** dar. Aus den Beobachtungen der Schadensfalldatenbank wird die **Verlustanzahl-Verteilung** ermittelt. Diese wird nach internen und externen Risiken getrennt und für beide Risikoarten aggregiert erstellt.

Verlustanzahl:	Intern:	Extern:	Aggregiert:
0	20%	20%	0%
1	60%	60%	20%
2	20%	20%	60%
3	0%	0%	20%
Erwartungswert:	1,0	1,0	2,0

Analog wird die **Verlusthöhen-Verteilung** aufgestellt.

Verlusthöhe:	Intern:	Extern:	Aggregiert:
-1 Mio. €	60%	40%	50%
-2 Mio. €	40%	60%	50%
Erwartungswert:	-1,4 Mio. €	-1,6 Mio. €	-1,5 Mio. €

Durch die Kombination aller Möglichkeiten von Verlustanzahl und Verlusthöhe und die Ermittlung der zugehörigen Wahrscheinlichkeiten kann die **Verteilung** des **Gesamtverlustes** und die zugehörigen kumulierten Wahrscheinlichkeiten berechnet werden.

Gesamtverlust:	Intern:		Extern:		Aggregiert:	
	Verteilung:	kum. Wkt.:	Verteilung:	kum. Wkt.:	Verteilung:	kum. Wkt.:
0 €	20,00%	20,00%	20,00%	20,00%	0,00%	0,00%
-1 Mio. €	36,00%	56,00%	24,00%	44,00%	10,00%	10,00%
-2 Mio. €	31,20%	87,20%	39,20%	83,20%	25,00%	35,00%
-3 Mio. €	9,60%	96,80%	9,60%	92,80%	32,50%	67,50%
-4 Mio. €	3,20%	100,00%	7,20%	100,00%	22,50%	90,00%
-5 Mio. €	0,00%	100,00%	0,00%	100,00%	7,50%	97,50%
-6 Mio. €	0,00%	100,00%	0,00%	100,00%	2,50%	100,00%
Erwartungswert:	-1,4 Mio. €		-1,6 Mio. €		-2 Mio. €	

Die Erwartungswerte des Gesamtverlustes ergeben sich durch Multiplikation des jeweiligen Erwartungswertes der Verlustanzahl mit dem Erwartungswert der Verlusthöhe. Durch lineare Interpolation ergeben sich für eine Sicherheitswahrscheinlichkeit von 99% für die internen Betriebsrisiken (=B-Int), die externen Betriebsrisiken (=B-Ext) und die gesamten Betriebsrisiken (=B-Ges) folgende VaR-Werte:

*VaR(B-Int) = **3.687.500,- €***

*VaR(B-Ext) = **3.861.111,11 €***

*VaR(B-Ges) = **5.600.000,- €**.*

Die zugehörigen **Operational VaR**-Werte werden durch Subtraktion des jeweiligen Erwartungswertes vom VaR berechnet. Die Operational Value at Risk-Werte werden für die Risikoanalyse jedoch nicht explizit benötigt und daher nicht aufgeführt. Wesentlich wichtiger für die Risikoanalyse sind die Component VaR für das Betriebsrisiko. Auf der Grundlage der oben durchgeführten Vollenumeration ist die Berechnung der zugehörigen Beta-Faktoren nicht ohne weiteres möglich. Der Diversifikationseffekt (der sich aus der Summe der Einzelrisiken abzüglich des VaR für das gesamte Betriebsrisiko ergibt) ist jedoch erheblich. Aus diesem Grund wird vereinfachend angenommen, dass der Beta-Faktor für die internen und externen Betriebsrisiken jeweils 0,5 beträgt. Dann ergeben sich folgende Component VaR-Werte:

*CoVaR(B-Int) = **2.800.000,- €***

*CoVaR(B-Ext) = **2.800.000,- €**.*

Damit sind alle Risiken identifiziert und gemessen. In Tabelle 7.3 sind die **Ergebnisse im Überblick** zusammen gefasst. In der Spalte „Einzelne VaR" sind die VaR-Werte ohne Berücksichtigung der Diversifikationseffekte aufgeführt. Die Zusammenfassung (z. B. zum Aktien- oder Anleiheportfolio) erfolgt durch einfache Addition, d. h. es wird eine Korrelation von +1 zugrunde gelegt. In der Spalte „Component VaR" sind die Diversifikationseffekte entsprechend der obigen Berechnungen des jeweiligen Beta-Faktors berücksichtigt. Für die

Aggregation der verschiedenen Liquiditätsarten auf Basis des Component Value at Risk wurden die Beta-Faktoren für die angegebene Korrelation von null mit Hilfe der Matrizenrechnung ermittelt. Für eine bessere Übersichtlichkeit der Tabelle sind die Umsatzerlöse für die einzelnen Geschäftsfelder GF1 und GF2 nicht erfasst. Diesbezüglich sei auf die obigen Angaben verwiesen.

Diese Ergebnisse der Risikomessung bilden die Grundlage für die Risikoanalyse im letzten Abschnitt.

Tab. 7.3   *Ergebnisse der Risikomessung für die Bsp AG*

	Geschäftsfeld (GF1+GF2):		Finanzmanagement:	
	Einzelne VaR:	Component VaR:	Einzelne VaR:	Component VaR:
Aktienkursrisiko:				
Aktienportfolio:			128.941.871 €	112.046.112 €
A1:			73.681.069 €	66.622.013 €
A2:			55.260.802 €	45.424.099 €
Zinsänderungsrisiko:				
Anleiheportfolio:			90.949.195 €	68.306.913 €
F1:			30.347.895 €	13.695.469 €
F2:			60.601.300 €	54.611.443 €
Ausfallrisiko:				
Kreditportfolio:			35.737.780 €	32.996.660 €
K1:			6.428.267 €	4.949.499 €
K2:			29.309.513 €	28.047.161 €
Wechselkursrisiko:				
US-$ -€ - Position:			18.420.267 €	18.420.267 €
Liquiditätsrisiko:				
Aktien:			8.838.835 €	6.202.828 €
Anleihen:			8.960.041 €	6.374.112 €
Forderungen:			268.339 €	5.717 €
Devisenposition:			395.285 €	12.406 €
Liquidität gesamt:			18.462.499 €	12.595.062 €
Cash Flow Risiko:				
Umsatzerlöse:	298.706.042 €	292.987.963 €		
Herstellkosten:	69.900.000 €	57.782.724 €		
Verwaltungskosten:	11.650.000 €	3.061.525 €		
Zinsaufwand:	3.647.213 €	2.378.930 €		
Steueraufwand:	72.415.623 €	32.091.119 €		
Cash Flow at Risk:	456.318.878 €	388.302.261 €		
Betriebsrisiken:				
Intern:	3.687.500 €	2.800.000 €		
Extern:	3.861.111 €	2.800.000 €		
Gesamt:	7.548.611 €	5.600.000 €		

7.3   Risikoanalyse

Für die Risikoanalyse sind im ersten Schritt den verschiedenen Risiken die **zugehörigen Gewinne** gegenüber zu stellen. Hierfür werden bei den **finanzwirtschaftlichen Risiken** für die verschiedenen Risikoarten die erwarteten Gewinne zugrunde gelegt.

Bei den **Aktienbeteiligungen** bestehen die erwarteten Gewinne in der erwarteten Dividende von 0,50 € pro Aktie von A1 (bzw. 0,30 € für A2). Daraus ergibt sich für Aktie A1 ein Gewinn von 10 Mio. € und für A2 in Höhe von 15 Mio. €. Gewinne aus Kurssteigerungen werden (wie auch bei Anleihen und Devisenpositionen) nicht erwartet.

Bei den **Anleihen** ergeben sich die erwarteten Gewinne aus der Kuponverzinsung. Für Anleihe F1 werden Zinserträge in Höhe von 30 Mio. € und für F2 40 Mio. € erzielt.

Für die **Forderungen aus Lieferungen** und **Leistungen** stellen die vertraglich vereinbarten Kreditzinsen in Höhe von 12 Mio. € für K1 und 35 Mio. € für K2 den erwarteten Gewinn dar.

Der Gewinn aus der **Devisenposition** ergibt sich durch die Anlage zum Zinssatz für US-$ in Höhe von 3%, also 3 Mio. € (bzw. 3,75 Mio. US-$).

Für die Risikokategorie **Liquiditätsrisiken** müssen weitergehende Überlegungen angestellt werden. Unmittelbar können den Liquiditätsrisiken keine Gewinne direkt zugeordnet werden. Aber die Marktliquidität ist eng mit der jeweiligen Vermögensposition verknüpft und wird im Falle eines Verkaufs derselben tragend. Aus diesem Grund wird die Messung des Liquiditätsrisikos in Form eines Aufschlags auf den VaR vorgenommen. Daher ist es plausibel auch die **Gewinne** der Vermögensposition **proportional** zu dem Component VaR der Vermögensposition und dem Component VaR des zugehörigen Liquiditätsrisikos aufzuteilen. Beträgt der CoVaR der Vermögensposition z. B. 90.000 € und der CoVaR für das Risiko der Marktliquidität 10.000 €, so wird ein erwarteter Gewinn von 10.000 € proportional aufgeteilt. Dem Marktrisiko der Vermögensposition würde ein Gewinn von 9.000 € und dem Liquiditätsrisiko dieser Position ein Gewinn von 1.000 € zugeteilt werden.

Die Gewinnzuordnung für die **leistungswirtschaftlichen Risiken** erfolgt für den **Cash Flow** anhand der Erwartungswerte der einzelnen Bestandteile.

Für die **Umsatzerlöse** ergibt sich auf der Grundlage einer erwarteten Umsatzsteigerung von 10% ein Erwartungswert von 2.200 Mio. €.

Die **Herstellkosten** besitzen einen Erwartungswert von -770 Mio. €. Durch das negative Vorzeichen wird deutlich, dass es sich hierbei nicht um einen Gewinn, sondern um Kosten bzw. Aufwendungen handelt.

Die erwarteten **Vertriebs-** und **Verwaltungskosten** belaufen sich auf -110 Mio. € und der Erwartungswert des **Zinsaufwandes** beträgt -11 Mio. €. Schließlich wird ein **Steueraufwand** von -261,8 Mio. € erwartet.

Durch die Addition der Erwartungswerte der einzelnen Komponenten ergibt sich ein **erwarteter Cash Flow** in Höhe von **+1.047,2 Mio. €.**

Den **Betriebsrisiken** werden keine Gewinne zugeordnet. Mögliche Kosten für das Management der Betriebsrisiken (Personalkosten) sind in den Verwaltungskosten der Geschäftsfelder enthalten.

Für die Ermittlung der RoRac-Werte sind die CoVaR für die gesamten finanzwirtschaftlichen Risiken und leistungswirtschaftlichen Risiken zu berechnen. Die Berechnung des gesamten finanzwirtschaftlichen Risikos erfolgt durch die entsprechende Matrizenrechnung auf der Basis der angegebenen Korrelationen zwischen den verschiedenen finanzwirtschaftlichen Risikoarten. Der **Component VaR** des gesamten **finanzwirtschaftlichen Risikos** beträgt **132.091.908 €**.

Das gesamte **leistungswirtschaftliche Risiko** kann mit Hilfe der Korrelation zwischen dem Cash Flow-Risiko und den Betriebsrisiken in Höhe von +0,7 gemäß

CoVaR (leistungswirtschaftliche Risiken) =

$$\sqrt{388.302.261€^2 + 5.600.000€^2 + 2 \cdot 388.302.261€ \cdot 5.600.000€ \cdot 0,7} = \underline{\textit{\textbf{392.242.649 €}}}$$

bestimmt werden.

Schließlich wird analog der Component VaR für das **gesamte unternehmerische Risiko** für eine Korrelation von +0,1 zwischen finanz- und leistungswirtschaftlichen Risiken wie folgt berechnet:

CoVaR (unternehmerisches Risiko) =

$$\sqrt{392.242.649€^2 + 132.091.908€^2 + 2 \cdot 392.242.649€ \cdot 132.091.908€ \cdot 0,1} = \underline{\textit{\textbf{426.221.754 €}}}$$

Mit Hilfe dieser zusammengefassten Risiken und den zugehörigen Gewinnen können jetzt durch einfache Division von Gewinnen durch die zugehörigen CoVaR-Werte die RoRaC-Ergebnisse auf allen Aggregationsstufen angegeben werden.

Für die **Beurteilung** der **Risikotragfähigkeit** werden als Letztes die Component VaR-Werte durch das gesamte Eigenkapital in Höhe von 7.000 Mio. € dividiert.

Sämtliche Ergebnisse der obigen Berechnungen im Rahmen der Risikoanalyse sind in Tabelle 7.4 zusammengefasst. Tabelle 7.4 bildet die Grundlage für eine umfassende Risikoanalyse.

Im ersten Schritt können anhand des Vergleiches der einzelnen VaR mit den Component VaR das Ausmaß der jeweiligen **Diversifikationseffekte** beurteilt werden und mögliche **Limitierungen** auf VaR-Basis festgelegt werden.

Bei den **finanzwirtschaftlichen Risiken** fällt der Diversifikationseffekt bei den Aktien und für das Ausfallrisiko wegen der positiven Korrelation geringer aus als bei dem Anleiheportfolio und den Liquiditätsrisiken (für die eine Korrelation von null angenommen wird). Als ein mögliches Beispiel für die Limitierung z. B. des Zinsänderungsrisikos könnte aus den einzelnen VaR des Anleiheportfolios eine Limitierung für F1 von 30 Mio.€ und für F2 in Höhe von 60 Mio.€ festgelegt werden. Für das gesamte Anleiheportfolio würde eine Limitierung auf Basis des Component VaR erfolgen und z. B. nur 70 Mio.€ (statt z. B. 90 Mio.€) betragen. Bei den finanzwirtschaftlichen Risiken insgesamt tritt ein sehr großer Diversifikationseffekt ein, der auf der Kumulierung verschiedener Korrelationen beruht. Zum einen entstehen Diversifikationseffekte auf Portfolioebene innerhalb der einzelnen Risikoarten (Aktien, Anleihen, Kredite), zum anderen werden die Korrelationen zwischen den verschiedenen Risikoarten bei der Aggregation zum gesamten finanzwirtschaftlichen Risiko berücksichtigt. Insbesondere bei der Aggregation zum Gesamtrisiko wirken sich die Diversifikationseffekte aufgrund der teilweisen negativen Korrelationen besonders stark aus.

Tab. 7.4　　*Einzelne VaR (€), Component VaR (€), Gewinne (€), RoRaC und Eigenkapitalbelastung (%) der Bsp AG*

Risikoart:	Einzelne VaR:	Component VaR:	Gewinne:	RoRaC:	EK-Belastung:
Aktienkursrisiko:			25.000.000		
Aktienportfolio:	128.941.871 €	112.046.112 €	23.688.608 €	0,2114	1,60%
A1:	73.681.069 €	66.622.013 €	9.220.254 €	0,1384	0,95%
A2:	55.260.802 €	45.424.099 €	14.468.355 €	0,3185	0,65%
Zinsänderungsrisiko:			70.000.000 €		
Anleiheportfolio:	90.949.195 €	68.306.913 €	64.025.419 €	0,9373	0,98%
F1:	30.347.895 €	13.695.469 €	28.802.102 €	2,1030	0,20%
F2:	60.601.300 €	54.611.443 €	35.223.317 €	0,6450	0,78%
Ausfallrisiko:			47.000.000 €		
Kreditportfolio:	35.737.780 €	32.996.660 €	46.991.858 €	1,4241	0,47%
K1:	6.428.267 €	4.949.499 €	11.998.779 €	2,4242	0,07%
K2:	29.309.513 €	28.047.161 €	34.993.079 €	1,2477	0,40%
Wechselkursrisiko:			3.000.000 €		
US-$ -€-Position:	18.420.267 €	18.420.267 €	2.997.981 €	0,1628	0,26%
Liquiditätsrisiko:					
Aktien:	8.838.835 €	6.202.828 €	1.311.392 €	0,2114	0,09%
Anleihen:	8.960.041 €	6.374.112 €	5.974.581 €	0,9373	0,09%
Forderungen:	268.339 €	5.717 €	8.142 €	1,4241	0,00%
Devisenposition:	395.285 €	12.406 €	2.019 €	0,1628	0,00%
Liquidität gesamt:	18.462.499 €	12.595.062 €	7.296.133 €	0,5793	0,18%
Cash Flow Risiko:					
Umsatzerlöse:	298.706.042 €	292.987.963 €	2.200.000.000 €	7,5088	4,19%
Herstellkosten:	69.900.000 €	57.782.724 €	-770.000.000 €	-13,3258	0,83%
Verwaltungskosten:	11.650.000 €	3.061.525 €	-110.000.000 €	-35,9298	0,04%
Zinsaufwand:	3.647.213 €	2.378.930 €	-11.000.000 €	-4,6239	0,03%
Steueraufwand:	72.415.623 €	32.091.119 €	-261.800.000 €	-8,1580	0,46%
Cash Flow at Risk:	456.318.878 €	388.302.261 €	1.047.200.000 €	2,6969	5,55%
Betriebsrisiken:					
Intern:	3.687.500 €	2.800.000 €	0 €	0,0000	0,04%
Extern:	3.861.111 €	2.800.000 €	0 €	0,0000	0,04%
Gesamt:	7.548.611 €	5.600.000 €	0 €	0,0000	0,08%
Finanzwirtschaftliche Risiken gesamt:	292.511.612 €	132.091.908 €	145.000.000 €	1,0977	1,89%
Leistungswirtschaftliche Risiken gesamt:	463.867.489 €	392.242.649 €	1.047.200.000 €	2,6698	5,60%
Unternehmensrisiken gesamt:	756.379.101 €	426.221.754 €	1.192.200.000 €	2,7971	6,09%

Die Diversifikationseffekte bei den **leistungswirtschaftlichen Risiken** insgesamt fallen geringer aus als bei den finanzwirtschaftlichen Risiken. Innerhalb des Cash Flow Risikos fällt der Diversifikationseffekt zwischen Umsatzerlösen und Herstellkosten aufgrund der hohen positiven Korrelation (+0,8) gering aus. Der volumenmäßige Hauptanteil des Diversifikationseffektes für den Cash Flow entfällt auf den Steueraufwand. Bei den Betriebsrisiken fällt der Korrelationseffekt hoch aus. Aufgrund der beobachteten absoluten Schadenshöhen des Betriebsrisikos fällt dieser Effekt bei den leistungswirtschaftlichen Risiken insgesamt jedoch nicht besonders ins Gewicht.

Die Aggregation von finanz- und leistungswirtschaftlichen Risiken zum gesamten **Unternehmensrisiko** zeigt schließlich eine starke Auswirkung der Korrelationen. So beträgt die Summe der einzelnen VaR-Werte 756 Mio. €, während dagegen der unternehmensweite Component VaR sich nur auf 426 Mio.€ beläuft. Die Diversifikationseffekte bewegen sich also in einer Größenordnung, die auf jeden Fall berücksichtigt werden müssen.

Im zweiten Schritt werden auf der Grundlage der zugeordneten Gewinne die **RoRaC**-Werte analysiert.

Das **Aktienportfolio** weist einen deutlich geringeren RoRac-Wert auf als das **Anleiheportfolio**. Dies basiert auf der geringen Dividendenrendite gegenüber der Kuponrendite der Anleihen im Verhältnis zum jeweiligen Component VaR. Dies würde sich zugunsten des Aktienportfolios verschieben, wenn ein möglicher Kursgewinn bei den Aktien berücksichtigt werden würde (zu diesem Zweck wurde eine durchschnittliche Kursrendite von 0% unterstellt). Der hohe RoRaC-Wert der Anleihe F1 basiert auf zwei Effekten. Zum einen wirkt sich die kürzere Laufzeit Risiko mindernd aus. Zum anderen entfällt der größte Anteil des Diversifikationseffektes des Anleiheportfolios auf Anleihe F1. Dem steht bei Anleihe F1 jedoch nur eine geringfügig niedrigere Kuponrendite gegenüber.

Besonders auffällig sind die hohen RoRaC-Werte für das **Ausfallrisiko**. Diese basieren auf den erhaltenen Kreditzinsen die deutlich über den jeweiligen risikoadjustierten Kreditzinsen liegen und somit eine hohe Gewinnmarge realisiert wird. Der risikoadjustierte Kreditzins beträgt für Kreditnehmer K1 (K2) 3,511% (3,9753%) gegenüber einem realisierten Kreditzins für K1 (K2) von 6% (7%).

Die **Fremdwährungsposition** weist einen geringen RoRaC-Wert auf. Im Gegensatz zum Aktien- und Anleihenrisiko wird die Fremdwährungsposition jedoch nicht gezielt und mit Absicht aufgebaut, sondern sie resultiert aus der Exporttätigkeit der Bsp AG. Vor diesem Hintergrund besitzt der niedrige RoRaC-Wert eine geringere Bedeutung als die RoRaC-Werte der Aktien und Anleihen.

Die verschiedenen Arten des **Liquiditätsrisikos** weisen die gleichen RoRaC-Werte wie die Portfolios der jeweiligen Vermögenspositionen auf (Aktien, Anleihen, Kredite). Dies beruht auf der zu den Component VaR proportionalen Verteilung der Gewinne. Lediglich der Ro-RaC-Wert des gesamten Liquiditätsrisikos besitzt aufgrund der Unkorreliertheit zwischen den einzelnen Arten des Liquiditätsrisikos eine Aussagekraft bezüglich der Risikoanalyse. Jedoch können hieraus nur begrenzt Handlungsempfehlungen abgeleitet werden, da das Liquiditätsrisiko fest mit der jeweiligen Vermögensposition verknüpft ist. Das Liquiditätsrisiko (der Marktliquidität) kann also nur über die Vermögensposition gesteuert werden.

Aus der Aggregation der einzelnen finanzwirtschaftlichen Risikoarten ergibt sich ein Ro-RaC-Wert von 1,0977 für die gesamten **finanzwirtschaftlichen Risiken**. Dieser Wert muss als nächstes mit dem RoRaC-Wert der **leistungswirtschaftlichen Risiken** verglichen werden.

Für die Analyse der RoRaC-Werte des **Cash Flow Risikos** müssen die Besonderheiten der Berechnung des Cash Flows und seiner einzelnen Bestandteile sowie die jeweilige Gewinnzuordnung berücksichtigt werden.

Der auf den ersten Blick sehr hohe RoRaC der **Umsatzerlöse** entsteht durch die Gewinnzuordnung in Form der erwarteten Umsatzerlöse ohne Berücksichtigung der Kosten. Diese werden bei der RoRaC-Berechnung der Herstellkosten, der Verwaltungskosten, des Zins- und des Steueraufwandes berücksichtigt. Aus diesem Grund sind die RoRaC Werte der einzelnen **Kostenbestandteile** auch negativ. Die RoRaC-Werte der Kostenkomponenten des Cash Flows können daher nur sinnvoll untereinander und nicht mit RoRaC-Werten von Vermögenspositionen verglichen werden. Je negativer der RoRaC-Wert einer Kostenkomponente ist, desto positiver ist dies zu bewerten. So ist das Kosten-Risiko-Verhältnis bei den Herstellkosten am ungünstigsten, da im Verhältnis zur Kostenhöhe von 770 Mio. € das Risiko in Form des CoVaR am höchsten ist. Für eine Verbesserung des operativen Geschäftes (gemessen durch den Cash Flow at Risk) sollten also zuerst die Herstellrisiken durch geeignete Steuerungsinstrumente gesenkt werden.

Aus den negativen RoRaC-Werten der Kostenbestandteile und dem RoRaC der Umsatzerlöse ergibt sich ein RoRaC des Cash Flows in Höhe von 2,6969. Dieser Wert ist noch um den RoRaC der **Betriebsrisiken** zu ergänzen. Den Betriebsrisiken werden keine Gewinne und keine Kosten gegenübergestellt. Dadurch ergeben sich RoRaC-Werte von null. Durch die Aggregation der Betriebsrisiken mit den Cash Flow Risiken verschlechtert sich dadurch geringfügig der RoRaC der gesamten leistungswirtschaftlichen Risiken auf einen Wert von 2,6698. Somit ist dann ein **Vergleich** des **leistungswirtschaftlichen** Bereiches mit den **finanzwirtschaftlichen** Aktivitäten der Bsp AG möglich. Der RoRaC des leistungswirtschaftlichen Bereiches beträgt ungefähr das 2,7 fache des RoRaC –Wertes der finanzwirtschaftlichen Risiken. Eine mögliche Maßnahme, die aus diesem Ergebnis abgeleitet werden kann, wäre die Verbesserung der finanzwirtschaftlichen Aktivitäten durch Risikominderung oder Gewinnerhöhung (z. B. durch den Einsatz von Derivaten). Eine andere Möglichkeit wäre die Verringerung der finanzwirtschaftlichen Aktivitäten bzw. der Vermögenspositionen, um diese Mittel in den leistungswirtschaftlichen Sektor zu investieren.

Auf der höchsten Aggregationsstufe werden schließlich die finanz- und leistungswirtschaftlichen Risiken und Gewinne zum gesamten **Unternehmensrisiko** bzw. Unternehmensgewinn verknüpft. Obwohl der RoRaC der finanzwirtschaftlichen Aktivitäten deutlich geringer ist als bei den leistungswirtschaftlichen Aktivitäten, erhöht sich der RoRaC durch die unternehmensweite Aggregation geringfügig auf 2,7971. Der Diversifikationseffekt durch die unternehmensweite Risikoaggregation überkompensiert also die Wirkung des geringeren RoRaC-Wertes der finanzwirtschaftlichen Risiken. Bei der Analyse des unternehmensweiten Ro-

RaC-Wertes fällt auf, dass der **Unternehmensgewinn** für das Jahr 02 deutlich höher ist als der Gewinn gemäß GuV für das Jahr 01. Die Differenz (zwischen 741,6 Mio. für 01 und 1.192,2 Mio. € für 02) entsteht durch folgende Faktoren:

- Die **Abschreibungen** auf Finanzanlagen (50 Mio. €) und auf Sachanlagen (300 Mio. €) werden in der Gewinnplanung für das Jahr 02 nicht berücksichtigt, da die Abschreibungen für Sachanlagen unter Risikogesichtspunkten durch den Cash Flow at Risk abgedeckt werden und die Abschreibungen auf Finanzanlagen durch die entsprechenden VaR der Vermögenspositionen berücksichtigt werden.
- In der Gewinnplanung für das Jahr 02 wird nur der **Zinsaufwand** für das operative Geschäft (für den Kontokorrentkredit) in Höhe von 11 Mio. € (statt 70 Mio. € für das Jahr 01) berücksichtigt, da für den Zinsaufwand der restlichen Positionen (aus langfristigen Verbindlichkeiten gegenüber Kreditinstituten und aus der Emission von Anleihen) aufgrund der langfristigen Zinsfestschreibung kein Zinsänderungsrisiko angesetzt wird.
- Für den **Cash Flow** des Jahres 02 wird eine Steigerung um 10% angenommen. Daraus ergibt sich eine Gewinnerhöhung um 109,1 Mio. €. gegenüber dem Jahr 01 (10% von 741 Mio. € + 300 Mio.€ Abschreibungen auf Sachanlagen + 50 Mio.€ Abschreibungen auf Finanzanlagen).
- Die Auswirkungen des höheren Gewinnes durch die o. g. drei Faktoren werden gleichzeitig durch den gestiegenen **Steueraufwand** (von 185,4 Mio. € auf 261,8 Mio. €) kompensiert.

Für eine **Beurteilung** des **gesamten Unternehmens** (Bsp AG) wird üblicherweise die **realisierte Eigenkapitalrentabilität** mit der an den Finanzmärkten **geforderten Eigenkapitalrentabilität** verglichen. Für das Jahr 01 beträgt die von der Bsp AG erzielte Eigenkapitalrentabilität 10,59% (741,6 Mio. € / 7.000 Mio. €). Damit wird die geforderte Eigenkapitalrentabilität von 10% erreicht bzw. sogar geringfügig übertroffen. Die für das Jahr 02 geplante Eigenkapitalrentabilität kann auf der Grundlage des oben ermittelten Gewinnes in Höhe von 1.192,2 Mio. € nicht sinnvoll mit der geforderten oder der im Jahr 01 realisierten Eigenkapitalrentabilität verglichen werden. Der für das Jahr 02 geplante Gewinn wird mit der Zielstellung berechnet, einen möglichst konsistenten und plausiblen RoRaC-Wert zu ermitteln. Bei dem Gewinn für das Jahr 02 werden daher nur die Gewinne bzw. Kosten berücksichtigt, denen auch ein entsprechendes Risiko gegenübergestellt werden kann. Diese Gewinnermittlung weicht aber (wie oben dargestellt) von der Gewinnberechnung durch die GuV (bzw. nach dem HGB) teilweise erheblich ab.

Für eine abschließende Unternehmensbeurteilung unter Berücksichtigung der unternehmerischen Risiken ist also ausschließlich der RoRaC geeignet. Für einen Vergleich mit anderen Unternehmen müssen durchschnittliche RoRaC-Werte der Branche (Elektrogerätehersteller) herangezogen werden. Der **RoRaC**-Wert ist dafür erheblich **aussagekräftiger** als die Eigenkapitalrentabilität. So kann die Bsp AG mit einer realisierten Eigenkapitalrentabilität von 10,59% und einem RoRaC von 2,7971 wirtschaftlich besser eingestuft werden, als ein vergleichbares Unternehmen mit einer Eigenkapitalrentabilität von ebenfalls 10,59% und einem RoRaC-Wert von nur 1,5. Hierbei wird die gleiche Eigenkapitalrentabilität unter Inkaufnahme von deutlich höheren Risiken realisiert, was betriebswirtschaftlich ungünstiger ist.

Abschließend wird die **Risikotragfähigkeit** der Bsp AG durch Gegenüberstellung der Component VaR mit dem Eigenkapital (=**Eigenkapitalbelastung**) beurteilt. Die Eigenkapitalbelastung dient auch dazu, die Abdeckung der **passivischen Liquiditätsrisiken** (für die Fremdkapitalaufnahme) zu beurteilen. Das Eigenkapital der Bsp AG wird durch die unternehmerischen Risiken insgesamt nur mit 6,09% belastet. Die passivischen Liquiditätsrisiken werden also voll durch das vorhandene Eigenkapital abgedeckt. Aufgrund der geringen Eigenkapitalbelastung ist im Rahmen der Risikoanalyse lediglich noch die Aufdeckung der Risikoarten mit den größten Eigenkapitalbelastungen von Interesse. Die Beanspruchung durch den Cash Flow at Risk in Höhe von 5,55% stellt mit Abstand die höchste Eigenkapitalbelastung für die Bsp AG dar. Die restliche Eigenkapitalbelastung wird hauptsächlich durch das Aktien- und Anleiheportfolio (1,6% bzw. 0,98%) verursacht.

Mit der Beurteilung der Risikotragfähigkeit ist die **Risikoanalyse** für die Bsp AG, soweit dies mit den oben gemachten Angaben für die Bsp AG (siehe Abschnitt 7.1) und den in diesem Buch vorgestellten Methoden möglich ist, **abgeschlossen**.

Im Rahmen eines **Ausblickes** und möglicher **Verbesserungsmöglichkeiten** können folgende Problemkreise genannt werden:

- Die **VaR-Berechnung** von komplexeren Vermögenspositionen, wie z. B. **Derivate**, bei denen Bewertungsmodelle mit mehreren verschiedenen Risikofaktoren zur Anwendung kommen.
- Die statistisch genauere Berücksichtigung von **speziellen Verteilungen** für bestimmte Risikoarten (z. B. die statistisch exakte Berücksichtigung der Linksschiefe bei Betriebs- und Kreditrisiken).
- Die grundsätzliche Behandlung von Abweichungen der theoretischen Standardnormalverteilung gegenüber den empirischen Verteilungen in Form von z. B. **Schiefe** und / oder **Kurtosis** im Rahmen der VaR-Berechnung.
- Für die **Risikoaggregation** wurden stark **vereinfachte Annahmen** zugrunde gelegt, dass z. B. die aggregierte Verteilung stets wieder normalverteilt ist. Dies erfordert ebenfalls noch genauere statistische Untersuchungen insbesondere bezüglich der Zusammenführung von verschiedenen Verteilungsarten.

Glossar

Aktienkursrisiko: Negative Abweichung von einer geplanten Zielgröße aufgrund unsicherer zukünftiger Entwicklungen der Aktienkurse

Ausfallrisiko: Ausfall von Zins- und Tilgungsleistungen im Kreditgeschäft

Backtesting: Die Überprüfung der statistischen Genauigkeit des VaR anhand von historischen Daten

Barwert: Summe der auf den Zeitpunkt heute diskontierten zukünftigen Cash Flows

Betriebsrisiken: Gefahr von Verlusten durch interne oder externe Ereignisse

Bund-Future: Börsengehandeltes Termingeschäft mit Bundesanleihen als Basisinstrument

CAPM: Erwartete Rendite einer Aktie in Abhängigkeit von der Rendite für risikofreie Anlagen und einer Risikoprämie für das systematische Risiko

Cash Flow at Risk: Value at Risk des Cash Flows

Cash Flow: Zahlungswirksame Kennzahl zur Beurteilung der Zahlungskraft eines Unternehmens

Component Value at Risk: Um den Diversifikationseffekt verminderter Value at Risk einer Einzelposition

Convexity: Eine Kennzahl für die Krümmung der Barwertfunktion

Credit Value at Risk: VaR für das Ausfallrisiko

Devisenoptionen: Das Recht Devisenpositionen zu einem bestimmten Zeitpunkt in der Zukunft zu kaufen oder zu verkaufen

Devisentermingeschäft: Die Pflicht Devisenpositionen zu einem bestimmten Zeitpunkt in der Zukunft zu kaufen oder zu verkaufen

Diversifikationseffekt: Risikominderung durch eine Zusammenstellung bestimmter Vermögenspositionen

Erwarteter Verlust: Summe der möglichen Verluste multipliziert mit ihrer jeweiligen Eintrittswahrscheinlichkeit

Erwartete Vermögensänderung: Summe der möglichen Vermögensänderungen multipliziert mit ihrer jeweiligen Eintrittswahrscheinlichkeit

Future: Verpflichtung eine bestimmte Menge eines Finanztitels zu einem Termin in der Zukunft zu kaufen oder zu verkaufen

Güterpreisrisiko: Negative Abweichung von einer geplanten Zielgröße aufgrund unsicherer zukünftiger Entwicklungen der Beschaffungspreise

Immobilienpreisrisiko: Negative Abweichung von einer geplanten Zielgröße aufgrund unsicherer zukünftiger Entwicklungen der Immobilienpreise für Immobilienanlagen

Incremental Value at Risk: Erhöhung des Value at Risk durch Aufnahme einer zusätzlichen Risikoposition

Korrelationskoeffizient: Zwischen +1 und -1 normiertes statistisches Maß zur Berücksichtigung der Zusammenhänge zwischen zwei Größen

Kovarianz: Statistisches Maß zur Berücksichtigung der Zusammenhänge zwischen zwei Größen

Kreditderivate: Übertragung des Kreditrisikos auf einen Garanten gegen Zahlung einer Prämie

Länderrisiko: Mangelnde Bereitschaft eines ausländischen Staates Devisen zur Zahlung von Zins- und Tilgungsleistungen zur Verfügung zu stellen

Liquiditätsrisiko: Möglicher Schaden der entsteht, dass ein Unternehmen nicht seinen finanziellen Verpflichtungen nachkommt

Liquidity at Risk: VaR für die Höhe des Auszahlungsüberschusses von Banken

Lower Partial Moments: Untersuchungsinstrument für die Eigenschaften der Verteilungsfunktion unterhalb des Verlustlimits

Macaulay-Duration: Durchschnittliche Kapitalbindung einer Zinsposition

Marginaler VaR: Faktor für eine mögliche Erhöhung des Portfoliorisikos

Maximalverlust: Größtmöglicher Schaden oder Verlust einer Vermögensposition

Modifizierte Duration: Maßzahl für die Höhe des Zinsänderungsrisiko von Zinspositionen

Option: Das Recht einen bestimmten Basistitel in der Zukunft zu kaufen oder zu verkaufen

Portfolio: Zusammensetzung von mehreren Vermögenspositionen

Portfoliorendite: Summe der gewichteten Renditen aller einzelnen Portfoliopositionen

Risikomanagement: Messung und Steuerung aller betriebswirtschaftlichen Risiken unternehmensweit unter Berücksichtigung möglicher Verbundeffekte

RoRaC: Verhältnis von Gewinn zu Component Value at Risk (Return on Risk adjusted Capital)

Sensitivität: Maß für die Empfindlichkeit von Vermögenspositionen auf Veränderungen einer oder der mehrerer Einflussgrößen

Sharpe Ratio: Verhältnis von Kursrendite abzüglich der risikolosen Verzinsung zur Volatilität

Stress-Tests: Verfahren zur Identifizierung und Steuerung von Situationen, die außergewöhnliche Verluste verursachen können

Swaps: Tauschgeschäfte in der Zukunft zur Ausnutzung komparativer Vorteile auf den Finanz- oder Gütermärkten

Value at Risk: Maximaler Vermögensverlust für eine bestimmte Sicherheitswahrscheinlichkeit und eine bestimmte Liquidationsperiode

Versicherung: vertragliche Vereinbarung zwischen Versicherungsnehmer und einem Versicherungsunternehmen gegen Zahlung von Versicherungsprämien bei Eintritt eines Versicherungsfalls eine vereinbarte Versicherungsleistung zu erbringen

Volatilität: Statistische Maßzahl für die durchschnittliche Abweichung um den Mittelwert

Wechselkursrisiko: Negative Abweichung von einer geplanten Zielgröße aufgrund unsicherer zukünftiger Entwicklungen der Wechselkurse

Zinsänderungsrisiko: marktzinsbedingte Vermögensrisiken in Form von Zinsüberschuss- und/oder Barwertrisiken

Abbildungsverzeichnis

Tabellenverzeichnis

Symbol- und Abkürzungsverzeichnis

Bp	Basispunkt (1 Bp = 0,01%)
BW	Barwert
C	Convexity
$CoVaR_i$	Component Value at Risk der i-ten Position
CVaR	Credit Value at Risk
D^{Mac}	Macaulay Duration
D^{mod}	modifizierte Duration
i_f	risikoloser Zinssatz
KÄ	Kreditäquivalent
$k_{A,B}$	Kovarianz zwischen A und B
LaR	Liquidity at Risk
LCVaR	liquiditätsadjustierter Credit Value at Risk
LVaR	liquiditätsadjustierter Value at Risk
r_A, μ_A	Erwartungswert von A
s_A, σ_A, Vol(A)	Standardabweichung, Volatilität von A
$s_{A,B}$	Kovarianz zwischen A und B
s_A^2	Varianz von A
ß_A	Beta-Faktor der Position A
Sw	Devisen - Swapsatz
T	Liquidationsperiode in Zeiteinheiten
$VÄ_{erw}(A)$	Erwartete Vermögensändcrung der Position A
VaR	Value at Risk
$V_{erw}(A)$	Erwarteter Verlust der Position A
$V_{max}(A)$	Maximalverlust der Position A
w_A	Portfoliogewicht der Position A
$w^{mV}{}_A$	Portfoliogewicht der Position A für die minimale Volatilität
ΔVaR_i	marginaler Value at Risk der i-ten Position
α	alpha-Quantil der Normalverteilung (z. B. 1%)

Literaturverzeichnis

Angermüller, Niels O. / Eichhorn, Michael / Ramke, Thomas: „Lower Partial Moments: Alternative oder Ergänzung zum Value at Risk?", in: Finanz Betrieb, Heft 3, 2006, S. 149-153, (2.7).

Baesch, Anja: „Analytische Berechnung des OpVaR", in: Zeitschrift für das gesamte Kreditwesen, 2004, S. 1284-1286, (5.3).

Bangia, Anil / Diebold, Frank / Schuermann, Til: „Liquidity on the Outside", in: Risk, Heft 12, 1999, S. 68-73, (4.4).

Barthel, Hans-Ulrich: „Ansätze zur integrierten Betrachtung von Zins- und Bonitätsänderungsrisiken", in: Eller, Roland u. a. (Hrsg.): „Handbuch Gesamtbanksteuerung Integration von Markt-, Kredit- und operationalen Risiken", Schäffer-Poeschel, Stuttgart, 2001, S. 3-24, (6.5).

Bartram, Söhnke M.: "Verfahren zur Schätzung finanzwirtschaftlicher Exposures von Nichtbanken", in: Johanning, Lutz / Rudolph, Bernd: „Handbuch Risikomanagement", Band II, Uhlenbruch, 2000, S. 1267-1294, (5.3).

Beeck, Helmut / Kaiser, Thomas: „Quantifizierung von Operational Risk mit Value– at–Risk", in: Johanning, Lutz / Rudolph, Bernd: „Handbuch Risikomanagement", Band I, Uhlenbruch, 2000, S. 633-653, (5.3).

Beike, Rolf / Schlütz, Johannes: „Finanznachrichten lesen, verstehen, nutzen. Ein Wegweiser durch Kursnotierungen und Marktberichte", Schäffer Poeschel, 2005, (4.4).

Bernstein, Peter L.: „Wider die Götter. Die Geschichte von Risiko und Risikomanagement von der Antike bis heute", Gerling Akademie Verlag, München, 1997, (1.5).

Blattner, Peter: „Internationale Finanzierung. Internationale Finanzmärkte und Unternehmensfinanzierung", Oldenbourg, 1997, (4.4).

Bookstaber, Richard: „Global Risk Management: Are We Missing the Point?" in: Journal of Portfolio Management 23 (Spring), S. 102-107, 1997, (2.7).

Bühler, Wolfgang: „Risikocontrolling in Industrieunternehmen", in: Börsig, C. / Coenenberg, A. G. (Hrsg.): „ Controlling und Rechnungswesen im internationalen Wettbewerb", Stuttgart, 1998, S. 205-233, (5.3).

Burger, Anton / Buchhart, Anton: „ Risiko-Controlling ", Oldenbourg Verlag, 2002, (1.5).

Burghof, Hans-Peter / Henke, Sabine / Rudolph, Bernd: „Kreditderivate. Handbuch für die Bank- und Anlagepraxis", Schäffer Poeschel, 2005, (4.4).

Cech, Christian / Fortin, Ines: „Messung der Abhängigkeitsstruktur zwischen Markt- und Kreditrisiko", in: Wirtschaft und Management, November 2005, S. 65-70, (6.5).

Crouhy, Michel / Galai, Dan / Mark, Robert: „A comparative analysis of current credit risk models", in: Journal of Banking & Finance, Heft 24, 2000, S. 59-117, (4.4).

Deimel, Klaus: „Kosten- und Erlösrechnung", Pearson Studium, 2006, (6.5).

Deutsch, Hans-Peter: „Monte-Carlo-Simulation in der Finanzwelt", in: Johanning, Lutz / Rudolph, Bernd: „Handbuch Risikomanagement", Band II, Uhlenbruch, 2000, S. 1267-1294, (5.3).

Diederichs, Marc: „Risikomanagement und Risikocontrolling", Vahlen, München, 2004, (6.5).

Diggelmann, Patrick: „Value at Risk. Kritische Betrachtung des Konzepts, Möglichkeiten der Übertragung auf den Nichtfinanzbereich", Versus Verlag, 1999, (2.7).

Dowd, Kevin: „Beyond Value at Risk", John Wiley and Sons, 1998, (2.7).

Dresel, Tanja: „Die Quantifizierung von Länderrisiken mit Hilfe von Kapitalmarktspreads", in: Johanning, Lutz / Rudolph, Bernd: „Handbuch Risikomanagement", Band I, Uhlenbruch, 2000, S. 579-606, (4.4).

Ebert, Christof: „Outsourcing kompakt", Elsevier-Spektrum Akademischer Verlag 2005, (3.5).

Eisele, Burkhard: „Value-at-Risk-basiertes Risikomanagement in Banken", Deutscher Universitätsverlag, Wiesbaden 2004, (6.5).

Eller, Roland u. a.: „Handbuch derivativer Instrumente", Schäffer Poeschel, 3. Aufl., 2005, (3.5).

Elton, Edwin J. / Gruber, Martin J. / Brown, Stephen J. / Goetzmann, William N.: „Modern Portfolio Theory and Investment Analysis", Wiley, 2002, (4.4).

Farny, Dieter: „Versicherungsbetriebslehre", Verlag Versicherungswirtschaft, 4. Auflage, 2006, (3.5).

Fink, Dietmar / Köhler, Thomas / Scholtissek, Stephan: „Die dritte Revolution der Wertschöpfung", Econ 2004, (3.5).

Franke, Günter: „Gefahren kurzsichtigen Risikomanagements durch Value-at-Risk", in: Johanning, Lutz / Rudolph, Bernd (Hrsg.): „Handbuch des Risikomanagements", Band 1,S. 53-85, Uhlenbruch Verlag, 2000, (2.7).

Gorard, Stephen: „Revisiting a 90-year-old debate: the advantages of the mean deviation", in: http://www.leeds.ac.uk/educol/documents/00003759.htm.

Gordy, Michael B.: „A comparative anatomy of credit risk models", in: Journal of Banking & Finance, Heft 24, 2000, S. 119-149, (4.4).

Gundlach, Matthias / Lehrbass, Frank: „CreditRisk+ in the Banking Industry", Springer, 2004, (4.4).

Hager, Peter: „Corporate Risk Management – Cash Flow at Risk und Value at Risk", Band 3, Bankakademie Verlag, 2004, (5.3).

Hakenes, Hendrik / Wilkens, Sascha: „Der Value-at-Risk auf Basis der Extremwerttheorie", in: Finanz Betrieb, Heft 12, 2003, S. 821-829, (2.7).

Hauser, Stefan: „Management von Portfolios festverzinslicher Wertpapiere", Fritz Knapp Verlag, 1992, (4.4).

Heidorn, Thomas: „Finanzmathematik in der Bankpraxis", Gabler, 5. Auflage, 2006, (4.4).

Hermes, Heinz-Josef / Schwarz, Gerd: „Outsourcing-Chancen und Risiken, Erfolgsfaktoren, rechtssichere Umsetzung", Haufe Verlag 2005, (3.5).

Hoitsch, Hans-Jörg: „Kosten- und Erlösrechnung", Springer, Berlin, Heidelberg, 2004, (6.5).

Hölscher, Reinhold / Kalhöfer, Christian / Bonn, Rainer: "Die Bewertung operationeller Risiken in Kreditinstituten", in: Finanz-Betrieb, Heft 7-8, 2005, S. 490-504, (5.3).

Hölscher, Reinhold: „Von der Versicherung zur integrativen Risikobewältigung: Die Konzeption eines modernen Risikomanagements", in: Hölscher, Reinhold / Elfgen, Ralph (Hrsg.): „Herausforderung Risikomanagement-Identifikation, Bewertung und Steuerung industrieller Risiken", Gabler, Wiesebaden 2002, S. 3-31, (6.5).

Holton, Glyn A.: "Value-at-Risk. Theory and Practice", Academic Press, 2003, (2.7).

Hull, John C.: „Optionen, Futures und andere Derivate", Pearson Studium, 6. Aufl., 2005, (3.5, 4.4).

Jorion, Philippe: „Value at Risk", McGraw-Hill 2. Aufl., 2002, (2.7).

Keitsch, Detlef: „Risikomanagement", Schaeffer-Poeschel, Stuttgart, 2004, (5.3).

Kremers, Markus: „Risikoübernahme in Industrieunternehmen – Der Value-at Risk als Steuerungsgröße für das industrielle Risikomanagement, dargestellt am Beispiel des Investitionsrisikos", in: Hölscher, Reinhold (Hrsg.): Schriftenreihe Finanzmanagement, Bd. 7, Sternenfels / Berlin, 2002, (5.3).

Kruschwitz, Lutz: „Finanzierung und Investition", Oldenbourg, 2004, (4.4).

Kruschwitz, Lutz: „Finanzmathematik", Vahlen,4. Auflage, 2006, (4.4).

Küpper, Hans-Ullrich / Schweitzer, Marcell: „Systeme der Kosten- und Erlösrechnung", Vahlen, München, 2003, (6.5).

Löffler, Andreas / Wolke, Thomas: „Variance Minimizing Strategy and Duration", Arbeitspapier HU Berlin, 1996, (4.4).

Oehler, Andreas / Unser, Matthias: „Finanzwirtschaftliches Risikomanagement", Springer, 2002, (4.4).

Peccia, Tony: „Designing an operational framework from a bottom-up perspective", in: Alexander, Carol: "Mastering Risk Volume 2", Pearson, 2001, (5.3).

Penza, Pietro / Bansal, Vipul K.: "Measuring Market Risk with Value at Risk", Wiley, New York, 2001, (2.7).

Perridon, Louis / Steiner, Manfred: „Finanzwirtschaft der Unternehmung", Vahlen, 2004, (4.4).

Pfingsten, Andreas u. a.: „Armutsmaße als Downside-Risikomaße: Ein Weg zu Risikomaßen, die dem Value-at-Risk überlegen sind", in: Johanning, Lutz / Rudolph, Bernd
(Hrsg.): „Handbuch des Risikomanagements", Band 1, S. 85-107, Uhlenbruch Verlag,
2000, (2.7).

Poddig, Thorsten / Dichtl, Hubert / Petersmeier, Kerstin: „Statistik, Ökonometrie, Optimierung", Uhlenbruch Verlag, 2. Aufl., 2001, (2.7).

Rogler, Silvia: „Risikomanagement im Industriebetrieb", DVU, 2002, (5.3).

Rosenbaum, Markus / Wagner, Fred: „Versicherungsbetriebslehre", Verlag Versicherungswirtschaft, 3. Auflage, 2006, (3.5).

Schierenbeck, Henner / Lister, Michael: „Risikomanagement im Rahmen der wertorientierten Unternehmenssteuerung", in: Hölscher, Reinhold / Elfgen, Ralph (Hrsg.): „Herausforderung Risikomanagement – Identifikation, Bewertung und Steuerung industrieller Risiken", Gabler, Wiesebaden 2002, S. 181-203, (6.5).

Schierenbeck, Henner: „Ertragsorientiertes Bankmanagement", Band I, 8. Auflage 2003,
(4.4).

Schmeisser, Wilhelm / Mauksch, Carola: „Kalkulation des Risikos im Kreditzins nach Basel
II", in: Finanz Betrieb, Heft 5, 2005, S. 296–310, (4.4).

Scholtissek, Stephan: „New Outsourcing", Econ 2004, (3.5).

Schulte, Michael / Horsch, Andreas: „Wertorientierte Banksteuerung II: Risikomanagement", Bankakademie-Verlag, 2004, (4.4).

Servigny, Arnaud de / Renault, Olivier: „Measuring and Managing Credit Risk", MCGraw-
Hill, 2004, (4.4).

Spellmann, Frank / Unser, Matthias: „Zinsänderungsrisiko und Bonitätsänderungsrisiko
integriert betrachtet – ein Überblick über den Stand der Literatur", in: Oehler, Andreas (Hrsg.): „Credit Risk und Value-at-Risk Alternativen", Schäffer-Poeschel, 1998, S.
260-279, (6.5).

Sperber, Herbert / Sprink, Joachim: „Finanzmanagement internationaler Unternehmen",
Kohlhammer, 1999, (4.4).

Uhlir, Helmut / Steiner, Peter: „Wertpapieranalyse", Physica-Verlag, 2001, (2.7, 4.4).

Wolf / Runzheimer: „Risikomanagement und KonTraG. Konzeption und Implementierung",
Gabler Verlag Wiesbaden, 2000, S. 65-79, (5.3).

Wolke, Thomas: „Duration&Convexity", Dissertation, FU Berlin, 1996, (4.4).

Wondrak, Bernhard: „Management von Zinsänderungschancen und –risiken", Physica-
Verlag, 1986, (4.4).

Zeranski, Stefan: „Liquidity at Risk zur Steuerung des liquiditätsmäßig-finanziellen Bereichs
von Kreditinstituten", Verlag der Gesellschaft für Unternehmensrechnung und Controlling m. b. H., 2005, (4.4).

Stichwortverzeichnis

Steuern sparen leicht gemacht

Gerhard Dürr
Das Steuer-Taschenbuch
Der Ratgeber für Studierende und Eltern
2008. XII, 169 Seiten, Broschur
€ 16,80
ISBN 978-3-486-58409-7

Alles rund um das Thema Steuern – für Studierende und Eltern.

Die eine kellnert, der andere jobbt in einem Unternehmen oder an der Hochschule, wieder andere absolvieren Praktika in den Semesterferien. Nahezu jeder Studierende tut es – er arbeitet parallel zu seinem Studium.
Sobald der akademische Nachwuchs einer bezahlten Tätigkeit nachgeht, muss er sich an steuerliche Spielregeln halten.

Dieses Steuer-Taschenbuch macht den Studierenden fit für das Leben als Steuerzahler und gibt auch den Eltern nützliche Tipps: Der Autor erklärt die steuerlichen Grundbegriffe sowie die Steuerberechnung und -erhebung verständlich. Neben der Besteuerung von Studentenjobs thematisiert er sogar Schenkungen und Erbschaften.

Kurzum: Alles Wissenswerte zum Thema Steuern und viele Steuerspar-Tipps für Studierende und deren Eltern.

Gerhard Dürr ist im Bereich kaufmännische Bildung tätig. Er ist Lehrbeauftragter an mehreren Hochschulen und Autor verschiedener Lehrbücher.

Oldenbourg